„Wenn du eine weise Antwort verlangst, musst du vernünftig fragen."
– Johann Wolfgang Goethe –

Ich widme dieses Buch den fantastischen Lesern meines Bestsellers „Die 100 besten Coaching-Übungen" (managerSeminare 2023, 13. Auflage) – ihre begeisterten Rückmeldungen haben mich tief berührt und zu diesem Buch angespornt.

Und ich widme dieses Buch den wunderbaren Teilnehmern meines Ausbildungsgangs zum Karrierecoach. Ihre Stifte, die bei originellen Fragen immer übers Papier huschen, haben den Auftrag für dieses Buch in meinen Kopf geschrieben.

Martin Wehrle

Die 500 besten Coaching-Fragen

Das große Workbook für Einsteiger und Profis zur Entwicklung der eigenen Coaching-Fähigkeiten

managerSeminare Verlags GmbH, Edition Training aktuell

Martin Wehrle
Die 500 besten Coaching-Fragen
Das große Workbook für Einsteiger und Profis zur Entwicklung der eigenen Coaching-Fähigkeiten

9. Auflage 2024
Endenicher Str. 41, D-53115 Bonn
Tel: 0228-97791-0
info@managerseminare.de
www.managerseminare.de/shop

Printed in Germany

Herausgeber der Edition Training aktuell:
Ralf Muskatewitz, Jürgen Graf, Nicole Bußmann

ISBN: 978-3-941965-44-7

Lektorat: Ralf Muskatewitz, Jürgen Graf
Satz: Jennifer Hoss
Cover: ©Tetastock_Fotolia
Zeichnungen: Birte Schröder
Druck: Druckkontor Emden, Emden

Inhalt und Umschlag des Buchs wurden gedruckt auf Vivus 100. Das Papier erfüllt die Auflagen der Umweltzeichen „Blauer Engel (RAL-UZ 72)“ und des „EU-Umweltzeichen (ECO-Label)“. Die mit dem Druck verbundenen CO_2-Emissionen werden vom Verlag kompensiert und fließen in unterschiedliche Aufforstungsprojekte zum Klimaschutz. Nähere Informationen finden Sie unter: www.managerseminare.de/verlag/umwelt

Inhalt

Von Fragen und Fischen

Was für den Geiger die Geige ist, ist für den Coach die Frage: ein Instrument, ohne das er seinen Beruf nicht ausüben kann. Die Antworten und Lösungen, die Ihr Klient findet, sind immer nur so gut wie die Fragen, die Sie ihm vorher stellen. Beim Fragen gilt dasselbe wie beim Geigen: Töne erzeugen kann jeder, aber nur den großen Könnern gelingt es, das Instrument auszureizen. Zauberhaft treffen sie den richtigen Ton, locken neue Ideen auf die Tanzfläche des Geistes und komponieren eine verführerische Melodie der Veränderung. Professionelles Fragen ist eine Kunst, die Fingerspitzengefühl, Erfahrung und handwerkliches Geschick erfordert.

Woran Sie merken, ob Ihre Fragen etwas taugen? An den Antworten! Regen Sie Ihre Klienten mit Fragen an, und ich verspreche Ihnen: Sie bekommen anregende Antworten! Überraschen Sie Ihre Klienten mit Fragen, und ich verspreche Ihnen: Sie bekommen überraschende Antworten! Aber langweilen Sie Ihre Klienten niemals mit absehbaren Fragen, sonst bekommen Sie ... richtig: langweilige, absehbare Antworten!

Dieses Buch soll eine Fundgrube für alle sein, die noch professioneller fragen wollen. Hier bekommen Sie den Weg zu hocheffektiven, verblüffend originellen und manchmal auch erstaunlich einfachen Fragen geebnet. Alle verfolgen denselben Zweck: Sie sollen den Klienten dort abholen, wo er gerade steht, und ihn dort hinbringen, wo er gerne wäre – an seine persönlichen Ziele.

Methodische Erläuterungen verraten Ihnen, welche Ideen die 100 Ausgangs- und 400 Fortsetzungsfragen verfolgen, mit welchen sprachlichen Mitteln sie arbeiten und wie sie sich in der Praxis professionell anwenden lassen. Besonders wichtig ist mir die Rubrik „Schwierige Antwort", denn Klienten verhalten sich oft anders, als es uns die Lehrbücher glauben machen. Deshalb erleben Sie, wie man mit solchen Antworten (die eigentlich nicht „schwierig", sondern nur individuell sind!) professionell umgeht – durch treffende Folgefragen. 100 Übungen laden Sie ein, Ihr Gefühl fürs Fragen zu vertiefen und Ihren Handwerkskoffer als Fragensteller zu füllen.

In China sagt man: Willst du jemanden erfreuen, schenke ihm einen Fisch. Willst du ihn beglücken, lehre ihn das Fischen. Die Fragen dieses Buches sind wie Fische. Immer wieder bekommen Sie Ihren Fang vorgemacht. Am Ende wird Ihnen klar sein, wie Sie die wirksamsten Fragen aus Ihrem *eigenen Kopf* angeln. Und Sie haben Ihren Geschmacksinn so sehr geschärft, dass Ihnen keine schale Standardfrage mehr über die Lippen kommen will.

Wer frischen Fisch gekostet hat, meidet Konserven – auch wenn Ihnen viele Fertiggerichte angeboten werden, nicht zuletzt in Fachbüchern. Standardwerke verbreiten Standardfragen. Und die nutzen sich immer mehr ab. Nehmen Sie die bekannte Wunderfrage: „Stellen Sie sich vor, über Nacht wäre ein Wunder geschehen und Ihr Problem hätte sich aufgelöst – woran würden Sie merken, dass ...?" Coachingerfahrene Klienten langweilen sich. Zu oft schon haben sie darauf geantwortet. Das Wunder – „Bitte nicht schon wieder!" – ist für sie schale Wiederholung. Wann immer der Klient eine Standardfrage *routiniert* beantworten kann, wann immer sie keine neuen Gedanken mehr anstößt, ist das Haltbarkeitsdatum dieser Frage abgelaufen.

Heißt das: auf den Müll mit der Wunderfrage und den anderen Klassikern? Nein, diese Fragen gehen auf vorzügliche Ideen zurück. Was halten Sie davon, die Zutaten zu bewahren, aber nach neuem Rezept zu kochen? Wählen Sie andere Metaphern, würzen Sie mit Originalität nach, geben Sie einen Schuss Individualität hinzu – bis aus einer Frage *Ihre* Frage wird. Neue Fragen führen zu neuen, zu interessanteren Antworten. Wie das geht, können Sie am Beispiel der Wunderfrage gleich zu Beginn des ersten Buchteils lesen.

Gefragte Typen – ein Überblick

Welches sind die Fragetypen aus diesem Buch? Hier ein Kurzüberblick, um Sie auf die Lektüre einzustimmen:

- **Hypothetische Frage:** Sie geht von einer (oft fantasievollen) Hypothese aus, die dem Klienten neue Denkräume öffnet. Beispiel: „Mal angenommen, Sie wären Barack Obama – wie würden Sie Ihre Rede dann eröffnen?"

- **Zirkuläre Frage:** Sie fragt ab, was Menschen aus dem Umfeld des Klienten über ihn oder bestimmte Beziehungen denken. Beispiel: „Wenn sich Ihre Mitarbeiter in der Kaffeepause über Ihren Führungsstil unterhalten – was sagen sie dann wohl?"

- **Frage zum System:** Sie erkundigt sich, welche Spielregeln und Bewertungsmaßstäbe in einer Gemeinschaft gelten. Beispiel: „Was müssten Sie unternehmen, um bei Ihrem Chef ganz dicke Pluspunkte zu sammeln?"

- **Reframing-Frage:** Sie hilft dem Klienten, einen Sachverhalt in neuem Licht zu sehen, meist überraschend positiv. Beispiel: „Mal angenommen, die Wirtschaftskrise wäre ein vorzüglicher Lehrer – was könnten Sie in den nächsten Monaten von ihr lernen?"

- **Ressourcen-Frage:** Sie lenkt den Blick auf persönliche Qualitäten und Kontakte, die helfen können, eine Herausforderung zu bewältigen. Beispiel: „Bitten stellen Sie sich Ihre Erfahrungen einmal als Assistenten vor, die Sie in der jetzigen Situation unterstützen können: Aus wie vielen Assistenten besteht Ihr Team? Und welcher Assistent wäre im Moment der nützlichste?"

- **Zielfrage:** Sie unterstützt den Klienten dabei, sein Ziel zu präzisieren und es sich in allen Farben auszumalen. Beispiel: „Wenn Sie einen Film von Ihrem Leben sähen: An welchen Details würden Sie erkennen, dass er nach Erreichen Ihres Ziels gedreht wurde – und nicht davor?"

- **Lösungsfrage:** Sie erkundigt sich, mit welchen Strategien der Klient ähnliche Herausforderungen früher bewältigt hat oder das aktuelle Problem zeitweise überwindet. Beispiel: „Nun haben Sie den Mittwoch als besten Tag der letzten Woche bezeichnet. Mit welcher Strategie ist es Ihnen da gelungen, so souverän mit der Herausforderung umzugehen?"

- **Feedback-Frage:** Sie gibt dem Klienten eine Rückmeldung und lädt ihn ein, seinen zuvor geäußerten Gedanken zu prüfen. Beispiel: „Ich bin mir nicht sicher, ob es Ihrem Ziel dienen wird, wenn Sie Ihren Chef mit diesen Worten kritisieren. Wie, glauben Sie, würde er reagieren?"

- **Vertiefungsfrage:** Sie lädt den Klienten ein, seine Gedanken zu vertiefen und neue Aspekte zu entdecken. Beispiel: „Nun haben Sie drei Punkte genannt. Was fällt Ihnen noch ein?"

- **Differenzierungsfrage:** Sie hilft dem Klienten, seine Lage nicht schwarz-weiß, sondern differenziert zu sehen. Beispiel: „Zu wie viel Prozent sehen Sie Ihre Arbeitslosigkeit als Risiko – und zu wie viel Prozent können Sie auch eine Chance darin erkennen?"

- **Präzisierungsfrage:** Sie ermuntert den Klienten, allgemeine Aussagen durch Beispiele und Fakten zu präzisieren. Beispiel: „Sie sagen, Ihr Chef kritisiere Sie schon ‚ewig'. Was tut er genau, wenn er Sie kritisiert? In welchen Situationen kommt es dazu? Und wann exakt fing er damit an?"

- **Provokante Frage:** Sie lockt den Klienten aus der Reserve und stachelt seine Emotionen an, indem sie ihn vorsichtig provoziert. Beispiel: „Sie sagen, Ihr Chef kenne keine Grenzen – inwieweit kann es daran liegen, dass Sie ihm keine setzen?"

- **Paradoxe Frage:** Sie fragt nicht das erwünschte, sondern das unerwünschte Verhalten ab, um auf diesem Umweg zu Lösungen zu gelangen. Beispiel: „Was müssten Sie tun, um den Kunden garantiert gegen sich aufzubringen?"

- **Ökologische Frage:** Sie sorgt dafür, dass der Klient seine Veränderung im systemischen Zusammenhang sieht, mit Vorteilen *und* Nachteilen. Beispiel: „Welches wären die positivsten Auswirkungen Ihrer Beförderung? Und wie könnten die unerwünschten Nebenwirkungen aussehen?"

- **Intuitions-Frage:** Sie erkundigt sich nach Ahnungen des Klienten, nach den Schätzen seines Unbewussten. Beispiel: „Angenommen, Ihr Bauchgefühl könnte bei dieser Entscheidung mitreden – wohin würden Sie spontan tendieren?"

- **Emotionalisierende Frage:** Sie ruft die Gefühle des Klienten auf den Plan und erhöht seine emotionale Betriebstemperatur. Beispiel: „Dass man Sie übergangen und Ihren Kollegen auf den Thron gehoben hat – wie fühlt sich das nach all den Jahren fleißiger Arbeit für Sie an?"

- **Frage zum Praxistransfer:** Sie hilft dem Klienten, eine Brücke vom Coaching in seinen Alltag zu bauen. Beispiel: „Welche Leitplanken könnten Sie in Ihrem Alltag aufbauen, um sicherzustellen, dass Sie auch in schwierigen Situationen Ihren neuen Kurs beibehalten?"

Teil 1

Das Handwerk des Fragens

Im ersten Teil dieses Buches erfahren Sie unter anderem ...

- ... wie Sie abgenutzte Klassiker, so die Wunderfrage, wieder auf Hochglanz polieren,
- ... mit welchen kreativen Fragen Sie anstoßen, dass Ihr Klient in seinem Gedankengebäude neue Türen öffnet,
- ... warum die Art, wie Sie über Ihre Klienten denken, der beste Treibstoff für Ihre Fragen sein kann
- ... und welche fünf Profi-Tipps Ihnen helfen, inhaltlich und sprachlich noch wirksamer zu fragen.

Coachen mit Fantasie: Wunderpille statt Wunderfrage

Letztes Jahr kam ein gehobener Pharmamanager zu mir ins Coaching, ein Bär von einem Mann, der sein Problem entwaffnend offen beschrieb: „Ich mache mir jedes Mal ins Hemd, wenn ich vor einer größeren Gruppe reden muss." Das war nur leicht übertrieben, denn schon Wochen zuvor malte er sich sein Scheitern aus: „Ich sehe dann, wie die Blicke der Zuhörer mich durchbohren, wie meine Hände zittern und wie ich zu stammeln beginne. Ich fühle mich, als würde mir jemand einen Knebel in den Mund schieben, als käme da niemals mehr ein Wort raus." Seine Angst ging so weit, dass er nachts träumte, das Publikum würde ihn von der Bühne buhen.

Ganz egal, wie positiv ich meine ersten Fragen auch stellte, blitzschnell kehrten seine Gedanken an den Ort des Schreckens zurück: Er sah sich wieder als zitterndes Häufchen Elend vorm Rednerpult. Meine Einzelfragen kamen mir vor wie ein Gummiband, das seine Gedanken kurz in eine andere Richtung spannte, um sie dann umso heftiger ins Problem zurückzukatapultieren.

Deshalb entschloss ich mich, ihn für *längere* Zeit ins Land der Lösung einzuladen. Ich wollte ihm die Wunderfrage stellen. Aber halt! Hatte er mir nicht selbst erzählt, dass er schon dreimal in dieser Angelegenheit gecoacht worden war? Und wollte ich wirklich der Vierte sein, der ihn – zu seiner Langeweile – schon wieder ins Wunderland zwang?

Ich überlegte: Welche Frage würde denselben Effekt erzielen, aber für ihn neu und spannend sein? Wie könnte es mir gelingen, die allgemeine Wunderfrage durch eine Frage zu ersetzen, die speziell auf ihn, den Pharma-Manager, zugeschnitten war?

Mir kam eine Idee: „Wenn ich Sie richtig verstanden habe, entwickelt Ihre Abteilung neue Medikamente?"

„Ja, sogar mit großem Erfolg", sagte er.

„Prima. Hätten Sie dann Lust auf ein kleines Gedankenspiel, das mit Ihrer Branche und einem völlig neuen Medikament zu tun hat?"

Auf einmal saß er kerzengerade auf seinem Stuhl, und seine Augen, bis dahin matt, glänzten mich hellwach an: „Da bin ich aber neugierig – legen Sie los!"

Ich sprach ganz langsam: „Also, stellen Sie sich vor, Ihre Forschungsabteilung hat ein völlig neues Medikament entwickelt – ein Medikament, das mit hundertprozentiger Sicherheit gegen Redeangst wirkt. Wer es einnimmt, kann souverän und unbeschwert reden. Egal vor wie vielen Leuten. Sogar vor einem vollen Fußballstadion. Und nun dürfen Sie, als einer der Ersten, dieses Medikament benutzen."

Zum ersten Mal deuteten seine Mundwinkel ein Lächeln an. Und er nickte verträumt, als würde sein Kopf einen kostbaren Gedanken wiegen. Vielleicht malte er sich schon aus, wie es wäre, angstfrei auf einer Bühne zu stehen. Und sicher schien ihm dieses Medikament auch geschäftlich spannend – damit ließe sich gigantisch Umsatz machen!

Ich fuhr fort: „Und nun stellen Sie sich bitte vor, Sie haben dieses Medikament eingenommen. Und langsam, ganz langsam, beginnt es zu wirken. Was wird sich zuerst an Ihnen verändern?"

Seine Antwort kam blitzschnell: „Ich glaube, ich würde nicht mehr so viel ans Reden denken."

„Dann stellen Sie sich jetzt einmal vor, Sie würden im Rahmen einer klinischen Studie befragt. Und Sie müssten den Wissenschaftlern exakt beschreiben: Was ist anders, wenn Sie nicht mehr so viel ans Reden denken?"

Mit einer Akribie, die mich verblüffte, beschrieb er die ersten Auswirkungen des Medikaments: wie seine Arbeitstage effektiver liefen, weil sein Kopf frei war, wie er entspannt mit seinen Kindern über den Spielplatz tobte, wie er nachts wieder durchschlafen konnte ohne die obligatorischen Alpträume …

Ich fragte weiter: „An diesem Punkt des Versuchs – Sie haben ja gerade von Ihrer viel lockereren Vorbereitung erzählt – sagen die Forscher Ihnen: ‚Jetzt hat unser Medikament erst 30 Prozent seiner Wirkung getan.' Woran würden Sie merken, dass weitere zehn Prozent hinzukommen?"

Der Manager beschrieb genau, welches die Wirkung bei 40 Prozent wäre – nämlich dass er öfter in kleineren Runden, zum Beispiel beim Abteilungsmeeting, spontan das Wort ergreifen und den Kollegen von neuen Entwicklungen berichten würde.

So ging ich – meine Fragen skalierend – mit ihm in 10-Prozent-Schritten die Wirkung des Medikaments bis zur 100 durch. Ich war fasziniert, wie er sich mit jedem Schritt aus den Fesseln seines Problems weiter befreite. Je länger er sprach, desto lebendiger wurde er. Und seine Sprache, die erst noch im Konjunktiv verharrte, sprang in den Präsens über.

Schließlich sah er sich auf der Rednerbühne, und ich spielte ihm eine zirkuläre Frage zu: „Natürlich sitzen im Publikum die Forscher, die das Medikament entwickelt haben. Jetzt sammeln sie Beweise für die tolle Wirkung ihres Medikaments und bemerken jedes Detail, das Ihnen bei dieser Rede besser als sonst gelingt. Welche Fortschritte, kleine und große, würden die Kollegen wahrnehmen?"

Mit sichtbarer Freude beschrieb er seinen Erfolg in farbigen Einzelheiten. Er schilderte, wie er die Bühne selbstbewusst betrat, wie er eine längere Pause einlegte und Blickkontakt mit dem Publikum aufnahm, wie er gezielt die Gesichter vertrauter Menschen ansah und wie er dann eine fulminante Rede hielt, im Vertrauen darauf, „dass ich mein Thema wie im Schlaf beherrsche und den Kollegen viel Interessantes zu erzählen habe".

Seine Konzentration hatte sich verlagert – er war nicht mehr mit sich, nicht mehr mit seinem möglichen Scheitern beschäftigt. Vielmehr konzentrierte er sich auf sein Thema, sein Publikum, seine Qualitäten. Und während er über seinen Erfolg als Redner sprach, bewies er alle Qualitäten eines erfolgreichen Redners: Seine Sprache war anschaulich, sein Ton mitreißend, seine Inhalte überzeugend.

Ich war sicher: Diese sinnliche Vorstellung seines Triumphes als Redner würde neuronale Denkpfade in seinem Gehirn bilden, tief genug, dass seine Gedanken beim realen Handeln auf dieselbe Bahn zurückkehren konnten.

Als er in seiner Erzählung von der Bühne abgegangen war – natürlich mit donnerndem Applaus – stellte ich weitere Fragen zu der (für ihn) so wirkungsvollen Medikamenten-Metapher, um sein Denken im Lösungsmodus zu halten.

Übung Welche Fragen hätten Sie gestellt, gerne mit Bezug auf die Wunderpille? Bitte schreiben Sie mindestens fünf Fragen auf, ehe Sie meine Vorschläge lesen.

Die Frage als Lösungsmedikament

- Welche Dosis – wenn 100 den vollen Wert bedeutet – bräuchten Sie, um sich beim Reden wohl zu fühlen? Was wäre dann anders als sonst?
- Mal angenommen, es ließe sich nachweisen: Dieses Medikament ist Ihnen in kleiner Dosis schon in der Vergangenheit vor Reden ins Getränk gemischt worden. Bei welcher Rede könnte das gewesen sein? Und woran war es zu bemerken?
- Wie hätten Sie diese Ansätze ausgebaut, wenn Sie gewusst hätten „Ich habe das Medikament eingenommen und kann nicht scheitern!"?
- In Ihrer Branche ist der Placebo-Effekt ein großes Thema: Mal angenommen, Sie würden ein paar Tage vor Ihrer Rede eine neutrale Pille schlucken und an Ihre Wirkung glauben – was könnte das mit Ihnen machen?
- Wer, außer Ihnen, würde zuerst bemerken, dass etwas anders ist? Wie würde mir dieser Mensch seine Beobachtungen wohl schildern?
- Unter welchen Voraussetzungen wären Sie bereit, dieses Placebo-Experiment in Ihrem Alltag vor einer Rede zu probieren?
- Mal angenommen, Sie könnten durch das Medikament reden wie ein junger Gott. Welche Risiken und Nebenwirkungen könnte das haben, laut Ihrem individuellen Beipackzettel?

Können Sie sich vorstellen, warum sich dieser Klient schon zwei Wochen später *freiwillig* bei einem Abteilungsmeeting mit einer kleinen Rede zu Wort meldete („erstmals fast angstfrei", wie er später sagte)? Und warum er nach nur sechs Wochen seine Sicherheit als Redner „unglaublich gesteigert" hatte (so seine Worte)? Ich bin sicher: Die Pillen-Frage hatte den Weg geebnet.

Hätte die Wunderfrage – falls für ihn neu – das auch gekonnt? Wohl kaum, denn seine Begeisterung für die Frage war eindeutig seiner Begeisterung für den Beruf geschuldet, dem individuellen Element der Frage. Deshalb ging er so in seiner Rolle als Testpatient auf. Deshalb beschrieb er den Wissenschaftlern so anschaulich, was die Pille mit ihm machte. Und während er meinte, mit seinen Antworten der Wissenschaft zu dienen, diente er sich selbst; er entfernte sich von seiner Redeangst. Und flirtete mit der Lösung.

Die Frage nach dem Medikament brachte fürs Coaching weitere Vorteile: Sie gab mir die Chance, seinen Zielzustand in Prozenten zu skalieren (was bei einem „Wunder über Nacht" nicht möglich gewesen wäre). Er kam zu der Einsicht, dass er gar nicht die volle Wirkung des Medikaments benötigen würde: „Mit 70, 80 Prozent wäre ich mehr als zufrieden." Damit legte er die Latte des Selbstanspruchs auf eine erreichbare Höhe.

Ins Grübeln brachte ihn die Frage nach den „Nebenwirkungen": „Wenn ich so gut rede, kann es sein, dass ich immer mehr Einladungen für Kongresse bekomme und immer weniger Zeit für meine Kernarbeit habe." Auch befürchtete er, sein Verhältnis zu einem Managerkollegen, der ebenfalls unter Redeangst litte, könnte abkühlen: „Bislang hat uns zusammengeschweißt, dass wir dasselbe Problem haben."

Für beide Fälle entwickelte er Gegenstrategien: Pro Monat wollte er niemals mehr als einen Rednerauftritt annehmen – das war immerhin doppelt so viel wie im Moment. Und mit dem Managerkollegen wollte er seine neuen Erkenntnisse zum Überwinden der Redeangst teilen, damit die Beziehung sich nicht länger auf einer gemeinsamen Angst, sondern künftig auf einem gemeinsamen Fortschritt gründen würde.

Seine Analyse von Nutzen und Risiko, sein Öko-Check, ergab vor diesem Hintergrund: Die Vorteile durch die Veränderung würden die „unerwünschten Nebenwirkungen" bei Weitem übertreffen. Er war bereit, die Weichen in diese völlig neue Richtung zu stellen.

Meine Frage nach dem „Wundermedikament" war sicher kein Geniestreich; sie war nur einen Tick origineller und vor allem individueller als der Standard. Sicher wären Sie auf dieselbe Frage gekommen, wenn Ihnen jemand aufgetragen hätte: „Übertragen Sie die Wunderfrage auf einen Pharmamanager und beziehen Sie dabei seinen Beruf ein."

Genau darauf kommt es an: dass Sie ein Bewusstsein dafür entwickeln, mit welcher Leichtigkeit *ungewöhnliche* Fragen ein Coaching beflügeln können. Unterm Strich ist es mehr Arbeit, mit Dutzenden von Standardfragen gegen Wände zu laufen, als mit wenigen originellen Fragen neue Türen im Kopf des Klienten zu öffnen.

Lust auf Lösung: Ein Abenteuer-Spielplatz der Gedanken

Die wichtigsten Veränderungen passieren in einem Raum, zu dem Sie keinen Schlüssel besitzen: im Kopf des Klienten. Der erwähnte Pharmamanager sprudelte zahllose Beispiele heraus, wie er als Redner versagt hatte. Seine Deutungen gingen immer in dieselbe Richtung: Wenn jemand im Publikum gluckste, war er sicher: „Die Leute verlachen meine Rede!“ Wenn er sich im Traum aus einem hohen Gebäude stürzen sah (wovon er mehrfach erzählte), schien ihm klar: „Das symbolisiert meinen Sturz von einer Redebühne!“ Und wenn ihm Wochen vor einer Rede bei der Arbeit ein Fehler passierte, analysierte er: „Die Angst vor der nächsten Rede hat mich abgelenkt!“

Im Coaching wiederholte er das, was auch sonst in seinem Kopf ablief: einen Monolog über seine Probleme, seine Ängste, alles Negative. Und was verstärkte er dadurch? Seine Probleme, seine Ängste, alles Negative! Die meisten Klienten neigen zu solchen Wiederholungsschleifen. Die Herausforderung besteht darin, ihr Denken auf neue Wege zu locken.

Gar nicht so einfach! Jeder Mensch – so besagt es die Lehre des Konstruktivismus – lebt in seinem eigenen Wirklichkeitsgebäude, errichtet aus seinen Gedanken und Gefühlen, gefestigt mit seiner subjektiven Wahrnehmung, untermauert mit seinen Handlungen und schließlich erlebt als die (einzige) Realität. Nicht nur der Klient lebt in einem solchen Gebäude, sondern auch Sie. Daraus ergibt sich ein Problem: Die einzelnen Denkgebäude stehen nebeneinander, aber es gibt keine Verbindungstüren.

Zwei Menschen, die im Alltag *miteinander* zu reden meinen, reden oft aneinander vorbei. Einer sagt: „In der Innenstadt finde ich nie einen Parkplatz.“ Und der andere antwortet: „Doch, ich finde immer was, und zwar ...“ Statt sich in den Gesprächspartner einzufühlen (Du-Assoziation), sind die Menschen mit sich selbst beschäftigt (Ich-Assoziation). So lässt sich kein Stein im Denkgebäude des anderen bewegen.

Und doch gibt es eine Möglichkeit, im Coaching Verbindungstüren zu schaffen, den Kopf eines Klienten zu betreten und seinen Problemmonolog zu unterbrechen. Nicht durch gut gemeinte Ratschläge, denn sie würden von den Mauern abprallen („Gehen Sie einfach ganz locker an Ihre Reden heran!"); nicht durch Ihre eigenen Erfahrungen, denn sie würden den Klienten entmutigen („Ich bin als Redner ohne Manuskript erfolgreich!"). Der Türöffner sind Fragen – je fantasiereicher, je Du-assoziierter, desto besser!

Abb. 1: Jeder Mensch lebt in seinem eigenen Denkgebäude. Gute Fragen schlagen eine Brücke zwischen Coach und Klient und festigen die Beratungsbeziehung, den Rapport.

Solche Fragen *unterlassen* den Versuch, das Denkgebäude des anderen Menschen mit Gewalt aufzubrechen (wie die „guten Ratschläge" es wollen) – ein solcher Übergriff würde nur verschärfte Sicherheitsmaßnahmen heraufbeschwören, eine paradoxe Wirkung des Appells. Solche Fragen klopfen sanft an, lassen sich vom Klienten hereinbitten und laden ihn ein, sich in seinem alten Denkgebäude mit neuen Augen umzuschauen:

Gibt es Details, die er noch nicht bemerkt hat? Gibt es Fenster, durch die er schauen könnte, um die Dinge in einem neuen Licht zu sehen? Gibt es Räume, die er gerne umgestalten würde? Und schließlich, wenn ihn die Freude an der Veränderung gepackt hat: Ließen sich in seinem Denkgebäude alte Wände einreißen und ein paar neue Zimmer anbauen?

Alle Menschen interessieren sich für das gleiche Lieblingsthema: sich selbst, ihr eigenes Leben. Anregende Fragen geben ihnen die Gelegenheit, dieses Lieblingsthema auf spannende Weise zu vertiefen und zu erforschen.

Übung

Mit welchen kreativen Fragen (abseits der Wunderpille) hätten Sie den Pharmamanager ebenfalls anregen und Lösungsideen entwickeln lassen können? Bitte entwerfen Sie mindestens zehn eigene Fragen, ehe Sie meine Vorschläge lesen.

Ein Blick durchs neue Fenster

- Die meisten Menschen, die ich kenne, hätten an Ihrer Stelle längst das Handtuch geworfen. Woher nehmen Sie die Energie, trotz allem als Redner Ihren Mann zu stehen?

- Angenommen, ein Nobelpreisträger würde analysieren, welche Vorteile Ihr Respekt vor dem Reden für Sie hat – worauf käme er möglicherweise?
- Wenn Sie Ihre letzten fünf Reden anschauen: Welches war die schlechteste?
- Mit anderen Worten: Vier Reden waren besser! Welche Rede würden Sie auf Rang vier stellen? Und was finden Sie an dieser Rede ein klitzekleines bisschen gelungener als an der auf Rang fünf?
- Lassen Sie uns Ihre gelungenste Rede anschauen: Mal angenommen, ich hätte Sie dabei beobachten können – welche Fortschritte wären mir im Vergleich zur schlechtesten Rede aufgefallen?
- Nun haben Sie einige Ihrer Qualitäten als Redner genannt. Welche davon würden Sie am liebsten ausbauen?
- Mal angenommen, Sie würden über Ihren ganz persönlichen „Rednerqualitäten-Regler" verfügen, so wie ein Radio einen Lautstärke-Regler hat. Und dieser Regler geht von 1 (für wenig ausgeprägt) bis 10 (für sehr ausgeprägt). Auf welcher Stärke stand dieser Regler bei Ihrer besten Rede?
- Nun haben Sie gesagt: auf vier. Mit welchen Strategien gelingt es Ihnen, in guten Momenten die Eins so weit hinter sich zu lassen?
- Woran genau würden Sie beim Reden (oder im Vorfeld) merken, dass der Regler sich um eine weitere halbe Stufe nach vorne bewegt hat?
- Lassen Sie uns die weiteren Lautstärken einmal durchspielen (es folgen Einzelfragen). Wie hoch müssten Sie den Regler drehen, um sich wohlzufühlen?
- Welcher Mensch in Ihrem Umfeld hält Sie für einen besseren Redner als Sie selbst?
- Angenommen, dieser Mensch müsste ein Plädoyer vor Gericht halten, um Sie von dem Vorwurf freisprechen zu lassen, Sie seien ein schlechter Redner – welche Argumente würde er wohl ins Feld führen? Haben Sie vielleicht Lust, dieses Plädoyer einmal an seiner Stelle zu halten?
- Stellen Sie sich einmal vor, Sie wären einer der Geschworenen: Welche dieser Punkte hätten Sie am meisten beeindruckt?

Wie ein Mensch die Welt sieht, hängt nicht davon ab, wie die Welt ist – sondern davon, wie *er* ist. Und dieses konstruktivistische Selbstbild wird von subjektiven „Wahrnehmungen" zusammengekittet (die eigentlich „Wahr-Gebungen" heißen müssten). Mit Fragen stoßen Sie an, dass der Klient den Suchscheinwerfer seiner Wahrnehmung in andere Richtungen lenkt. Neue Wahrnehmungen können zu neuen Kognitionen, sprich Gedanken, führen, neue Kognitionen wiederum zu neuen Handlungen.

Wohlgemerkt: Die Aktivität liegt nicht bei Ihnen als Coach, Sie spielen Ihrem Klienten nur eine Vorlage zu. Er selbst entscheidet, was er daraus macht, in seinem Fühlen, Denken und Handeln. Das ist der beste Weg, um Hilfe zur Selbsthilfe zu leisten.

Fantasiereiche Fragen wecken die Fantasie des Klienten und kitzeln seine Eigenkräfte wach. Die obigen Fragen hatten den Pharmamanager dazu gebracht, die Wahrnehmungslupe vielleicht erstmals in seinem Leben *nicht* nur über seine Schwächen als Redner zu halten (und sie damit zu vergrößern!) – sondern damit seine Stärken zu begutachten (und sie damit ebenfalls zu vergrößern).

Die Reframing-Frage hätte ihn überlegen lassen, welche Vorteile der „Respekt" vor Reden für ihn hat (bislang sah er nur die Nachteile!). Die Ressourcen-Fragen hätten ihm zu der Einsicht verhelfen können, dass einige seiner Reden besser als andere, also *relativ* gelungen sind (bislang hielt er *alle* für gleich schlecht!). Und hypothetische und zirkuläre Fragen hätten ihn angeregt, sich erstmals im wahrsten Sinne mit anderen Augen zu sehen – zum Beispiel denen eines Kollegen, der seine Qualitäten als Redner schätzt, oder mit denen eines Geschworenen, der ein solches Plädoyer mit neutralen Ohren hört (bislang sah er sich immer mit seinen eigenen Augen – als absoluten Redeversager!).

Gelungene Fragen eröffnen einen Abenteuer-Spielplatz; sie machen den Klienten zum Gedanken-Spielkind. Sie laden ihn ein, in seinem Denkgebäude mit solcher Lust herumzutoben, dass die alten Wände wackeln und verstaubte Selbstbilder aufgewirbelt und neu gemischt werden. Gelungene Fragen lassen den Klient über die Mauern seines gewohnten Denkens hinausschauen. Sie können eine unbändige Lust auf Veränderungen wecken.

Veränderungen sind wie Architektenhäuser: Ehe sie entstehen können, braucht es einen Entwurf. Ihre Fragen können den Blick des Klienten von der Baugrube, nämlich dem Problem, auf die Ressourcen als Baumaterial lenken (zum Beispiel auf die Qualitäten, die er als Redner schon bewiesen hat) – und sie können Ihren Klienten dazu bringen, seine Veränderung in allen Farben zu entwerfen. Dann ist der Weg zum Handeln nur noch ein Katzensprung.

Klientenbild: Der Stoff, aus dem die Fragen sind

Wovon hängt die Qualität Ihrer Fragen ab? Von Ihrer Fragetechnik, Ihrer Fantasie, Ihrem Sprachvermögen? Ja, aber noch wichtiger ist eine größere Stellschraube: Ihre Haltung gegenüber dem Klienten. Jede Frage, die Sie *bewusst* stellen, aber auch jede Frage, die Sie *bewusst* nicht stellen, sagt etwas über Ihr Klientenbild aus – was Sie dem Gecoachten zutrauen oder nicht zutrauen; für wie motiviert oder unmotiviert, kreativ oder ideenlos, intelligent oder dumm Sie ihn halten.

Genau darüber habe ich neulich mit einem erfahrenen Kollegen diskutiert. Ich hatte ihm am Rande eines Empfangs von einer meiner Lieblingsfragen erzählt (die auch in diesem Buch vorkommt, siehe Seite 291): „Wenn Ihr Problem ein Löwe wäre und Sie ein Löwenbändiger – was würden Sie im Umgang mit ihm beachten?"

Er nickte anerkennend: „Schöne Frage! Habe ich noch nie gehört." Dann grübelte er etwas, und seine Stirn legte sich in Falten: „Aber für meine Klienten eignet sich die Frage nicht. Damit kannst du bei Kreativen punkten, bei Werbetextern, Grafikern, Managementstrategen. Aber ich coache vor allem Ingenieure."

Er nippte an seinem Sekt, als sei alles gesagt. Doch ich wollte es genauer wissen: „Mal angenommen, du würdest diese Frage den Ingenieuren stellen – welche Antworten, glaubst du, kämen dann?" – Er setzte sein Sektglas ab: „Diese Leute sind Techniker. Die wollen sich an Fakten halten. Ich glaube, eine solche Frage würden die gar nicht kapieren. Da käme eine Antwort wie: ‚Können Sie das noch mal in anderen Worten fragen?'"

Ich blieb hartnäckig: „Und welche Antworten wären noch denkbar?" – „Vielleicht: ‚Ich bin Ingenieur, nicht Löwe!'"

Mir kam ein Verdacht: „Kann es sein, dass du deine Klienten für etwas fantasielos hältst?" – Er hob abwehrend die Hände: „Nicht *alle* Klienten! Aber die meisten Ingenieure haben mit Fantasie wenig am

Hut. Da wären solche Fragen verfehlt. Ich würde ja auch keinen Nichtschwimmer ins Schwimmbecken stoßen!“

„Aber woher weißt du, ob jemand schwimmen kann, wenn du ihn vom Wasser fernhältst?“ – „Ich kenne doch meine Klientel! Wenn jemand von selbst keine Ideen einbringt, kann man sie auch nicht aus ihm herausprügeln!“

„Mal angenommen, deine Ingenieure wären wahre Fantasiekanonen – was ja gar nicht so unwahrscheinlich ist, schließlich müssen sie ja auch bei ihrer Arbeit Dinge entwerfen: Wie wolltest du es herausfinden, ohne diese Fantasie anzusprechen?“ – Er tippelte nervös von einem Fuß auf den anderen: „Du darfst mir ruhig ein wenig Menschenkenntnis zutrauen. Ich merke doch, ob ein Mensch kreativ ist!“

„Woran?“ – „An dem, was er sagt.“

„Aber hat das, was er sagt, nicht direkt mit dem zu tun, was du fragst oder nicht fragst?“ – Er atmete tief durch und seufzte:„Du meinst also: Weil ich meine Klienten als fantasielos anspreche, bekomme ich auch fantasielose Antworten?“

Genau das meinte ich! Der Klient ist nicht einfach der Klient, ist keine feste Größe, sondern er ist das, was die Wechselbeziehung zum Coach aus ihm macht. Was er in Gegenwart des Coachs fühlt, denkt, sagt und tut, hängt damit zusammen, was der Coach selbst fühlt, denkt, sagt und tut. Jede Erwartung des Coachs, jede seiner Fragen spiegelt sich im Verhalten und in den Antworten des Klienten wider.

Der Physiker Heinz von Foerster spricht von einer „Kybernetik zweiter Ordnung“. Wer ein System beobachtet, beeinflusst dieses System, eben weil er es beobachtet. Schon seine bloße Gegenwart kann nicht neutral sein, sie färbt auf das System ab. Daraus folgt: Alles, was der Klient von sich zeigt (oder nicht zeigt), hat auch mit Ihrer Gegenwart, mit Ihrem Verhalten, erst recht mit Ihren Interventionen zu tun.

Darin liegt eine große Chance: Im Proberaum dieser Zweierbeziehung können Sie Ihrem Klienten dazu verhelfen, dass er seine besten Seiten entfaltet – indem Sie diese besten Seiten mit Fragen ansprechen. Darin liegt aber auch ein Risiko: Wer seinen Klienten als Fantasie-Zwerg anspricht, wird Fantasie-Zwerg-Antworten ernten.

Wann immer ich das Gefühl habe, meine Klienten seien „unmotiviert“, „fantasielos“ oder „oberflächlich“, prüfe ich: Wie hängt das zusammen mit meiner Sicht auf die Klienten und den daraus resultierenden Fragen an sie? Inwieweit kann es sein, dass ich – ohne mir dessen bewusst zu sein – diese (ungeliebten) Eigenschaften mit meinen Fragen angesprochen und hervorgelockt habe?

Eine solche Einsicht ist bitter, weil die Verantwortung nun beim Coach liegt. Aber sie ist auch ein Geschenk, denn indem er eine neue Haltung einnimmt und neue Fragen stellt, kann er seinen Klienten verändern und neue Antworten hervorlocken.

Nehmen Sie meinen Kollegen: Er hat den Ingenieuren trockene Faktenfragen gestellt. *Deshalb* bekam er trockene Faktenantworten. Dabei hätte er durch kreative Fragen auch kreative Antworten hervorkitzeln können. Zum Beispiel hat er mir vom Fall eines Maschinenbau-Ingenieurs erzählt, der unschlüssig war, ob er eine Fach- oder Führungskarriere anstreben sollte.

Übung Welche Fragen könnten Sie ihm stellen, um ihn gleichzeitig als Techniker *und* als Kreativen anzusprechen? Bitte entwickeln Sie zehn Vorschläge, ehe Sie sich meine Einfälle durchlesen.

Zauberhafte Maschine

- Wenn Sie eine Entscheidungsmaschine entwickeln müssten, die Ihnen dabei hilft, zwischen Führungs- und Fachkarriere zu wählen – welche Kriterien würden Sie bei Ihrer Konstruktion beachten?
- Wer aus Ihrem Umfeld würde, mit Blick auf Ihre anstehende Entscheidung, den Bauplan wohl gerne beeinflussen – und in welche Richtung?
- Welche dieser Ratschläge würden Sie annehmen – und aus welchem Grund?
- Und welche Beeinflussung würden Sie ablehnen – und weshalb?
- Angenommen, die Maschine würde von einem Erfinder-Genie geprüft, dem weltweit führenden Entscheidungsmaschinen-Ingenieur – was würde er in Ihrem Plan vielleicht noch verändern oder ergänzen?
- Gehen wir mal davon aus, Sie müssten die Qualität dieser Maschine bei einer kleineren Entscheidung testen – welche Gelegenheit würde sich in nächster Zeit bieten?

- Woran würden Sie merken: „Die Maschine funktioniert vorzüglich!"?
- Und woran würden Sie erkennen, dass die Maschine völlig aus dem Ruder läuft?
- Wenn Sie einen Blick auf Ihre gelungenen Entscheidungen der Vergangenheit richten: Welche fallen Ihnen ein? Und was können Sie daraus für Ihren jetzigen Bauplan noch ableiten?
- Nun lassen Sie uns noch ein wenig Industriespionage betreiben: Welche Menschen haben aus Ihrer Sicht ein besonders gutes Händchen bei solchen Karriereentscheidungen bewiesen? Und wie – vermuten Sie – funktionieren deren Entscheidungsmaschinen?
- Was könnten Sie als guter Industriespion für Ihre Maschine daraus ableiten?
- Angenommen, Sie würden alle genannten Kriterien in Ihre Maschine einfließen lassen: Geben Sie mal eine Prognose ab, in welche Richtung der Zeiger eher ausschlägt – in Richtung Fach? Oder in Richtung Führung?

Das Fundament, auf dem diese Fragen ruhen, ist eine Annahme über den Klienten: „Weil er Ingenieur ist, ist er kreativ!" Diese Fragen bauen dem Ingenieur eine Brücke zwischen seinem alltäglichen Metier und der neuen Herausforderung. Er kann sich auf sicherem Grund bewegen – schließlich weiß er, wie man Maschinen entwickelt. Zugleich erforscht er auf spielerische Art neue Gedanken. Diese Mischung aus Vertrautem und Neuem stärkt sein Selbstvertrauen. Dagegen würde ihn ein zweifaches Auswärtsspiel, fachlich und gedanklich, womöglich überfordern.

Heißt das, der Ingenieur wird schon die ersten Fragen mit Bravour beantworten? Nicht unbedingt, denn er entwickelt nicht jeden Tag eine Entscheidungsmaschine. Aber wie deutet man eine zunächst einsilbige Antwort? Der eine Coach denkt: „Er ist eben kein Kreativer!" Und macht mit Standardfragen weiter. Der andere erkennt: „Er hat den Zugang zu seiner Kreativität *noch* nicht gefunden." Und fährt mit kreativen Fragen fort.

Und tatsächlich: Wenn Sie ihm drei, vier solcher Fragen stellen, wenn er allmählich das Spiel begreift, wird er sich immer freudiger und immer ideenreicher darauf einlassen. Und am Ende – das garantiere ich – sprudeln hilfreichere Antworten aus seinem Kopf, als sie sich mit Standardfragen hätten entlocken lassen.

Achtung, Fettnäpfchen: Fünf Anregungen für bessere Fragen

Welche Fehler lauern beim Fragen? Und wie lassen Sie diese Fettnäpfe links liegen und entwickeln ein sicheres Gefühl fürs professionelle Fragen? Die folgenden fünf Anregungen weihen Sie ins Handwerk des Fragens ein. Zum Beispiel erfahren Sie, welche Richtung gelungene Coaching-Fragen einschlagen, mit welchen Metaphern sie arbeiten und mit welcher Sprache sie den Klienten am tiefsten berühren.

1. Zielen Sie auf die Lösung!

Viele Coachings kreisen um das Problem wie die Erde um die Sonne, wieder und wieder. Weil der Klient am laufenden Band über sein Problem spricht, stellt der Coach am laufenden Band Fragen dazu:

Negativ-Beispiel: Kleben am Problem

Klient: „Ich schaffe es einfach nicht, meine Mitarbeiter zu motivieren."

Coach: „Es wurmt Sie, dass Ihre Mitarbeiter wenig Arbeitslust empfinden?"

Klient: „So ist es! Ich erwarte, dass sich meine Mitarbeiter engagieren. Aber davon sehe ich nichts."

Coach: „An welchen Beobachtungen machen Sie die mangelnde Motivation fest?"

Klient: „Schon an der Stimmung! Unser Großraumbüro ist ein einziger Kühlschrank. Und wenn ich eine Arbeit zu vergeben habe und in die Runde frage, meldet sich nie ein Freiwilliger. Dann muss ich immer einen bestimmen."

Coach: „Wo genau sehen Sie die Parallelen zu einem Kühlschrank?"

Klient: „Es ist einfach frostig! Da lacht niemand. Da wird kaum geredet. Da starren die Leute nur auf ihren Bildschirm. Und wenn ich reinkomme und eine Ansage mache, mit der ich die Leute motivieren will – dann schauen sie nur kurz auf. Wie Kühe, die man beim Grasen unterbricht."

Coach: „Bitte spekulieren Sie mal: Was könnte bei Ihren ‚Ansagen' falsch laufen?"

Klient: „Nun, ich glaube, die Mitarbeiter fühlen sich unter Druck gesetzt. Ich glaube auch ..."

Wahr ist: Die meisten Klienten kommen zum Coach *nicht*, um eine Lösung zu finden, sondern um ein Problem loszuwerden. Diese Fluchtmotivation verengt den Blick – so wie ein Ur-Mensch, der von einem Säbelzahntiger bedroht wurde, diesen keine Sekunde lang aus den Augen ließ.

Gegenüber dem Tiger war dieses Verhalten klug – gegenüber heutigen Problemen ist es kontraproduktiv. Der Problemgedanke erhöht die Anspannung. Und je größer der Stress, desto mehr werden die Gedanken fixiert. Die US-Psychologen Robert Yerkes und John D. Dodson haben schon 1908 nachgewiesen: Menschen handeln auf mittlerem Anspannungsniveau effektiv. Bei geringer Anspannung, etwa direkt nach dem Aufstehen, sind sie nachlässig. Bei höherer Anspannung, etwa bei Stressgedanken, sind sie blockiert.

Die „Problemhypnose" des Klienten, wie Psychologen das nennen, kann auf den Coach überspringen. Der beste Schutz ist eine konsequente Lösungsorientierung. Wenn wir uns das Problem als einen Baum vorstellen, dann richtet sich der Blick eines Psychotherapeuten auf die Wurzeln: Woher stammt das Problem? Worin besteht es? Wie drückt es sich aus? Dagegen schaut ein Coach (und auch ein Verhaltenstherapeut) vor allem nach oben: Woher kommt das Licht der Hoffnung? Blühen schon die ersten Knospen einer Lösung? Und wie ließe sich ihr Wachstum fördern?

Indem Sie Fragen stellen, die auf Lösungen zielen, können Sie den Blick Ihres Klienten vom Problem losreißen, seinen Stresspegel auf ein mittleres Niveau senken und ihn Lösungen sichten, durchspielen und mit viel Optimismus anstreben lassen.

Aber will ein Problem nicht erst mal durch Fragen gewürdigt sein, ehe wir nach den Lösungen fragen? Stimmt. Aber das aktive Zuhören, das die Beziehung zum Klienten aufbaut, den „Rapport", wie man in der Fachsprache sagt, muss nicht unbedingt ein Problem in Frageform wiederholen – es kann auch den Wunsch dahinter herausarbeiten (wie Sie gleich bei der ersten Aussage des Coachs sehen werden).

Übung Bitte schreiben Sie den obigen Dialog um, ehe Sie gleich das Positiv-Beispiel lesen – was wäre möglicherweise passiert, wenn der Coach mit seinen Fragen in eine positive Richtung gezielt hätte?

Positiv-Beispiel: Lösung im Blick

Klient: „Ich schaffe es nicht, meine Mitarbeiter zu motivieren."

Coach: „Sie suchen nach einem Weg, die Arbeitsfreude Ihrer Mitarbeiter zu fördern?"

Klient: „Ja, so ist es. Ich möchte erreichen, dass sich meine Mitarbeiter engagieren. Aber davon sehe ich nichts."

Coach: „Angenommen, Ihre Mitarbeiter wären bis in die Haarspitzen motiviert – woran würden Sie es bemerken?"

Klient: „Schon an der Stimmung! In unserem Großraumbüro würde mehr gelacht. Und wenn ich eine Arbeit zu vergeben hätte, würde sich immer ein Freiwilliger melden. Und ich müsste niemanden bestimmen."

Coach: „Wenn Sie die letzten Jahre einmal Revue passieren lassen – wann stand das Motivations-Barometer am höchsten?

Klient: „Als wir einen neuen Markt in Osteuropa erschlossen haben! Da hatte ich kurzzeitig das Gefühl: Die können ja alle doch wie Unternehmer denken. Im Grunde musste ich gar niemanden motivieren, denn die Motivation war schon da."

Coach: „Erzählen Sie mal ausführlich: Womit haben Ihnen die Mitarbeiter in dieser Phase am meisten Freude bereitet?"

Klient: „Also, besonders gefallen hat mir: ..."

Coach: „Was haben Sie damals getan oder vielleicht auch nur gelassen, um Ihren Mitarbeitern den Weg zu einer so hohen Motivation zu ebnen?"

Klient: „Ich habe die Mitarbeiter selbst entscheiden lassen. Ich habe: ..."

Coach: „Mal angenommen, Sie würden von dem, was damals so erfolgreich war, wieder mehr tun – welche Auswirkungen könnte das im günstigsten Fall haben?"

Vergleichen Sie bitte: Wie wirkt sich die erste, problemorientierte Gesprächsvariante auf den Inhalt aus, auf die Stimmung des Klienten, auf seine Hoffnung, aus eigener Kraft eine Lösung zu finden? Und wie wirkt die zweite, die lösungsorientierte Variante?

Die Lösungsorientierung hat nichts zu tun mit Hurra-Optimismus, nichts mit zwanghaft positivem Denken. Vielmehr macht sie dem Klienten die Tatsache bewusst, dass sein Problem nur die Abwesenheit einer Lösung ist, die er bereits gefunden hatte. Wie viel leichter wird es ihm scheinen, den Rückweg dorthin zu finden, als einen neuen, ungewissen Weg einschlagen zu müssen!

Gegenwärtige Probleme erscheinen oft allgegenwärtig. Das trifft aber nicht zu. Erstens gab es eine Zeit vor dem Problem. Die Lösung war schon anwesend; es gibt sie! Und zweitens verhält es sich mit gegenwärtigen Problemen wie mit dem Wind: Die Stärke wechselt. Mal wehen sie stark, mal schwach, mal ruhen sie.

Lösungsorientierte Fragen zielen in beide Richtungen: darauf, mit welchen Strategien der Klient das Problem in der Vergangenheit gelöst hat; und darauf, wie es ihm gelingt, zeitweise die Stärke des Problems zu reduzieren, sprich die Lösung anzulocken. Solche Erkenntnisse heben seine Stimmung und zeigen ihm Lösungswege auf.

Fantasiereiche Gedanken über sein Problem macht sich der Klient von ganz allein – fantasiereiche Gedanken über die Lösung lassen sich mit Fragen anregen.

2. Fragen Sie bilderreich!

Von Albert Einstein stammt der wahre Satz, dass sich Probleme nie mit derselben Denkweise lösen lassen, die sie herbeigeführt hat. Woraus besteht unser Denken? Aus Wörtern, Sätzen, Sprache. Zwar ist es klug, gelegentlich Schlüsselwörter und Denkfiguren des Klienten aufzugreifen; das fördert den Rapport. Und es kann verblüffend effektiv sein, seine eigenen Metaphern fortzuführen und ihn auf diese Weise zu überraschen (siehe z.B. Frage 46, Seite 205).

Aber wenn Sie sich bei Fragen vor allem aus demselben Sprachgefäß wie er bedienen, droht eine Gefahr: Die immer gleiche Sprache kann zu immer gleichen Gedanken führen; sie kann wie Beton wirken, alte Glaubenssätze verhärten und neue Gedanken blockieren.

Hier ein Dialog, bei dem der Coach mit seinen Fragen in den Denk- und Sprachspuren des Klienten läuft:

Negativ-Beispiel: Aufgewärmte Klientensprache

Klientin: „Eigentlich hätte ich mich in den letzten Jahren öfter mal beworben. Und ich weiß ja, dass ich verdammt viel kann. Aber ich will mich nicht aufdrängen oder gar anbiedern. Ich hoffe immer, dass mich mal ein Headhunter oder jemand aus der Branche anspricht."
Coach: „Sie fürchten, Sie könnten sich aufdrängen oder anbiedern – und deshalb schreiben Sie erst gar keine Bewerbungen?"
Klientin: „Man weiß doch, wie das bei offiziellen Bewerbungen ist: So eine ausgeschriebene Stelle kann unter der Hand längst vergeben sein. Ich glaube, das wäre in vielen Fällen verschwendete Energie."
Coach: „Ihre Sorge ist, dass die Stellen unter der Hand schon vergeben sind und Sie vergebens Ihre Bewerbungen schreiben?"

Sicher, der Coach hört aktiv zu. Das ist besser, als wenn er an der Klientin vorbeiredete. Und doch führt das Problem Regie, nicht nur inhaltlich, auch sprachlich: „Aufdrängen", „anbiedern", „unter der Hand vergeben" – all diese (negativen) Sprachbausteine entstammen den Aussagen der Klientin. Die Wiederholung durch den Coach verleiht diesen Wörtern größeres Gewicht – und damit auch den Glaubenssätzen der Klientin, denen sie entsprungen sind.

Dass sich Fragen eng an den Gedanken und der Wortwahl der Klientin orientieren, kann helfen, zu Beginn eine Vertrauensbasis zu schaffen. Aber wer diesen Modus bei entscheidenden Fragen beibehält, führt die Klientin tiefer in ihr Problemdenken hinein.

Für frischen Gedankenwind, für mehr Bewegung im Kopf, können neue Sprachbilder sorgen.

Alles, was ein Mensch denkt, ist im Gehirn nicht in einzelnen Nervenzellen gespeichert, sondern es formiert sich zu neuronalen Netzwerken. Wann immer er etwas dazulernt, auch im Coaching, verändert sich diese Struktur. Der Geist bewegt die Materie, erst im Gehirn, dann im Verhalten. Und die Sprache geht dabei voran: Sie ist es, die neuronale Autobahnen, sprich Denkmuster, entstehen lässt – vor allem durch

Wiederholung, durch inneren Dialog („Silent Speech"). Aber sie ist es auch, die alte Denkstraßen still- und neue anlegen kann.

Gelungene Metaphern lassen die Klientin vom nüchtern-linearen Denken auf Kreativität umschalten. Wenn sie es schafft, eine Situation durch die Metaphern-Frage völlig anders zu sehen, hat sie zugleich die Chance, die Situation völlig anders zu bewerten.

Übung

Bitte schreiben Sie den obigen Dialog um, ehe Sie gleich das Positiv-Beispiel lesen – was wäre passiert, wenn der Coach die Situation der Klientin mit einer Metapher gespiegelt hätte?

Positiv-Beispiel: Metapher am Start

Klientin: „Eigentlich hätte ich mich in den letzten Jahren öfter mal beworben. Und ich weiß ja, dass ich verdammt viel kann. Aber ich will mich nicht aufdrängen oder gar anbiedern. Ich hoffe immer, dass mich mal ein Headhunter oder jemand aus der Branche anspricht."

Coach: „Das heißt: Sie sitzen in einem Formel-1-Wagen und könnten durchstarten – aber Sie drücken das Gaspedal nicht, weil niemand die Startfahne schwenkt?"

Klientin (schweigt lange, grübelt): „Es stimmt schon, ich komme nicht von der Stelle, weil ich erst gar nicht starte. Ich habe ja keine einzige Bewerbung geschrieben!"

Coach: „Mal angenommen, jemand anders würde in diesem schnellen Rennauto sitzen: Wie würden Sie sein Verhalten beurteilen?"

Klientin: „Ich würde sagen: Ist der doof – vielleicht könnte er das Rennen gewinnen!"

Coach: „Und wenn es nun Ihre Aufgabe wäre, sich beim Bewerbungsrennen selbst ein Startsignal zu geben – wie würden Sie ..."

Diese Metapher eröffnet ein wunderbares Paralleluniversum: Die Klientin kann ihr Verhalten in einem neuen Zusammenhang und von außen betrachten – als würde sie bei einem Formel-1-Rennen auf der Tribüne sitzen.

Der neue Blickwinkel und die größere Distanz verhelfen ihr zu neuen, größeren Erkenntnissen. Das kann Denkfehler – in der Fachsprache:

„dysfunktionale Konzepte" – aufdecken und eine „kognitive Umstrukturierung" einleiten. Erst recht, falls der Coach auf die Metapher später immer wieder zurückkommt. Wenn die ersten Bewerbungen unterwegs sind, könnte er fragen: „Wie liegen Sie nach Ihrer Einschätzung im Bewerbungsrennen, wie fällt die Zwischenzeit aus?" Oder er könnte sich erkundigen, was sie sich bei einem „Boxenstopp" wünscht – vielleicht möchte die Klientin ihre Bewerbungsunterlagen verändern oder ihr Auftreten für die nächsten Vorstellungsgespräche trainieren?

Ein Bild sagt mehr als tausend Worte. Und es kann auch mehr als tausend Worte verändern. Metaphern sind der Königsweg zu anregenden Fragen. Im Kopfkino der Klientin stoßen sie neue Filme an, die oft zu einem Happy End führen: der Lösung.

3. Verwenden Sie eine klare Sprache!

Was für ein Boot das Wasser ist, ist für ein Coaching die Sprache: das tragende Element. Je klarer, je präziser, je verständlicher Sie fragen, desto größer die Wahrscheinlichkeit, dass Sie Ihren Klienten vorwärtsbringen. Eine solche Sprache bläst Wind in sein Segel.

Leider gilt auch der Umkehrschluss: Je trüber, je schwammiger, je unverständlicher die Fragen, desto größer die Wahrscheinlichkeit, dass beim Klienten eine Denkflaute entsteht. Eine solche Sprache lässt das Coaching absaufen.

Es gilt das alte Motto von Wilhelm Busch: „Das Gute – dieser Satz steht fest – ist stets das Böse, was man lässt." Welches sind die Fehler, die beim Formulieren von Fragen passieren können? Und wie lassen sie sich vermeiden?

Fehler 1: Fachsprache

Wer ein typisches Coaching-Buch liest, braucht Vorkenntnisse, sonst verirrt er sich in den Fachbegriffen. Ist es schlimm, dass sich Fachleute in einer Fachsprache verständigen? Nein, ein solcher Sprachcode kann helfen, differenzierte Sachverhalte knapp und treffend auszudrücken. Aber was passiert, wenn ein Coach über Jahre diese Sprache spricht? Dann kann sich dieses Vokabular in seine Fragen mogeln.

Negativ-Beispiel: Fachchinesisch

a) Ich lade Sie ein, Ihre Situation einmal aus der Meta-Ebene zu betrachten ...
b) Was fällt Ihnen ein, wenn Sie diesen systemischen Zusammenhang sehen?
c) Auf welchem Ihrer vier Ohr haben Sie die Botschaft Ihres Kollegen empfangen?
d) Welche Ressourcen haben Sie in Ihrer Vergangenheit genutzt?
e) Wie würde derselbe Satz aus dem Tiefstatus klingen?
f) Welche dieser Verhaltensmuster bringen Sie aus Ihrer Sozialisation mit?

Was ist faul an diesen Formulierungen? Offenbar ist der Fragesteller nicht in der Lage, sich in den Klienten hineinzuversetzen. Was für ihn, den Experten, eine verständliche Sprache ist, wird vom Laien als Fachchinesisch empfunden.

Sogar gebildete Menschen wissen nicht immer, dass eine „Meta-Ebene" wenig mit der „Metaplan®-Wand" zu tun hat, dass „systemische Zusammenhänge" weit über Computersysteme hinausgehen, dass man auf vier Ohren hören und „Botschaften" empfangen kann („Miteinander reden" ist für sie ein Vorgang, kein Buch!) und dass ein Tiefstatus nichts über die Hierarchieebene aussagt.

Wenn der Klient auf andere Fragen antwortet, als der Coach sie gestellt zu haben meint, führt das zu Missverständnissen. Der Klient ist verunsichert, der Rapport (auch ein Fachwort!) wankt, das Coaching gerät in schwere See. Das beste Gegenrezept: Sprechen Sie bei Ihren Coaching-Fragen nicht wie ein Coach, sondern wie ein ganz normaler Mensch. Verbannen Sie alle Fachwörter aus Ihrer Sprache (oder erklären Sie zumindest von sich aus, was damit gemeint ist).

Übung

Bitte formen Sie die obigen Fragen so um, dass sie keine Fachsprache mehr enthalten. Und lesen Sie – erst danach – meine Lösungsvorschläge:

a) ...
b) ...
c) ...

d) ...
e) ...
f) ...

Positiv-Beispiel: Klare Menschenrede

a) Ich lade Sie ein, Ihre Situation einmal von außen zu betrachten ...
b) Was fällt Ihnen ein, wenn Sie dieses Wechselspiel zwischen ... sehen?
c) Was Ihr Kollege gesagt hat – wie haben Sie das gedeutet?
d) Was hat Ihnen in der Vergangenheit geholfen, um ...?
e) Angenommen, derselbe Satz wäre mit großer Bescheidenheit formuliert worden – wie würde er dann klingen?
f) Welches für Sie typische Verhalten bringen Sie aus Ihrer Kindheit und Jugend mit?

Vielleicht klingt „von außen" nicht so wichtig wie „Meta-Ebene", „Wechselspiel" deutlich banaler als „systemische Zusammenhänge", und während „Sozialisation" nach Bildung riecht, schmecken „Kindheit und Jugend" nach Alltag. Doch nicht auf eine hochtrabende Wortwahl, sondern auf originelle Inhalte kommt es an. Mein Lieblingsmotto fürs Fragen stammt von dem Philosophen Arthur Schopenhauer: „Man brauche gewöhnliche Worte und sage ungewöhnliche Dinge."

Wer mit Fachvokabeln um sich wirft wie ein Chefarzt bei der Visite, versetzt sich in die Rolle des Gelehrten (also den Hochstatus), während der Klient (aus dem Tiefstatus) wie ein Patient zu ihm aufschaut – und von ihm womöglich Rezepte für seine „Genesung" erwartet. Nur wenn der Klient Ihre Sprache versteht, kann er Ihnen auf Augenhöhe begegnen, Verantwortung übernehmen – und vernünftige Antworten geben.

Fehler 2: Verneinung

Wovon sprechen Klienten am liebsten? Von dem, was sie nicht mehr wollen: worauf sie keine Lust mehr haben, was sie sich nicht länger gefallen lassen, womit sie unbedingt aufhören wollen – solche Verneinungen dominieren ihre Sprache. Groß ist die Gefahr, dass sich diese Sprache auch in die Fragen des Coachs einschleicht. Dann stehen nicht das Ziel, die Lösung, das „Ja" im Mittelpunkt – sondern die Flucht, die Nicht-Lösung, das „Nein".

Negativ-Beispiel: Neigung zum Nein

a) Woran merken Sie, dass Ihre Mitarbeiter Sie nicht akzeptieren?
b) Aus welchen Gründen wollen Sie nicht länger in der zweiten Reihe stehen?
c) Wenn Sie nicht mehr so impulsiv reagieren würden – was wäre dann anders?
d) An welchen Fakten machen Sie fest, dass Sie keine Perspektive haben?
e) Welches Verhalten, das Sie ärgert, sollen Ihre Mitarbeiter künftig unterlassen?
f) Was müsste geschehen, dass Sie sich nicht länger zurückgesetzt fühlen?

Solche Fragen laden den Klienten ein, über das Problem zu sprechen. Zwar soll die Verneinung das Denken in eine positive Richtung lenken. Aber dieser Wegweiser wird übersehen, denn der Sprachinhalt wiegt im menschlichen Gehirn schwerer als die eingeschobene Verneinung. Wer über Gründe spricht, warum er nicht mehr in der zweiten Reihe stehen will, sieht sich stehen in …? Richtig: der zweiten Reihe!

Probieren Sie es selbst: Wenn Sie nicht darüber nachdenken sollen, welche Kleidung Sie gerade tragen – woran denken Sie? Wenn Sie nicht erinnern sollen, welches Wetter gerade herrscht – was erinnern Sie dann? Ich wette, Ihr Gehirn hat den Auftrag ins Gegenteil verwandelt, Ihre Konzentration auf Kleidung und Wetter gelenkt.

Daraus folgt? Fragen Sie so selten wie möglich danach, was der Klient nicht will (es sei denn, Sie tun es gezielt durch eine paradoxe Frage, siehe ab Seite 360) – und so oft wie möglich, was er will. Ersetzen Sie negative Formulierungen durch positive. Das ist mehr als Sprachkosmetik – das verändert die Inhalte, erhöht die Lösungsorientierung und verstärkt die Wirkung Ihrer Fragen.

Übung

Bitte nehmen Sie sich die Fragen von oben vor und probieren Sie, die Verneinungen in positive Formulierungen zu übersetzen (ehe Sie gleich meine Lösungsvorschläge lesen).

a) …
b) …
c) …

d) ...
e) ...
f) ...

Positiv-Beispiel: Mut zum Ja-Wort

a) Woran würden Sie merken, dass Ihre Mitarbeiter Sie akzeptieren?
b) Aus welchen Gründen wollen Sie in die erste Reihe vorrücken?
c) Wenn Sie besonnener reagieren würden – was wäre dann anders?
d) An welchen Fakten würden Sie erkennen, dass Sie eine Perspektive haben?
e) Zu welchem Verhalten müssten Sie Ihre Mitarbeiter künftig bringen, um sich daran erfreuen zu können?
f) Was müsste geschehen, dass Sie sich anerkannt und gewürdigt fühlen?

Die Sätze blühen auf, wenn man sie vom Unkraut der Verneinung befreit, denn zugleich verwandelt sich das Vokabular: Aus der „zweiten Reihe" (unerwünscht!) wird die „erste Reihe" (erwünscht!). Aus „unterlassen" wird „tun", aus „ärgern" „erfreuen", und wo die Zurücksetzung stand, keimen jetzt die Wörter „anerkennen und würdigen".

Eine negative Formulierung zieht die Gedanken in eine negative Richtung – zum Problem. Dagegen rufen positiv formulierte Fragen auch positive Gedanken hervor – von der Lösung. Für gelungene Coaching-Fragen gilt dasselbe wie vorm Standesamt: ein Königreich für ein Ja-Wort!

Fehler 3: Papierdeutsch

Ist es eine gute Idee, dass Sie sich schon vor einem Coaching einen Katalog mit Fragen erarbeiten? Mit Sicherheit! Das füllt Ihren Köcher, Sie können sich daraus während des Gespräches bedienen und Ihre spontanen Fragen ergänzen. Diese Vorbereitung hilft Ihnen, sich mehr mit dem Klienten zu beschäftigen (Sie-Assoziation) und weniger mit dem Formulieren Ihrer Fragen (Ich-Assoziation).

Nur zweierlei gilt es zu beachten: Erstens sollte man keine Fragen stellen, nur weil sie geplant waren – manchmal läuft das Coaching in eine andere Richtung und macht sogar die mit Herzblut entwickelte Lieblingsfrage hinfällig. Und zweitens: Aufgeschriebene Fragen dürfen nicht wie aufgeschriebene Fragen klingen. Angesagt ist lebendige Menschenrede, kein staubiges Papierdeutsch.

Wenn Sie natürlich und lebendig fragen, werden Sie ungekünstelte Antworten anregen. Dagegen führen steife Fragen bestenfalls zu steifen Antworten.

Negativ-Beispiel: Bürokraten-Deutsch

a) Worin hat die Distanzierung Ihres Mitarbeiters ihren ersten Ausdruck gefunden?
b) Welchen Beitrag könnten Sie selbst zur Wunscherfüllung leisten?
c) Wie würde Ihr Chef, der ja aus einem anderen Blickwinkel als Sie auf den Sachverhalt schaut, das kommentieren?
d) Welche Unternehmungen müssten erfolgen, dass der kritische Zustand sich verbessert?
e) Welche Kontrollinstrumente könnten Sie zum Einsatz bringen, um die Beibehaltung Ihres Lösungswegs über das Coaching hinaus zu gewährleisten?
f) Welches Erklärungsmuster für die abteilungsintern aufflammende Konfliktsituation würden mir Ihre Mitarbeiter liefern?

Woran kranken diese Fragen (wie ich sie ähnlich als Supervisor schon hundertfach gehört habe)? Daran, dass kein Mensch so spricht! Oder würden Sie einem Passanten, der Sie nach dem Weg fragt, antworten: „Ich kann einen Beitrag zu Ihrer Wunscherfüllung leisten, und zwar ...“ Würden Sie als Kunde in der Autowerkstatt sagen: „Können Sie bitte Ihre Kontrollinstrumente zum Einsatz bringen, um den Ölstand zu messen?“ Oder würden Sie, wenn Sie einem Freund von einem Streit mit Ihrem Ehepartner berichten, von einer „familienintern aufflammenden Konfliktsituation“ sprechen?

Wer das im Alltag täte, würde ausgelacht oder für verrückt gehalten. Wie kommt es dann, dass uns dieselben Sätze geradezu klug erscheinen, wenn wir sie als Coaching-Fragen aufschreiben? Das liegt an der Schule und an der Universität, sie haben uns eingebläut: Wer schreibt, muss sich „gewählt“ ausdrücken. „Gewählt“ wird leider oft mit „gestelzt“, ja „gequält“ verwechselt!

Einfaches Gegenmittel: Sprechen Sie jede geplante Frage einmal laut aus. Geht Ihnen die Frage leicht über die Lippen? Klingen Sie so, wie Sie auch in alltäglichen Gesprächen klingen? Oder würde Ihre beste Freundin, könnte sie die Frage hören, Sie kaum wiedererkennen?

Übung Bitte formulieren Sie die gestelzten Fragen von oben in lebendiges und klares Sprechdeutsch um, ehe Sie meine Lösungsvorschläge lesen.

a) ...
b) ...
c) ...
d) ...
e) ...
f) ...

Positiv-Beispiel: Mündliche Rede

a) Woran haben Sie zuerst gemerkt „Mein Mitarbeiter distanziert sich!"?
b) Was können Sie dazu beitragen, dass sich Ihr Wunsch erfüllt?
c) Ihr Chef sieht die Sache aus einem anderen Blickwinkel als Sie – wie würde er sie wohl kommentieren?
d) Was müssten Sie unternehmen, um die Situation zu verbessern?
e) Wie können Sie kontrollieren und gewährleisten, dass Sie Ihren Lösungsweg nach dem Coaching beibehalten?
f) Wie würden mir Ihre Mitarbeiter den Streit erklären?

Die Rezepte, um aus dem Blähdeutsch die Luft zu lassen, sind einfach. Erstens: Zerschlagen Sie unnötige Hauptwörter – sodass aus „Distanzierung" einfach „distanziert" wird oder aus „Wunscherfüllung" „wünschen". Zweitens: Verwandeln Sie umständliche Formulierungen in einfache – sodass „Beitrag leisten" zu „beitragen" schrumpft oder der „Sachverhalt" zur „Sache". Drittens: Konkretisieren Sie schwammige Formulierungen – sodass aus der „abteilungsintern aufflammenden Konfliktsituation" ein greifbarer „Streit" wird. Viertens: Verwandeln Sie Passiv- in Aktiv-Formulierungen – sodass nicht nur von „Unternehmungen" die Rede ist, die „erfolgen müssten", sondern auch von demjenigen, der es anschieben soll: „Was müssten *Sie* unternehmen, um ..."? Und fünftens: Vermeiden Sie lange Relativsätze – sodass der Klient nicht 19 Silben lang die Luft seiner Konzentration anhalten muss, bis er endlich weiß, dass sein Chef aus anderem Blickwinkel etwas „kommentieren" soll, sondern es in zwei Hauptsätzen erfährt.

Eine direkte und natürliche Sprache ist Ihrem Klienten vertraut. Er muss keine Energie darauf verwenden, die Inhalte zu enträtseln. Bei der Reise ins ungewohnte Coaching-Land kommt er leichter zurecht, wenn dort seine Muttersprache gesprochen wird. Und je klarer Sie das, was Sie meinen, auch sagen – desto direkter wird die Wirkung auf den Klienten sein; desto klarer und hilfreicher werden seine Antworten ausfallen.

4. Aktivieren Sie Ihren Klienten!

Der eleganteste Weg, ein Problem loszuwerden? Jemand anders löst es! Wer zum Beispiel Streit mit einem Kollegen hat, kann darauf hoffen, dieser Kollege möge „zur Vernunft kommen". Oder er wünscht sich, dass der Chef zwischen den Fronten vermittelt. Oder er verspricht sich – gut möglich! – von Ihnen als Coach die Rettung von außen.

Dieses Denken ist allzu menschlich. Jedes Coaching ist eine Gratwanderung: Einerseits sollten Sie Ihren Klienten dazu animieren, Unterstützer hinter sich zu versammeln. Auf der anderen Seite muss klar sein, wer letztlich handeln muss: er selbst! Ob der Klient sich passiv oder aktiv sieht, ob er etwas unternimmt oder auf die Unternehmungen anderer wartet, hängt nicht zuletzt davon ab, wie Sie ihn mit Ihren Fragen ansprechen – ob als passiven oder aktiven Adressaten.

Hier ein paar Fragen, die seine Passivität fördern.

Negativ-Beispiel: Einladung zur Passivität

a) Wie kann ich Sie bei unserem heutigen Coaching unterstützen?
b) Wer aus Ihrem Freundeskreis könnte Ihnen in dieser schwierigen Situation zur Seite stehen?
c) Welche Maßnahmen könnte Ihr Chef ergreifen, um die Kooperation in Ihrem Team zu verbessern?
d) Was müsste geschehen, dass der Kollege Ihre Leistung künftig mehr würdigt?
e) Wie erklären Sie Ihren Bewerbungserfolg aus der Vergangenheit?
f) Welche Wege zum Ziel sehen Sie?

Diese Fragen fordern den Klienten nicht dazu auf, etwas zu tun, nicht einmal, über vergangenes Tun nachzudenken. Vielmehr liegt die Aktivität bei den anderen: Der Coach, die Familie, die Freunde, der Chef, der Kollege – sie alle sollen es richten. Und auch die Fragen nach dem Bewerbungserfolg und nach den Wegen zum Ziel sind so allgemein gehalten, dass unklar bleibt: Der Klient muss etwas dafür tun oder getan haben.

Solche Fragen setzen den Klienten in den Schaukelstuhl der Passivität. Wer garantiert Ihnen, dass er diese Position jemals wieder verlässt? Zumal es äußerst bequem wäre, ein Scheitern des Coachings auf andere Schultern zu verteilen: Die Freunde hätten ihn zu schlecht unterstützt. Oder gar: Ihr Coaching sei zu schlecht gewesen.

Übung

Nur wenn Sie Fragen stellen, die aufs Handeln zielen, wird Ihr Klient über Handlungen nachdenken und Verantwortung übernehmen. Bitte formulieren Sie die obigen Fragen so, dass die Aktivität beim Klienten liegt, ehe Sie meine Lösungsvorschläge lesen.

a) ...
b) ...
c) ...
d) ...
e) ...
f) ...

Positiv-Beispiel: Einladung zur Aktivität

a) Was können Sie dazu beitragen, dass unser heutiges Coaching ein Erfolg wird?
b) Wen aus Ihrem Freundeskreis könnten Sie in dieser schwierigen Situation als Unterstützer für sich gewinnen? Und was fiele Ihnen durch seine Unterstützung leichter?
c) Welche Schritte können Sie einleiten, um die Kooperation in Ihrem Team zu verbessern?
d) Wie kann es Ihnen gelingen, sich bei dem Kollegen mehr Respekt für Ihre Leistung zu verdienen?
e) Mit welchen Strategien haben Sie es in der Vergangenheit geschafft, mit Ihren Bewerbungen so erfolgreich zu sein?
f) Welche Wege zum Ziel wollen Sie beschreiten?

In dieser Version ist der Klient nicht mehr Beifahrer seines Lebensautos, sondern sitzt wieder am Steuer. Er hat es in der Hand, aus dem Coaching einen Erfolg zu machen – statt diese Aufgabe an den Coach zu delegieren. Er hat es in der Hand, Unterstützer zu gewinnen – statt nur passiv über „Beistand" nachzudenken. Er kann „Schritte einleiten", um die Situation in seinem Team zu verändern, er kann sich den Respekt des Kollegen „verdienen", er kann über „Strategien" nachdenken, mit denen seine Bewerbungen in der Vergangenheit erfolgreich waren. Und die Wege zum Ziel „beschreitet" er, statt sie nur zu „sehen".

Solche Fragen bringen einen Menschen in Bewegung: Indem er überlegt, was er tun könnte (oder getan hat), bilden sich in seinem Gehirn Nervenbahnen für neue Aktivitäten. Jedem Handeln geht die Vorstellung des Handelns voran. Weil Sie Ihren Klienten als Aktiven ansprechen, wird er sich auch so verhalten.

5. Geben Sie Ihren Fragen Zeit!

Mit treffenden Fragen ist es wie mit Münzen, die man in tiefes Wasser wirft: Sie brauchen Zeit, um auf den Grund, sprich ins Vor- und Unbewusste Ihres Klienten zu sinken (wie Sigmund Freud das nannte). Gerade Fragen, die neue Einsichten anstoßen, werden im ersten Anlauf oft einsilbig oder mit Schweigen beantwortet. Dann lohnt es sich, den eingeschlagenen Pfad mit Folgefragen *behutsam* fortzusetzen.

Aber einige Coachs sind ungeduldig: Wenn sie mit ihrer ersten Frage nicht gleich einen Volltreffer erzielen, schieben sie weitere, oft völlig andere Fragen nach. Obwohl die erste Frage noch am Sinken ist; obwohl die erste Frage nur etwas Zeit (und vielleicht *stimmige* Folgefragen) bräuchte, um den Klienten wirklich zu erreichen.

Ein solcher Fragenhagel stresst den Gefragten. Seine Gedanken bewegen sich im Zickzack: Kaum fängt er an, eine Vorstellung zu vertiefen, reißt ihn die nächste Frage wieder heraus. Statt ihre Wirkung zu verstärken, wie es schlüssige Folgefragen tun, schwächen sich die Fragen gegenseitig ab.

Das gilt umso mehr, wenn der Coach seinen Klienten schnell zum Unterschreiben eines Lösungsvertrages animieren möchte: Dieser stellt eine unverbindliche Idee in den Raum – und der Coach nagelt ihn gleich darauf fest: „Wann wollen Sie das umsetzen?" Der Klient schreckt in Gedanken zurück. Nun wird er jedes Wort auf die Goldwaage legen. Bloß nichts Falsches sagen!

Hier ein Dialog, wie er nicht im Interesse der Klientin ist:

Negativ-Beispiel: Überhöhte Geschwindigkeit

Coach: „Mal angenommen, Sie gingen in das Konfliktgespräch mit der Einstellung, dass sich bestimmt eine Lösung findet – was würde sich dadurch an Ihnen verändern?

Klientin: „Ich denke, ich wäre entspannter. Vielleicht würde ich das auch ausstrahlen."

Coach: „Also wäre eine solche positive Haltung hilfreich für Sie?"

Klientin: „Ja, das denke ich schon."

Coach: „Haben Sie eine Idee, wie Sie sich vor dem Gespräch in eine solche Haltung versetzen könnten?

Klientin: „Ich weiß nicht. Vielleicht mit Yoga? Das habe ich vor Jahren einmal gemacht."

Coach: „Zu welchem Zeitpunkt vor der Verhandlung würden Sie Yoga machen?"

Klientin: „Also wenn, dann unmittelbar vor dem Gespräch – so etwa eine halbe Stunde vorher."

Coach: „Das heißt, Sie werden vor der Verhandlung Yoga machen, positive Gedanken sammeln, sich entspannen und ..."

Der Coach missbraucht seine Klientin als Stichwortgeberin. Er vertut die Chance, sie im Land der Lösung zu halten und alle Details entdecken zu lassen. Vielmehr scheucht er sie von Antwort zu Antwort. Keine der Fragen sackt bis zum Grund, die Antworten bleiben an der Oberfläche. Und aus dem (vielleicht guten) Ansatz mit dem Yoga wird gleich ein verbindlicher Plan geschmiedet. Dabei wäre es klug gewesen, möglichst viele Alternativen zu sammeln – und der Klientin dann die Wahl zu lassen.

Ein gelungenes Coaching zeichnet sich dadurch aus, dass die Ideen der Klientin wie Seifenblasen aufsteigen und auch reihenweise zerplatzen dürfen. Sie selbst entscheidet, welche Gedanken sie nur spielerisch äußert, als bunte Optionen, und welche sie festhalten und in Pläne ummünzen will. Je spielerischer sie ihre Gedanken äußern kann, je mehr Zeit sie hat, sie zu entwickeln und zu vertiefen, desto entspannter und produktiver wird das Coaching verlaufen.

Übung

Bitte schreiben Sie den obigen Dialog einmal um. Was wäre vielleicht passiert, wenn der Coach schon bei der ersten Antwort besser nachgefragt und das Tempo verlangsamt hätte? Antworten Sie bitte, ehe Sie meinen Beispieldialog lesen.

Positiv-Beispiel: Schritt für Schritt

Coach: „Mal angenommen, Sie gingen in das Konfliktgespräch mit der Einstellung, dass sich bestimmt eine Lösung findet – was würde sich dadurch bei Ihnen verändern?

Klientin: Ich denke, ich wäre entspannter. Vielleicht würde ich das auch ausstrahlen.

Coach (mit beruhigender Stimme): Stellen Sie sich einmal vor, Sie wären total entspannt und säßen Ihrem Gesprächspartner gegenüber. Vielleicht mögen Sie sich in den Raum denken, wo die Verhandlung stattfindet – einmal einatmen, wie es dort riecht; einmal anschauen, wie es dort aussieht. Woran würden Sie jetzt – da Sie in diesem Raum sitzen – Ihre Entspannung bemerken?"

Klientin: „Ich könnte klar denken! Ich würde mir immer wieder sagen, dass ich bei diesem Gespräch nur gewinnen kann. Ich würde meine Argumente sachlich vorbringen und natürlich auf den beiderseitigen Vorteil verweisen. Ich wäre einfach souverän!"

Coach: „Mal angenommen, ich könnte dieses Gespräch mithilfe einer versteckten Kamera sehen und hören: Woran genau würde ich erkennen, dass Sie gerade souverän *sind*?"

Klientin (grübelt): „Sie würden sehen, dass ich meinem Gesprächspartner in die Augen schaue. Ich würde kurze, klare Sätze formulieren. Und ich spreche auch langsamer, wenn ich mich wohlfühle."

Coach: „Hätten Sie Lust, mal ein paar Sätze zu sagen, wie sie in der Verhandlung unter dieser Voraussetzung fallen könnten?"

Klientin: „Also, zum Beispiel würde ich sagen: ‚Es ist mir wichtig, dass wir ein gutes Verhältnis haben. Denn wir ziehen bei der Arbeit an einem Strang. Und das hat in den Jahren vor unserem Streit doch immer gut geklappt.'"

Coach: „Mal angenommen, die Kamera würde sich in dieser Situation des Gespräches näher an Sie heranzoomen – was sähe ich dann?"

Klientin: „Vielleicht fiele Ihnen an meinen Gesichtszügen auf, dass (...)"

Coach: „Also, die Verhandlung läuft hervorragend, Sie sind groß im Bild der Kamera – drehen Sie Ihr Gedankenradio einmal auf laut: Was mögen Sie in diesem Augenblick wohl denken?"

Was tut der Coach in diesem (verkürzten) Dialog? Er verhält sich wie ein guter Stadtführer, lässt die Klientin lange bei den Sehenswürdigkeiten verweilen und hilft ihr, sich Schritt für Schritt ein schärferes Bild von ihrem souveränen Auftritt zu machen. Er *verlangsamt* das Tempo der Gedanken mit seinen Fragen, etwa indem er eine sinnliche Vorstellung des Verhandlungsraums anregt. Er lenkt die Aufmerksamkeit durch die Kamera auf diverse sinnliche Details und lässt sich abstrakte Aussagen in Beispiele übersetzen. So erweitert er die Lösungssicht der Klientin.

Wer auf diese Art fragt, hetzt mit seiner Klientin nicht durch einen Fragenparcours, sondern bewegt sich in Gänsefüßchen vorwärts. Die Kernfragen, etwa nach den Lösungsmerkmalen, unterfüttert er mit schlüssigen Folgefragen. So kann die Klientin ihre Gedanken und Lösungen Puzzlestein für Puzzlesein entwickeln.

Nehmen Sie das Wort „entwickeln" bitte wörtlich! Man kann nur „entwickeln", was schon vorhanden ist. Die Lösung ist *in* der Klientin! Indem man sie „entwickelt", also wie etwas Verschnürtes aufwickelt, wird sie sichtbar. Jede Entwicklung braucht Zeit. Und die sollten Sie sich beim Fragen nehmen!

Die Frisch-Fragen

Wenn es einen Schriftsteller gab, der in den 1950er- und 60er-Jahren die richtigen Fragen stellte, dann der Schweizer Max Frisch. Seine Romane kratzten an den glitzernden Fassaden seiner Zeit. So hinterfragte der „Homo faber" die Technikgläubigkeit. Explizite Fragen stellte Frisch in seinem Tagebuch (1966-1971): Mit „Fragebögen", gegliedert nach Themen von Tod bis Hoffnung, forderte er seine Leser zur Reflexion heraus.

Was können Sie von Max Frisch lernen? Wie man einen höchst originellen Gedanken in eine höchst einfache Sprache gießt; wie man beim Fragen genug provoziert, dass starre Denkfestungen beben, und genug inspiriert, dass sich neue Horizonte öffnen.

Hier eine Auswahl der Tagebuch-Fragen. Bitte antworten Sie darauf. Welche Erkenntnisse gewinnen Sie? Und was lernen Sie fürs Formulieren Ihrer eigenen Coaching-Fragen?

- Hassen Sie leichter ein Kollektiv oder eine bestimmte Person und hassen Sie lieber allein oder in einem Kollektiv?
- Wann haben Sie aufgehört zu meinen, dass Sie klüger werden, oder meinen Sie's noch?
- Möchten Sie lieber gestorben sein oder noch eine Zeit leben als ein gesundes Tier? Und als welches?
- Gesetzt den Fall, Sie leben in der großen Hoffnung („dass der Mensch dem Menschen ein Helfer ist") und haben Freunde, die sich aber dieser Hoffnung nicht anschließen können: Verringert sich dadurch Ihre Freundschaft oder Ihre große Hoffnung?
- Wenn Sie spüren, dass Ihnen jemand mit Antipathie begegnet: Was gelingt Ihnen dann eher, Witz oder Humor?
- Wenn Sie von einem Menschen sagen, er habe Humor: Meinen Sie damit, dass er Sie zum Lachen bringt oder dass es Ihnen gelingt, ihn zum Lachen zu bringen?
- Wenn Sie einen Menschen in der Badehose treffen und nichts von seinen Lebensverhältnissen wissen: Woran erkennen Sie nach einigem Gespräch (nicht über Geld) trotzdem den Reichen?
- Gesetzt den Fall, Sie sind bedürftig und haben einen reichen Freund, der Ihnen helfen will, und er gibt Ihnen eine beträchtliche Summe (...) und gelegentlich auch Anzüge von sich, die noch solid sind: Was nehmen Sie unbefangener an?
- Halten Sie die Dauer einer Freundschaft (Unverbrüchlichkeit) für einen Wertmaßstab der Freundschaft?
- Wenn Sie jemanden lieben: Warum möchten Sie nicht der überlebende Teil sein, sondern das Leid dem andern überlassen?

Teil 2

Die 500 besten Coaching-Fragen

Im zweiten Teil dieses Buches erfahren Sie unter anderem ...

- ... welche Fragetypen die wirksamsten sind und wie Sie erfolgreich damit coachen;
- ... welche 100 Ausgangs- und 400 Folgefragen Ihren Klienten neue Denkräume erobern lassen;
- ... welche Feinheiten in Sprache und Inhalt Sie beachten müssen, um selbst kreative und effektive Fragen zu entwickeln und
- ... wie Sie „schwierige Antworten", die in der Praxis oft vorkommen, als Chance für pfiffige Folgefragen nutzen.

Das Kombinationsspiel der Fragen

Je besser Sie verstehen, welchem Konzept diese 500 Fragen folgen, desto mehr werden Sie von ihnen profitieren. Warum bekommen Sie 100 Ausgangs- und 400 Folgefragen offeriert – und nicht 500 Einzelfragen? Mit beiden Konzepten habe ich experimentiert und dabei gemerkt: Eine Einzelfrage *ohne* schlüssige Fortsetzungsfragen ist wie ein Traumpass in den Fußball-Strafraum, der von keinem Stürmer verwandelt wird. Solche Pässe sind schön anzuschauen. Aber mit dem Ergebnis ist keiner zufrieden.

Beim Coachen kommt es auf Ihr Kombinationsspiel an, auf eine gelungene Mischung aus Fragen und Fragetypen. Die Einzelfrage kann neue Türen im Kopf des Klienten öffnen. Aber erst in Kombination mit stimmigen Folgefragen werden Sie erreichen, dass er diese Türen auch durchschreitet, die Räume dahinter besichtigt und schließlich den Praxistransfer einleitet.

Zum Beispiel stellen Sie Ihrem Klienten eine hypothetische Frage: „Mal angenommen, Sie wären ein Zauberer im Zirkus. Und Sie hätten die Chance, einen Teil Ihres Problems wegzuzaubern, ihn wie ein Kaninchen im Hut verschwinden zu lassen. Welcher Teil des Problems wäre das?“

Die Antwort wird spannend: Erstens muss Ihr Klient differenzieren, aus welchen Teilen sein Problem besteht. Vielleicht hat er es bislang als einen großen, untrennbaren Klumpen wahrgenommen! Zweitens stellt er vielleicht fest, dass ihn schon eine Teillösung vorwärtsbrächte – und nicht nur eine (aus seiner Sicht nahezu unerreichbare) 100-Prozent-Lösung. Und drittens wird seine Antwort indirekt verraten: Welche Lösung strebt er am sehnlichsten an?

Nur: Diese Frage *allein* verändert noch nichts. Ein Problemteil verschwindet im Hut – und dann? Dann braucht es schlüssige Folgefragen. Zunächst könnten Sie mit einer weiteren hypothetischen Frage fortfahren: „Mal angenommen, dieser Teil des Problems wäre ausgelöscht – was würde Ihnen dann leichter fallen?“ Und schon geht Ihr Klient in Gedanken einen Schritt weiter: Er stellt sich vor, wie es wäre, ohne diesen Teil des Problems – also *mit* einem Teil der Lösung! – zu leben. Was er jetzt erzählt, wäre mit der Ausgangsfrage allein nie ans Licht gekommen.

Nun können Sie mit weiteren Fragetypen nachlegen: „Angenommen, Ihr Chef würde Ihr neues Verhalten eine Woche lang beobachten und dann einem Chefkollegen in sehr positiven Worten davon berichten: Was genau würde er wohl sagen?" Diese zirkuläre Frage hebt den Klienten auf eine neue Ebene: Er sieht sein Lösungsverhalten mit den Augen eines anderen Menschen. Das verhilft ihm zu neuen Erkenntnissen und hebt seine Motivation.

Aber woher wissen Sie eigentlich, dass Ihr Klient sein altes Verhalten *wirklich* ablegen will? Kann es nicht sein, dass er es aus gutem Grund entwickelt und lange beibehalten hat? Kann hinter der Wie-Frage („Wie finde ich die Lösung?") nicht eine tieferliegende Ob-Frage liegen („Will ich den Ist-Zustand überhaupt verändern?")? Wenn ein klares Bild der Lösung im Raum steht, können Sie dieser Spur mit einer zirkulären Reframing-Frage nachgehen: „Angenommen, Sie würden den besten Veränderungsberater dieser Welt anheuern. Und dieser Berater würde Ihnen sagen: ‚Behalten Sie unbedingt diesen Teil des Problems, er ist nützlich für Sie!' Welche Argumente könnte er dafür ins Feld führen? Und unter welchen Voraussetzungen könnten Sie widersprechen?"

Nun kann der Klient seinen Willen prüfen und die Bedingungen seiner Veränderung („... und welchen Voraussetzungen können Sie widersprechen ...") näher definieren. Was braucht er, um die Veränderung aus ganzem Herzen zu wollen? Erst diese Schlüssigkeit wird einen *Entschluss*, einen Startschuss fürs Handeln ermöglichen.

Apropos Handeln: Noch ist nichts getan. Durch die bisherigen Fragen hat sich die Veränderung nur im Kopf vollzogen. Jetzt wäre eine Frage hilfreich, die den Praxistransfer anschiebt: „Angenommen, Sie hätten Ihren Berater überzeugt – auch er stimmt jetzt der Veränderung zu. Welchen Plan könnte er wohl mit Ihnen vereinbaren, um sicherzustellen: Bis zum Termin in zwei Wochen haben Sie die ersten Schritte unternommen?"

Das Prinzip funktioniert so: Der Fragen-Ball wandert so lange von Fuß zu Fuß, bis das Tor, das Coaching-Ziel, in Schussweite kommt. Das kann nur gelingen, wenn die einzelnen Fragen einander zuspielen, statt sich durch Alleingänge zu verdribbeln.

Dieses Buch will Ihnen *keine* Musterfrage liefern, die Sie Wort für Wort übernehmen sollen, sondern Fragemuster, die Sie individuell anpassen können – je nachdem, welcher Typ Ihr Klient ist, welches Anliegen er mitbringt und was er zuvor gesagt hat. Dass Sie auf seine Antworten eingehen, entscheidet über den Erfolg. Deshalb können Sie das in diesem Buch hundert Mal an Beispielen üben – und mit meinen Lösungsvorschlägen vergleichen.

Eine weitere Parallele zwischen Fragen und Fußball: Die unspektakulären Pässe sind es oft, die spektakuläre Tore einleiten. Wenn Sie eine hochoriginelle Frage nach der anderen abfeuern, nutzen sich diese Fragen ab und überfordern den Gefragten. Deshalb biete ich Ihnen nicht nur ausgefallene Fragen an, sondern auch einfache, die viel zu selten verwendet werden – zum Beispiel die zweitkürzeste Frage dieses Buches „Was noch?". Ab Seite 342 können Sie lesen, weshalb diese schlichte Frage unübertroffen effektiv ist.

Dieses Buch ist dann gelungen, wenn Sie das Gefühl haben: „Hier findet kein hochspektakulärer Fragen-Schaulauf statt, sondern hier begegnen mir praxistaugliche Fragen – originell genug, meine Klienten anzuregen, aber auch bodenständig genug, mir über die Lippen zu gehen."

Gerne dürfen Sie Mit-Autor dieses Buches sein: Nutzen Sie die Übungen, entwickeln Sie eigene Fragen und schärfen Sie Ihr Ohr für die Wohl- und die Missklänge der Fragen. Und fühlen Sie sich bitte frei, alle Fragen dieses Buches so abzuwandeln, anzugleichen, anzureichern, dass sie zu Ihrer Sprache und zum jeweiligen Anliegen passen. Solche Maßarbeit wird Ihre Klienten zuverlässig vorwärtsbringen.

Beim Fragen und Coachen wünsche ich Ihnen allzeit – und ausnahmsweise: fraglos! – ganz viel Erfolg!

PS: Etliche Lösungsvorschläge, die den Umfang dieses Buches gesprengt hätten, erwarten Sie als Bonusmaterial auf meiner Homepage: www.karriereberater-akademie.de, Rubrik „Bücher".

Hypothetische Fragen

1. Welche Frage müsste ich Ihnen heute zuerst stellen, damit Sie das Gefühl hätten „Die heutige Sitzung wird ein Erfolg, das läuft in eine gute Richtung!"? *(Seite 58)*

2. Wenn die Erde sich öffnen und plötzlich weltweit alle Coachs und Berater verschlingen würde – welche Wege schlügen Sie dann ein? *(Seite 61)*

3. Angenommen, Sie hätten Ihr Ziel erreicht, und eine große Illustrierte wollte Sie mit einem Titelbild feiern – was könnte auf dem Bild zu sehen sein? *(Seite 64)*

4. Gehen Sie einmal davon aus, ich würde Ihnen einen Gutschein für ein zweites Coaching schenken, verbunden mit einer Bedingung: Es muss um ein ganz anderes Thema gehen. Worüber würden wir dann sprechen? *(Seite 67)*

5. Wenn Sie sich Ihre Firma einmal als ein Land mit einer Verfassung vorstellen, die für alle Einwohner gilt: Welche Paragraphen müsste ein neuer Mitarbeiter kennen, um in einer ähnlichen Position wie Sie erfolgreich zu sein? *(Seite 70)*

6. Wenn Sie sich das Problem als Feind vorstellen – welche Drohung könnte es Ihnen an den Kopf werfen? Und wenn Sie es als Freund sehen – welchen gut gemeinten Hinweis könnte es Ihnen zuflüstern? *(Seite 73)*

7. Stellen Sie sich vor, Sie wären ein Punkterichter wie beim Eiskunstlauf. Nur dass Haltungsnoten auf eine andere Haltung zielen: Ihre innere Haltung, mit der Sie Ihrer Herausforderung begegnen. Welche Haltungsnoten, in Schulnoten von 1 bis 6, gäben Sie sich an einem durchschnittlichen Tag? *(Seite 76)*

8. Wenn Sie sich etliche Jahre in die Zukunft versetzen und sich vorstellen, Sie hätten alle Ziele erreicht, Sie wären genau dort, wohin Sie wollten – wie läuft dann ein typischer Tag Ihres Lebens ab? *(Seite 79)*

9. Angenommen, der Schöpfer stiege vom Himmel und böte Ihnen an, Sie mit einer Eigenschaft Ihrer Wahl nachzurüsten – welche würden Sie sich jetzt am innigsten wünschen? *(Seite 82)*

10. Wenn Sie selbst ein Mitarbeiter in Ihrem Team wären – was müsste eine Chefin signalisieren, was müsste sie tun, damit Sie diese Vorgesetzte wertschätzen und sich mit ganzer Kraft in Ihre Arbeit einbringen? *(Seite 85)*

11. Mal angenommen, Sie hätten in Ihrem Leben alles erreicht und würden als zufriedener Mensch in hohem Alter sterben. Über welche Aussagen in Ihrem Nachruf würden Sie sich am meisten freuen? *(Seite 88)*

12. Angenommen, Ihre Zimmerpflanze im Büro, die ja den ganzen Tag in Ihrer Nähe ist, wäre ein exzellenter Beobachter: Was würde sie mir über Ihren Umgang mit Stress erzählen? Was bekommt sie mit, was andere nicht sehen? *(Seite 91)*

13. Wenn Sie ein Zauberer wären und sich in dieser Situation einen Menschen, einen Gegenstand oder irgendetwas Hilfreiches herbeizaubern könnten – was wäre für Sie am nützlichsten? *(Seite 94)*

14. Nehmen wir an, Sie wollten mit einer Gewohnheit Ihres Lebens brechen, auch wenn sie gar nichts mit Ihrem Ziel zu tun hat – was könnten Sie in den kommenden Tagen mal völlig anders als sonst machen? *(Seite 97)*

15. Wenn Sie sich Ihr Leben als blauen Himmel und Ihr Problem als Bewölkung vorstellen – wie viel Prozent Ihres Himmels sind dann wolkenfrei? Und wie viel Prozent durch Problemwolken bedeckt? *(Seite 100)*

16. Die Gesellschaft für deutsche Sprache zeichnet ein Wort des Jahres aus. Wenn Sie das einzige Mitglied einer Jury wären und für Ihr Leben ein Wort des Jahres finden müssten, ein Wort für das, was Sie im Moment am meisten bewegt: Welche Wörter kämen in Frage? *(Seite 103)*

17. Wenn Sie sich Ihre persönlichen Kräfte einmal als einen Fluss vorstellen, einen Fluss, der aus mehreren Quellen gespeist wird – welche Quellen haben sich in der Vergangenheit als die wichtigsten erwiesen? *(Seite 106)*

18. Wenn Sie zwei weitere Leben vor sich hätten und jedes Mal einen anderen Beruf als heute ergreifen müssten – welche Berufe würden Sie, mit Ihrer heutigen Lebenserfahrung, besonders reizen? *(Seite 109)*

19. Sie sagen, Sie hätten oft Glück gehabt. Vielleicht haben Sie das Glück ja angelockt. Angenommen, Sie müssten dem Glück einen Heiratsantrag machen, mit welchen Argumenten könnten Sie für sich werben? *(Seite 112)*

20. Nehmen wir an, ein Freund von Ihnen hätte genau denselben Erfolg erzielt wie Sie jetzt – was könnten Sie sagen oder tun, um ihn mit Ihrer Anerkennung in seinem Weg zu bestärken? *(Seite 115)*

21. Wenn Sie – mit Blick auf Ihre Zielerreichung – einen Wetterbericht für die nächsten Tage abgeben müssten: Würden Sie auf Sonnen, Regen oder wechselhaft tippen? Und aus welchen Gründen? *(Seite 118)*

22. *Klient:* „Wohin ich auch schaue – nirgendwo sehe ich eine schlüssige Strategie bei uns. Dabei wünsche ich mir so sehr einen Hoffnungsschimmer."
Coach: „Angenommen, es wäre Ihre Aufgabe, diesen Hoffnungsschimmer einmal in allen Farben Ihrer Fantasie auszumalen – wie könnte er aussehen? Und welches könnten die ersten feinen Pinselstriche dieses Hoffnungsbildes sein?" *(Seite 121)*

Abb. 2: Eine Abrissbirne für Denkmauern – das ist die hypothetische Frage. Was vorher unmöglich schien, scheint der Klientin durch sie möglich.

Die hypothetische Frage ist eine Abrissbirne für Denkmauern, ein Raumöffner für die Fantasie. Dort, wo der Klient an (selbst gesetzte) Grenzen stößt, schlägt sie ihm neue Wege frei. Dort, wo er sich mit seinem Latein am Ende fühlt, spielt sie ihm neue Denkvokabeln zu. Die hypothetische Frage nimmt die Welt nicht, wie sie ist, sondern fügt ihr etwas hinzu, nimmt ihr etwas weg, schafft andere Voraussetzungen. Ein neues Szenario, auch wenn es nur ausgedacht ist, zaubert immer neue Gedanken herbei – vor allem solche, die auch für das reale Handeln nützlich sind und die Wirklichkeit verändern können.

> *„Nehmen wir mal an ..."*
>
> Drei Beispiele, wie Sie hypothetische Fragen einsetzen können:
>
> 1. *Klient:* „Ich bin nun mal kein großer Selbstverkäufer; ich bin eher schüchtern."
> *Coach:* „Nehmen wir mal an, diese Schüchternheit wäre ein Mantel, den Sie vor einem wichtigen Termin einfach an der Garderobe hängen lassen könnten. Was gelänge Ihnen ohne diesen Mantel leichter und besser als zuvor?"
>
> 2. *Klientin:* „Mein Lebenslauf ist voller Lücken. Damit brauche ich mich erst gar nicht um diesen Traumjob zu bewerben."
> *Coach:* „Gehen wir mal davon aus, Ihr Lebenslauf wäre lückenlos und perfekt – mit welchen Argumenten würden Sie dann in Ihrem Anschreiben für sich werben?"
>
> 3. *Klient:* „Ich spreche nur eine Fremdsprache. Das ist einfach zu wenig, um bei uns Karriere zu machen."
> *Coach:* „Angenommen, Sie könnten zwei weitere Fremdsprachen – zu welchen Schritten bei Ihrer Karriereplanung würde Sie das ermutigen?"

Der Coach hebt Denkschranken und geht mit sprachlicher Raffinesse ans Werk. Nehmen Sie die erste Frage: Die Schüchternheit, sonst schwer greifbar, erklärt er zu einem „Mantel" und schlägt dem Klienten vor, sie „einfach an der Garderobe hängen" zu lassen. Solche Metaphern machen hypothetische Fragen originell und ihren Gegenstand greifbar.

Und auch der zweite Teil der Frage enthält eine nützliche Suggestion: Der Klient wird gefragt, was ihm dann „leichter und besser als zuvor" gelänge. „Leichter" und „besser" sind Steigerungsformen – sie setzen voraus, schon zuvor sei etwas „leicht" und „gut" gelungen. Dies wird so nicht ausgesprochen – der Klient würde es sicher zurückweisen – schwingt aber in der Frage mit und hilft dem Klienten, bei seiner Antwort eine positive Richtung einzuschlagen.

Solche Feinheiten lassen die hypothetischen Fragen ihr ganzes Potenzial entfalten. Dann gelingt es ihnen oft, versteckte Glaubenssätze aufzudecken. So könnte der Klient auf die Frage antworten: „Wenn ich die Schüchternheit ablegen könnte, hätte ich eine ganz andere Ausstrahlung: Dann würden mich die anderen Menschen endlich beachten!" Der heimliche Glaubenssatz lautet (vielleicht): „Ich bin eine graue Maus, ich werde von allen übersehen!" Erst wenn eine solche Überzeugung herausgearbeitet ist, können Sie mit Ihrem Klienten daran arbeiten.

Etliche Fragen dieses Buches sind Zwitter, Mischungen aus mehreren Fragetypen. Ich habe sie auch unter dramaturgischen Aspekten zugeordnet. Zwei Beispiele für solche Fragen:

- „Nehmen wir an, Sie wollten mit einer Gewohnheit Ihres Lebens brechen, auch wenn sie gar nichts mit Ihrem Ziel zu tun hat – was könnten Sie in den kommenden Tagen mal völlig anders als sonst machen?"

Diese hypothetische Frage (von Seite 97) ist eine verkappte Einladung an den Klienten, ein neues Verhalten auszuprobieren, also zugleich eine Frage zum Praxistransfer (siehe ab Seite 398). Die Hypothese, er wolle „mit einer Gewohnheit ... brechen", und die Chance, es erst einmal in Gedanken durchzuspielen, ebnen ihm den Weg zum Handeln. Oder:

- „Wenn Sie sich Ihre Firma einmal als ein Land mit einer Verfassung vorstellen, die für alle Einwohner gilt: Welche Paragraphen müsste ein neuer Mitarbeiter kennen, um in einer ähnlichen Position wie Sie erfolgreich zu sein?"

Bei dieser Frage (von Seite 70) besteht die Hypothese in erster Linie aus einer Verfremdung: Eine Firma und ein Land werden gleichgesetzt. Das Wörtchen „Wenn ..." leitet diese Verfremdung unauffälliger ein, als es die klassische Formulierung könnte: „Angenommen, Ihre Firma wäre ein Land und hätte ..." Zugleich handelt es sich um eine Frage zum System (siehe ab Seite 124).

Denken Sie in der Praxis immer daran: Fragetypen sind kein Selbstzweck! Keine Reinheitsgebote müssen sie erfüllen, keinen Lehrbüchern entsprechen – nur eines müssen sie: Ihren Klienten vorwärtsbringen. Gerade (hypothetische) Fragen, die mehreren Typen entsprechen, sind oft die besten.

1.

Hypothetische Frage: Die erfolgreiche Sitzung

Wie ein Tennisspiel mit einem Aufschlag beginnt, so beginnt ein Coaching mit einer Frage: Der Coach schlägt auf, der Klient retourniert. Aber warum muss der Klient eigentlich der Passive sein? Mit dieser Frage tritt der Coach seinen Aufschlag ab.

Die Frage

Welche Frage müsste ich Ihnen heute zuerst stellen, damit Sie das Gefühl hätten „Die heutige Sitzung wird ein Erfolg, das läuft in eine gute Richtung!"?

Folgefragen

- Spannende Frage von Ihnen! Was würden Sie darauf antworten?
- Wenn Sie Ihre erste Frage als Wegweiser nehmen – können Sie mal beschreiben, welche Laufrichtung Sie sich für unser heutiges Coaching wünschen?
- An welchen Anzeichen würden Sie während unseres Gespräches merken „Jawohl, ich bin hier auf dem goldrichtigen Weg!"?
- Angenommen, unsere Coaching-Sitzung wäre vorbei und Sie würden sich wieder auf den Heimweg machen – was müssten Sie dann für sich erreicht haben, um auf der Rückfahrt sagen zu können: „Dieser Termin hat sich so richtig gelohnt!"?

Kommentar zum Fragen-Inhalt

Der Coach setzt ein starkes Signal: Er tritt nicht selbst als Führer auf, der seinen Klienten durch einen Fragenparcours lotst, sondern er vertraut ihm sein wertvollstes Instrument an; der Klient darf die erste Frage stellen, den Auftakt bestimmen. Die Botschaft auf der Beziehungsebene lautet: „Niemand weiß besser als du, Klient, was gut für dich ist – ich als Coach begleite dich nur auf deinem Weg zur Lösung."

Der Klient trippelt nicht in der rhetorischen Spur des Coachs wie ein Küken hinter der Henne. Vielmehr ruft er seine eigenen Kräfte wach, und gleich zu Beginn wird ihm klar: Er bekommt hier keine Ideen verabreicht, sondern darf selbst welche entwickeln. Er ist hier nicht der Geführte, sondern gibt selbst die Richtung vor.

Der zweite Vorteil liegt auf der Inhaltsebene: Der Klient legt offen, was ihm am wichtigsten ist. Wer als Coach aber mit seinen Fragen schon eine Himmelsrichtung vorgibt („Welches Ziel wollen Sie mit der heutigen Sitzung erreichen?“), agiert als Spekulant. Was, wenn dem Klienten sein Ziel gar nicht am wichtigsten ist? Was, wenn er über einen aktuellen Vorfall sprechen möchte, zum Beispiel einen Konflikt vom Vortag?

Wenn der Klient sich mit der Frage selbst das Wort erteilt, wird er immer das abrufen, was ihm auf der Seele brennt – und damit den emotionalen Treibstoff für eine Veränderung liefern.

Kommentar zur Fragen-Sprache

Der Konjunktiv ist eine wunderbare Sprachform fürs Coaching! Er schließt einen zauberhaften Proberaum auf, zu dem der innere Zensor keinen Schlüssel besitzt. Der Klient antwortet darauf, was der Coach fragen müsste – und fragt derweil tatsächlich, ohne sich dessen bewusst zu sein. Und der Coach spielt den Ball gezielt im Konjunktiv zurück („… was würden Sie antworten“), damit die Antwort nicht sofort der Realität trotzen muss, sondern weiter auf den Flügeln der Fantasie schweben darf.

Die Aussagen in der Ich-Form, die der Coach dem Klienten anbietet („Jawohl, ich bin hier auf dem goldrichtigen Weg!“), tippen positive Gefühle an und erhöhen die emotionale Starttemperatur.

Profi-Tipp

Bitten Sie den Klienten auch bei anderen Gelegenheiten, Ihre Rolle als Coach zu übernehmen. Das hilft ihm, seine Befangenheit abzulegen, seine Gedanken zu schärfen und seine Lage aus der Meta-Perspektive zu betrachten. Vor allem passen Vorschläge, die er selbst als Coach einbringt, maßgeschneidert zu ihm.

Beispiel: Einer meiner Klienten kam immer wieder vom vereinbarten Thema ab. Also fragte ich ihn: „Wenn Sie jetzt der Coach wären und merken würden: Ihr Klient kommt immer wieder vom selbst gewünschten Thema ab – wie würden Sie reagieren?“ Seine Antwort: „Ich würde ein Handzeichen vereinbaren, um ihn ans eigentliche Thema zu erinnern.“ So haben wir es gemacht – mit Erfolg.

Schwierige Antwort

Der Klient antwortet: „Ich bin ja gerade zu Ihnen gekommen, damit Sie die richtigen Fragen stellen. Erwarten Sie, dass ich jetzt Ihren Job mache?"

Wie reagieren Sie? Bitte antworten Sie, gerne schriftlich, ehe Sie weiterlesen.

Mein Vorschlag: Legen Sie offen, aus welchen Gründen Sie ihn um diesen Beitrag bitten – wenn er das versteht, lässt er sich eher darauf ein: „Ich gehe davon aus, dass Sie Ihr Leben am besten kennen, auch die wichtigen Themen, auch die richtigen Fragen. Ich möchte Sie dabei unterstützen, dieses Potenzial zu nutzen. Deshalb bin ich sehr neugierig darauf, welche Frage in Ihren Augen ein guter Auftakt wäre?"

Fragen-Übung

Kleiden Sie die Eingangsfrage in eine Metapher, damit die Gefühle des Klienten stärker angesprochen werden. Beispiel: „Wenn Sie Ihren Weg zur gewünschten Veränderung einmal als einen Raketenflug betrachten – welche Frage müsste ich Ihnen dann stellen, um den Countdown einzuleiten und den Funken überspringen zu lassen?"

Bitte entwickeln Sie drei solcher Metaphern.

Umsetzungs-Plan

Bitte notieren Sie, welche Ideen Ihnen zu dieser Frage kommen und in welchem Zusammenhang Sie damit arbeiten wollen:

Hypothetische Frage: Veränderungen

So manche Klientin stellt sich den Coach als Kapitän ihres Veränderungsdampfers vor. Dabei ist die Hauptperson des Coachings nicht der Coach, sondern die Klientin selbst. Und die wichtigsten Ressourcen sind im natürlichen Umfeld der Klientin zu finden.

Die Frage

Wenn die Erde sich öffnen und plötzlich weltweit alle Coachs und Berater verschlingen würde – welche Wege schlügen Sie dann ein?

Folgefragen

- Nehmen wir an, Sie wären Ihr eigener Coach – durch welche Maßnahmen könnten Sie sicherstellen, dass Sie Ihrem Ziel Schritt für Schritt näher kommen?
- Mit welchen Strategien ist es Ihnen in der Vergangenheit gelungen, ganz ohne die Hilfe eines Beraters wichtige Veränderungen einzuleiten?
- Wofür müssten Sie Freunde und Bekannte gewinnen, um die wertvollste Unterstützung zu bekommen?
- Und wie müssten Sie handeln, dass Ihre Freunde später sagen „Wow, sie hat aus unserer Unterstützung das Beste für sich gemacht!“?

Kommentar zum Fragen-Inhalt

Ein Coach liefert Hilfe zur Selbsthilfe. Er steht nicht auf der Kapitänsbrücke des Veränderungsdampfers, er sitzt nur oben im Ausguck. Mit seinen Fragen und Rückmeldungen hilft er der Klientin, ihre eigene Situation zu überblicken, stimmige Entscheidungen zu finden und am Steuerrad ihres Lebensschiffes zu drehen. Das soll sie frühzeitig verstehen.

Diese Frage lässt sie nach Ressourcen suchen, die in ihrem natürlichen Lebensraum wurzeln und einer Veränderung dauerhaften Halt geben können. Sie entwickelt Ideen, was sie aus eigener Kraft unternehmen könnte, unterstützt von Freunden und Familie. Solche Sparringspartner konkurrieren nicht mit dem Coach, sondern schieben die Veränderung an und sichern den Praxistransfer über das Coaching hinaus. Allerdings muss das Steuerrad in der Hand der Klientin bleiben (wie die letzte Folgefrage verdeutlicht) – die Unterstützer helfen nur, das Schiff startklar zu machen und auf Kurs zu halten.

Kommentar zur Fragen-Sprache

Die zugespitzte Frage, bei der sich die Erde öffnet und alle Coachs verschlingt, bringt mehr als eine sachlich-nüchterne Frage: „Nehmen wir an, Ihnen stünde kein Coach zur Verfügung – was täten Sie dann?" Das absurde Szenario, das jeder Wahrscheinlichkeit widerspricht, erlaubt der Klientin beim Antworten auch Gedanken, die sich abseits der üblichen Denkbahnen bewegen. Der Ton und die Fantasie der Frage spiegeln sich meist in der Antwort wider.

Profi-Tipp

Klären Sie mit Ihrer Klientin: Wenn sie ein Team bilden dürfte, dessen einzige Aufgabe darin besteht, sie auf dem Weg zum Ziel zu unterstützen – welche Rollen hätte sie darin zu vergeben? Zum Beispiel sucht sie vielleicht einen „Gedächtnishelfer", der sie immer wieder an ihre guten Vorsätze erinnert; einen „Lebensfreude-Künstler", der nach schwierigen Momenten wieder für gute Laune sorgt; und einen „Arbeitsregulator", der den fatalen Hang zu Überstunden durch attraktive Freizeit-Verabredungen unterbindet.

Wenn dieses Wunschteam definiert ist, lauten die Fragen: Welche Menschen aus Ihrem Umfeld kämen für diese Rollen in Frage? Was könnten Sie unternehmen, um sie dafür zu gewinnen? Und zu welchen neuen Schritten könnte Sie dieser Rückenwind im Idealfall anspornen?

Schwierige Antwort

Die Klientin antwortet: „Ohne Coach habe ich schon alles versucht – leider war ich erfolglos! Also müsste ich meine Pläne in diesem Fall begraben."

Wie reagieren Sie? Bitte antworten Sie, gerne schriftlich, ehe Sie weiterlesen.

Mein Vorschlag: Drehen Sie den Anspruchsregler ein Stück nach unten, dann werden doch noch Ideen kommen, die, konsequent verfolgt, zur Lösung führen können: „Okay, die komplette Veränderung würden Sie für schwer erreichbar halten. Und was würden Sie tun, um sich wenigstens ein kleines Stück in die gewünschte Richtung zu bewegen?"

Fragen-Übung

Bitte formulieren Sie drei weitere Fragen, die denselben Zweck verfolgen wie die Ausgangsfrage: den Coach wegzaubern und die Lösungskompetenz der Klientin wecken. Dabei können Sie diese drei Stichwörter einbinden.

1. Einsame Insel
2. Mondfahrt
3. Erleuchtung

Beispiel für *„Einsame Insel“:* „Angenommen, Sie wären allein mit Ihrem Problem auf einer einsamen Insel gestrandet, einem Paradies mit Palmen, Sonne und blauem Meer. Und dort könnten Sie in aller Ruhe eine Lösung ausbaldowern, die perfekt zu Ihnen passt – was käme dabei wohl heraus?“

Umsetzungs-Plan

Bitte notieren Sie, welche Ideen Ihnen zu dieser Frage kommen und in welchem Zusammenhang Sie damit arbeiten wollen:

3.

Hypothetische Frage: Ein Bild vom Ziel

Ein Bild vom Ziel ist zugkräftiger als Worte, die es nur umschreiben. Ein Bild kann ein Leitstern sein, der den Klienten anzieht und ihm den Weg weist. Aber wie gelingt es Ihnen, ein solches Bild vom Ziel(zustand) mit einer einzigen Frage anzustoßen?

Die Frage

Angenommen, Sie hätten Ihr Ziel erreicht, und eine große Illustrierte wollte Sie mit einem Titelbild feiern – was könnte auf dem Bild zu sehen sein?

Folgefragen

- Dieses Foto, das Sie gerade beschrieben haben, dokumentiert einen großen Triumph in Ihrem Leben. Lassen Sie das Bild in Gedanken auf sich wirken. Welche Gefühle haben wohl in Ihrem Körper gekribbelt, als es geschossen wurde?
- Sicher folgt dem Titelbild ein langer Artikel im Heft, der Ihren Erfolg im Detail beschreibt – was steht in diesem Artikel?
- Stellen Sie sich einmal vor, Ihre Freunde und Bekannten bekämen die Illustrierte in die Hand: Wie würden sie Ihren großen Erfolg wohl kommentieren?
- Wenn Sie den Lesern noch einen Tipp geben müssten, welche Ihrer Handlungen auf dem Weg zum Ziel die wichtigste war – was würden Sie sagen?

Kommentar zum Fragen-Inhalt

Klassischerweise bittet man den Klienten, die ganze Landschaft seines Ziels in Worten auszumalen. Doch es ist wie beim richtigen Malen: Die Kunst besteht oft darin, mit wenigen Pinselstrichen auszukommen. Diese hypothetische Zielfrage zwingt den Klienten, das Zielpanorama zu verdichten auf ein symbolisches Cover seines Triumphes, auf ein Bild, das Erfolgsgeschichte erzählt.

Zum Beispiel habe ich einen Geschäftsführer gecoacht, der sich von seinen Mitarbeitern zu wenig respektiert fühlte und sein Team hinter sich versammeln wollte. Als Titelbild schlug er vor: „Meine fünf wichtigsten Mitarbeiter stehen im Halbkreis als Sekundanten in der Ecke eines Boxrings. Und das Bild wird genau in dem Moment geschossen, in dem ich meinen hängenden Kopf wieder aufrichte, während mich meine Ecke anspornt."

Dieses Bild entfesselte positive Gefühle: Er, der Vorgesetzte, war bereit, für seine Abteilung zu kämpfen. Er war bereit, seinen Mitarbeitern vollkommen zu vertrauen, sie durften ihn coachen, verarzten und zur Not das Handtuch werfen. Diese Cover-Idee hat den Geschäftsführer dazu gebracht, seinen Mitarbeitern mehr Vertrauen zu zeigen und aus seiner Mannschaft ein eingeschworenes Team zu bilden.

Kommentar zur Fragen-Sprache

Warum heißt es in der Folgefrage nicht „Was haben Sie *gefühlt*, als das Foto geschossen wurde?", sondern „Welche Gefühle haben *wohl* in Ihrem Körper *gekribbelt*, als es geschossen wurde?"? Das „wohl" soll dem Klienten signalisieren, dass seine Antwort eine Spekulation bleiben darf. Und Gefühle, die im Körper kribbeln, sind schwerer zu ignorieren als solche, die wie blinde Passagiere mitreisen. Dieses hypnotische Sprachmuster – kribbelnde Gefühle werden einfach vorausgesetzt – erhöht die Chance, dass der Klient auch kribbelnde Gefühle entdeckt.

Profi-Tipp

Unterstützen Sie die Fantasie Ihres Klienten. Bringen Sie ein paar Illustrierte in die Beratung mit, zum Beispiel „Stern" oder „Spiegel", und lassen Sie ihn die Titelbilder unter dem Aspekt betrachten: „Wie gelingt es, mit einem einzigen Bild eine ganze Geschichte zu erzählen?" Die Titelseiten spielen ihm zahlreiche Ideen zu. Die Verknüpfung zwischen realem Cover und Fantasie-Cover macht seine Vision glaubhafter.

Schwierige Antwort

Der Klient zuckt mit den Achseln: „Sorry, da fällt mir rein gar nichts ein. Ich habe mich noch nie mit den Titelbildern von Zeitschriften auseinandergesetzt. Ich bin kein Grafiker und auch kein Redakteur."

Wie reagieren Sie? Bitte antworten Sie, gerne schriftlich, ehe Sie weiterlesen.

Mein Vorschlag: Probieren Sie eine zirkuläre Frage: „Angenommen, ein Profi, ein echter Grafiker, bekäme den Auftrag, in Ihrem Namen dieses Cover zu entwickeln – auf welche Ideen könnte er im Gespräch mit Ihnen kommen?" Dieser zirkuläre Schleichpfad führt oft zu mehreren Cover-Ideen. Am Ende darf der Klient eine davon auswählen.

Fragen-Übung

Bitte entwickeln Sie zehn Fragen, die sich alle auf die Titelgeschichte in der Zeitschrift beziehen. Legen Sie dabei den Fall des Managers zugrunde, der sein Verhältnis zu den Mitarbeitern verbessern will. Drei Beispiele für solche Fragen: „Mit welcher Schlüsselszene zwischen Ihnen und Ihren Mitarbeitern könnte der Artikel beginnen?“, „Welche Menschen hätte der Reporter wohl zu den Rezepten Ihres Erfolges befragt – und was hätten Sie geantwortet?“ und „Welchen Ausblick gäbe der Artikel vielleicht für Ihre nächsten Jahre als Führungskraft?“

Umsetzungs-Plan

Bitte notieren Sie, welche Ideen Ihnen zu dieser Frage kommen und in welchem Zusammenhang Sie damit arbeiten wollen:

4.

Hypothetische Frage: Der Gutschein

Mit Themen fürs Coaching ist es wie mit Eisbergen: Man sieht sie nicht alle auf den ersten Blick. Und was man übersieht, kann später im Weg stehen. Deshalb ist es wichtig, dass Sie fantasiereich nach weiteren Anliegen fragen und sie vom Klienten priorisieren lassen.

Die Frage

Gehen Sie einmal davon aus, ich würde Ihnen einen Gutschein für ein zweites Coaching schenken, verbunden mit einer Bedingung: Es muss um ein ganz anderes Thema gehen. Worüber würden wir dann sprechen?

Folgefragen

- Was könnte sich in Ihrem Leben verbessern, wenn wir dieses Thema bearbeiten?
- Wenn Sie sich die beiden Themen einmal als Gewichte auf einer Waage vorstellen, welches wiegt in seiner Bedeutung schwerer? Wie würden die Gewichte verteilt sein, wenn beide zusammen 99 Gramm wögen?
- Angenommen, ein großer Philosoph würde Ihnen belegen: Zwischen beiden Themen gibt es doch einen tieferen Zusammenhang – wie könnte er das begründen?
- Wenn Sie all das abwägen: Welche Rolle soll das zweite Thema in unserem Coaching spielen?

Kommentar zum Fragen-Inhalt

Diese hypothetische Frage ermutigt den Klienten, Themen ins Gespräch zu bringen, die ihm zunächst nachrangig erscheinen. Zum Beispiel habe ich einen Bereichsleiter gecoacht, dessen Erstthema war: „Ich muss bei wichtigen Geschäftspartnern und Vertragsabschlüssen die Interessen meiner Firma besser vertreten – wie gelingt mir das?"

Auf die Frage nach dem Zweitthema sagte er: „Dann würde ich mit Ihnen besprechen, wie ich mir künftig mehr Zeit für meine Hobbys nehme: das Joggen und das Golfen. Der Sport blieb in letzter Zeit wegen der Überstunden auf der Strecke." Als ich wissen wollte, wo ein weiser Philosoph den tieferen Zusammenhang zwischen beiden

Anliegen sehen könnte, antwortete er: „Vielleicht ist es bei meinen Hobbys so wie bei meinen Vertragsabschlüssen: Ich lasse mir meinen Willen nehmen, obwohl ich weiß, dass es schlecht für mich ist."

Auf einmal bekam unser Coaching ein Dach, das sich über sein ganzes Leben spannte: „Wie kann es mir gelingen, mich konsequenter abzugrenzen und meine eigenen Bedürfnisse zu befriedigen?" Er begann in seinem Privatleben: An zwei Tagen pro Woche verließ er das Büro pünktlich und ging joggen. Dieser Abgrenzungs-Erfolg und seine schönen Sporterlebnisse verliehen ihm Energie und Klarheit. Deshalb trat er in Verhandlungen selbstbewusster auf. Die beiden Anliegen beflügelten sich. Der Klient kam schneller und nachhaltiger voran, als es ihm auf einer thematischen Einbahnstraße gelungen wäre.

Manchmal kommt es vor, dass ein Klient sein ursprüngliches Thema zugunsten des Zweitthemas zurückstellt. Das ist gut so, denn je mehr sich das Thema und das Ziel des Coachings mit seinen inneren Bedürfnissen decken, desto leichter ist die Arbeit im Coaching.

Kommentar zur Fragen-Sprache

Warum fragt der Coach nicht ganz schlicht: „Könnte es noch ein zweites, vielleicht ganz anderes Thema für unser Coaching geben?" Weil diese Frage zwar den Verstand, nicht aber die Fantasie des Klienten anspricht. Dagegen appellieren der Gutschein und die Bedingung, es müsse ein anderes Thema sein, an die Kreativität. Eine spielerische Frage erhöht die Chance, dass auch eine spielerische Antwort kommt. Die Hypothese erweitert den Suchradius des Geistes.

Profi-Tipp

Das Bild mit der Waage (aus den Folgefragen) gibt Ihnen die Chance, die Prioritäten des Klienten nachzuvollziehen. Wenn der Klient ein Anliegen mit 70 Gramm gewichtet und eines mit 29 Gramm, dann wissen Sie: Er ist innerlich klar. Dagegen würden 50 und 49 Gramm bedeuten, dass sein zweites Thema immer wieder dazwischenfunken kann. Die unrunde Zahl 99 sorgt immerhin dafür, dass er wahrscheinlich einen Schwerpunkt setzt (sofern er in ganzen Gramm antwortet!).

Nutzen Sie die Maßeinheit bei Ihren Folgefragen: „Was müsste passieren, dass Ihr Hauptthema an Gewicht verlöre? Können Sie das in Gramm angeben?", „Unter welchen Voraussetzungen würde es noch schwerer wiegen? Wie wäre das Verhältnis der Gewichte dann?", „Welche Menschen haben Einfluss auf diese Waage, können also für zusätzliches Gewicht oder Erleichterung sorgen?", „Und wie sieht Ihre Prognose aus, wie sich die Gewichte der Themen entwickeln?"

Schwierige Antwort

Der Klient grübelt lange und antwortet dann: „Die Waage ist genau im Gleichgewicht. Beide Themen wiegen 49,5 Gramm."

Wie reagieren Sie? Bitte antworten Sie, gerne schriftlich, ehe Sie weiterlesen.

Mein Vorschlag: Schauen Sie in die Vergangenheit und in die Zukunft, indem Sie zum Beispiel fragen: „Wenn Sie eine Tendenz aus der Vergangenheit ableiten müssten: Welches Anliegen hat in letzter Zeit an Gewicht gewonnen?" Und: „Wenn Sie eine Prognose abgeben müssten – auf welcher Seite nimmt das Gewicht nach Ihrem Gefühl künftig zu?"

Ein Thema, das an Gewicht (und damit auch: an Wichtigkeit) gewinnt, drängt sich fürs Coaching auf.

Fragen-Übung

Ihr Klient antwortet auf die Ausgangsfrage: „Diesen Gutschein fürs Coaching würde ich verschenken. In meinem Leben läuft sonst alles rund." Bitte entscheiden und begründen Sie, wie Sie mit dieser Antwort umgehen.

Lösungsvorschlag unter: www.karriereberater-akademie.de, Rubrik „Bücher".

Umsetzungs-Plan

Bitte notieren Sie, welche Ideen Ihnen zu dieser Frage kommen und in welchem Zusammenhang Sie damit arbeiten wollen:

5.

Hypothetische Frage: Die Verfassung

In jeder Firma gelten (heimliche) Spielregeln. Wer sie ignoriert, muss scheitern. Der einfachste Weg, diese Spielregeln herauszufinden? Erschließen Sie mit einer Frage die langjährigen Kenntnisse Ihrer Klienten als Quelle.

Die Frage

Wenn Sie sich Ihre Firma einmal als ein Land mit einer Verfassung vorstellen, die für alle Einwohner gilt: Welche Paragraphen müsste ein neuer Mitarbeiter kennen, um in einer ähnlichen Position wie Sie erfolgreich zu sein?

Folgefragen

- Wer hat diese Gesetze erlassen? Und welchen Zweck, glauben Sie, verfolgt er damit?
- Welche dieser Spielregeln sind öffentlich bekannt, und welche gelten heimlich? Und woher wissen Sie von den heimlichen Regeln?
- Durch welche Schritte könnten Sie diese Gesetze auf dem Weg zu Ihrem Ziel nutzen? Und wie könnten sie Ihnen in die Quere kommen?
- Gibt es jemanden in Ihrer Firma, der besonders virtuos und erfolgreich nach diesen Gesetzen handelt? Und was könnten Sie von ihm lernen?

Kommentar zum Fragen-Inhalt

Diese Frage ist deshalb so hilfreich, weil sie der Klientin die Chance bietet, systemische Zusammenhänge zu durchschauen. Welche Anforderungen stellen ihre Vorgesetzten? Was erwarten die Firmeninhaber? Und was wünschen sich die Kunden oder die Kollegen?

Es ist wie bei einem Schachspiel: Wer gewinnen will, muss sich an die Regeln halten. Und im System jeder Firma gelten eigene Grundsätze. Wenn Ihre Klientin ein Ziel erreichen will, muss ihr klar sein, wie ihr Verhalten durch die Umwelt bewertet wird. Ebenso sollten Sie als Coach dieses Bewertungssystem kennen, um Ihre Interventionen darauf abzustimmen.

Seien Sie bei den heimlichen Spielregeln hellhörig. Während in der Unternehmensbroschüre steht, „Teamfähigkeit" werde belohnt, zeigt die Realität vielleicht: Ellenbogentypen kommen schneller vorwärts. Nur wenn Ihre Klientin die Regeln durchschaut, kann sie nach ihnen handeln – oder sich dagegen entscheiden, weil sie mit ihren Werten kollidieren. Dann liegt für Ihre Klientin ein Wechsel in ein neues System, eine andere Firma, nahe.

Kommentar zur Fragen-Sprache

Die Frage arbeitet wieder mit einer Metapher: Die Firma wird zu einem Land erklärt, die Mitarbeiter zu Einwohnern, und die (heimlichen) Gesetze avancieren zu einer Verfassung. Die abstrakte Suche nach Firmengesetzen gliche einem Stochern im Nebel. Dagegen hilft diese Metapher, ungeschriebene Spielregeln schreibbar zu machen. Die Aufmerksamkeit der Klientin wird vom *„Ob"* („Gibt es überhaupt heimliche Gesetze?") weggelenkt zur konkreten Frage: *„Wie* sehen diese Gesetze aus?"

Profi-Tipp

Lassen Sie Ihre Klientin zwei Sorten heimlicher Spielregeln erforschen: die der Firma und ihre eigenen. Lassen Sie sie Zettel in zwei Farben beschriften: einmal mit Spielregeln der Firma, zum Beispiel „Nur wer bei allen Meetings sichtbar ist, genießt hohes Ansehen!"; und einmal mit eigenen Glaubenssätzen, zum Beispiel „Wenn ich meine Arbeit schaffen will, darf ich mich nicht den halben Tag auf Meetings rumtreiben!". Am Ende folgt ein Puzzle-Spiel: Welche Zettel, welche Inhalte und Werte, passen zusammen? Und welche Zettel muss sie ganz weit auseinander legen, weil sich eine Kluft auftut?

Vor der Klientin entsteht eine lebendige Landkarte. Auf dieser Basis kann sie überlegen: „Inwieweit müsste (und will) ich mich verändern, um in diesem System erfolgreich zu sein? Inwieweit kann ich selbst die Firma verändern (vor allem bei Kleinbetrieben möglich)? Oder brauche ich eine andere Firmenkultur, um glücklich zu werden?"

Hier kann auch der Firmentest aus meinem Spiegel-Bestseller „Ich arbeite in einem Irrenhaus" (Econ, 2011) ein wichtiges Hilfsmittel sein.

Schwierige Antwort

Die Klientin sagt: „Ich habe von diesen Spielregeln keine Ahnung; in solchen Dingen bin ich nicht sehr scharfsichtig. Das ist ja mein Problem."

Mein Vorschlag: Machen Sie Ihrer Klientin bewusst, dass sie verglichen mit absolut Ahnungslosen doch über ein erhebliches Wissen verfügt: „Angenommen, es gäbe einen Menschen im Unternehmen, der noch viel weniger weiß – zum Beispiel eine sehr naive Praktikantin. Welche Grundzüge dieser Spielregeln könnten Sie ihr vermitteln?“

Fragen-Übung

Stellen Sie sich vor, die Ausgangsfrage lautet: „Mal angenommen, Sie stellen sich das Karrierespiel in Ihrer Firma einmal als Mensch-ärgere-dich-nicht-Spiel vor. Was wäre dann der Würfel, der über die Geschwindigkeit des Vorankommens entscheidet?“ Bitte bleiben Sie in dieser Metapher und schließen Sie möglichst viele passende Fragen an, zum Beispiel unter Verwendung folgender Stichwörter: Eins, Sechs, Rauswerfen, Hütchen in Reserve, Zahl der Spieler, Schummeln.

Umsetzungs-Plan

Bitte notieren Sie, welche Ideen Ihnen zu dieser Frage kommen und in welchem Zusammenhang Sie damit arbeiten wollen:

Hypothetische Frage: Freundschaft

Was tut man mit Problemen? Man tilgt sie aus! Aber wenn Ihr Klient sein Problem als bösen Gegner sieht, wird es sich auch so gebären: gegnerisch und böse! Diese hypothetische Differenzierungsfrage regt ein konstruktiveres Verhältnis zum Problem an: eine Freundschaft.

Die Frage

Wenn Sie sich das Problem als Feind vorstellen – welche Drohung könnte es Ihnen an den Kopf werfen? Und wenn Sie es als Freund sehen – welchen gut gemeinten Hinweis könnte es Ihnen zuflüstern?

Folgefragen

- Mal angenommen, beide Stimmen hätten ihren Nutzen: Wann kann Ihnen die eine, wann die andere helfen?
- Was wird für Sie einfacher, wenn Sie Ihr Problem als Freund sehen?
- Welche Voraussetzungen könnten Sie schaffen, um sich mit Ihrem Problem anzufreunden?
- Manche Freunde gehen irgendwann eigene Wege. Woran würden Sie merken, dass die Zeit gekommen ist, sich von Ihrem Problem zu trennen? Und wie könnte ein würdiger Abschied aussehen?

Kommentar zum Fragen-Inhalt

„Wenn du mit dem Rauchen nicht aufhörst, dann bekommst du Lungenkrebs!" So spricht ein Problem zu seinem Inhaber, sofern der es als Feind betrachtet. Drohungen erzeugen Angst. Der unerwünschte Zustand verstärkt sich selbst. Lähmung statt Lösung.

Aber was geschieht, wenn sich Ihr Klient sein Problem als wohlmeinenden Freund vorstellt, als Kooperationspartner? Auf einmal hört er genauer hin: Was will ihm das Problem eigentlich sagen? Welche guten Ratschläge hat es auf Lager?

Zum Beispiel könnte es als Freund flüstern: „Mensch, Dieter, nun steckst du dir schon die zwanzigste Zigarette des Tages an. Dabei hast du dir doch vorgenommen, alles für deine Gesundheit zu tun. Denk an den Marathon, den du dir vorgenommen hast. Oder daran, dass du deiner Familie lange erhalten bleiben willst. Lass uns mal überlegen, wie du deinen Arbeitsstress auf produktivere Weise verarbeiten kannst. Wie wäre es damit, bei Nervosität die Treppe in den zehnten Stock zu nehmen, um dich abzureagieren?"

Wenn ein Mensch im inneren Dialog diesen Ton anschlägt, sich selbst verständnisvoll wie einem guten Freund begegnet, dann lähmt ihn sein Problem nicht mehr – und seine Ziele rücken näher. Dieser Selbstrespekt ermöglicht eine produktive Veränderung.

Kommentar zur Fragen-Sprache

Die Frage arbeitet mit sprachlichen Zuspitzungen: Das Problem als Feind „droht" nicht einfach, sondern es „wirft" dem Klienten „Drohungen an den Kopf". Und das Problem als Freund „gibt" nicht einfach gute Ratschläge, sondern es „flüstert" sie ihm „ins Ohr". Je anschaulicher und präziser die Formulierungen sind, desto konkreter die angestoßenen Gedanken.

Profi-Tipp

Stellen Sie drei Stühle in den Raum: einen für das „Problem als Feind", einen für das „Problem als Freund" und einen für das „Ich" des Klienten. Beschriften Sie die Stühle mit Pappkreisen. Nun bitten Sie ihn, zunächst die Rolle des Problems als Feind einzunehmen. Lassen Sie ihn seinem leeren Ich-Stuhl die typischen Drohungen entgegenschleudern. Dann wechselt er auf den Freund-Stuhl. Von dort spricht er ebenfalls den leeren Ich-Stuhl an, diesmal wohlwollend. Und schließlich wechselt er in die Ich-Rolle und beurteilt von dieser Tribüne, was er gerade gesehen hat. Welche Anmerkungen waren für ihn die hilfreichsten? Inwiefern erscheint ihm die Freund-Sicht hilfreicher? Wie kann es ihm gelingen, künftig verstärkt auf diese Stimme zu hören? Meist kommt es zu einem Reframing-Effekt, zu einer neuen Sicht auf die alte Situation.

Schwierige Antwort

Der Klient antwortet: „Dieses Problem ist nicht mein Freund. Darum kann ich mir das auch nicht vorstellen."

Bitte formulieren Sie eine Antwort, ehe Sie weiterlesen.

Mein Vorschlag: Rufen Sie einen klugen Helfer hinzu, in dessen Kopf sich Ihr Klient versetzen und dort doch noch Erkenntnisse entdecken kann: „Mal angenommen, ein Weiser würde Ihre Situation betrachten und käme doch zu der Überzeugung, Ihr Problem habe auch den einen oder anderen kleinen positiven Aspekt. Raten Sie mal, welche Aspekte das aus seiner Sicht sein könnten?"

Fragen-Übung

Eine Filialleiterin im Einzelhandel klagt im Coaching darüber, dass sie mit ihren Einkaufswünschen stets an der Zentrale abpralle. Immer wieder würden ihr „unsinnige Aktionsartikel“ ins Haus geschickt. Sie möchte mehr Einfluss aufs Sortiment nehmen, weiß aber noch keinen Weg. Bitte formulieren Sie Fragen, durch die Ihre Klientin das Problem als Freund betrachten und mit ihm in einen konstruktiven Dialog kommen kann.

Lösungsvorschläge unter: www.karriereberater-akademie.de, Rubrik „Bücher“.

Umsetzungs-Plan

Bitte notieren Sie, welche Ideen Ihnen zu dieser Frage kommen und in welchem Zusammenhang Sie damit arbeiten wollen:

7.

Hypothetische Frage: Eiskunstlauf

Was ein Mensch tut, hängt davon ab, was er denkt. Der Wellenschlag des Handelns ist an der Oberfläche sichtbar. Die Kognitionen sind die Strömung unter der Oberfläche. Wer seine Haltung verbessert, kommt leichter ans Ziel.

Die Frage

Stellen Sie sich vor, Sie wären ein Punkterichter wie beim Eiskunstlauf. Nur dass Haltungsnoten auf eine andere Haltung zielen: Ihre innere Haltung, mit der Sie Ihrer Herausforderung begegnen. Welche Haltungsnoten, in Schulnoten von 1 bis 6, gäben Sie sich an einem durchschnittlichen Tag?

Folgefragen

- In welchen Momenten erzielen Sie eine bessere Haltungsnote als sonst? Und wie gelingt Ihnen das?
- Angenommen, ein Verhaltensforscher könnte Sie rund um die Uhr beobachten: An welchen äußeren Anzeichen würde er erkennen, dass Ihre innere Haltung positiver als sonst ist?
- Gehen wir davon aus, Sie könnten dafür sorgen, dass sich diese positiven Momente viel öfter als gegenwärtig wiederholen – was würde dadurch anders?
- Angenommen, es gäbe einen Schlüsselsatz, der für Ihre positive Haltung steht. Wie könnte dieser Satz lauten? Und was könnten Sie tun, um sich möglichst oft an ihn zu erinnern?

Kommentar zum Fragen-Inhalt

Diese Frage verblüfft den Klienten. Wenn er das Wort „Haltungsnote“ hört, denkt er im ersten Moment an Körperhaltung. Dann wird ihm klar: Es geht um seine innere Haltung. Und die kennt nur ein „Punkterichter“ dieser Erde – er selbst. Die Note ist hilfreich, weil sie das Diffuse zählbar macht. Hat der Klient nicht schon lange versucht, einen guten Vorsatz zu verwirklichen, ist aber immer wieder gegen eine unsichtbare Mauer gerannt?

Nun wird ihm klar: Diese Mauer kann aus seinen eigenen Gedanken bestehen. Zum Beispiel aus der Überzeugung, einer Herausforderung nicht gewachsen oder der Außenwelt ausgeliefert zu sein. Wer sich ausgeliefert fühlt, verhält sich wie ein Ausgelieferter – und ist damit ausgeliefert.

Aber was, wenn eine solche Überzeugung falsch ist und das zweckdienliche Handeln einschränkt? Dann findet der Klient zu einer neuen Selbstwirksamkeit, sobald er seine Haltung verändert. Kognitionen erzeugen Wirklichkeit. Auch im besten Sinne! Je positiver er denkt, desto mehr traut er sich zu. Diese neue Tatkraft bringt neue Erfolge.

Die Folgefragen machen ihm bewusst, wie positive Gedanken auf ihn wirken können und wie er durch seine Gedanken dauerhaften Auftrieb erzeugen kann.

Kommentar zur Fragen-Sprache

Warum will der Coach die Haltungsnoten in Schulnoten von 1 bis 6 hören – und nicht in der Skala des Eiskunstlaufs (von 0 bis 10)? Weil sich die ganze Energie des Klienten auf den Inhalt der Frage richten soll – und nicht auf komplizierte Überlegungen zum Benotungssystem. Was Schulnoten bedeuten, weiß jeder. Intuitiv kann er eine stimmige Zahl nennen. Dagegen ist das Punktesystem des Eislaufs ungewohnt – nicht jeder weiß, dass die 6 hier eine bessere Note als die 1 ist.

Profi-Tipp

Legen Sie eine Notenskala von 1 bis 6 am Boden aus. Und nun lassen Sie den Klienten bei der Note, die er sich im Moment gibt, Position beziehen. Bitten Sie ihn – wenn er zum Beispiel auf einer Vier steht – in die negative Richtung zur Sechs zu schauen: Wie schafft er es, diese „ungenügende“ Haltung zu vermeiden? Wie hält er sich immerhin auf dem jetzigen Niveau? Lassen Sie ihn von seinen Qualitäten erzählen. Das macht Ressourcen sichtbar.

Dann bitten Sie ihn, in die positive Richtung zur Eins zu schauen. Was wäre anders, wenn er einen halben Notenschritt in Richtung eins ginge? Laden Sie ihn ein, diesen Schritt tatsächlich zu gehen. Was verändert sich an seiner inneren Haltung? Welche neuen Türen würde diese Einstellung für sein Handeln öffnen?

So können Sie ihn die komplette Skala erfahren lassen – eine Reise im Geiste, die ihn mit positiven Ideen füllt, Denkmauern einreißt und die Selbstwirksamkeit stärkt.

Schwierige Antwort

Der Klient antwortet: „Meine Haltung ist einwandfrei, ich will das Ziel ja unbedingt erreichen. Ich gebe mir die Note 1. Nur mit dem, was ich dann schaffe, bin ich unzufrieden."

Wie reagieren Sie? Bitte antworten Sie, gerne schriftlich, ehe Sie weiterlesen.

Mein Vorschlag: Solche Antworten weise ich nicht zurück („Sie haben meine Frage falsch verstanden!"), sondern differenziere sie: „Das heißt: Für Ihre Motivation, für Ihren Willen, das Ziel zu erreichen, geben Sie sich die Note 1?" (Klient nickt). „Dann lassen Sie uns eine zweite Haltungsnote einführen: für den Glauben – wie fest Sie überzeugt sind, Ihren Willen auch aus eigener Kraft umsetzen zu können. Ich denke mal: An guten Tagen wird dieser Glaube stärker, an schwachen Tagen geringer sein. Wie fällt diese Haltungsnote im Durchschnitt aus?"

Fragen-Übung

Bitte setzen Sie die Metapher durch Folgefragen fort, in denen Sie eine Verbindung zwischen dem Eiskunstlauf und der inneren Haltung Ihres Klienten herstellen. Beispiel: „Mit einem gewagten Sprung, einem dreifachen Rittberger, können Eiskunstläufer ihre Punkterichter beeindrucken. Übertragen auf Ihre Haltungsnote: Was wäre der kühnste Gedanke, den Sie für eine Bestnote probieren könnten?"

Verwenden Sie bei Ihren Fragen gerne auch folgende Begriffe: Pirouette, Paarlauf, Publikum, dünnes Eis, Kür und Pflicht.

Umsetzungs-Plan

Bitte notieren Sie, welche Ideen Ihnen zu dieser Frage kommen und in welchem Zusammenhang Sie damit arbeiten wollen:

8.

Hypothetische Frage: Wunschzukunft

Therapeuten schauen mit ihren Klienten vor allem in die Vergangenheit und auf die Probleme. Coachs dagegen visieren die Zukunft und die Lösungen an. Diese Frage spielt Ihrer Klientin einen Gutschein für einen *längeren* Aufenthalt im Land ihrer Wunschzukunft zu.

Die Frage

Wenn Sie sich etliche Jahre in die Zukunft versetzen und sich vorstellen, Sie hätten alle Ziele erreicht, Sie wären genau dort, wohin Sie wollten – wie läuft dann ein typischer Tag Ihres Lebens ab?

Folgefragen

- Wo und mit wem leben Sie? Und was tun Sie morgens direkt nach dem Aufstehen?
- Wie sieht Ihr Arbeitsplatz aus? Mit wem arbeiten Sie zusammen, und welches sind Ihre Aufgaben im Laufe eines Tages?
- Welches sind die Höhepunkte Ihres Tages? Worauf freuen Sie sich besonders?
- Angenommen, ein Reporter würde Sie fragen, welche Schritte Sie an dieses Traumziel geführt haben – wie könnten Sie Ihren Weg am anschaulichsten beschreiben?

Kommentar zum Fragen-Inhalt

Diese Frage ist der Startschuss für eine Gedankenreise: Die Klientin verlässt das Zeitdorf der Gegenwart und landet mitten in ihrer Wunschzukunft. Sie bekommt die Chance, das farbenfrohe Bild eines typischen Tages zu entwickeln. Gerne kann sie ihre Augen schließen und die Zukunft mit allen Sinnen wahrnehmen.

Dabei entdeckt sie, dass ihr Leben ein Fluss ist, der sich aus vielen Quellen speist, nicht aus dem Beruf allein. Daher erkunden die Zusatzfragen, wo und mit wem sie lebt, was sie nach dem Aufstehen tut und welches die Höhepunkte im Laufe eines Tages sind, natürlich auch in ihrer Freizeit.

Wer in der Lage ist, sich sein Leben in diesem künftigen Tag vorzustellen, bildet entsprechende Nervenbahnen im Gehirn. Sein Glaube und seine Fähigkeit, einen solchen Tag aus eigener Kraft herbeizuführen, dehnen sich aus und schieben übertriebene Zweifel beiseite. „Wenn du es träumen kannst, kannst du es auch tun", wusste schon Walt Disney.

Die Menschen entdecken Details ihres künftigen Lebens, die ihnen vorher nicht bewusst waren. Zum Beispiel sah sich eine Hamburger Germanistin auf einem Bauernhof leben, wo sie direkt nach dem Aufstehen eine Runde mit ihrem Pferd ritt. Eigentlich war sie nur ins Coaching gekommen, um die Weichen im Beruf neu zu stellen. Doch wie nebenbei ging ihr auf, dass ihr bisheriges Stadtleben sie zu viel Energie kostete. Und genau diese Kraft fehlte ihr im Beruf.

Bislang hatte sie gedacht: „Zwei Veränderungen auf einmal, ein Wechsel im Job und ein Umzug, wären zu viel – wo ich doch kaum eine schaffe." Nun wurde ihr klar: Die beiden Veränderungen gaben sich gegenseitig Schwung. Inzwischen lebt sie auf einem kleinen Gestüt vor den Toren der Stadt und arbeitet als Selbstständige.

Kommentar zur Fragen-Sprache

Diesmal *meidet* die Frage am Ende den Konjunktiv: „Wie *läuft* dann ein typischer Tag ab?" Dasselbe gilt für die ersten drei Folgefragen. Der Präsens assoziiert, das Ziel sei schon erreicht („Wo leben Sie?"). Diese direkte Ansprache unterstützt die Vorstellung der Klientin, bereits in der Zukunft angelangt zu sein. Achten Sie bei den Antworten darauf, dass die Klientin die Möglichkeitsform ebenfalls meidet. Durch aktives Zuhören können Sie sanft korrigieren. Zum Beispiel sagt die Klientin: „Ich würde jeden Morgen ausreiten. Da wären wunderbar weite Felder." Coach: „Wunderbar! Sie reiten jeden Morgen aus und fliegen auf dem Pferderücken über diese weiten Felder!" Ein oder zwei solcher Korrekturen ziehen die Klientin fast automatisch von der Möglichkeits- in die Ist-Form.

Profi-Tipp

Es gibt einen Trumpf, der in jedem Coaching sticht: die individuelle Fantasiereise. Entwickeln Sie einen Text, der Ihre Klientin in eine abenteuerliche Handlung verwickelt und sie in ihre Zukunft blicken lässt. Zum Beispiel finden Sie in meinem „Handbuch Fantasiereisen" (Beltz, 2011) die Reise „Gewitter der Zukunft" (Seite 171). Dort erlebt die Klientin bei Nacht einen Sturm in einer Berghütte, während draußen ein Gewitter tobt – und mit dem Blitzlicht ihre eigene Zukunft beleuchtet.

Bei einer Fantasiereise macht es sich die Klientin auf ihrem Stuhl bequem, lässt ihre Gedanken treiben und folgt Ihren sanften Worten.

Die Handlung sollte abenteuerlich sein und möglichst viele Sinne ansprechen. An entscheidenden Stellen, zum Beispiel wenn die Blitze über der Zukunft zucken, legen Sie immer wieder längere Pausen ein und stellen Fragen – die Klientin kann diese Lücken mit ihrer Fantasie füllen. Mein „Handbuch Fantasiereisen" enthält einen kompletten Schreibkurs für Fantasiereisen, auch mit speziellen Vorschlägen für Einzelcoachings.

Nach der Reise besprechen Sie, was die Klientin erlebt und gesehen hat. So verschaffen Sie ihr Zugang zu ihrem Un- und Vorbewussten, jenen Schätzen unter der Oberfläche des Bewusstseins, die oft glänzende Ideen in ein Coaching bringen.

Schwierige Antwort

Die Klientin antwortet: „Ich habe keine Ahnung, wie ein solcher Tag liefe. Für mich liegt das alles im Nebel."

Wie reagieren Sie? Bitte antworten Sie, gerne schriftlich, ehe Sie weiterlesen.

Mein Vorschlag: Offenbar fühlt sich die Klientin zu einer präzisen Antwort verpflichtet. Öffnen Sie ihrer Fantasie mehr Raum: „Das klingt, als würde der Nebel Ihnen den Blick auf die Details verstellen?" (Sie stimmt zu.) „Auf der anderen Seite hat Nebel ja auch einen Vorteil: Er hilft einem, sich von Details nicht ablenken zu lassen und die großen Dinge schemenhaft zu erkennen. Schauen Sie mal genau hin, ob Sie vielleicht grobe Umrisse Ihres künftigen Tages erkennen können – natürlich ohne Gewähr, ob Sie diese in der Nebelsuppe auch richtig interpretieren."

Fragen-Übung

Bitte schreiben Sie eine Fantasiereise, die eine Ihrer realen Klientinnen (oder einen Menschen, dessen Wünsche Sie gut kennen) auf ideenreiche Weise mit ihrer eigenen Zukunft in Berührung bringt (siehe auch Frage 66, Seite 278). Ein Beispiel für eine solche Reise, das erwähnte „Gewitter der Zukunft", können Sie als Anregung im Bonusmaterial zu diesem Buch nachlesen: www.karriereberater-akademie, Rubrik „Bücher".

Umsetzungs-Plan

Bitte notieren Sie, welche Ideen Ihnen zu dieser Frage kommen und in welchem Zusammenhang Sie damit arbeiten wollen:

9.

Hypothetische Frage: Eigenschaft nach Wahl

Die Lösungsversuche des Klienten sind ins Leere gelaufen. In der Palette seines Handlungsrepertoires scheint eine Farbe zu fehlen, die er für seine Veränderung zu brauchen meint. Aber welche? Diese Frage weist den Weg.

Die Frage

Angenommen, der Schöpfer stiege vom Himmel und böte Ihnen an, Sie mit einer Eigenschaft Ihrer Wahl nachzurüsten – welche würden Sie sich jetzt am innigsten wünschen?

Folgefragen

- Und wenn der Schöpfer sagen würde „Ich kann nur ausbauen, was in Ansätzen schon da ist" – welche Beweise können Sie anführen, dass Sie diese Eigenschaft schon ein wenig leben?
- Also gut, und jetzt sagt der Schöpfer: „Ich schenke dir 50 Prozent dieser Eigenschaft – den Rest musst du dir selbst erarbeiten." Was genau könnten Sie tun, um diese Eigenschaft systematisch auszubauen?
- Welcher Prozentsatz, denken Sie, würde ausreichen, um Ihr Ziel zu erreichen?
- Nehmen wir an, der Schöpfer wollte aus dem Himmel das Ergebnis seiner Arbeit betrachten: Welche Szenen würden ihm positiv auffallen, wenn er Ihr neues Tun und Denken mit dem von früher vergliche?

Kommentar zum Fragen-Inhalt

Diese Frage geht nach dem Prinzip des Trichters vor: Statt eng zu beginnen, statt gleich vom Klienten etwas zu fordern, öffnet sie zunächst Raum für die Fantasie – der Klient darf sich etwas wünschen. Erst wenn der Wunsch im Raum steht, wird der Klient durch die Folgefragen *sanft* eingebunden: Er soll erforschen, ob das Gewünschte schon zu kleinen Teilen in seinem Verhalten enthalten ist. Und er soll 50 Prozent der Eigenschaft durch sein Handeln erarbeiten.

Was ansonsten ein unbezwingbarer Berggipfel wäre – weil der Klient davon ausgeht, diese Eigenschaft läge außerhalb seiner Reichweite

– wird zu einer überschaubaren Tour; denn er startet von halber Höhe. Unter dieser Voraussetzung gelingt es ihm, innere Bremsen zu lösen, sich positive Handlungen auszumalen und diese in seinen Alltag einzubinden.

Am Ende kann auch die Erkenntnis stehen: Die gewünschte Eigenschaft muss gar nicht zu 100 Prozent gelebt werden – schon ein geringerer Anteil, den er aus eigener Kraft erreichen kann, verleiht ihm Auftrieb.

Kommentar zur Fragen-Sprache

Warum muss der Schöpfer erst vom Himmel steigen? Warum beginnt die Frage nicht mit: „Angenommen, der Schöpfer böte Ihnen an: ..." Erstens ist die Variante mit dem Abstieg vom Himmel anschaulicher; das ruft ein Bild vors Auge und kitzelt Emotionen wach. Zweitens gibt dieses sprachliche Ausholen dem Klienten mehr Zeit, mit seiner Fantasie ein Bühnenbild zu formen und sich auf die Situation einzustellen.

In einer Folgefrage wird der Schöpfer zitiert, er spricht den Klienten in der Du-Form an („Ich schenke dir ..."). Wann immer es möglich ist, sollten Sie Zitate mit „Du" in zirkuläre Fragen einflechten. Das „Du" kann emotionale Tiefen berühren, in die ein „Sie" nur schwerlich vordringt.

Profi-Tipp

Schlagen Sie dem Klienten vor, eine Herausforderung in seinen Alltag mitzunehmen. Zum Beispiel: „Tun Sie in einer Situation Ihres Alltags einmal so, als hätte Sie der Schöpfer mit der gewünschten Eigenschaft ausgestattet. Was verändert sich dann an Ihrem Handeln? Und was verändert sich an der Art und Weise, wie die anderen Menschen mit Ihnen umgehen?" Das Ergebnis besprechen Sie beim nächsten Coaching-Termin.

Schwierige Antwort

Der Klient sagt: „Ich hätte gern die Überzeugungskraft des US-Präsidenten Obama. Aber ich bin ein schlechter Rhetoriker, das ist völlig unerreichbar für mich."

Wie reagieren Sie? Bitte antworten Sie, gerne schriftlich, ehe Sie weiterlesen.

Mein Vorschlag: Erlauben Sie Ihrem Klienten das Spinnen und legen Sie die Latte des Ideals ein wenig tiefer: „Sicher, eine solche Rhetorik ist für uns alle kaum erreichbar. Nur lassen Sie uns mal ein wenig weiterspinnen: Angenommen, der Schöpfer hätte Sie tatsächlich mit dieser

Begabung nachgerüstet. Und vielleicht schlüge die Begabung nicht gleich voll durch, sondern nur ein wenig. Welche kleinen Fortschritte könnten das sein? Und worüber würden Sie sich am meisten freuen?“

Fragen-Übung

Denken Sie sich fünf Varianten der Frage aus, in denen Sie den Begriff „Schöpfer“ durch andere höhere Mächte ersetzen, zum Beispiel aus der Zauber- oder der Märchenwelt. Zu welchem Ihrer Klienten (oder Menschen aus Ihrem Umfeld) würde welcher Begriff am besten passen? Begründen Sie bitte, wie Sie zu Ihrer Einschätzung kommen.

Umsetzungs-Plan

Bitte notieren Sie, welche Ideen Ihnen zu dieser Frage kommen und in welchem Zusammenhang Sie damit arbeiten wollen:

Hypothetische Frage: Chefs

Viele Ziele sind nur erreichbar, wenn andere Menschen „mitspielen". Zum Beispiel will eine Teamleiterin ihre Mitarbeiter auf sich einschwören. Das wird ihr nur mit Empathie gelingen. Und diese Fähigkeit lässt sich durch einen imaginären Rollentausch fördern.

Die Frage

Wenn Sie selbst ein Mitarbeiter in Ihrem Team wären – was müsste eine Chefin signalisieren, was müsste sie tun, damit Sie diese Vorgesetzte wertschätzen und sich mit ganzer Kraft in Ihre Arbeit einbringen?

Folgefragen

- Und was müsste eine Führungskraft tun, um Sie als Mitarbeiter vor den Kopf zu stoßen?
- Wenn Sie Ihre Chefs einmal rekapitulieren: Welcher spornte Sie zur besten Arbeitsleistung an? Und wie hat er das geschafft?
- Wie könnten Sie dieses Verhalten stimmig auf Ihren Führungsstil übertragen?
- Welche erste Maßnahme – und sei es nur ein kleiner Schritt – könnten Sie bis zu unserem nächsten Termin einleiten?

Kommentar zum Fragen-Inhalt

Dieser Perspektivenwechsel bewirkt zweierlei: Er erhöht die Empathie der Klientin, weil sie vom ichzentrierten Denken („Wie führe *ich* gut?") auf eine Du-Assoziation umschaltet („Wie wollen *Mitarbeiter* geführt werden?"). Damit kann sie klären, in welchen Punkten sie mit den Erwartungen der Mitarbeiter übereinstimmen will und wo sie vielleicht davon abweichen muss – etwa beim Durchsetzen von Notwendigkeiten.

Die zweite Wirkung: Die Klientin sichtet ihre Ressourcen zum Thema Führung, ihre schlechten und guten Erfahrungen als *Geführte*. Meist fallen ihr Situationen ein, in denen ihre Chefs Ähnliches bewältigen mussten wie sie heute. Wem ist das gut gelungen? Wem weniger? Welches Verhalten hat zu Erfolgen, welches zum Scheitern geführt? Und welcher dieser Wege würde zu ihrem eigenen Führungsstil passen?

Das schärft ihr Bewusstsein, was gelungene Führung ist, und verfeinert ihre Maßstäbe, mit denen sie Führung misst. Schon seit vielen Jahren befasst sie sich mit dem Thema Führung, zumindest als Geführte. Ihr möglicher Glaubenssatz „Ich habe vom Führen keinen blassen Schimmer“ weicht der Einsicht: „Ich weiß viel über Führung und kann entscheiden, wie ich es in meine Führungsarbeit übertrage.“

Kommentar zur Fragen-Sprache

Manche Coachs fragen: „Wie müsste eine Chefin *sein,* damit …“ Ich halte diese Variante für schwächer. *Sein* assoziiert, die Würfel seien schon bei der Geburt gefallen, Motto: „So *bin* ich eben!“ Die Klientin kann dann sagen „Mein Lieblingschef war charismatisch – und ich bin das nun mal nicht!“ Auch wenn sie den idealen Führungsstil als „demokratisch“, „authentisch“ oder „coachend“ beschreibt, hat sie damit noch nichts darüber gesagt, was der Führende tatsächlich *tut.* Doch aufs Tun kommt es an – deshalb gehört das Wort „tun“ in die Frage!

Profi-Tipp

Mit dieser Frageperspektive können Sie in nahezu jeder Situation neue Erkenntnisse in den Raum locken. Zwei Beispiele: Eine Klientin will sich in ihrer Firma auf eine offene Position bewerben, ist aber unsicher, wie sie vorgehen soll. Mögliche Frage: „Wenn Sie der Leiter dieser Abteilung wären – wie müsste eine Kandidatin vorgehen, damit sie bei Ihnen die besten Chancen hat?“

Oder: Ein verärgerter Kunde hat der Klientin gedroht, den nächsten Auftrag bei der Konkurrenz zu platzieren. Mögliche Frage: „Nehmen wir an, Sie wären ein verärgerter Kunde – wie müsste Ihre Betreuerin vorgehen, um Ihre Sympathie und Ihren Auftrag wieder für sich zu gewinnen?“

Schwierige Antwort

Die Klientin grinst und sagt: „Ich hätte gern einen Chef, dem es egal ist, wenn man morgens zu spät kommt und abends zu früh geht. Das kann doch wohl kein Maßstab sein.“

Wie reagieren Sie? Bitte antworten Sie, gerne schriftlich, ehe Sie weiterlesen.

Mein Vorschlag: Prüfen Sie mit Ihrer Klientin, welches Mitarbeiterbild einer solchen Einschätzung zugrunde läge – und erarbeiten Sie Alternativen:

Coach: „Wie verantwortungsbewusst schätzen Sie diesen Typen von Mitarbeiter ein, den Sie jetzt gerade beschreiben?"
Klientin: „Der trägt überhaupt keine Verantwortung. Der wälzt sie auf seinen Chef ab."
Coach: „Wollen Sie solche Mitarbeiter?"
Klientin: „Natürlich nicht!"
Coach: „Sondern?"
Klientin: „Die sollen mitdenken. Die sollen Verantwortung tragen. Die sollen auch mal für mich die Kohlen aus dem Feuer holen."
Coach: „Verstehe, Ihre Mitarbeiter sollen ein wenig wie Mitunternehmer handeln. Was müssten Sie als Chefin dann tun, um diese Eigenschaften zu fördern?"

Fragen-Übung

Bitte entwickeln Sie diverse Perspektivwechsel-Fragen für folgende drei Situationen:

1. Eine Abteilungsleiterin hat damit zu kämpfen, dass ihre Kollegin ihr bei den Meetings immer „in den Rücken fällt" (wie sie es nennt). Offenbar streben beide dasselbe an: die bald frei werdende Position einer Bereichsleiterin.
2. Ein Chemiker, der in einem großen Konzern als Fachkraft arbeitet, bekommt von seinem Forschungsleiter wichtige Gelder nicht genehmigt, die er aber bräuchte, um einen gewünschten Fortschritt zu erzielen.
3. Ein frisch eingestellter Geschäftsführer ist stark kurzsichtig, auch mit Brille – sodass er es öfter unfreiwillig versäumt, Mitarbeiter zu grüßen, etwa in der Kantine. Er will klären, ob er sein bisher verschwiegenes Sehproblem thematisieren oder für sich behalten soll.

Umsetzungs-Plan

Bitte notieren Sie, welche Ideen Ihnen zu dieser Frage kommen und in welchem Zusammenhang Sie damit arbeiten wollen:

11.

Hypothetische Frage: Nachruf

Wer es schafft, aus der eigenen Haut zu schlüpfen und eine neue Perspektive einzunehmen, kann viel über sich und sein Leben lernen. Mit dieser hypothetischen Dissoziierungsfrage schicken Sie den Klienten an einen ungewöhnlichen Ort: ins Reich der Toten.

Die Frage

Mal angenommen, Sie hätten in Ihrem Leben alles erreicht und würden als zufriedener Mensch in hohem Alter sterben. Über welche Aussagen in Ihrem Nachruf würden Sie sich am meisten freuen?

Folgefragen

- Auf welches Erbe, das Sie hinterlassen, wären Sie am stolzesten? Und was haben Sie zu Lebzeiten dafür getan?
- Welche Menschen sollten sagen können: „Wie gut, dass es ihn gegeben hat!" Und aus welchen Gründen?
- Was haben Sie in Ihrem Leben unternommen, welche wichtigen Entscheidungen und Schritte, um als so zufriedener Mensch gehen zu können?
- Wenn Sie aus dieser Perspektive einmal auf die heutige Situation schauen: Was lernen Sie dann?

Kommentar zum Fragen-Inhalt

Die Froschperspektive des Alltags verzerrt den Blick: Kurzfristige Probleme scheinen unrealistisch groß, langfristige Chancen unrealistisch klein. Wie schaffen Sie es, dass Ihr Klient in größeren Dimensionen denkt? Diese Frage lässt ihn über sich hinauswachsen: Wer auf sein *abgeschlossenes* Leben zurückblickt, sieht die großen Zusammenhänge. Diese Dissoziierung, sprich Abstand im Geiste, schärft seinen Blick. So manches Detail, das ihm im Alltag wichtig erscheint, entpuppt sich als Nebensache. So manche Entscheidung, mit der er im Alltag noch ringt, liegt aus dieser Perspektive auf der Hand.

Vor allem zwingt ihn die Frage, über seinen Lebenssinn nachzudenken: Was will er auf Erden bewirken? Damit muss er über seine Werte, seine Visionen, seine ganz großen Ziele reflektieren. Sobald dieser Kompass funktioniert, lassen sich Herausforderungen des Alltags leichter bewältigen.

Kommentar zur Fragen-Sprache

Diese Frage wird oft in einer verkürzten Form gestellt: „Was soll man Ihnen nach Ihrem Tod Gutes nachsagen?“ Oder: „Welche Aussage über Sie soll auf Ihrem Grabstein stehen?“ Das Problem: Kein Mensch lässt sich gerne für tot erklären!

Die von mir gewählte Ausgangsfrage macht den Tod erträglicher: Sie setzt voraus, der Klient habe „im Leben alles erreicht“ und sei „als zufriedener Mensch im hohen Alter“ gestorben. Dann fällt es ihm leichter, über den Inhalt der Frage nachzudenken. Und die Formulierung „alles erreicht“ öffnet den Gedanken Raum für kühne Visionen.

Profi-Tipp

Laden Sie Ihren Klienten ein, zu Hause seinen eigenen Nachruf zu schreiben. Dabei soll er nicht nur den Beruf berücksichtigen, sondern sein komplettes Leben. Diesen Nachruf kann Ihr Klient beim nächsten Coaching vorstellen oder gar: vortragen. Bei dieser Übung habe ich Tränen in den Augenwinkeln gestandener Männer gesehen. Und Menschen, die bis dahin wie Sachbearbeiter des eigenen Lebens wirkten, konnten die Quelle ihrer Emotionen zum Sprudeln bringen – was ihnen große Kraft für Veränderungen schenkte.

Wenn der Klient seinen Nachruf vorgestellt hat, ist es meist nicht nötig, ihm sofort Fragen zu stellen. Vielmehr reicht es, zu schweigen und ihn mit freundlicher Erwartung anzublicken. Fast immer leitet er aus dieser Reise in die Zukunft feste Vorsätze, oft sogar Richtungswechsel für die Gegenwart ab.

Schwierige Antwort

Der Klient schluckt, und dann fließen Tränen: „Ich kann das“, stammelt er, „ich kann das nicht ertragen – diese Vorstellung, tot zu sein!“

Wie reagieren Sie? Bitte antworten Sie, gerne schriftlich, ehe Sie weiterlesen.

Mein Vorschlag: Thematisieren Sie nicht die Angst vor dem Tod – damit würden Sie die emotionale Temperatur weiter erhöhen. Vielmehr bietet sich eine Variante der Frage an, die im Reich der Lebenden spielt: „Dann nehmen wir doch einfach an, Sie erfreuen sich im hohen Alter noch bester Gesundheit, sind absolut glücklich und denken – weil Sie ein weiser und vorausschauender Mann sind – einfach schon mal darüber nach, was vielleicht in Ihrem Nachruf stehen könnte. Was wird das bestenfalls sein?"

Fragen-Übung

Hier bekommen Sie drei Varianten zu der Ausgangsfrage vorgestellt, die Sie jeweils kommentieren können. Was gefällt Ihnen? Was weniger? Bitte versetzen Sie sich dabei in den Klienten: Wie wirken die Fragen auf ihn? Halten Sie Ihre Lösungen gerne schriftlich fest.

1. Angenommen, in zehn Jahren trifft Sie ein unerwarteter Herzinfarkt und Sie sterben – was sollte Ihr Trauerredner dann an Ihrem Leben würdigen?
2. Nehmen wir an, Sie könnten dem Redakteur eines Lexikons über die Schulter schauen, der in 100 Jahren einen Eintrag über Sie schreibt – was, wenn Ihr weiteres Leben ganz ideal liefe, könnte in diesem Eintrag stehen?
3. Angenommen, Sie wären schon tot und würden auf Ihr Leben zurückblicken – was würden Sie sich wünschen, in der jetzigen Situation unternommen zu haben?

Lösungsvorschläge unter: www.karriereberater-akademie.de, Rubrik „Bücher".

Umsetzungs-Plan

Bitte notieren Sie, welche Ideen Ihnen zu dieser Frage kommen und in welchem Zusammenhang Sie damit arbeiten wollen:

Hypothetische Frage: Die Zimmerpflanze

Kann eine Blume sprechen? Durchaus – sofern Sie ihr durch eine hypothetisch-zirkuläre Frage eine Stimme verleihen. Wenn der Klient sich aus dem Blickwinkel eines Gegenstandes sieht, kann er viel Neues über sich und seine Situation lernen.

Die Frage

Angenommen, Ihre Zimmerpflanze im Büro, die ja den ganzen Tag in Ihrer Nähe ist, wäre ein exzellenter Beobachter: Was würde sie mir über Ihren Umgang mit Stress erzählen? Was bekommt sie mit, was andere nicht sehen?

Folgefragen

- Was würde die Pflanze wohl auf die Frage antworten: „Wenn Herr Zimmermann in sein Büro kommt und seinen Arbeitstag beginnt – woran erkennst du zuerst, ob es für ihn ein ausgeglichener oder ein stressiger Tag wird?"
- Und wann, liebe Pflanze, ist Herr Zimmermann mit einer stressigen Situation nach deiner Meinung vorbildlich umgegangen?
- Welche Menschen, die sein Büro betreten, wirken sich auf ihn positiv aus? Und welche negativ?
- Wenn du, liebe Pflanze, die du Herrn Zimmermann ja aus nächster Nähe erlebst – wenn du ihm drei wichtige Tipps für mehr Ausgeglichenheit geben könntest: Welche Tipps wären das?

Kommentar zum Fragen-Inhalt

Diese zirkuläre Frage ist ein Sonderfall: Sie bezieht einen Gegenstand ein. Vorteil: Die Pflanze bekommt vom Klienten mehr mit als die meisten Menschen in seiner Umgebung. Außerdem sorgt ein Gegenstand ohne menschliche Intelligenz dafür, dass der Klient seine eigene Intelligenz umso mehr bemüht; er wird sich selbst in die Pflanze versetzen, seinen Alltag aus der Meta-Perspektive sehen. Aus dem Blickwinkel der Pflanze kann er Dinge erkennen und aussprechen, die bei einer typischen abstrakten Frage („Wenn Sie sich mal von außen betrachten ...") nicht ans Licht kämen.

Interessant auch der zweite Teil der Frage: Inwieweit unterscheidet sich das Bild, das die allgegenwärtige Pflanze sich macht, von dem, was die Außenwelt wahrnimmt? Die Antwort kann auf Inkongruenzen hinweisen – inwieweit baut der Klient Fassaden auf? Gleichzeitig können Ressourcen sichtbar werden: Wenn es dem Klienten gelingt, dass die Umwelt seinen Stress nicht bemerkt, verfügt er offenbar über Techniken, mit dem Druck umzugehen. Welche Techniken sind das? Wie ließen sie sich variieren und nach innen anwenden? Das läuft auf die Frage hinaus: Wodurch entsteht der Druck? Manchmal durch eigene Maßstäbe, die leichter als die äußeren Stressfaktoren zu verändern sind.

Kommentar zur Fragen-Sprache

Die Frage ruft dem Klienten durch ihren Relativsatz-Einschub („... die ja den ganzen Tag in Ihrer Nähe ist") ins Bewusstsein, dass die Pflanze im Büro allgegenwärtig ist. Zugleich wird die Pflanze zu einem „exzellenten Beobachter" erklärt. Durch diese beiden Komponenten, die Allgegenwärtigkeit und das scharfe Auge, erfüllt die Pflanze beste Voraussetzungen, um den Klienten auf interessante Wahrnehmungen zu bringen. Den Gegenstand sollten Sie in Ihren Fragen immer direkt in der Du-Form ansprechen, um eine größere Nähe aufzubauen.

Profi-Tipp

Beziehen Sie die Natur des Gegenstandes in Ihre Fragen ein. Wenn die Zimmerpflanze zum Beispiel eine Palme ist, könnten Sie fragen: „Du als Palme brauchst Helligkeit und Wärme, um zu wachsen. Was braucht Herr Zimmermann, um mit seiner Work-Life-Balance vorwärtszukommen?" Oder: „Du als Palme fühlst dich in Strandnähe am wohlsten – in welcher Umgebung geht es Herrn Zimmermann so richtig gut? Aus welchen Terminen kommt er energiegeladen zurück?" Diese Fragen unterstreichen den spielerischen Charakter und erinnern den Klienten daran, aus welcher Perspektive er spricht.

Schwierige Antwort

Der Klient sagt: „Ich finde das blöd. Was soll eine Zimmerpflanze schon über mich wissen?"

Wie reagieren Sie? Bitte antworten Sie, gerne schriftlich, ehe Sie weiterlesen.

Mein Vorschlag: Erläutern Sie Ihrem Klienten, was Sie mit der Frage beabsichtigen – und stellen Sie ihm frei, einen anderen Gegenstand zu wählen: „Dieser Gedanke ist tatsächlich gewöhnungsbedürftig. Sicher interessiert Sie, worum es dabei geht: Ich frage mich, ob Sie neue

Erkenntnisse über Ihre Situation gewinnen können, wenn Sie mal mit ganz anderen Augen auf sich schauen? Da wäre ein neutraler Gegenstand aus Ihrem Büro vielleicht eine spannende Perspektive. Wenn es die Zimmerpflanze nicht sein soll – fällt Ihnen vielleicht ein anderer Gegenstand ein?"

Ein Top-Manager, der meine Frage zunächst zurückgewiesen hatte, antwortete blitzschnell: „Der ideale Beobachter ist sicher nicht eine Zimmerpflanze, die mich bei keinem Außentermin sieht – sondern mein I-Phone, das immer dabei ist ..." Die nächste Viertelstunde sprach er aus der Perspektive seines mobilen Telefons – höchst erkenntnisreich!

Fragen-Übung

Mal angenommen, Sie wären Klient – welche vier Gegenstände Ihres (Arbeits-)Lebens könnten viel über Sie erzählen? Bitte wählen Sie die Gegenstände so, dass sich unterschiedliche Perspektiven gewinnen lassen – zum Beispiel einen Kaktus (in Ihrem Zimmer zu Hause), ein Familienfoto (auf dem Schreibtisch in der Firma), ein (Dienst-) Auto und eine Armbanduhr. Vielleicht haben Sie Lust, einmal aus der Perspektive Ihrer Gegenstände zu sprechen. Welches Bild von Ihnen entsteht? Wo liegt der Unterschied, je nachdem, aus welcher Perspektive Sie sprechen? Und durch welche Fragen ließe sich das im Coaching nutzen?

Umsetzungs-Plan

Bitte notieren Sie, welche Ideen Ihnen zu dieser Frage kommen und in welchem Zusammenhang Sie damit arbeiten wollen:

13.

Hypothetische Frage: Der Zauberer

Was tun, wenn Ihre Klientin feststeckt, wenn sie einfach nicht weiterweiß? Dann hilft ein kleines Gedankenspiel: Was würde sie sich jetzt herbeiwünschen? So kann sie ihre Bedürfnisse erforschen, alte Denkschienen verlassen und wieder Schwung gewinnen.

Die Frage

Wenn Sie ein Zauberer wären und sich in dieser Situation einen Menschen, einen Gegenstand oder irgendetwas Hilfreiches herbeizaubern könnten – was wäre für Sie am nützlichsten?

Folgefragen

- Woran würde ich, wenn ich Sie den ganzen Tag beobachten könnte, bemerken: „Aha, jetzt hat das Herbeigezauberte gewirkt, jetzt tut sie Dinge, die sie vorher nicht getan hat?
- Was können Sie ohne Zauberstab unternehmen, um sich eine ähnliche Unterstützung zu organisieren?
- Gab es Situationen in Ihrem Leben, in denen Sie sich bereits einen solchen Rückenwind organisiert haben?
- Mal angenommen, Sie täten einen Tag lang einfach so, als wäre Ihr Zauber in Erfüllung gegangen – was meinen Sie, von welchen Erfahrungen Sie mir dann bei unserem nächsten Termin bestenfalls berichten könnten?

Kommentar zum Fragen-Inhalt

Diese Frage stößt neue Denktüren auf. Die Klientin hat freie Wahl, sich eine Unterstützung von außen herbeizuwünschen, sei es einen hilfreichen Menschen („Ich hätte gerne einen persönlichen Motivationstrainer!“), einen Gegenstand („Ich hätte gerne eine Kristallkugel, die mir immer die richtigen Entscheidungen flüstert“) oder eine Charaktereigenschaft („Ich würde mir eine große Portion Mut herbeizaubern!“).

Die Antwort der Klientin ist aus zwei Gründen interessant. Erstens zeigt sie, wonach sie sich sehnt. Nach einer Kristallkugel? Dann wird klar: Sie wünscht sich stimmige und sichere Entscheidungen. Ein solcher Wunsch lässt sich auch in der Realität verwirklichen. Also können

Sie gemeinsam erforschen, welche Voraussetzungen sie für stimmige Entscheidungen braucht.

Und zweitens lässt diese Frage die Gedanken in eine neue Richtung abbiegen: Die Klientin kann so tun, als hätte sie alle Legosteine für den Bau ihres Zielgebäudes beisammen. So kann sie ihr *uneingeschränktes* Denken und Handeln beschreiben, ihr Ziel in Gedanken verwirklichen und sich durch diesen mentalen Trick der Problemhypnose entziehen.

Kommentar zur Fragen-Sprache

Handelt es sich bei dieser Frage um eine Variante der bekannten „Wunderfrage"? Ich sehe einen wichtigen Unterschied: Die Klientin *lässt* sich ihren Wunsch nicht erfüllen, sondern erfüllt ihn sich *selbst*. Sie ist gleichzeitig diejenige, die zaubert und von ihrem Zauber profitiert. Dadurch stellt sich bei ihr eher das Gefühl ein, die Dinge selbst in der Hand zu haben, statt nur auf „Hilfe von außen" angewiesen zu sein.

Die Frage macht zwei konkrete Vorschläge (Menschen, Gegenstand), lässt aber die dritte Variante absichtlich offen: „irgendetwas Hilfreiches". Hier kann die Klientin ihrer Fantasie freien Lauf lassen. Eine Antwort, die ich schon gehört habe: „Ich hätte gerne den Optimismus wieder, den ich als Mädchen mit fünf Jahren hatte."

Profi-Tipp

Regen Sie Ihre Klientin an, diesen Zauberstab mehrfach einzusetzen. Arbeiten Sie zunächst mit ihrem ersten Wunsch, aber fragen Sie dann: „Und angenommen, Sie könnten jetzt noch einmal zaubern – was würden Sie sich zusätzlich wünschen?" Wenn die Klientin erst auf den Geschmack der Frage gekommen ist, fallen ihr weitere Wünsche und Antworten leichter. Manchmal kommt der entscheidende Wunsch erst an zweiter oder dritter Stelle.

Schwierige Antwort

Die Klientin antwortet: „Ich würde mir jemanden wünschen, der mir ganz konkret sagt, was jetzt zu tun ist."

Mein Vorschlag: Gut möglich, dass die Klientin Sie meint! Spielen Sie den Ball zurück auf ihr Feld: „Mal angenommen, Sie könnten sich einen solchen Ratgeber zaubern – welche Tipps, einfach mal als Beispiel, könnten Sie sich aus seinem Mund vorstellen?"

Fragen-Übung

Bitte formulieren Sie hypothetische Fragen, mit denen Sie die Fantasie Ihrer Klientin wecken und folgende Denksperren aufheben.

- *Fall 1:* „Ich bin fürs Management nicht geeignet, ich habe keine Ellenbogen."
- *Fall 2:* „Die Kollegen nehmen mich nicht ernst, ich kann mir meine Verbesserungsvorschläge sparen."
- *Fall 3:* „Ich muss Geld verdienen – darum arbeite ich noch in dieser Firma."

Umsetzungs-Plan

Bitte notieren Sie, welche Ideen Ihnen zu dieser Frage kommen und in welchem Zusammenhang Sie damit arbeiten wollen:

14.

Hypothetische Frage: Gewohnheiten brechen

Je mehr Energie der Klient einsetzt, um sein Ziel zu erreichen, desto eher kann ihm dasselbe wie beim Sport passieren: Er verkrampft. Manchmal sind Aufgaben hilfreich, die scheinbar nichts mit der Lösung zu tun haben – aber sie gerade deshalb beeinflussen.

Die Frage

Nehmen wir an, Sie wollten mit einer Gewohnheit Ihres Lebens brechen, auch wenn sie gar nichts mit Ihrem Ziel zu tun hat – was könnten Sie in den kommenden Tagen mal völlig anders als sonst machen?

Folgefragen

- Angenommen, es gäbe eine Million Euro als Belohnung: Wie würden Sie dann sicherstellen, dass Sie in diesem Punkt garantiert anders handeln als sonst?
- Wem – außer Ihnen – würde diese (kleine) Veränderung auffallen? Wie könnte er sie im günstigsten Fall deuten?
- Was könnte nach Ihrer Einschätzung der positivste Effekt dieser kleinen Veränderungen sein?
- Auf welche Weise wollen Sie beobachten und sich für unser nächstes Gespräch merken, wie sich Ihre Aktionen auf Ihr eigentliches Anliegen auswirken?

Kommentar zum Fragen-Inhalt

Diese Frage beruht auf der Annahme, dass es sich beim Leben des Klienten um ein fein austariertes System handelt. Und wenn er an der einen Stelle etwas verändert – auch einer, die *scheinbar* nichts mit dem Ziel zu tun hat – dann wirkt es sich auf andere Stellen aus. So wie ein Stein, den man ins Wasser wirft, seine Kreise nicht nur am Ort des Auftreffens, sondern bis an ferne Ufer zieht. Und diese Einflüsse können Bewegung in ein festgefahrenes Denken bringen.

Zum Beispiel habe ich einen Informatiker beraten, der sehr unschlüssig war, ob er sich um die vakante Leitung seiner Abteilung bewerben sollte. Die Fürs und Widers hatte er so oft durch seinen Kopf rauschen lassen, dass er sie emotionslos aufsagte. Ich gewann das Gefühl: Mehr

Abstand würde ihm gut tun. Er sollte den Apfel seiner Entscheidung noch eine Weile reifen lassen, statt ihn schon jetzt mit aller Gewalt ernten zu wollen.

Er ließ sich darauf ein, in der Woche bis zum nächsten Termin jeden zweiten Tag etwas Ungewohntes zu tun. Einmal frühstückte er in einem Café, statt zu Hause. Dann ging er schon um 21 Uhr ins Bett, statt erst um Mitternacht. Und schließlich traf er sich mit einem alten Schulfreund, zu dem der Kontakt eigentlich eingeschlafen war.

Als ich ihn das nächste Mal sah, war sein erster Satz: „Ich mach es!" Der Anblick meines verblüfften Gesichtes ließ ihn hinzufügen: „Na: die Abteilungsleitung!" Er hatte viele kleine Dinge in seinem Leben verändert – und ganz unbemerkt war die Entscheidung dann doch gereift. Später erzählte er mir, die Einsicht sei ihm wahrscheinlich bei seinem gemütlichen Frühstück im Café gekommen.

Kommentar zur Fragen-Sprache

Die Frage tastet sich in der hypothetischen Form an den Klienten heran: Er bekommt keinen verbindlichen Auftrag erteilt – was seine Fantasie blockieren könnte. Vielmehr wird er eingeladen, die eine oder andere Möglichkeit zu entwickeln. So bietet der Coach ihm eine Vereinbarung an. Das Ganze läuft als harmloses kleines Experiment. Und gerade weil der Klient so wenig falsch machen kann, macht er oft alles richtig.

Profi-Tipp

Stellen Sie sich die Ausgangsfrage vor herausfordernden Coachings selbst: Was könnten Sie völlig anders machen, auch mit Blick auf „Nebensächlichkeiten"? Könnten Sie heute mal beim Coaching auf dem Stuhl sitzen, wo sonst der Klient sitzt? Könnten Sie eine andere Brille als sonst tragen? Oder könnten Sie, entgegen Ihren Gewohnheiten, völlig auf Notizen verzichten? Dieses Experiment ist höchst spannend – denn diese Veränderung wird sich auch auf das Coaching, auf den Klienten und auf Ihre Beziehung zu ihm auswirken. Aber wie? Machen Sie danach Notizen, um Ihre Beobachtungen festzuhalten.

Schwierige Antwort

Der Klient antwortet: „Bitte entschuldigen Sie, aber meine Situation ist für solche Spielereien zu ernst."

Wie reagieren Sie? Bitte antworten Sie, gerne schriftlich, ehe Sie weiterlesen.

Mein Vorschlag: Erläutern Sie dem Klienten, welches Konzept Sie mit der Frage verfolgen – dann kann er selbst entscheiden, ob er sich nicht doch darauf einlassen will: „Ihrer Antwort entnehme ich den Wunsch, dass Sie Ihre Situation unbedingt verändern und nicht auf Nebenschauplätze gehen wollen?" (Der Klient nickt.) „Gut, dann will ich Ihnen den Hintergrund meiner Frage erläutern: Ich gehe davon aus, dass jede Veränderung, die Sie an einer anderen Stelle Ihres Lebens vornehmen, sich auf Ihr Ziel auswirkt – so wie eine Waagschale, die Sie gar nicht berühren, doch bewegt wird, wenn Sie an der anderen Seite Gewichte wegnehmen oder hinzulegen. Und indem wir ein paar solcher Veränderungen in Ihrem Leben probieren, also ein wenig mit den Gewichten spielen, bekommen Sie ein Gefühl dafür, wie die Wirkung aussieht und ob sie hilfreich für Sie ist. Können Sie sich unter diesem Aspekt vorstellen ..."

Fragen-Übung

Bitte denken Sie an einen konkreten Menschen, es kann ein Klient, ein Freund oder ein Angehöriger sein. Und nun entwickeln Sie fünf Vorschläge in Form hypothetischer Fragen, welche – vielleicht entscheidenden – Kleinigkeiten dieser Mensch in seinem Alltag verändern könnte. Vielleicht haben Sie Lust, ihm diese Fragen tatsächlich zu stellen?

Umsetzungs-Plan

Bitte notieren Sie, welche Ideen Ihnen zu dieser Frage kommen und in welchem Zusammenhang Sie damit arbeiten wollen:

15.

Hypothetische Frage: Blauer Himmel

Ein Problem ist wie ein Hypnotiseur: Es zieht den Blick magisch auf sich. Diese „Problemhypnose“ sorgt dafür, dass Ihr Klient Positives übersieht. Mit einer hypothetischen Differenzierungsfrage bringen Sie ihn dazu, seine Situation ausgewogener zu betrachten.

Die Frage

Wenn Sie sich Ihr Leben als blauen Himmel und Ihr Problem als Bewölkung vorstellen – wie viel Prozent Ihres Himmels sind dann wolkenfrei? Und wie viel Prozent durch Problemwolken bedeckt?

Folgefragen

- In welchen Momenten lassen Sie es zu, dass die Wolken besonders dicht sind?
- Wie schaffen Sie es, sogar in schwierigen Situationen noch Sonne in Ihr Leben zu lassen?
- In welchen Augenblicken tragen Sie dazu bei, dass Ihr Himmel besonders blau ist?
- Womit genau locken Sie die Sonne an? Und wie könnten Sie mehr davon tun?

Kommentar zum Fragen-Inhalt

„Wo viel Licht ist, ist auch viel Schatten“, hat Goethe gesagt; beides gehört zusammen. Diese Frage bringt den Klienten dazu, das Licht neben dem Schatten seines Problems wahrzunehmen und zu quantifizieren. Die Prozente machen das Ergebnis greifbar: Wer über seinem Leben einen „zu 40 Prozent blauen Himmel“ weiß, hat mehr über sich erfahren, als wenn er sagte: „Überwiegend Wolken, aber auch einiges Blau.“

Vor allem können Sie mit diesen Zahlen weiterarbeiten: „Woran würden Sie merken, dass sich der Anteil der Wolken auf 50 Prozent reduziert?“, „In welchen Momenten ist das Verhältnis umgekehrt – 60 Prozent Sonne und nur 40 Prozent Wolken?“, „War der Himmel schon einmal bewölkter? Zu wie viel Prozent? Und wie haben Sie es geschafft, sich wieder so viel blauen Himmel zu erkämpfen?“

Eine Fortsetzung der Naturmetaphern bietet sich an: „Aus welcher Richtung bläst der Wind, der die schwarzen Wolken zu Ihnen trägt?", „In welchen Fällen haben Sie zwar ein Donnergrollen vernommen, aber es kam dennoch kein Gewitter?" oder „Welche hellweißen Schäfchenwolken ließen sich auch als Zierde des Himmels betrachten – und nicht nur als Gefahr?"

Diese Metapher-Fragen führen dazu, dass der Klient seine Situation nicht mehr in schwarz-weiß betrachtet. Vielmehr achtet er auf Zwischentöne, auf Lichtblicke und auf Möglichkeiten, wie er seine persönliche Wetterlage beeinflussen kann.

Kommentar zur Fragen-Sprache

Die Fortsetzungsfragen sind so formuliert, dass der Klient nicht Beobachter des Wetters ist, sondern Wettermacher: Er „lässt zu", dass die „Wolken besonders dicht sind". Er „schafft es", Sonne in sein „Leben zu lassen". Er trägt zum Blau des Himmels bei und lockt die Sonne an. Diese aktiven Formulierungen helfen dem Klienten, seinen eigenen Einfluss zu erkennen und dem Gefühl zu entgehen, er sei der Situation ausgeliefert wie einer Naturgewalt.

Profi-Tipp

Lassen Sie den Klienten einen Himmel malen, der das benannte Verhältnis zwischen Blau und Wolken spiegelt. Jede seiner Sorgen soll er als eine Wolke einzeichnen – umso größer und desto schwärzer, je mehr sie ihn belastet. Doch im zweiten Schritt zeichnet er seine Sonnen, seine Kraftquellen ein. Lassen Sie ihn einen „Wetterbericht" für die kommende Woche abgeben: Welche Entwicklung erwartet er? Warum genau? Und inwieweit hat er selbst Einfluss darauf? (Siehe auch Frage 21, Seite 118.)

Herausforderung für zu Hause: Bitten Sie Ihren Klienten, seinen Wunschhimmel zu entwerfen. Welche Sonne sollte mehr Raum einnehmen, welche Wolken schrumpfen, welche verschwinden?

Schwierige Antwort

Der Klient sagt: „Über mir ist ein kompletter Regenhimmel. Kein Blau, keine Sonne in Sicht!"

Wie reagieren Sie? Bitte antworten Sie, gerne schriftlich, ehe Sie weiterlesen.

Mein Vorschlag: „Dann ist es so, dass Sie im Moment einen echten Tiefausläufer über sich sehen?" (Der Klient bejaht.) „Nun wissen wir ja beide, dass ein solches Tief irgendwann kommt und irgendwann geht. Wie hoch war der Prozentsatz der blauen Flächen in Ihrem Himmel, ehe dieses Tiefdruckgebiet eingezogen ist?“ Später wird der Blick in die Zukunft gelenkt: „Und woran würden Sie bemerken, dass sich erste Wolkenlücken öffnen?“

Fragen-Übung

Bitte entwickeln Sie aus den Stichwörtern jeweils möglichst viele Fragen, mit denen Sie die eingeführte Himmelsmetapher fortführen und den Klienten zu interessanten Erkenntnissen bringen können:

1. Blitz und Donner
2. Nachthimmel und Sternenzelt
3. Sturm und Wirbelwind
4. Mond und Sternschnuppen
5. Flugzeug und Kondensstreifen

Umsetzungs-Plan

Bitte notieren Sie, welche Ideen Ihnen zu dieser Frage kommen und in welchem Zusammenhang Sie damit arbeiten wollen:

16.

Hypothetische Frage: Wort des Jahres

Dass viel geredet und wenig gesagt wird, diese Gefahr besteht auch bei einem Coaching. Doch es gibt eine Frage, mit der Sie Ihren Klienten dazu bringen, die *wichtigsten* Wörter aus seinem Sprachgefäß zu angeln.

Die Frage

Die Gesellschaft für deutsche Sprache zeichnet ein Wort des Jahres aus. Wenn Sie das einzige Mitglied einer Jury wären und für Ihr Leben ein Wort des Jahres finden müssten, ein Wort für das, was Sie im Moment am meisten bewegt: Welche Wörter kämen in Frage?

Folgefragen

- Wenn Sie diese Wörter in die Reihenfolge ihrer Wichtigkeit ordnen müssten – welche kämen dann eher hinten? Und welches ganz vorne?
- Wenn ein Fremder Sie voller Verblüffung fragen würde, warum gerade dieses Wort für Sie so wichtig ist – was würden Sie ihm antworten?
- Inwiefern steht das Wort für einen Wert (oder die Nichterfüllung eines Wertes), der in Ihrem Leben wichtig ist?
- Wenn Sie auf das kommende Jahr schauen und sich dafür ein Wort des Jahres wünschen könnten – welches wäre das? Und was genau könnten Sie tun, damit sich dieser Wunsch erfüllt?

Kommentar zum Fragen-Inhalt

Jedes Wort ist ein zauberhaftes Gefäß: Es transportiert einen Inhalt, der nicht vom Duden, sondern vom Individuum bestimmt wird. Ob einer mit „Autorität" eine ehrenwerte Führungskraft, einen Rekrutenschinder oder einen (vermeintlichen) Mangel bei sich selbst verbindet, hängt von seinen Lebenserfahrungen, seiner Weltsicht, seiner subjektiven Bedeutungsgebung ab. Erst wenn der Coach diese Interpretation, diese Geschichte zum Wort, kennt, kann er es richtig einordnen.

Die Frage nach dem „Wort des Jahres" überrascht Ihren Klienten und lässt ihn auf den Punkt kommen. Seine Gedanken grasen geistiges Neuland ab. Aus Tausenden von Möglichkeiten greift er sich wenige

Wörter heraus. Dabei stößt er oft auf Schlüsselwörter, hinter denen Bedürfnisse und Werte stehen. Damit lassen sich im Coaching neue Wege einschlagen.

Zum Beispiel schlug ein Physiker, der gerade vor einer beruflichen Veränderung stand, das Wort „Grenzöffnung" als Wort des Jahres vor: „Ich komme mir manchmal vor wie der Bewohner einer Diktatur – als dürfte ich die üblichen Grenzen einfach nicht überschreiten. Als müsste ich ein Leben lang im Beruf so weitermachen wie bisher. Dabei sehne ich mich schon seit vielen Jahren, einfach mal ein paar neue Dinge zu probieren. Bislang habe ich mir verboten, diese Grenze zu überschreiten."

Dieser Aspekt war für das Coaching sehr bedeutsam. Ich bat den Klienten, mit seinem inneren Grenzwächter eine Vereinbarung zu treffen: Unter welchen Bedingungen wäre dieser bereit, ihn neue Länder betreten zu lassen? Der Grenzwächter wurde durch einen leeren Stuhl in den Raum geholt, interviewt – und am Ende stellte sich der Klient in einem symbolischen Akt selbst einen „Passierschein" aus.

Kommentar zur Fragen-Sprache

Die Frage spannt einen Bogen zwischen der Außenwelt, wo tatsächlich ein „Wort des Jahres" ausgezeichnet wird, und der Innenwelt des Klienten, wo eine solche Auszeichnung mit diesem Hinweis logischer erscheint. Statt gleich nach *dem* Wort des Jahres zu fragen und den Klienten damit unter Druck zu setzen, ermuntert die Frage ihn, erst mal einige Wörter zu sammeln. Dieses Vorgehen ist auch deshalb klug, weil sich das Gewicht der Wörter erst dann erschließt, wenn der Klient jedes einzelne im Gespräch mit dem Coach näher erforschen kann.

Profi-Tipp

Dieselbe Übung lässt sich mit dem „Unwort des Jahres" durchführen. Dann fragen Sie den Klienten, wie er das, was ihn in seinem Leben besonders nervt, mit einzelnen „Unwörtern" auf den Punkt bringen würde. Spannend an dieser Übung: Alle Wörter, die er jetzt nennt, haben zwei Seiten – auch eine positive. Wenn der Klient zum Beispiel den Begriff „Ungewissheit" nennt, weil seine Firma vor einer Fusion steht, können Sie ihn gleichzeitig nach den Vorteilen dieser Situation fragen – vielleicht sagt er dann: „Immerhin ist noch alles offen – es sind also auch positive Überraschungen möglich."

So können Sie mit Ihrem Klienten zu jedem Wort die positiven und die negativen Assoziationen sammeln. Am Ende kann folgende Übung stehen: Der Klient wird gebeten, die Wörter durch solche zu ersetzen, die er sich wünscht. Damit lenken Sie seine Aufmerksamkeit von dem Unerwünschten, das oft auf verletzte Werte hindeutet, zu seinen Wünschen.

Schwierige Antwort

Der Klient antwortet: „Mein Wort des Jahres lautet ‚Versager'. Ich habe wirklich nichts auf die Reihe gekriegt."

Wie reagieren Sie? Bitte antworten Sie, gerne schriftlich, ehe Sie weiterlesen.

Mein Vorschlag: Stellen Sie beim aktiven Zuhören nicht den negativen Aspekt der Antwort in den Vordergrund, sondern achten Sie auf den Wunsch dahinter: „Aus dieser Antwort meine ich zu hören: Sie wollen das, was Sie anpacken, zum Erfolg führen – sodass Sie mit sich zufrieden sein können. Inwieweit liege ich da richtig?"

Gar nicht selten kommt der Klient zu der Einsicht, dass es zum Wort „Versager" ein positives Gegenstück gibt. Der Versuch, es zu definieren, gibt seinem Denken eine neue Richtung.

Fragen-Übung

Bitte wählen Sie drei Wörter aus, die als Ihr eigenes „Wort des Jahres" in Frage kommen. Dann notieren Sie zu jedem Wort zehn Fragen, die einem Klienten helfen könnten, die (vielschichtige) Bedeutung dieses Wortes zu erforschen, die Werte und Wünsche dahinter zu erkennen und konkrete Schritte daraus abzuleiten.

Vielleicht haben Sie Lust, auf Ihre eigenen Fragen zu antworten?!

Umsetzungs-Plan

Bitte notieren Sie, welche Ideen Ihnen zu dieser Frage kommen und in welchem Zusammenhang Sie damit arbeiten wollen:

17.

Hypothetische Frage: Kraftquellen

Ein Auto mit leerem Tank kommt nicht von der Stelle. Dasselbe gilt für einen Menschen, dessen Energiereserven verbraucht sind. Im Coaching können Sie mit einer hypothetischen Ressourcenfrage anregen, dass Ihr Klient neue Kräfte für seine Veränderung tankt.

Die Frage

Wenn Sie sich Ihre persönlichen Kräfte einmal als einen Fluss vorstellen, einen Fluss, der aus mehreren Quellen gespeist wird – welche Quellen haben sich in der Vergangenheit als die wichtigsten erwiesen?

Folgefragen

- Was unternehmen Sie im Laufe eines Tages (oder: einer Woche), um Ihre Quellen zu pflegen und sie zum Auftanken anzusteuern?
- Was könnten Sie tun, um versiegte Kraftquellen aus früherer Zeit wieder zum Sprudeln zu bringen – zum Beispiel Ihr vernachlässigtes Hobby?
- Wenn Sie ein Verhaltensforscher durch den Tag begleiten könnte – woran würde er merken, dass Ihnen frische Kräfte zugeflossen sind?
- Welche Wirkung wird es wohl haben, wenn Sie jeden Tag gezielt eine Kraftquelle ansteuern? Ich lade Sie ein, das bis zu unserem nächsten Termin auszuprobieren. Bitte achten Sie ganz genau darauf, was Ihnen danach leichter fällt und welche Fortschritte Sie erzielen.

Kommentar zum Fragen-Inhalt

Viele Akteure der heutigen Arbeitswelt sind ausgebrannt. Ihr Alltag verschlingt so viel Energie, dass sie die Dinge nur am Laufen halten, aber nicht verändern können. Dieser dauerhafte Energiemangel ist den Menschen nur selten bewusst; man hört ihn im Coaching zwischen den Zeilen. Wer immer wieder Anläufe unternimmt, ein stimmiges Ziel zu erreichen, aber auf halbem Weg umkehrt; wer seit Langem in guten Vorsätzen schwelgt, aber „keine Zeit" für die Umsetzung findet; wer abgehetzt oder verspätet in die Beratung kommt und derweil immer wieder auf sein Handy schielt – dessen Veränderungstank ist offenbar leer.

Ein schlechter Coach würde „gute Tipps" geben: „Gehen Sie doch mal joggen." Oder: „Wie wäre es, einen Tag des Wochenendes für Ihre Familie zu reservieren?" Aber wer garantiert, dass diese Unternehmungen vom Klienten nicht als neuer Stress empfunden werden? Vielleicht kann er besser in Ausstellungen seines Lieblingsmalers oder bei einem Strandspaziergang entspannen.

Die Frage erkundigt sich nach den *bewährten* Erfolgsrezepten aus der Vergangenheit des Klienten. Solche Rezepte sind Maßarbeit, individuelle Ressourcen, keine Ware von der Stange.

Kommentar zur Fragen-Sprache

Der Fluss ist eine starke Metapher, an die Sie wunderbar anknüpfen können. Zum Beispiel durch Fragen nach Zuflüssen (etwa Energieschüben durch andere Menschen), nach Stromschnellen (etwa heikle Situationen), nach Veränderungsstaus (etwa guten Vorsätzen, die unter der Oberfläche gären) oder nach Verschmutzungsquellen (etwa internen oder externen Motivationsräubern).

Ein Fluss ist immer in Bewegung, kommt voran, überwindet Felswände und mündet schließlich ins Meer. Solche Assoziationen sind bei dieser Frage erwünscht und können den Pegel der Aktivität und Motivation nach oben treiben.

Profi-Tipp

Stellen Sie Ihrem Klienten eine Flasche Orangensaft und mindestens ein halbes Dutzend Gläser zur Verfügung. Nun bitten Sie ihn, er solle sich jedes dieser Gläser als eine Kraftquelle seines Lebensflusses vorstellen. Wie würde er die einzelnen Gläser dann beschriften? Zum Beispiel benennt er ein Glas mit „Joggen" und eines mit „Museen besuchen". Und wie ist die Gesamtmenge an Energiezufluss, symbolisiert durch den Saft, im Moment verteilt?

Lassen Sie den Klienten den Saft im aktuellen Verhältnis verteilen. Was fällt ihm auf? Welche Gläser bleiben (zu) leer? Welche scheinen ihm unverhältnismäßig voll?

Im zweiten Schritt darf er den Saft umverteilen: Wenn alles nach seinen Wünschen liefe – woher würde er seine Kräfte dann beziehen?

Eine solche Impact-Übung, bei der Ihr Klient auf kreative Weise Eindrücke sammelt, hinterlässt in seinem Bewusstsein einen tiefen Fußabdruck; er wird sich noch lange daran erinnern. Vor allem können Sie das Spiel mit den Gläsern von Termin zu Termin wiederholen, um die

Entwicklung anzuschauen. Fotografieren Sie die Ergebnisse, damit der Vergleich anschaulich bleibt.

Schwierige Antwort

Der Klient sagt: „Ich glaube, dieser Fluss ist schon lange ausgetrocknet, um ehrlich zu sein."

Wie reagieren Sie? Bitte antworten Sie, gerne schriftlich, ehe Sie weiterlesen.

Mein Vorschlag: Drehen Sie den Zeiger der Uhr zurück: „Gut, im Moment sehen Sie ein trockenes Flussbett. Lassen Sie uns zurück in die Zeit schauen, als Ihr Lebensfluss noch fröhlich am Sprudeln war. Welche Kraftquellen, die Sie heute vielleicht vermissen, haben damals noch für Nachschub an Energie gesorgt?"

Fragen-Übung

Bitte entwickeln Sie mit Blick auf die Kraftquellen eine Impact-Übung und nutzen Sie folgende Gegenstände: eine Schale mit frischem Obst (wählen Sie die Sorten selber aus), eine Kerze, Zündhölzer, eine Tageszeitung und sechs Bierdeckel. Welchen (oder welche) dieser Gegenstände könnten Sie auf welche Weise für eine anschauliche Impact-Übung mit dem Klienten verwenden? Beschreiben Sie Ihr didaktisches Vorgehen.

Weitere Tipps und Beispiele zum Thema „Impact" finden Sie in meinem Buch „Die 100 besten Coaching-Übungen" (managerSeminare, 2012, 5. Auflage) ab Seite 120 („Impact für Effekt").

Lösungsvorschläge unter: www.karriereberater-akademie.de, Rubrik „Bücher".

Umsetzungs-Plan

Bitte notieren Sie, welche Ideen Ihnen zu dieser Frage kommen und in welchem Zusammenhang Sie damit arbeiten wollen:

Hypothetische Frage: Alternative Berufswahl

Immer mehr Menschen sind in ihrem Beruf unglücklich. Im Coaching suchen sie Rat. Aber wie gelingt es Ihnen, den Blick über den Tellerrand des aktuellen Berufes hinaus zu lenken? Eine hypothetische Frage schlägt der Fantasie eine Schneise.

Die Frage

Wenn Sie zwei weitere Leben vor sich hätten und jedes Mal einen anderen Beruf als heute ergreifen müssten – welche Berufe würden Sie, mit Ihrer heutigen Lebenserfahrung, besonders reizen?

Folgefragen

Angenommen, Sie wären jetzt schon für alle drei Berufe qualifiziert – in welchem würden Sie am liebsten arbeiten?

- Wenn Sie Ihren jetzigen Beruf und diese Berufe betrachten – wo sehen Sie die Unterschiede? Und welche Parallelen gibt es?
- Welche Ideale könnten Sie in diesem Beruf verwirklichen? Und was müssten Sie verändern, um diese Ideale verstärkt in Ihrem aktuellen Beruf zu leben?
- Mal angenommen, Sie hätten die materielle und innere Freiheit, schon in diesem Leben auf einen dieser Wunschberufe umzuschwenken – wie würden Sie vorgehen?

Kommentar zum Fragen-Inhalt

Bertolt Brecht hat geschrieben: „Wer A sagt, der muss nicht B sagen. Er kann auch erkennen, dass A falsch war." Dass ein Mensch einen Beruf ergriffen hat, heißt nicht, dass er darin glücklich werden muss. Aber welche Alternativen gibt es?

Diese hypothetische Frage verschafft dem Klienten die einmalige Chance, sich zwei neue Berufe in zwei neuen Leben auszusuchen. Statt sich vorzustellen, er müsse etwas aufgeben – was die meisten Menschen hemmt – läuft seine Fantasie nun an der langen Leine; sein jetziger Beruf liegt ja hinter ihm. Den neuen Beruf wählt er nicht mehr blutjung und unerfahren, wie beim ersten Anlauf, sondern er baut diese Entscheidung auf ein Fundament aus Arbeits- und

Lebenserfahrung – als jemand, der Licht und Schatten seines eigenen Berufs erkennt und der mit den Jahren viel über andere Berufsbilder gelernt hat.

Vielleicht kommt bei der Frage heraus, dass ihm sein aktueller Beruf doch der liebste ist. Dann hätte er allen Grund, die alte Liebe wieder aufblühen zu lassen – zum Beispiel, indem er sie mit den Elementen seiner „neuen" Berufe anreichert. Oder er entscheidet sich für eine radikale Konsequenz – und stellt die Weichen neu. Wenn ein Mensch, der heute 35 Jahre alt ist, innerhalb von vier Jahren einen neuen Beruf erlernt, bleiben ihm über 25 Berufsjahre. Genug Zeit, dass es sich lohnt!

Diese Frage gibt ihm die Chance, sich in völlig neuen Berufen zu sehen, die Stimme seiner Sehnsüchte zu hören und seinen aktuellen Job nicht als Einbahnstraße bis zur Rente zu sehen.

Kommentar zur Fragen-Sprache

Die Frage erlaubt sich einen Einschub: Sie hebt auf die „heutige Lebenserfahrung" des Klienten ab. Dieser kleine Zusatz ist wichtig, damit er seine ganzen Ressourcen nutzt. Er soll *nicht* unreflektierte Kindheitsträume wiederholen („Ich will Fußballprofi werden!"). Er wird angeregt, all das, was er über das Leben und die Berufe bislang erfahren hat, bei seiner Entscheidung zu berücksichtigen. Dieser kleine Einschub lenkt seine Gedanken zu diesen Ressourcen.

Profi-Tipp

Wenn Ihr Klient schwankt, ob er den Beruf wechseln soll, können Sie ihm eine Herausforderung für zu Hause mitgeben: „Hätten Sie vielleicht Lust, bis zu unserem nächsten Termin eine Aufgabe als Journalist zu übernehmen? Mal angenommen, Sie sollten eine Reportage über diese Berufe schreiben: Wie würde sich ein Journalist informieren? Welche Insider würde er interviewen, um ein möglichst detailliertes Bild des Berufes zu bekommen? Wie würde er mit Menschen ins Gespräch kommen, die diesen Beruf schon ausüben? Und unter welchen Voraussetzungen hätten Sie Lust, sich in diese Rolle zu versetzen und all die Informationen für Ihre Entscheidung zu besorgen?"

Auf diese Weise können Sie sicherstellen, dass Ihr Klient ein noch vielschichtigeres Bild von neuen Berufen bekommt. Eine solche Grundlage ist nötig, um eine Lebensentscheidung zu fällen.

Schwierige Antwort

Der Klient antwortet: „Die Berufswelt hat mich ernüchtert. Ich würde Berufe nur noch als Broterwerb sehen, nicht mehr als reizvolle Herausforderungen."

Wie reagieren Sie? Bitte antworten Sie, gerne schriftlich, ehe Sie weiterlesen.

Mein Vorschlag: Der Klient verfügt über eine wichtige Ressource: Er ist kein Traumtänzer, sondern ein Realist. Das können Sie ihm in Ihrer Antwort spiegeln – und ihn doch noch auf die Pfade der Fantasie einladen: „Mit anderen Worten: Sie lassen sich vom schönen Schein der Berufe nicht mehr blenden, Sie schauen hinter die Fassade." (Er nickt.) „Mal angenommen, das Thema ‚Broterwerb' hätte sich für Sie erledigt, weil Sie eine millionenschwere Erbschaft machen: In welchem Beruf, vielleicht auch ehrenamtlich, würden Sie Ihre Zeit dann am liebsten verbringen?"

Fragen-Übung

Bitte beantworten Sie die Ausgangsfrage für sich: Welche zwei neuen Berufe würden Sie in zwei neuen Leben ergreifen? Gehen Sie nach folgender Methode vor: Schreiben Sie erst alle Berufe auf, die Sie zumindest ein wenig reizen. Und dann streichen Sie so lange Berufe durch, bis nur noch die beiden reizvollsten übrigbleiben.

Aufgabe: Stellen Sie jeweils zehn Fragen zu diesen Berufen, mit denen Sie herausfinden können, welches Bild Sie von den Tätigkeiten haben, worauf diese Vorstellung fußt und welche Werte sich in diesen Berufen verwirklichen ließen.

Umsetzungs-Plan

Bitte notieren Sie, welche Ideen Ihnen zu dieser Frage kommen und in welchem Zusammenhang Sie damit arbeiten wollen:

19.

Hypothetische Frage: Glück

Erfolge werden oft als „Glück", Misserfolge als „Pech" bezeichnet – als wäre das Leben ein Roulette. Wie bringen Sie Ihren Klienten dazu, dass er den vermeintlichen Spieltisch verlässt und stärker mit dem Pfund seiner Selbstwirksamkeit wuchert?

Die Frage

Sie sagen, Sie hätten oft Glück gehabt. Vielleicht haben Sie das Glück ja angelockt. Angenommen, Sie müssten dem Glück einen Heiratsantrag machen, mit welchen Argumenten könnten Sie für sich werben?

Folgefragen

- Mit welchen Strategien haben Sie das Glück in der Vergangenheit angelockt? Welche Landebahnen in Ihrem Leben bevorzugt es?
- Was müssten Sie tun, um das Glück garantiert abzuschrecken und aus Ihrem Leben fernzuhalten?
- Nehmen wir an, ein Freund wäre an Ihrer Stelle: Welche Tipps würden Sie ihm geben, um die Wahrscheinlichkeit eines „Glücksfalls" zu erhöhen?
- Mal angenommen, Sie müssten das Wort „Glück" durch ein anderes Wort ersetzen, das noch mehr in Ihrer Macht liegt – welche Wörter kämen in Frage?

Kommentar zum Fragen-Inhalt

„Ich habe einfach kein Glück!", „Wenn ich bloß etwas Glück hätte!", „Ich muss auf einen Glücksfall hoffen!" – solche Sätze durchziehen Coachings. Das Leben scheint eine Lotterie zu sein. Diese Sichtweise hat einen unbestrittenen Vorteil: Der Klient ist nicht für sein Scheitern verantwortlich. Jedes Ziel, das er verfehlt, scheitert an „mangelndem Glück" – und nicht an ihm selbst.

Diese Frage unternimmt den Versuch, ihn wieder an den Steuerknüppel seines eigenen Lebens zu setzen. Wenn schon von „Glück" gesprochen wird, muss klar sein: Der Klient kann zu seinem „Glück" – sprich seiner Zielerreichung – etwas beitragen. Er kann es anlocken, ihm Landebahnen bauen und durch sein Verhalten die Erfolgschance erhöhen.

Der Coach schubst den Klienten nicht brutal aus seinem Denkgebäude („Glück ist für die Zielerreichung unwesentlich!"), sondern er holt ihn dort ab. Er weist ihm einen Weg zur Selbstwirksamkeit, und die letzte Zusatzfrage dient als Trampolin für einen Denksprung: Wie ließe sich das vermeintliche „Glück" mit einem Wort benennen, das dem Klienten mehr Einfluss einräumt? Neulich sagte eine Klientin: „‚Glückskekse backen' – dann kann ich selbst die Zutaten bestimmen." An diese kreative Antwort ließ sich vorzüglich anknüpfen: Wir haben uns dann über die Zutaten, das Rezept und die richtige (emotionale) Backtemperatur unterhalten.

Kommentar zur Fragen-Sprache

Die Sprache zielt auf die Emotionen: Wer einen „Heiratsantrag" macht, ist aufgeregt wie ein Primaner. Er sehnt sich nach einer Antwort, die seinen Wunsch erfüllt, nach einem Ja-Wort. Dieser Hintergrund schwingt in der Frage mit. Doch es bleibt nicht dabei, dass der Klient eine Frage stellt – er soll für sich „werben", also aktiv Argumente nennen, weshalb er für das Glück der richtige Ehepartner sei. Eine spielerische Situation, die seine Kreativität wachkitzelt.

Profi-Tipp

Die Metapher, dass der Klient dem Glück einen Heiratsantrag macht, lässt sich in Ihren Fragen fortführen. Zum Beispiel können Sie sich danach erkundigen, in welchen Situationen seines Lebens er die schöne Dame Glück schon zu sich eingeladen hat, welche Formen der Einladungen er üblicherweise verwendet, welches seine schönsten Erlebnisse mit ihr waren, woran ein außenstehender Beobachter bemerken würde, ob er mit seiner Begleiterin oder alleine unterwegs ist, und was in seinem Leben anders wäre, wenn es ihm gelänge, mit dem Glück eine Ehe einzugehen.

Schwierige Antwort

Der Klient antwortet: „Ich verstehe diese Frage nicht. Ich mache keine Heiratsanträge, schon gar nicht dem Glück."

Wie reagieren Sie? Bitte antworten Sie, gerne schriftlich, ehe Sie weiterlesen.

Mein Vorschlag: Erläutern Sie Ihre Frage in kleinen Schritten und stellen Sie sie als spannendes Experiment dar: „Nun, Sie haben mehrfach vom Glück gesprochen – dass es Ihnen in manchen Situationen fehlt. Die Überlegung ist: Wie können Sie das Glück anlocken? Wie können Sie es überzeugen, Sie öfter zu besuchen? Ich glaube, die Antworten fallen Ihnen leichter, wenn Sie sich das Glück als eine Person vorstellen

– zum Beispiel eine Braut, die Sie heiraten wollen. Viele Klienten finden dieses Gedankenspiel spannend. Unter welchen Bedingungen würden Sie sich für ein paar Augenblicke auf dieses Experiment einlassen?“

Fragen-Übung

Ihr Klient antwortet auf die Ausgangsfrage: „Ich glaube, einen Ehepartner kann ich mir nicht anlocken. Es gibt nur zwei Möglichkeiten: Das Glück liebt mich. Oder es liebt mich nicht.“

Bitte überlegen Sie, welche produktiven Ansätze in dieser Antwort stecken. Mit welchen Fragen können Sie daran anknüpfen und Ihren Klienten doch noch auf produktive Gedanken bringen?

Umsetzungs-Plan

Bitte notieren Sie, welche Ideen Ihnen zu dieser Frage kommen und in welchem Zusammenhang Sie damit arbeiten wollen:

20.

Hypothetische Frage: Lieber Freund

Was tun, wenn Ihr Klient seine Erfolge nicht würdigt, sondern sie als selbstverständlich nimmt? Verwenden Sie eine hypothetische Frage als Zauberstab – und verwandeln Sie Ihren Klienten in einen guten Freund seiner selbst, der diese Leistung zu schätzen weiß.

Die Frage

Nehmen wir an, ein Freund von Ihnen hätte genau denselben Erfolg erzielt wie Sie jetzt – was könnten Sie sagen oder tun, um ihn mit Ihrer Anerkennung in seinem Weg zu bestärken?

Folgefragen

- Wie würden Sie reagieren, wenn er sagte „Ach, dafür habe ich doch gar kein Lob verdient!"?
- Welche Kompetenzen und Fähigkeiten, glauben Sie, hat Ihr Freund für diesen Erfolg benötigt?
- Mal angenommen, Sie müssten folgenden Satz zu Ende führen: „Lieber Freund, da du das nun geschafft hast, bin ich mir sicher, dass du auch ..." ?
- Wie erklären Sie es sich, dass es Ihnen viel leichter fällt, einem Freund als sich selbst Anerkennung auszudrücken? Und was wollen Sie für sich daraus ableiten?

Kommentar zum Fragen-Inhalt

„Der Esel nennt sich immer zuerst", „Eigenlob stinkt", „Nimm dich nicht so wichtig": Solche Sätze haben die meisten Menschen mit der Muttermilch getrunken. Bescheidenheit wurde ihnen so lange eingebläut, bis der Stolz auf die eigene Leistung zu einem Schattengewächs verkam. Das ist schade, denn Lob, Anerkennung und Stolz sind ein vorzüglicher Verstärker für Erfolge – nicht nur, wenn sie aus anderem Munde kommen, erst recht, wenn ein Mensch sie sich selbst ausspricht.

Diese Frage lädt den Klienten dazu ein, seine eigene Leistung zu würdigen, etwa wenn er ein Zwischenziel erreicht hat. Doch ein direktes Eigenlob käme ihm kaum über die Lippen. Deshalb darf er sich vorstellen, ein Freund habe diese Leistung vollbracht. Und wie schaut er auf seine Freunde? Wohlwollend! Dass er sie würdigt, anspornt und ermutigt – eine Selbstverständlichkeit!

Und so geschieht ein kleines Wunder: Dieselbe Leistung, die gerade noch blass war, wird mit Worten auf Hochglanz poliert. Derselbe Klient, der sich selbst nicht loben wollte, hält auf einmal Lobreden. Und je länger der Klient spricht, desto mehr wird ihm bewusst, was er eigentlich geleistet hat, wie viel Würdigung er verdient und wie viel Motivation sich daraus beziehen lässt.

Kommentar zur Fragen-Sprache

Die Frage belässt es nicht bei einer allgemeinen Formulierung, etwa „Wie können Sie Ihren Freund dafür loben?“ Vielmehr erkundigt sie sich, was er „sagen“ oder „tun“ würde, um diesen „mit (…) Anerkennung in seinem Weg zu bestärken“. So ist der Zweck definiert, den die Rückmeldung haben soll. Ein solcher präziser Wegweiser führt zu treffenden Ermutigungen.

Profi-Tipp

Bieten Sie Ihrem Klienten ein Rollenspiel an: Sie übernehmen den Part seines Freundes (also in Wirklichkeit des Klienten), er spielt seine Rolle als Ermutiger. Und nun weisen Sie jedes Lob, das er Ihnen spendet, mit genau jenen Argumenten zurück, die er selbst Ihnen gegenüber gebraucht oder angedeutet hat, zum Beispiel: „Ja, ja, ein kleiner Schritt ist getan – aber ich kann immer noch haushoch scheitern!“ Der Klient wird als Ermutiger dagegenhalten. Damit kommt eine Stimme seines inneren Teams zu Wort, die ihn auch im Alltag stützen kann. Besprechen Sie nach dem Rollenspiel, inwieweit ihn diese Position auf dem Weg zum Ziel voranbringen kann.

Schwierige Antwort

Der Klient antwortet: „Ich würde sagen: ‚Gut gemacht, Kumpel!‘ Wir verstehen uns nämlich mit wenigen Worten.“

Wie reagieren Sie? Bitte antworten Sie, gerne schriftlich, ehe Sie weiterlesen!

Mein Vorschlag: „Also gut, dann nehmen wir einmal an, Ihr Freund hat ausnahmsweise einen besonders sentimentalen Tag und sagt: ‚Heute kann ich Lob gut gebrauchen – sag mir als guter Freund mal bitte ganz genau, was ich gut gemacht habe und weshalb ich in diese Richtung weitergehen soll?‘ Was würden Sie antworten?“

Fragen-Übung

Ihre Klientin, eine leitende Verlagsangestellte, sagt immer wieder Sätze wie: „Dafür bin ich zwar gelobt worden, aber es war wirklich keine besondere Leistung. Im Gegenteil, ich hätte es noch viel besser machen können." Bitte stellen Sie drei hypothetische Fragen, die sie dabei unterstützen, die eigene Leistung mehr zu würdigen.

Umsetzungs-Plan

Bitte notieren Sie, welche Ideen Ihnen zu dieser Frage kommen und in welchem Zusammenhang Sie damit arbeiten wollen:

21.

Hypothetische Frage: Wetterbericht

Prasselt der Regen oder scheint die Sonne? Das macht einen großen Unterschied fürs Gemüt. Jeder Klient wird von seiner persönlichen Wetterlage beeinflusst. Wenn er weiß, was ihn erwartet, kann er besser mit Hochs oder Tiefs umgehen – und Einfluss üben.

Die Frage

Wenn Sie – mit Blick auf Ihre Zielerreichung – einen Wetterbericht für die nächsten Tage abgeben müssten: Würden Sie auf Sonnen, Regen oder wechselhaft tippen? Und aus welchen Gründen?

Folgefragen

- Wie zuverlässig waren Ihre Prognosen in der Vergangenheit? Und an welchen Indikatoren richten sie sich aus?
- Manchmal treibt es Wolken, die aufs Wetterradar zusteuern, in letzter Sekunde noch in eine andere Richtung. Was könnten Sie tun, um einen entsprechenden Wind zu erzeugen?
- Mal angenommen, Sie wären ein Wettergott, der auf die Erde hinabblickt: Was müsste ein Mensch in Ihrer Situation tun, damit Sie ihn mit Sonne belohnen?
- Nun liefert der Wetterbericht neuerdings ja auch eine „gefühlte Temperatur“. Wodurch haben Sie es selbst in der Hand, Ihre persönliche Wetterlage positiv oder negativ wahrzunehmen?

Kommentar zum Fragen-Inhalt

Wenn ein Klient in der Lage ist, seinen persönlichen Wetterbericht für die nächsten Tage zu liefern, dann muss er über wertvolle Quellen verfügen. Zum Beispiel kennt er sich selbst und die Einflussfaktoren so gut, dass er daraus schließen kann, ob ein Hochdruckgebiet seinen Weg zum Ziel unterstützt oder ein Sturmtief ihn in die andere Richtung pustet.

Allein das Bewusstsein, diese Faktoren zu kennen, ist ein wesentlicher Fortschritt: Der Klient ist den „Naturgewalten“ nicht mehr ausgeliefert. Er sieht sie kommen und er kann sich gegen sie wappnen. Zum Beispiel erzählte ein Klient, der mit einem Abteilungsleiter-Kollegen einen

Konflikt austrug: „Morgen haben wir wieder unser Führungsmeeting. Ich bin sicher: Das ist für mich ein Sturmtief, da gibt es wieder Ärger."

Coach: „Okay, da zieht ein Sturm auf. Wenn Sie das vorher wissen, könnten Sie sich ja fragen: Wie wappne ich mich gegen diesen Sturm?"

Klient: „Eigentlich ist es ja dumm, in einen Sturm zu laufen. Wenn ich nicht zu dem Meeting ginge, wäre ich nicht davon berührt."

Coach: „Das ist eine Möglichkeit: Sie bleiben dem Meeting fern. Auf der anderen Seite kann man sich ja durch wetterfeste Kleidung oder Charakterhaltung gegen einen Sturm wappnen. Welche innere Regenkleidung käme für Sie in Betracht?"

Klient: „Ich müsste die Provokationen meines Kollegen einfach an mir abprallen lassen. Vielleicht müsste ich sogar besonders freundlich darauf reagieren. Das wäre interessant, was er dann täte!"

Indem der Klient die Wetterlage kommen sieht und versteht, dass er durch sein Verhalten das Wetter beeinflusst, findet er den Rückweg zur Selbstwirksamkeit.

Kommentar zur Fragen-Sprache

Jeder kennt den Wetterbericht und einschlägige Begriffe wie „Hochdruck" oder „Tiefausläufer". In dieser Frage belässt es der Coach nicht dabei, sich allgemein nach dem Wetter zu erkundigen, sondern er spielt dem Klienten drei Möglichkeiten zu. Damit will er die Wirkung der Metapher verstärken und den Klienten anregen, diese Möglichkeiten durchzuspielen. Dass der Klient eine Antwort gibt, die von diesen Vorgaben abweicht – zum Beispiel: „Der morgige Tag liegt im Nebel!" – ist durchaus erwünscht.

Profi-Tipp

Der persönliche Wetterbericht ist ein vorzügliches Instrument für den Praxistransfer. Lassen Sie den Klienten am Ende einer Sitzung zusammenfassen, was er bis zum nächsten Termin erreichen will. Und dann bitten Sie ihn, die Wetterlage zu reflektieren. Welcher Hochdruck kann ihn unterstützen? Von welchen Tiefausläufern droht Gefahr? Und mit welchen Strategien kann er aus den einzelnen Wetterlagen das Beste für sich machen?

Schwierige Antwort

Der Klient antwortet: „Ich stehe schon seit ein paar Monaten im Dauerregen. Ich wüsste nicht, was sich daran ändern sollte."

Wie reagieren Sie? Bitte antworten Sie, gerne schriftlich, ehe Sie weiterlesen.

Mein Vorschlag: Durch einen Reframing-Ansatz können Sie der alten Situation eine neue Bedeutung geben, ehe Sie dann zu den Voraussetzungen für besseres Wetter überleiten: „Auf der einen Seite ist Dauerregen unangenehm: Man wird dabei nass, vermisst die Sonne." (Der Klient stimmt zu.) „Auf der anderen Seite kann dauerhafter Regen ja gut für die Natur sein, das Wachstum der Pflanzen fördern und uns zu unverhofften Lesestunden im trockenen Kämmerlein verhelfen. Daher frage ich mich: Welche Vorteile – vielleicht auch nur winzige Vorteile – könnte dieser Regen für Sie mit Blick auf Ihre Ziele haben?"

Fragen-Übung

Bitte geben Sie einen persönlichen Wetterbericht für die nächste Woche Ihres Lebens ab. Wie günstig – oder ungünstig – sind die Voraussetzungen, dass Sie Ihre persönlichen Ziele erreichen? Und welche Fragen müssen Sie sich stellen, um die Wetterlage und Ihre Zusammenhänge am besten zu erfassen? Probieren Sie, Ihre Prognose als eine „Wetterkarte" aufzuzeichnen. Wenn Sie Spaß daran haben: Überlegen Sie einmal, wie sich solche Wetterkarten als Begleitung der Ausgangsfrage im Coaching verwenden ließen.

Umsetzungs-Plan

Bitte notieren Sie, welche Ideen Ihnen zu dieser Frage kommen und in welchem Zusammenhang Sie damit arbeiten wollen:

22.

Hypothetische Frage: Der Hoffnungsschimmer

Der eine „riecht den Braten", der andere sieht „Licht am Ende des Tunnels", einem Dritten „stößt es sauer auf": Wenn Sie erkannt haben, welchen Sinneskanal Ihr Klient bevorzugt, können Sie ihn mit maßgeschneiderten Fragen dort abholen.

Die Frage

Klient: „Wohin ich auch schaue – nirgendwo sehe ich eine schlüssige Strategie bei uns. Dabei wünsche ich mir so sehr einen Hoffnungsschimmer."

Coach: „Angenommen, es wäre Ihre Aufgabe, diesen Hoffnungsschimmer einmal in allen Farben Ihrer Fantasie auszumalen – wie könnte er aussehen? Und welches könnten die ersten feinen Pinselstriche dieses Hoffnungsbildes sein?"

Folgefragen

- In welchen Situationen haben Sie, vielleicht nur für Momente, in Ihrer Firma ein paar klitzekleine Hoffnungsfarben gesehen?
- Wie sieht die Strategie aus, die Sie sich wünschen, im Unterschied zu der, die im Moment praktiziert wird?
- Woran würden Sie merken, dass ein Licht am Ende des Tunnels naht?
- Was genau müssten Sie den Entscheidungsträgern vor Augen führen, um Ihren Strategievorschlag mit Erfolg ins Rampenlicht zu rücken?

Kommentar zum Fragen-Inhalt

Wenn der Klient bei seiner Aussage einen Sinneskanal bevorzugt – hier das Sehen –, ist das so, als würde er Ihnen eine Tür in seinem Kopf öffnen: Hier kann Ihre nächste Frage hineinspazieren. Dagegen würde eine Frage, die den Sinneskanal wechselt und an eine Nachbartüre klopft („Diese Strategie riecht für Sie wie ein fauler Braten?"), möglicherweise abprallen oder für Verwirrung sorgen – Sie sprechen dann mit Ihrem Klienten *nicht* eine Sprache.

Die Sinneskanäle werden beim Neurolinguistischen Programmieren (NLP) mit dem Kürzel VAKOG beschrieben: V steht für visuell, das

Sehen; A für auditiv, das Hören; K für kinästhetisch, das Fühlen; O für olfaktorisch, das Riechen; und G steht für gustatorisch, das Schmecken.

Etliche Klienten ziehen einen bestimmten Kanal auch vor, um ein bestimmtes Gefühl zu beschreiben. Zum Beispiel coachte ich eine Geschäftsführerin, die meist zu gustatorischen Formulierungen griff, wenn sie negative Gedanken ausdrückte, wenn ihr – wie sie sagte – „etwas nicht schmeckte" oder „sauer aufstieß". Dagegen wählte sie für ihre konstruktiven Vorschläge bevorzugt auditive Formulierungen. Zum Beispiel sprach sie von Ideen, die „gut klingen", oder malte sich Innovationen aus, nach denen „die Kunden schreien".

In diesem Fall war klar: Zur Problemklärung und Emotionalisierung setzte ich auf gustatorische Fragen („Was ist für Sie am bittersten von all dem, was Sie gerade angerissen haben?"). Auf Lösungen dagegen zielte ich über auditive Fragen: „Mal angenommen, Sie hätten Ihr Ziel erreicht und es würde eine Erfolgsnachricht im Radio extra für Sie verkündet – wie würde sie lauten? Und wie klänge das wohl in Ihren Ohren?"

Kommentar zur Fragen-Sprache

Die Frage enthält gleich fünf visuelle Formulierungen: Sie greift den „Hoffnungsschimmer" auf, spricht „Farben" an, bittet ums „Ausmalen", erfragt das „Aussehen", und sie erkundigt sich nach „Pinselstrichen im Hoffnungsbild". Die Folgefragen fahren auf derselben Schiene weiter. Viele Formulierungen zeigen: Man kann die Augen ansprechen, etwa durch Wörter wie „Farben" oder „Hoffnungsschimmer", ohne ausdrücklich vom Sehen zu sprechen – was sich auf Dauer abnutzen würde. Ähnlich können Sie bei den anderen Sinnen verfahren: Ein „Knall" wird immer zu hören sein, ein „scharfer Wind" immer zu fühlen, ein „saurer Apfel" immer zu schmecken und „Pulverdampf" immer zu riechen.

Profi-Tipp

Angenommen, Ihr Klient kommt immer wieder auf auditive Formulierungen zurück, um sich tiefer und tiefer ins Problem zu reden „Das Stänkern meines Chefs dröhnt mir noch in den Ohren", „Die haben den Schuss nicht gehört". Ist es dann wirklich sinnvoll, dass Sie diese Sinnestür noch weiter aufstoßen? Nein, sofern Sie zur Lösungssuche übergehen wollen. Sprechen Sie den Klienten gezielt auf anderen Sinneskanälen an, zum Beispiel dem visuellen. Das reißt ihn aus seinem Gedankenfluss – diese kurze Irritation ist gut, denn so kann er seinen inneren Autopiloten abstellen.

Schwierige Antwort

Der Klient sagt: „Ich sehe eigentlich nur Schwarz – keine Spur von einem Hoffnungsschimmer."

Wie reagieren Sie? Bitte antworten Sie, gerne schriftlich, ehe Sie weiterlesen.

Mein Vorschlag: Halten Sie am Sinneskanal und an der Absicht Ihrer Frage fest, denn das „eigentlich" in der Antwort deutet an, dass der Klient doch etwas sieht: „Mal angenommen, Sie sähen eine Spur von einem Hoffnungsschimmer – was genau würde sich dann am jetzigen Bild der Lage verändern?" Eine solche Tastfrage führt oft noch zu einer konstruktiven Antwort.

Fragen-Übung

Folgende (emotionale) Aussagen bekommen Sie in Coachings zu hören. Bitte stellen Sie jeweils eine Frage, die den eingeschlagenen Sinneskanal aufgreift, um das angesprochene Thema zu vertiefen – und eine, die gezielt einen anderen wählt, um den Klienten in eine andere Denkrichtung zu lenken:

- „Mir stehen die Haare zu Berge angesichts der Arbeitshaltung einiger Mitarbeiter."
- „Unser Management treibt es allmählich zu bunt!"
- „Ich bin einfach sauer, dass er mich nicht informiert hat."
- „Für mich sind diese Quartalszahlen die erste Strophe eines Abgesangs!"
- „Der Mist, den mein Vorgänger hinterlässt, fängt allmählich zu stinken an!"

Umsetzungs-Plan

Bitte notieren Sie, welche Ideen Ihnen zu dieser Frage kommen und in welchem Zusammenhang Sie damit arbeiten wollen:

Zirkuläre Fragen und Fragen zum System

23. Nach meiner Erfahrung sind an der Entscheidung, dass jemand ins Coaching kommt, oft andere Menschen beteiligt. Mit wem haben Sie sich in dieser Hinsicht abgestimmt? Und wie würden diese Menschen, wenn ich sie fragen könnte, ihre Rolle beim Zustandekommen unseres Termins beschreiben? *(Seite 130)*

24. Was müssten wir mit unserer Zusammenarbeit erreichen, damit beide Seiten zufrieden sind: Sie und Ihr Chef? *(Seite 133)*

25. Stellen Sie sich Ihr Problem einmal als ein Modellboot vor, das von mehreren Fernsteuerungen gelenkt wird, in günstige oder ungünstige Richtungen. Wer, außer Ihnen, hat eine solche Fernsteuerung in der Hand? *(Seite 136)*

26. Wenn Sie drei Menschen in diesen Raum rufen könnten, die von Ihrer Veränderung am meisten profitieren – wer würde dann gleich durch diese Tür spazieren? *(Seite 139)*

27. Wenn ich Ihren Kollegen fragen würde, warum sich das Verhältnis zwischen Ihnen und dem Bezirksleiter so abgekühlt hat – welche Antwort bekäme ich wohl? *(Seite 142)*

28. Im Fernsehquiz gibt es den „Publikumsjoker“, durch den sich ein Kandidat von den Zuschauern helfen lassen kann. Nehmen wir an, Sie hätten in dieser kniffligen Situation einen Joker frei, der bis an den Beginn der Menschheitsgeschichte zurückreichen kann – wessen Rat wollten Sie gerne hören? *(Seite 145)*

29. Was denken Sie, wen im Team schätzt Ihr Chef am meisten, wer kommt an zweiter Stelle, und wer landet auf dem letzten Rang? *(Seite 148)*

30. Sie haben mir von Ihrem letzten Chef erzählt, der so große Stücke auf Sie gehalten hat. Angenommen, er müsste erraten, auf welche Weise Sie dieses Problem gelöst haben – was würde er wohl sagen? *(Seite 151)*

31. Wenn der Kollege, mit dem Sie Schwierigkeiten haben, einen Wunsch an Sie äußern dürfte – wie würde dieser Wunsch wohl lauten? Und was würde passieren, wenn Sie sich mal einen Tag nach diesem Wunsch verhielten? *(Seite 154)*

32. Angenommen, Sie haben Ihr Ziel erreicht, laden zu einer Feier ein und halten eine Dankesrede. Dabei würdigen Sie drei Menschen, die Sie auf Ihrem Weg zum Ziel ganz besonders unterstützt haben – welche drei Menschen könnten das sein? *(Seite 157)*

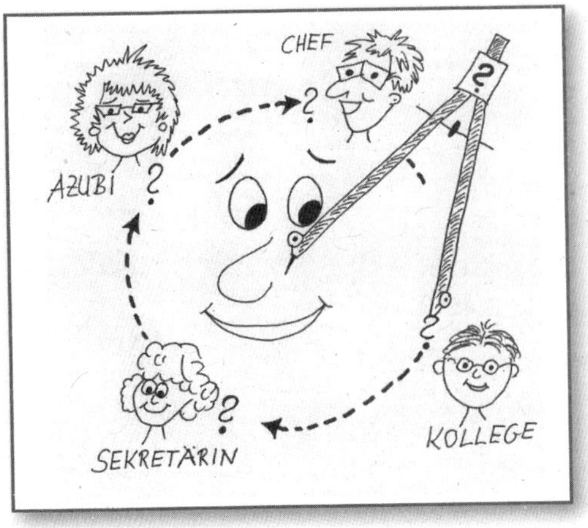

Jeder Mensch sieht die Welt aus einem Blickwinkel, der ihn einiges sehen, aber noch viel mehr übersehen lässt. Jeder Mensch sieht ein Bild der Welt, das von seinen Meinungen, Überzeugungen und Glaubenssätzen gefärbt ist. Die zirkuläre Frage schließt ihm neue Welten auf. Sie gibt Ihrem Klienten die Chance, die Brille seiner eigenen Wahrnehmung einmal abzulegen und die Welt mit anderen Augen zu sehen. Genauer gesagt: Mit den Augen *anderer*.

Abb. 3: Ein Kopf, der sich in viele Köpfe versetzt: Wenn der Coach zirkuläre Fragen stellt, denkt der Klient aus der Perspektive anderer Menschen. Das erweitert seinen Horizont und erhöht seine Empathie.

Wer sich vorstellt, wie ein anderer Mensch eine Situation sieht und beurteilt, der schult nicht nur seine Empathie, der macht sich auch zugleich bewusst: „Meine Sicht ist nicht die einzige!" Das Bild, das er sich gemacht hatte, wird mit neuen Farben angereichert, aufgehellt, differenziert.

„Wie denkt wohl Ihr Chef darüber?"

Vier Beispiele, wie Sie zirkuläre Fragen einsetzen können:

1. *Klient:* „Mein Chef hat mich auf dem Kieker. Er legt die Termine immer so, dass sie kaum zu schaffen sind."
   Coach: „Wenn ich Ihren Chef jetzt fragen könnte, welche Gründe ihn bei der Wahl dieser Termine leiten – was würde er mir wohl antworten?"

2. *Klientin:* „Ich bin einfach keine Führungspersönlichkeit. Mir fehlt das Charisma."
   Coach: „Ihre beste Freundin, haben Sie mir vorhin erzählt, traut Ihnen in Sachen Führung mehr zu als Sie sich selbst. Wie würde sie wohl begründen, dass Sie doch gute Ansätze zum Führen mitbringen?"

3. *Klient:* „Ich habe meinem Kollegen vorgeschlagen, den Urlaub mit mir zu tauschen. Und er hat das zum Anlass genommen, mir eine Szene zu machen und mich zu beleidigen."
   Coach: „Angenommen, wir könnten einem Gespräch zwischen Ihrem Kollegen und seiner Frau am Abend des besagten Tages

lauschen. Und nun fängt Ihr Kollege einen Satz an mit: ‚Stell dir vor, heute ist Folgendes mit meinem Kollegen Jürgen passiert ...‘ Wie könnte die Geschichte aus seinem Blickwinkel klingen?“

4. *Klientin:* „Ich habe der Sekretärin gesagt, dass unser Chef schlecht organisiert sei. Da keifte sie zurück: ‚Aber sicher besser als Sie!‘ Das war für mich eine glatte Beleidigung.“
Coach: „Wenn Sie sich jetzt einmal in die Sekretärin versetzen: Welches Gefühl könnte es bei ihr ausgelöst haben, dass Sie den Chef, dem sie täglich zuarbeitet, als ‚schlecht organisiert‘ bezeichnet haben?“

Die zirkuläre Frage stammt aus der Familientherapie. Sie kann – das deutet ihr Name an – wie ein *Zirkel* arbeiten, einen Kreis um den Befragten ziehen und ein komplettes Bild der mutmaßlichen Sichtweisen aller Menschen eines Systems gewinnen („mutmaßlich“ deshalb, weil die Annahmen des Klienten mit dem realen Denken der anderen nicht übereinstimmen müssen, aber durchaus können). In der Fachsprache ist von „Triaden“ die Rede: Man erkundigt sich, wie ein Mensch die Beziehung zweier anderer oder einer größeren Gruppe beurteilt. Wenn wir die erste Beispielfrage von oben fortsetzen, lässt sich diese Technik anschaulich machen:

Der Fragekreis

Klient: „Mein Chef hat mich auf dem Kieker. Er legt die Termine immer so, dass sie kaum zu schaffen sind.“

Die erste Frage hat sich nach den möglichen Gründen des Chefs erkundigt, womit sich der Klient in seinen Chef versetzen musste. Noch mehr Abstand, noch mehr Erkenntnisse könnte er womöglich gewinnen, wenn Sie ihn als Dritten von außen auf seine Beziehung zum Chef blicken lassen:

- „Wie würde Ihr Lieblingskollege wohl erklären, dass sich die Situation zwischen Ihnen und dem Chef so zugespitzt hat?“
- „Mal angenommen, wir könnten einen Kollegen fragen, mit dem Sie ein eher kühles Verhältnis haben – welche Erklärung bekämen wir von ihm?“

- „Sie haben mir erzählt, dass Ihr Chef schon seit 15 Jahren vertrauensvoll mit seinem Stellvertreter zusammenarbeitet. Wie würde er Ihr Verhältnis zum Chef erklären?"
- „Und wenn wir den Praktikanten fragen könnten, der mit unverbrauchten Augen schaut: Wie nimmt er Ihre Beziehung zum Chef wohl wahr?"

Eine gute Frage am Ende ist immer: „Und welcher Mensch, nach dem ich jetzt noch nicht gefragt habe, hätte eventuell noch mal eine ganz andere Sichtweise?"

Wer sich in so viele Köpfe versetzt, wer so viele Möglichkeiten durchdenkt, sieht die Wirklichkeit danach anders als zuvor: bunter, vielfältiger, formbarer. Seine Überzeugungen, die ihn gebremst haben, weichen auf: Was, wenn der Chef die Termine nur deshalb eng setzt, weil er fürchtet, sonst „großen Ärger von oben" zu bekommen (wie der Stellvertreter meint)? Dann wird der Klient das Verhalten seines Chefs nicht mehr als Angriff deuten, sondern als Ausdruck einer Sorge, als Ich-Botschaft.

So findet er zurück zur Handlungsfähigkeit. Zum Beispiel könnte er eine Strategie entwickeln, um den Chef zu überzeugen: Realistische Termine würden die Chance der Einhaltung erhöhen, nicht mindern.

Neben den klassischen zirkulären Fragen enthält dieses Kapitel auch „Fragen zum System". Damit meine ich Fragen, die sich nicht unmittelbar nach der Sicht eines anderen Menschen erkundigen – die aber dennoch herausfinden wollen, was andere denken, erwarten und wie ein menschliches System funktioniert.

Das erfragte System

- Was müssten wir in unserer Zusammenarbeit erreichen, damit beide Seiten zufrieden sind: Sie und Ihr Chef? (siehe S. 133).
- Stellen Sie sich Ihr Problem einmal als ein Modellboot vor, das von mehreren Fernsteuerungen gelenkt wird, in günstige oder ungünstige Richtungen. Wer, außer Ihnen, hat eine solche Fernsteuerung in der Hand? (siehe S. 136).

Diese Fragen erkunden die Standpunkte und Einflüsse der anderen *indirekter* als die zirkuläre Frage – ihre Stoßrichtung ist jedoch dieselbe; sie sollen den Blick Ihres Klienten erweitern, Zusammenhänge aufdecken und seine Empathie ausbauen. Oft werden sie in Kombination mit zirkulären Fragen gestellt.

23.

Zirkuläre Frage: Die Erwartungen anderer

Eine Klientin bringt ins Coaching nicht nur ihre eigenen Erwartungen mit, sondern auch die Wünsche anderer Menschen. Aber wie sehen diese Erwartungen aus? Welche schieben sie an, welche bremsen sie aus? Diese Frage sorgt beim Auftakt für Klarheit.

Die Frage

Nach meiner Erfahrung sind an der Entscheidung, dass jemand ins Coaching kommt, oft andere Menschen beteiligt. Mit wem haben Sie sich in dieser Hinsicht abgestimmt? Und wie würden diese Menschen, wenn ich sie fragen könnte, ihre Rolle beim Zustandekommen unseres Termins beschreiben?

Folgefragen

- Welches Ergebnis müsste unser Coaching erzielen, damit dieser Mensch anerkennend mit dem Kopf nickt und sagt „Wow das war ein großer Schritt nach vorne!“?
- Und welches Ergebnis würde ihn den Kopf schütteln und sagen lassen „Das hab ich mir aber ganz anders vorgestellt!“?
- Wenn Sie das Ergebnis erzielen, das von Ihnen erwartet wird: Mit welchen Vorteilen, mit welchen Belohnungen könnten Sie dann rechnen?
- Und mal angenommen, Sie würden diese Erwartungen einfach abschütteln und auf ein ganz anderes Ziel zulaufen – welche Folgen hätte das für Sie?

Kommentar zum Fragen-Inhalt

In der Theorie heißt es: Ein Coaching muss freiwillig sein. In der Praxis heißt es (aus dem Mund des Chefs): „Frau Müller, ich würde Ihnen dringend empfehlen, in der Führungssache mal ein Coaching in Anspruch zu nehmen.“ Wenn Frau Müller jetzt nickt, hat ihre Entscheidung mit Freiwilligkeit so viel zu tun wie ein Peitschenhieb mit einem Zungenschnalzen.

Doch selbst eine Klientin, die *relativ* freiwillig kommt, sitzt nicht alleine im Coaching: Auf ihren Schultern trägt sie die Erwartungen zahlreicher Menschen. Ihr Chef, ihre Kollegen, ihr Mann: Sie alle verbinden Hoffnungen oder Befürchtungen mit dem Coaching, oft solche, die sich ausschließen. Zum Beispiel erwartet ihr Chef, dass sie sich künftig besser gegen ihre Mitarbeiter durchsetzt – aber die Mitarbeiter erwarten, sie möge die Chefin nicht raushängen lassen und kollegialer auftreten.

Eine saubere Auftragsklärung besteht darin, dass Sie die Wurzeln erforschen: Wer hat die Idee für das Coaching zu welchem Zeitpunkt gepflanzt? In welchen Schüben ist sie gewachsen? Wer war der Meinung, dass sie gerade jetzt reif zur Umsetzung sei? Welche Wünsche, Hoffnungen oder Befürchtungen anderer wurden ausgesprochen? Und welche stehen unausgesprochen im Raum? Woher meint die Klientin, das zu wissen?

Der Coach bekommt einen ersten Überblick, in welchem systemischen Umfeld sich die Klientin bewegt. Mithilfe der Nachfragen kann sie ihren puren Willen aus jenem Mischgetränk herausfiltern, das die hinzugekippten Erwartungen und Befürchtungen anderer erzeugt haben. Danach kann sie entscheiden: Welche Erwartungen *will* sie erfüllen? Und welche lehnt sie ab? Erst aus dieser Abwägung kann ein stimmiges Ziel wachsen.

Kommentar zur Fragen-Sprache

Die klassische Variante dieser Frage wäre, sich danach zu erkundigen, wer diese Entscheidung „beeinflusst" hat. Aber welcher Mensch gibt schon gerne zu, sich beeinflussen zu lassen? Die Formulierung, mit wem die Entscheidung „abgestimmt" sei, führt zu konstruktiveren Antworten. Der (wahre) Hinweis, solche Abstimmungen seien die Regel, erleichtert es der Klientin ebenfalls, mit offenen Karten zu spielen.

Profi-Tipp

Vertiefen Sie Ihre Frage, indem Sie auch auf wichtige Menschen aus dem Umfeld eingehen, die nichts von dem Coaching wissen: Was *würden* sie erwarten, erhoffen, befürchten, wenn sie's wüssten? Beispiel: Ich habe eine Abteilungsleiterin gecoacht, deren Chef-Kollegen – wie auf meine Frage herauskam – nichts von unseren Terminen wissen durften, weil die Firma auf dieser Hierarchieebene eigentlich keine Coachings finanzierte. Sie sagte: „Die wären stinksauer, weil ich ihnen vorgezogen werde. Die würden hoffen, dass ich scheitere." Sie fühle sich als „Verräterin". Und ich spürte: Sie war blockiert.

Erst eine Reframing-Frage hob ihre innere Sperre auf: „Mal angenommen, Sie würden denken: ‚Ich bin hier eine Vorreiterin, die erste Abteilungsleiterin, die sich coachen lassen darf – und wenn dieses Coaching erfolgreich verläuft, erleichtere ich *allen* Kollegen den Zugang zu solcher Unterstützung!' Was würde das an Ihrer Einstellung verändern, auch mit Blick auf Ihre Abteilungsleiter-Kollegen?"

Schwierige Antwort

Die Klientin antwortet auf die Ausgangsfrage: „Diese Entscheidung ist meine ganz eigene. Damit hat kein anderer Mensch etwas zu tun."

Wie reagieren Sie? Bitte antworten Sie, gerne schriftlich, ehe Sie weiterlesen.

Mein Vorschlag: Akzeptieren Sie diese Antwort – erkunden Sie jedoch, auf welche Menschen sich das Coaching auswirken kann: „Verstehe, Sie waren in dieser Entscheidung völlig autonom. Mal angenommen, Ihr Coaching verliefe sehr erfolgreich (oder: wenig erfolgreich) – welche Menschen, außer Ihnen, würden das merken?"

Wenn diese Namen im Raum stehen, können Sie klären, welches die Wünsche oder Befürchtungen dieser Menschen wären. Möglicherweise haben sie unbemerkt Einfluss genommen.

Fragen-Übung

Jede systemische Frage lässt sich auch als zirkuläre Frage stellen:

- *Frage zum System:* „Welche Rolle hat Ihr direkter Kollege bei der Entscheidung gespielt?"
- *Zirkuläre Frage:* „Was würde mir Ihr direkter Kollegen wohl über seine Rolle bei der Entscheidung erzählen?"

Bitte formulieren Sie die folgenden drei Fragen zum System zu zirkulären Fragen um:

1. Welches Motiv verfolgt Ihr Chef, wenn er Sie zu Überstunden auffordert?
2. Wie kommt Ihr Führungsstil wohl bei der Mitarbeiterin an?
3. Welche Wirkung aufs Team hatte die Nachricht, dass der Gewinn eingebrochen ist?

Umsetzungs-Plan

Bitte notieren Sie, welche Ideen Ihnen zu dieser Frage kommen und in welchem Zusammenhang Sie damit arbeiten wollen:

Frage zum System: Zusammenarbeit

Was tun, wenn Ihr Klient sich im Coaching mit den Erwartungen anderer Menschen beladen fühlt, zum Beispiel denen seines Chefs? Lassen Sie ihn nach möglichen Schnittflächen suchen. Vielleicht gibt es ein Ergebnis, das beiden gerecht wird.

Die Frage

Was müssten wir mit unserer Zusammenarbeit erreichen, damit beide Seiten zufrieden sind: Sie und Ihr Chef?

Folgefragen

- Wenn Sie die Erwartungen Ihres Chefs einmal anschauen: Welche davon ähneln Ihren eigenen Zielen am meisten?
- Was könnten Sie tun, um die Schnittfläche dieser Ziele, diesen Raum der Gemeinsamkeit, noch zu vergrößern?
- Wenn Sie ein Zöllner wären und die Erwartungen Ihres Chefs vor Grenzübertritt prüfen könnten: Welche würden Sie durchwinken? Und welchen den Eintritt in Ihr Inneres verwehren?
- Wie könnten Sie Ihrem Chef signalisieren, wo Ihre Grenze liegt – und zwar so, dass er dennoch Ihren grundsätzlich guten Willen erkennt?

Kommentar zum Fragen-Inhalt

Wer sich auf Kosten der Firma coachen lässt, ist beladen mit den Erwartungen derer, die ihm diesen Termin genehmigt haben. Als Coach so zu tun, als gäbe es diese Erwartungen nicht, ist ein weltfremder Ansatz. Denn der Klient hat diese Erwartungen im Kopf und wird bei seiner Arbeit ständig damit konfrontiert.

Allerdings funktioniert ein Coaching nur, wenn der Klient seine eigenen Ziele verfolgt, nicht fremde. Wem das Coaching „ans Herz gelegt" wurde, der fühl sich oft in der Zwickmühle. Doch zwischen dem, was die Firma will, und dem, was der Klient anstrebt, gibt es oft eine Schnittfläche. Diese Frage lädt den Klienten ein, seine Ziele mit denen seines Chefs oder seiner Organisation abzugleichen.

Zum Beispiel habe ich einen Medienmanager gecoacht, der immer wieder mit seinem autoritären Führungsstil angeeckt war und ins Coaching „geschickt wurde" (wie er sagte). Sichtbar mürrisch saß er vor mir. Ich war unsicher, ob wir die Grundlage für eine Zusammenarbeit fänden. Doch auf die Frage, welches Ergebnis unserer Zusammenarbeit beide Seiten zufrieden machte, antwortete er nach einigem Überlegen: „Wenn in meiner Abteilung endlich mehr Ruhe wäre! Ich hasse es ja selber, dass wir eine so hohe Fluktuation und immer wieder Konflikte haben. Aber ich will mich auch nicht verbiegen, ich bin nun mal kein Softie!"

Ich hakte durch positives Zuhören nach: „Mit anderen Worten: Sie suchen nach Wegen, wie Sie gute Mitarbeiter länger in Ihrer Abteilung halten und die Zusammenarbeit harmonischer gestalten können. Und Ihnen ist wichtig, dabei Ihre gradlinige Art zu bewahren?" Er nickte eifrig und hob hervor: „Ja, meine Art möchte ich unbedingt behalten!" Auf dieser Basis ließ er sich auf das Coaching ein.

Kommentar zur Fragen-Sprache

In den Folgefragen kommt das Sprachbild vom Zöllner und der Grenze vor. Solche Metaphern sind ideal, um abstrakte Grenzen sichtbarer zu machen und zu prüfen: Wie kann der Klient sich stimmig abgrenzen? Vor allem können Sie an solche Bilder immer wieder anknüpfen, zum Beispiel durch den Vergleich mit „anderen Landesgrenzen", also wie Kollegen Ihre Interessen gegenüber eben diesem Chef wahren.

Profi-Tipp

Viele Klienten sind unsicher: Was erwartet ihr Chef eigentlich? Diese Ungewissheit kann Fantasien ins Kraut schießen lassen. Regen Sie Ihren Klienten an, ein offenes Gespräch mit seinem Chef zu suchen. Erst wenn jeder weiß, was der andere erwartet, lassen sich die Schnittflächen finden. Das können Sie mit Ihrem Klienten beim nächsten Termin besprechen und bei der Suche nach dem Ziel berücksichtigen.

Schwierige Antwort

Der Klient antwortet: „Das ist so, als würden Sie mich fragen: Welche gemeinsamen Ziele haben ein Pazifist und ein Waffenfabrikant?"

Wie reagieren Sie? Bitte antworten Sie, gerne schriftlich, ehe Sie weiterlesen.

Mein Vorschlag: „Bei mir kommt an: Absolut alles, was Sie wollen, läuft den Zielen Ihres Chefs zuwider. Und absolut alles, was Ihr Chef will, passt Ihnen überhaupt nicht in den Kram. Waffenfabrikanten und Pazifisten sind natürliche Feinde!"

Diese Äußerung ist zugespitzt und provokant – meist sorgt sie dafür, dass der Klient seine Aussage relativiert und doch noch über Gemeinsamkeiten spricht. Dagegen würde ein Zurückweisen des Standpunktes („Das klingt jetzt doch ein wenig übertrieben ...") dafür sorgen, dass der Klient ihm umso heftiger verteidigt.

Fragen-Übung

Bitte schreiben Sie drei Ziele auf, die Sie im Moment verfolgen. Und dann nennen Sie jeweils einen Menschen, der diesem Ziel – passiv oder aktiv – entgegensteht. Notieren Sie für jeden der drei Fälle eine Vielzahl von Fragen, die Ihren Blick vom Trennenden zu gemeinsamen Interessen lenken. Wo gibt es Schnittflächen zwischen Ihnen beiden? Welche (fantasievollen) Fragen helfen, diese sichtbar zu machen? Beantworten Sie diese Fragen danach und beobachten Sie, was sich dadurch verändert.

Umsetzungs-Plan

Bitte notieren Sie, welche Ideen Ihnen zu dieser Frage kommen und in welchem Zusammenhang Sie damit arbeiten wollen:

25.

Frage zum System: Modellboot

So mancher Klient wägt sich in einem einsamen Duell mit seinem Problem. Doch was ihm als Zweikampf erscheint, ist eine komplexe Verstrickung von Interessen. Andere Menschen beeinflussen ihn. Wer diese Systeme durchschaut, kann besser damit umgehen.

Die Frage

Stellen Sie sich Ihr Problem einmal als ein Modellboot vor, das von mehreren Fernsteuerungen gelenkt wird, in günstige oder ungünstige Richtungen. Wer, außer Ihnen, hat eine solche Fernsteuerung in der Hand?

Folgefragen

- In welchen Momenten und wodurch betätigt dieser Mensch die Fernsteuerung und beeinflusst Ihren Umgang mit dem Problem?
- Aus welchen Gründen haben Sie sich dafür entschieden, Ihre Situation von diesem Menschen fernsteuern zu lassen?
- Welche Fernsteuerung erleben Sie als die hilfreichste? Wie wirkt sich diese positive Richtung auf Ihr Denken und Handeln aus?
- Was könnten Sie tun, um den hilfreichen Fernsteuerungen mehr Einfluss und den bremsenden weniger Einfluss einzuräumen?

Kommentar zum Fragen-Inhalt

Während der Klient meint, nur er steuere, bringt diese Frage eine neue Überlegung ins Spiel: Was, wenn sein Handeln aus der Ferne von anderen Menschen unterstützt oder behindert würden? Der Blick wird von der Bühne, auf der nur der Klient und sein Problem stehen, zur Regie gelenkt: Wer beeinflusst dieses Schauspiel?

Eine solche Überlegung ist spannend, weil Menschen dazu neigen, solche Einflüsse zu unterschätzen. Zum Beispiel habe ich neulich einen Industriekaufmann beraten, der seit Jahren den Arbeitgeber wechseln wollte, aber stets in den Vorstellungsgesprächen scheiterte. Sein ursprüngliches Anliegen war: „Ich möchte meine Rhetorik als Bewerber professionalisieren."

Die Frage nach der Fernsteuerung brachte ans Licht: Seine Frau war mit dem jetzigen Wohnort verwurzelt und gab ihm durch ihr Verhalten zu verstehen, dass ein Wechsel des Ortes nicht in ihrem Sinne sei. Diese Botschaft war nie ausgesprochen, aber vielfach signalisiert worden. Sie raubte dem Klienten in den Vorstellungsgesprächen die nötige Entschlossenheit.

Auf die Frage, warum er sich von seiner Frau fernsteuern lasse, antwortete er: „Ich liebe sie mehr als meinen Job. Wenn ein Wechsel unserer Beziehung schadet, würde ich mich lieber in der eigenen Firma verändern." Er führte ein klärendes Gespräch mit seiner Frau und kam mit genau diesem Ziel ins Coaching zurück.

Kommentar zur Fragen-Sprache

Ein Modellboot bietet den Vorteil, dass es ein Spielzeug ist. Mit Spielzeugen können Menschen unverkrampfter als mit Problemen umgehen! Die spielerische Leichtigkeit der Frage färbt aufs Denken des Klienten ab. Noch dazu lässt sich die Metapher wunderbar mit weiteren Fragen ausbauen – zum Beispiel danach, woran der Klient merken würde, dass die Batterie einer Fernsteuerung nachlässt. Oder danach, welche der Fernsteuerungen sich durchsetzt, wenn die Richtungen sich ausschließen – und warum gerade diese?

Profi-Tipp

Identifizieren Sie mit dem Klienten alle Fernsteuerer. Dann können Sie folgende Übung anbieten: „Ich möchte Sie einladen, auf jeden dieser leeren Stühle einen Zettel zu legen, mit dem Namen eines Menschen, der Sie fernsteuern möchte. Und dann würde ich Sie bitten, auf diesen Stühlen Platz zu nehmen und sich in diesen Menschen zu versetzen. Sprechen Sie einfach mal laut aus, was diese Fernsteuerer von Ihnen fordern."

Die Übung wird leichter verstanden, wenn Sie selbst eine Position vormachen: „Zum Beispiel würden Sie sich auf den Stuhl Ihres Chefs setzen, wie ich es jetzt tue, und eventuell sagen: ‚Sorg dafür, dass ich bei der Geschäftsleitung gut dastehe. Spiel mir gute Vorlagen zu, die ich selbst verwandeln kann. Halt dich stets hinter dem Vorhang der Bühne auf, damit der ganze Ruhm auf mich fällt ...'"

Nach seinen Monologen wechselt der Klient in die Meta-Position und kommt mit den Stühlen ins Gespräch: Welche Forderungen nimmt er an? Welche weist er zurück?

Schwierige Antwort

Der Klient antwortet: „Es ist ganz allein mein Problem. Da hat niemand eine Fernsteuerung außer mir."

Wie reagieren Sie? Bitte antworten Sie, gerne schriftlich, ehe Sie weiterlesen.

Mein Vorschlag: Gehen Sie Menschen durch, die nach Ihrer Einschätzung die Situation des Klienten beeinflussen könnten, zum Beispiel: „Nehmen wir an, Ihr Chef wollte Ihnen auf dem Weg zum Ziel unter die Arme greifen. Was könnte er tun?" An der Antwort können Sie mit dem Klienten prüfen: Gibt es nicht doch Fernsteuerungen – vielleicht auch solche, die im Moment nur noch nicht aktiviert sind? Und was kann er anstellen, um diese Fernsteuerungen gezielt auszuschalten oder zu nutzen.

Fragen-Übung

Bitte entwickeln Sie mindestens fünf Folgefragen, in denen Sie die Modellboot-Metapher fortführen. Zielen Sie dabei gerne auf Möglichkeiten, wie man die Wirkung einer solchen Fernsteuerung reduzieren oder ausschalten kann.

Umsetzungs-Plan

Bitte notieren Sie, welche Ideen Ihnen zu dieser Frage kommen und in welchem Zusammenhang Sie damit arbeiten wollen:

Frage zum System: Profiteure

Wer profitiert von einer Veränderung? Nicht nur der Klient, sondern auch Menschen um ihn herum. Wenn er weiß, wer einen Nutzen hat, kann ihn das motivieren – und ihm auch Unterstützung auf dem steinigen Weg der Veränderung sichern.

Die Frage

Wenn Sie drei Menschen in diesen Raum rufen könnten, die von Ihrer Veränderung am meisten profitieren – wer würde dann gleich durch diese Tür spazieren?

Folgefragen

- Wenn ich jeden dieser Menschen fragen könnte, warum diese Veränderung so toll für ihn ist – welche Antworten bekäme ich wohl zu hören?
- Angenommen, dieser neue Impuls würde Ihre Beziehung zu diesen Menschen beflügeln: Was fiele Ihnen dann leichter als vorher?
- Wenn Sie eine Anleitung schreiben müssten, in welchen Schritten sich die Unterstützung dieser Menschen für Ihre Veränderung gewinnen und optimal nutzen lässt – welche Schritte schienen Ihnen die wichtigsten?
- Welche Erwartungen dieser Menschen decken sich mit Ihren eigenen Vorstellungen? Und wo weichen Ihre Ziele davon ab?

Kommentar zum Fragen-Inhalt

Jede Veränderung ist wie der Flügelschlag eines Schmetterlings: Zwar muss sie keinen Orkan auslösen, aber sie wirkt über die Lebensgrenzen des Menschen hinaus, der sich verändert. Wenn Ihr Klient etwas anders macht als bisher, wird das Folgen für andere Menschen haben, auch erfreuliche. Diese Frage macht ihn darauf aufmerksam.

Beispiel: Ein Top-Manager, der seine Überstunden reduziert, kann sich wieder mehr um seine Familie kümmern. Eine Filialleiterin, die sich mehr Gestaltungsfreiheit für ihr Sortiment erkämpft, handelt im Interesse ihrer Kunden. Oder: Wenn ein Facharbeiter, der sich mit einem Kollegen überworfen hat, diesen Konflikt beilegt, hebt das die Lebensqualität dieses Kollegen (Frieden!), die Stimmung des Teams und dient zudem seinem Chef, da jetzt wieder effektiver miteinander gearbeitet wird.

Das Bewusstsein, mit einer Veränderung nicht nur den eigenen Interessen, sondern auch anderen Menschen zu dienen, kann die Motivation erhöhen und Quellen für Unterstützung erschließen. Allerdings ist wichtig, dass Sie Ihrem Klienten auch bewusst machen: Nicht alle Erwartungen muss er erfüllen – nur solche, die sich mit seinen Interessen decken.

Kommentar zur Fragen-Sprache

Die Frage weicht vom sprachlichen Trampelpfad ab: Der Klient soll nicht nur „aufzählen", welche drei Menschen von seiner Veränderung am meisten profitieren. Vielmehr lädt der Coach ihn ein, diese Menschen in den Raum zu „rufen" und gleich „durch die Tür spazieren" zu lassen. Das sorgt für eine deutlich höhere Anschaulichkeit, auch bei der zirkulären Folgearbeit. Als wären diese Menschen anwesend.

Profi-Tipp

Wenn diese drei Menschen im Raum zu sein scheinen, eröffnet das vielfältige Chancen. Lassen Sie Ihren Klienten in die einzelnen Rollen schlüpfen und fragen Sie dann zum Beispiel: „Warum ist es Ihnen so wichtig, dass sich mein Klient, Herr Fischer, verändert?", „Was hätte Herr Fischer selbst davon?", „Aus welchen Gründen trauen Sie ihm eine solche Veränderung zu?", „Was, glauben Sie, werden die ersten Schritte sein, die er unternimmt?", „Und, Sie kennen ihn ja gut: Auf welche Risiken muss er achten?" Danach wechselt der Klient jeweils wieder auf seinen eigenen Stuhl und reflektiert das Gehörte.

Schwierige Antwort

Der Klient antwortet: „Ich glaube, von dieser Veränderung profitiert niemand außer mir. Im Gegenteil, einigen Leuten wird das gar nicht recht sein."

Wie reagieren Sie? Bitte antworten Sie, gerne schriftlich, ehe Sie weiterlesen!

Mein Vorschlag: „Mal angenommen, Sie würden sich jetzt ein Fußball-Spielfeld vorstellen. Und die Gegner Ihrer Veränderung stehen tief in der anderen Hälfte. Wer steht dann am dichtesten vor dem gegnerischen Tor? Wer steht etwas näher bei der Mittellinie? Und wer steht vielleicht auf der Mittellinie oder gar in Ihrer Hälfte, sodass er neutral oder auf Ihrer Seite ist?"

Bei allen, die dem Klienten (im wahrsten Sinne) näher stehen als die absoluten Gegner, ist die Frage erlaubt, inwiefern ihnen die Veränderung weniger schadet – ja vielleicht sogar nützt. Ein solches Szenario, das den Klienten zum Differenzieren zwingt, lässt sich auch vorzüglich aufzeichnen.

Zu diesem Thema empfehle ich Ihnen das weiterführende Kapitel aus meinem Standardwerk „Karriereberatung – Menschen wirksam im Beruf unterstützen" (Beltz, 2011) ab Seite 68.

Fragen-Übung

Der Klient antwortet auf die Ausgangsfrage: „Was juckt es mich, ob andere profitieren? Es geht hier doch um mich, um meine eigenen Ziele!" Wie schaffen Sie es, diesen Einwand aufzunehmen und Ihre Ausgangsfrage in einer Variante doch noch zu platzieren? Schlagen Sie Formulierungen für Fragen vor.

Umsetzungs-Plan

Bitte notieren Sie, welche Ideen Ihnen zu dieser Frage kommen und in welchem Zusammenhang Sie damit arbeiten wollen:

27.

Zirkuläre Frage: Fremdeinschätzungen

Wer zirkulär fragt, sollte dasselbe wie ein Zirkel tun: alle Richtungen abdecken. Fragen Sie nicht nur, wie diejenigen denken, die an einer Situation beteiligt sind – sondern lassen Sie Ihre Klientin auch Standpunkte von Außenstehenden benennen.

Die Frage

Wenn ich Ihren Kollegen fragen würde, warum sich das Verhältnis zwischen Ihnen und dem Bezirksleiter so abgekühlt hat – welche Antwort bekäme ich wohl?

Folgefragen

- Angenommen, alle Ihre Kollegen wären hier im Raum, hätten gerade dieser Einschätzung gelauscht, und ich könnte jetzt fragen: „Wer stimmt dem zu? Und wer ist völlig anderer Meinung?" Welche Wortmeldungen würden Sie erwarten?
- Worin sehen Sie die wichtigsten Unterschiede zwischen diesen Erklärungen und Ihren eigenen?
- Welcher dieser Erklärungen, glauben Sie, würde der Bezirksleiter am ehesten zustimmen? Und welcher am wenigsten?
- Mal angenommen, Sie könnten sich aus den Standpunkten Ihrer Kollegen wie von einem Buffet bedienen: Welchen Standpunkt würden Sie sich gern auf den Teller laden, weil er für Ihren Weg zum Ziel der hilfreichste ist?

Kommentar zum Fragen-Inhalt

Diese zirkuläre Frage spielt mit Bande: Sie erkundigt sich nicht direkt, wie der Bezirksleiter die Situation erklärt – sondern sie ergründet, wie (weniger beteiligte) Kollegen über den Konflikt denken. Vorteil: Die Klientin verlässt das enge Spielfeld der Beziehung zum Bezirksleiter und begibt sich auf die Tribüne: Was mögen die „Zuschauer" anders sehen als sie?

Je mehr andere Menschen Sie einbeziehen, desto mehr Standpunkte äußert die Klientin. Ihre Sicht der Dinge, bis dahin wie in Stein gemeißelt, gerät in Fluss. Sie lernt, worin der konstruktivistische Ansatz besteht: dass es keine Wahrnehmung, sondern nur eine Wahr-Gebung gibt; dass jeder Mensch sich aus dem, was er sieht und vor allem sehen will, seine subjektive Wahrheit bastelt.

Was wäre, wenn die Klientin sich dafür entschiede, die Dinge anders zu sehen? Wie wirkte sich das aus auf die Chancen ihres Anliegens und auf die Beziehung zum Bezirksleiter? Die zirkuläre Frage ebnet den Weg für neues Verhalten.

Kommentar zur Fragen-Sprache

Die Frage arbeitet mit Konjunktiven („würde", „bekäme") und dem sprachlichen Weichmacher „wohl" – damit die Klientin sich von der Denksport-Aufgabe nicht überfordert fühlt, sondern ohne jeden Perfektionsanspruch über die Gedanken ihrer Kollegen spekulieren kann.

Profi-Tipp

Lassen Sie Ihre Klientin die Situation aus mehreren Perspektiven beleuchten – nicht nur aus dem Blickwinkel der Kollegen, die vielleicht aus demselben Meinungseintopf löffeln. Sondern fragen Sie auch, was zum Beispiel die Sekretärin des Bezirksleiters sagen würde. Oder der neue Auszubildende. Oder der Mann der Klientin. Oder ein langjähriger Kunde, der beide kennt. Dieser 360-Grad-Blick bringt eine Vielzahl von *unterschiedlichen* Erklärungen. Aus der Wahrnehmungs-Taschenlampe, die nur einen Ausschnitt der Wirklichkeit beleuchtet hat, wird eine solide Deckenbeleuchtung.

Schwierige Antwort

Die Klientin antwortet: „Ich habe keine Ahnung, was die Kollegen denken. Über diese Sache reden wir nicht."

Wie reagieren Sie? Bitte antworten Sie, gerne schriftlich, ehe Sie weiterlesen.

Mein Vorschlag: Laden Sie Ihre Klientin ein, über die Gedanken ihrer Kollegen zu spekulieren. Sie will nicht? Dann schlagen Sie ihr vor, die Wissenslücke zu schließen, zum Beispiel so: „Ich habe einen Vorschlag: Wie wäre es, wenn Sie bis zu unserem nächsten Treffen einmal ein paar Kollegen ansprechen und nach ihrer Einschätzung fragen würden?"

Fragen-Übung

Starten Sie einen Selbstversuch, welche Erkenntnisse eine zirkuläre Frage bringen kann, wenn man sie über Bande spielt. Denken Sie an die beste Freundschaft Ihres Lebens. Und nun fragen Sie sich: Warum ist diese Freundschaft so gut, was „passt" zwischen Ihnen beiden?

Im zweiten Schritt schreiben Sie die Namen fünf naher Menschen aufs Papier, die Sie und den befreundeten Menschen kennen, zum Beispiel Ihres Lebenspartners, Ihrer Eltern und weiterer Freunde. Nun erläutern Sie aus deren Sicht, was Ihre beste Freundschaft ausmacht. Welche Fragen müssen Sie stellen, um die besten zirkulären Erklärungen zu bekommen? Malen Sie sich die Antworten aus.

Achten Sie darauf, wo die Unterschiede der Einschätzungen liegen. Was deckt sich mit Ihrer Erklärung, was nicht? Inwieweit erleben Sie diese kleine Übung als interessant? Und welchen Nutzen für Ihre Fragen in den Coachings können Sie ableiten?

Umsetzungs-Plan

Bitte notieren Sie, welche Ideen Ihnen zu dieser Frage kommen und in welchem Zusammenhang Sie damit arbeiten wollen:

28.

Zirkuläre Frage: Der Publikumsjoker

Was tut ein Quiz-Kandidat, wenn er mit seinem Latein am Ende ist? Er ruft den „Publikumsjoker". Ein solcher Joker kann auch Ihrem Klienten unverhoffte Lösungen zuspielen.

Die Frage

Im Fernsehquiz gibt es den „Publikumsjoker", durch den sich ein Kandidat von den Zuschauern helfen lassen kann. Nehmen wir an, Sie hätten in dieser kniffligen Situation einen Joker frei, der bis an den Beginn der Menschheitsgeschichte zurückreichen kann – wessen Rat wollten Sie gerne hören?

Folgefragen

- Angenommen, dieser Mensch wollte vor seiner Antwort einen Wink von Ihnen bekommen, indem er fragte: „Welcher Ihrer eigenen Lösungsversuche haben bislang die besten Früchte getragen" – was würden Sie antworten?
- Welche Erkenntnisse für seine Ratschläge könnte Ihr „Joker" ableiten, wenn er diese Versuche analysiert?
- Was müsste ein Ratschlag enthalten, dass Sie sofort spüren „Ja, das motiviert mich, das könnte funktionieren!"?
- Und nun geben Sie mal einen Tipp ab: Welche konkreten Ratschläge würden Sie von Ihrem Joker wohl bekommen? Und was würde dieser Joker dann von Ihnen erwarten, wenn er Sie durch Ihre nächsten Wochen begleiten könnte?

Kommentar zum Fragen-Inhalt

Diese Frage lässt offen, wer dieser „Joker" sein soll, die Auswahl reicht „bis an den Beginn der Menschheitsgeschichte" zurück. Das entfesselt die Fantasie des Klienten. Zum Beispiel habe ich einen Chefredakteur beraten, dessen Etat massiv gekürzt worden war. Entlassungen standen an. Aber nach welchen Kriterien sollte er vorgehen?

Für diese moralische Frage holte er sich einen besonderen Joker ins Boot: den Parlamentarischen Rat. Als Hobby-Historiker konnte er in lebendigen Worten die Väter unseres Grundgesetzes charakterisieren. Viele von ihnen hatten den Nazis die Stirn geboten. Sie waren es, die aus den Trümmern des Dritten Reiches eine stabile Demokratie aufgebaut und als ersten Artikel ins Grundgesetz geschrieben hatten: „Die Würde des Menschen ist unantastbar."

Die Weisheit dieses Gremiums, das er in den Raum rief, schärfte sein Gerechtigkeitsempfinden in dieser kniffligen Situation. In ihm reifte der Entschluss, die Vorgabe seines Verlegers nicht hinzunehmen: Um etliche Redakteursstellen wollte er kämpfen. Und als ich am Ende fragte, wer ihn die nächsten Wochen durch begleiten sollte, sagte er: „Natürlich Carlo Schmid, der Nazi-Gegner und spätere Bundesminister – wenn ich ihn in meiner Nähe weiß, gibt mir das Kraft und moralische Größe."

Ob der Parlamentarische Rat oder die Freunde aus dem Sportverein, ob Homer oder Johann Wolfgang Goethe: Der „Publikumsjoker" stärkt die Selbstwirksamkeit des Klienten und erweitert sein Gesichtsfeld – meist punktgenau in jene Richtung, wo seine Lösung wartet.

Kommentar zur Fragen-Sprache

Der „Publikumsjoker" stellt eine Verbindung zwischen einer Unterhaltungsshow und einem ernsten Problem her. Die Leichtigkeit der Show kann die Schwerkraft des Problems mindern. Und die Parallele stimmt: Kein Kandidat wird eine Show nur deshalb gewinnen, weil ihm das Publikum hilft. Dieser Joker ist eine Ergänzung, eine Hilfe zur Selbsthilfe – wie der „Joker" im Coaching.

Profi-Tipp

Lassen Sie Ihren Klienten mehrere Publikumsjoker vergeben. Auf dieser Basis können Sie mit ihm herausfinden, wer für welche Frage der beste Ratgeber ist. Zum Beispiel kann ihn der Parlamentarische Rat in moralischen Fragen unterstützen. Dagegen könnte ein Schachgenie ihn bei der Frage beraten, wie er taktisch in der Verhandlung vorgeht.

Wenn Sie mehrere „Joker" im Spiel haben, können Sie im Laufe des Coachings immer wieder fragen: „Welche Ratgeber würden Sie jetzt am ehesten vorwärtsbringen?"

Schwierige Antwort

Der Klient antwortet: „Eigentlich habe ich gedacht: Sie sind dieser Joker und geben mir jetzt einen guten Rat!"

Wie reagieren Sie? Bitte antworten Sie, gerne schriftlich, ehe Sie weiterlesen.

Mein Vorschlag: Machen Sie Ihrem Klienten ein verlockendes Angebot: „Das freut mich, dass Ihnen mein Rat etwas bedeutet. Schlüpfen Sie doch einfach mal in meine Rolle – was, glauben Sie, werde ich antworten? Danach – versprochen! – sage ich Ihnen, welche dieser Ratschläge mir stimmig erscheinen."

Fragen-Übung

Ihr Klient ist mit seinem Aufstiegswunsch mehrfach gescheitert – nun wünscht er sich als Joker den Top-Manager Jack Welch herbei, ehemals Chef von General Electric. Mit dessen Hilfe möchte er sich endlich von der Fach- zur Führungskraft entwickeln. Bitte denken Sie sich zehn Fragen aus, die sich an den Joker wenden (in dessen Roller Ihr Klient schlüpft), um die Situation *kritisch* zu reflektieren und neue Ideen zu entwickeln. Beispiel für eine Frage: „Herr Welch, Sie sind einer der erfolgreichsten Manager aller Zeiten – wie erklären Sie es, dass mein Klient mit seinem Aufstiegswunsch bislang noch nicht erfolgreich war?"

Umsetzungs-Plan

Bitte notieren Sie, welche Ideen Ihnen zu dieser Frage kommen und in welchem Zusammenhang Sie damit arbeiten wollen:

29.

Zirkuläre Frage: Beliebtheits-Ranking

Viele Ziele sind nur mithilfe des direkten Vorgesetzten zu erreichen. Wichtig ist nicht nur, wie er die Welt sieht – sondern auch, wie die Klientin glaubt, dass er sie sehen könnte. Diese zirkuläre Frage erkundigt sich nach einem Beliebtheits-Ranking.

Die Frage

Was denken Sie, wen im Team schätzt Ihr Chef am meisten, wer kommt an zweiter Stelle, und wer landet auf dem letzten Rang?

Folgefragen

- Bei einem Leichtathletik-Wettlauf beruht das Ranking auf einer klaren Maßeinheit: der gelaufenen Zeit. Mit welcher Maßeinheit messen Sie die Beliebtheit beim Chef?
- Wo würden Sie sich in diesem Ranking einordnen, sagen wir: an Tagen, an denen mit dem Chef alles gut läuft; und an Tagen, an denen dicke Luft herrscht?
- Gibt es Kollegen, die dieses Ranking ganz anders sehen als Sie? Und wenn ja: mit welcher Begründung?
- Was machen Menschen, die bei Ihrem Chef hoch im Kurs stehen, anders als solche, die unten durch sind?

Kommentar zum Fragen-Inhalt

Geht es in der Berufswelt immer um die Sache? Nein, die Beziehungsebene spielt überall hinein. Zum Beispiel bei Beförderungen, spannenden Aufgaben oder Gehaltserhöhungen – also Privilegien, die der Chef zu vergeben hat. In jedem Team gibt es feste Meinungen, wer beim Chef hoch im Kurs steht (und deshalb bevorzugt wird) und wer unten durch ist (und deshalb Nachteile erleidet).

Diese Frage bringt die Klientin dazu, ihre heimlichen Glaubenssätze aufzudecken und ein Ranking zu bilden. Diese Reihenfolge muss nicht der des Chefs entsprechen – doch weil die Klientin glaubt, es sei so, wirkt sich diese konstruierte Wirklichkeit auf ihr Verhalten aus. Zum Beispiel habe ich erlebt, dass eine Volkswirtin ihren Beförderungswunsch zurückhielt, weil sie die Stelle für den vermeintlichen Liebling ihres Chefs reserviert sah.

Erst wenn solche (fixen) Ideen ausgesprochen sind, lässt sich im Coaching damit arbeiten: Wie realistisch ist das Ranking der Klientin überhaupt? Was würde sich verändern, wenn das tatsächliche Ranking anders wäre? Welches Verhalten wird in diesem System offenbar belohnt, welches bestraft? Inwieweit passt das zu den Werten der Klientin? Und was lässt sich für ihr Anliegen daraus ableiten?

Kommentar zur Fragen-Sprache

Diese Frage macht zählbar, was sonst diffus in der Luft hängt: die Beliebtheit der Mitarbeiter. Die Klientin soll die Extrempositionen vergeben: Rang 1 und 2 sowie den letzten Platz. Also muss sie verschiedene Personen miteinander vergleichen, in Bezug zu ihrem Chef setzen und urteilen. Das führt zu interessanten Abwägungen, bei denen viele Namen genannt und viele Zusammenhänge deutlich werden. Wichtige Informationen über Beziehungen, Bewertungssysteme und die innere Landkarte der Klientin fließen Ihnen zu.

Profi-Tipp

Bitten Sie Ihre Klientin, bis zum nächsten Termin zwei komplette Rankings aufzustellen – erstens für die Beliebtheit beim Chef, von Rang eins bis zum Schlusslicht. Und zweitens dafür, welche Kollegen wie hoch in der Gunst bei ihr selbst stehen. Welche Ränge sind für sie in Ordnung? Zu wem hätte sie gern eine bessere Beziehung? Und wie könnte sie diesen Fortschritt herbeiführen?

Schwierige Antwort

Die Klientin antwortet: „Das hängt ganz von der Tageslaune des Chefs ab. Mal ist man bei ihm der Held. Und dann wieder der totale Versager."

Mein Vorschlag: Akzeptieren Sie, dass Ihre Klientin kein absolutes Ranking aufstellen will, allenfalls ein temporäres: „Also gut, dann nehmen wir doch mal den gestrigen Tag: Wer war da bei Ihrem Chef der Held? Und wer stand eher als Versager da?"

Über diesen Schleichpfad bekommen Sie doch noch die ursprünglich angepeilte Antwort, wenn sie später nach dem „typischen Tag" fragen.

Fragen-Übung

Überlegen Sie sich fünf Ranking-Fragen, die Sie zu einem großen Team stellen könnten. Fragen Sie dabei nicht nur die mögliche Sicht anderer Menschen ab („Wer ist für Ihren Chef ..."), sondern auch bestimmte Eigenschaften („Wenn Sie eine Reihenfolge der teamfähigsten Typen Ihrer Mannschaft aufstellen müssten ...").

Umsetzungs-Plan

Bitte notieren Sie, welche Ideen Ihnen zu dieser Frage kommen und in welchem Zusammenhang Sie damit arbeiten wollen:

30.

Zirkuläre Frage: Der Ex-Chef

Wenn Ihre Klientin nicht weiß, was zu tun ist, weiß sie es vielleicht doch – sie muss sich nur durch eine neue Brille sehen: mit positiver Erwartung. Diese zirkuläre Ressourcen-Frage zeichnet sich dadurch aus, dass die Klientin selbst anpackt, statt die Lösung zu „delegieren".

Die Frage

Sie haben mir von Ihrem letzten Chef erzählt, der so große Stücke auf Sie gehalten hat. Angenommen, er müsste erraten, auf welche Weise Sie dieses Problem gelöst haben – was würde er wohl sagen?

Folgefragen

- Wie würde er den ersten Schritt beschreiben, den Sie unternommen haben?
- Ab welchem Zeitpunkt, würde er mir erzählen, war ihm klar, dass Sie Ihr Ziel erreichen werden?
- Angenommen, er würde analysieren: „Ich war sicher, dass Frau M dieses Ziel erreichen wird, weil sie große Qualitäten darin hat …" – wie könnte der Satz weitergehen?
- Wenn Sie auf dieser Basis zusammen mit Ihrem Ex-Chef einen Fahrplan zu Ihrem Ziel entwickeln würden – wie könnte dieser aussehen?

Kommentar zum Fragen-Inhalt

Diese Frage ist speziell: Sie erfragt *nicht*, was ein anderer anstelle der Klientin getan hätte („Auf welche Weise hätte Ihr Chef …"). Das Instrument des Handelns bleibt in den Händen der Klientin: Was wird *sie* (die Aktive) nach Einschätzung ihres Ex-Chefs (des Passiven) unternehmen, um zur Lösung zu gelangen?

Die Klientin fühlt eine positive Erwartung in sich gesetzt, von einem Menschen, dessen Wertschätzung ihr viel bedeutet. Das beschwört ein reziprokes Handeln herauf; die Klientin möchte die positiven Erwartungen mit einem Gegengeschenk beantworten: positiven Handlungen.

Nicht selten wird sie Erwartungen formulieren, die heimlich nicht (nur) die ihres Chefs, sondern ihre eigenen sind. In ihrem tiefsten Innern hat sie den Lösungsweg schon längst erkannt. Sie weiß, was zu tun ist. Diese Frage gibt den Startschuss zum Handeln.

Kommentar zur Fragen-Sprache

Die Frage stellt nicht einfach eine These über den Ex-Chef auf, sondern sie bezieht sich auf eine Aussage der Klientin („Sie haben mir ... erzählt ..."). Wann immer es möglich ist, sich bei Fragen auf die Klientin zu beziehen – tun Sie es! „*Ihren* Worten entnehme ich ...", „Nach dem, was *Sie* gerade gesagt haben ...", „Wie ich bei *Ihnen* herausgehört habe ..." – solche Formulierungen zeigen der Klientin, dass Sie zuhören, bei ihr sind, sie wichtig nehmen. Individuelle Bezüge machen Fragen wirksamer.

Profi-Tipp

Schlüpfen Sie in die Rolle eines Reporters und führen Sie ein Interview mit dem Ex-Chef, dargestellt von Ihrer Klientin. Geben Sie diesem Gespräch einen sinnvollen Rahmen, zum Beispiel: „Wie Sie wissen, steht Ihre Ex-Mitarbeiterin Frau Meier vor einer großen Herausforderung. Wir vom ‚ManagerMagazin' wollen darüber eine Reportage in zwei Teilen bringen: wie die Herausforderungen junger Führungskräfte aussehen (Teil 1, der jetzt sofort läuft) – und wie sie diese Herausforderungen lösen (Teil 2, der in einem Jahr folgt). Natürlich wollen wir schon in unserem ersten Artikel eine Prognose geben, wie Frau Meier wohl vorgehen wird, welche Wege am besten zu ihr passen und welche Fehler sie vermeiden sollte. Und weil Sie, wie wir hören, Frau Meier gut einschätzen können ..."

Dieser Rahmen erleichtert es Ihrer Klientin, sich auf den Perspektivenwechsel einzulassen. Vorteil Ihrer Rolle: Sie dürfen „verrückte" Fragen stellen und intensiv nachhaken – das gehört zu Ihrem Beruf als Reporter!

Schwierige Antwort

Die Klientin sagt: „Tja, wenn ich das nur wüsste!"

Wie reagieren Sie? Bitte antworten Sie, gerne schriftlich, ehe Sie weiterlesen.

Mein Vorschlag: Bauen Sie Ihrer Klientin eine verbale Brücke, über die der entscheidende Einfall in ihren Kopf laufen kann:

Coach: „Verstehe, Ihnen fliegt da nicht sofort eine Idee zu."
Klientin: „Ja. Das ist ja auch eine sehr abstrakte Situation. Mein Chef kennt mich in einem anderen Zusammenhang."

Coach: „Gab es dort Situationen, die – vielleicht auch nur zu kleinen Teilen – mit der jetzigen Situation vergleichbar sind."
Klientin: „Ja, das schon."
Coach: „Dann möchte ich Sie zu folgendem Experiment einladen: Beschreiben Sie doch bitte aus der Perspektive Ihres Chefs, wie Sie eine solche Situation bewältigt haben und welche Qualitäten dazu nötig waren. Auf dieser Grundlage können wir dann nach vorne schauen und uns fragen: Wie hilft es Ihnen in der Gegenwart? Einverstanden?"

Fragen-Übung

Formulieren Sie jeweils eine zirkuläre Frage, die über Bande spielt und die positiven Erwartungen anderer abfragt – und zwar in folgenden drei Fällen:

1. Ein junger Arzt, der sein Studium ausgezeichnet abgeschlossen hat, soll für seinen Chefarzt immer aufwendigere Protokolle schreiben – er betont aber, dieser „Schriftkram" liege ihm nicht.
2. Ein Geschäftsführer, der schon mal eine Firma vor der Insolvenz gerettet hat, soll das gleiche Kunststück noch einmal vollbringen – fühlt sich aber ratlos.
3. Eine Abteilungsleiterin, die in der Vergangenheit viele Mitarbeiter hinter sich gesammelt hat, beklagt sich über die „Quertreiberei" einer neuen Fachkraft.

Lösungsvorschläge finden Sie unter www.karriereberater-akademie.de, Rubrik „Bücher".

Umsetzungs-Plan

Bitte notieren Sie, welche Ideen Ihnen zu dieser Frage kommen und in welchem Zusammenhang Sie damit arbeiten wollen:

31.

Zirkuläre Frage: Der schwierige Kollege

Was wünschen sich Menschen, die in einen Konflikt verstrickt sind? Ihr „Gegner“ soll sich verändern! Doch es gibt nur eine Chance, dies anzustoßen: selbst den ersten Schritt auf ihn zuzugehen. Diese Frage weckt Empathie und Tatendrang.

Die Frage

Wenn der Kollege, mit dem Sie Schwierigkeiten haben, einen Wunsch an Sie äußern dürfte – wie würde dieser Wunsch wohl lauten? Und was würde passieren, wenn Sie sich mal einen Tag nach diesem Wunsch verhielten?

Folgefragen

- Wann und woran könnte Ihr Kollege bemerken, dass Sie mehr als vorher auf seine Wünsche eingehen?
- Angenommen, der Kollege wäre positiv überrascht und würde Ihr Verhalten abends im Gespräch mit seiner Frau kommentieren – was könnte er zu ihr sagen?
- Wie könnte sich Ihr positives Signal im günstigsten Fall auf sein Verhalten und damit auf Ihre Beziehung auswirken?
- Unter welchen Voraussetzungen würde es Sie reizen, dieses Experiment tatsächlich mal für eine begrenzte Zeit zu wagen?

Kommentar zum Fragen-Inhalt

Die Frage zielt in zwei Richtungen: Zuerst soll der Klient überlegen, welche unerfüllten Wünsche seinen Konfliktpartner antreiben. Das hilft ihm, das Verhalten seines Gegenübers in einem neuen Kontext zu sehen und Empathie dafür zu entwickeln. Zum Beispiel knurrt sein (vermeintlicher) Gegner: „Du schmückst dich immer mit fremden Federn, wenn du die Ergebnisse unseres Teams präsentierst!“ Ein platter Angriff? Nein, vor allem ein verkappter Wunsch: Offenbar sehnt sich der Kollege nach Anerkennung!

Der zweite Teil der Frage regt zum Handeln an: Was kann Ihr Klient unternehmen, damit das Bedürfnis seines Konfliktpartners besser erfüllt wird? Wie kann er von einer Gegnerschaft zu einer Kooperation finden? Damit liegt die Aktivität in seiner Hand. Statt ohnmächtig und vergeblich zu warten, dass der andere sich von allein verändert, kann er den Stein der Veränderung selbst ins Rollen bringen.

Die letzte Folgefrage erkundigt sich nach den Voraussetzungen, unter denen der Klient dieses Experiment „für eine begrenzte Zeit" wagen würde – das klingt nach einer spannenden und vor allem unverbindlichen Erfahrung. Darauf wird er sich lieber als auf eine langfristige Verbindlichkeit einlassen – und sicher am Ball bleiben, falls er bei seinem Versuch inspirierende Erfahrungen sammelt.

Kommentar zur Fragen-Sprache

Geben Sie Ihren Klienten niemals „Hausaufgaben". Dieses Wort ist negativ besetzt, es hat Kindheitsnachmittage verhagelt, Langeweile heraufbeschworen oder für Überforderung gesorgt. Dagegen klingt „Experiment" nach „Experimentier-Kasten", nach unverbindlichem Abenteuer: Man darf etwas versuchen! Solche Experimente dürfen scheitern! Dagegen mussten Hausaufgaben immer korrekt gelöst sein.

Profi-Tipp

Wenn Ihr Klient sich schwertut mit der Antwort, können Sie ihn mit einer paradoxen Frage aktivieren: „Mal vorausgesetzt, Herr Huber, Ihr Konfliktgegner, ist tatsächlich ein Finsterling, eine Ausgeburt der Hölle, ein kleiner Teufel – welche hundsgemeinen Absichten könnte er mit seinem Verhalten verfolgen?" Lassen Sie Ihren Klienten nach Herzenslust und in aller Zuspitzung auf diese provokante Frage antworten – meist wird es regelrecht komisch, auch für ihn.

Nach dieser „Lockerungs-Übung" knöpfen Sie sich mit ihm jede dieser offensichtlich übertriebenen Unterstellungen vor und fragen: „Mal angenommen, er ist doch kein Teufel und es steht ein berechtigter Wunsch dahinter – welcher Wunsch könnte das wohl sein?"

Schwierige Antwort

Der Klient antwortet: „Ich bin zu Ihnen gekommen, um mich durchzusetzen. Wenn ich mich jetzt so verhalte, wie es mein Gegner wünscht, gebe ich mein Ziel doch auf!"

Wie reagieren Sie? Bitte antworten Sie, gerne schriftlich, ehe Sie weiterlesen.

Mein Vorschlag: Nehmen Sie die Aussage Ihres Klienten durch aktives Zuhören an – und laden Sie ihn ein, das Experiment selbst mitzugestalten: „Ich höre, dass Sie Ihre Interessen wahren und sich gegenüber Herrn Huber behaupten wollen." (Er nickt eifrig.) „Und ich glaube zu hören, dass Ihr Ziel Ihnen sehr wichtig ist – so wichtig, dass Sie dafür auch ungewöhnliche Wege gehen würden?“ (Er nickt vorsichtig.) „Angenommen, Sie könnten meinen Vorschlag für das Experiment so verändern, dass Sie sich damit wohlfühlen und aus voller Überzeugung sagen könnten: ‚Deutlich mehr Chancen als Risiken' – wie müssten wir das Experiment dann gestalten?“

Fragen-Übung

Bitte rufen Sie sich einen aktuellen (oder vergangenen) Konflikt ins Gedächtnis, an dem Sie selbst beteiligt sind. Nehmen Sie ein DIN-A4-Blatt quer, ziehen Sie in der Mitte einen senkrechten Strich und schreiben Sie über die linke Rubrik: „Der Teufel!“ Nun halten Sie alle negativen Unterstellung fest, die Sie Ihrem Konfliktgegner machen können:„Will mich nur provozieren!“ Dann schreiben Sie über die rechte Spalte: „Seine Wünsche.“ Und nun übersetzen Sie positiv: „Will meine Aufmerksamkeit für sein Anliegen!“ Was verändert sich durch diese Sicht? Und auf welche Weise können Sie diese Erkenntnisse für Ihre Fragen in Coachings nutzen?

Umsetzungs-Plan

Bitte notieren Sie, welche Ideen Ihnen zu dieser Frage kommen und in welchem Zusammenhang Sie damit arbeiten wollen:

32.

Frage zum System: Die Dankesrede

Wie findet Ihr Klient heraus, welche Menschen ihm auf dem Weg zum Ziel wichtige Anstöße geben können? Indem er sich vorstellt, das Ziel schon erreicht zu haben – und im Rückblick eine emotionale Dankesrede zu halten.

Die Frage

Angenommen, Sie haben Ihr Ziel erreicht, laden zu einer Feier ein und halten eine Dankesrede. Dabei würdigen Sie drei Menschen, die Sie auf Ihrem Weg zum Ziel ganz besonders unterstützt haben – welche drei Menschen könnten das sein?

Folgefragen

- An welchen Stellen Ihres Weges haben Sie von wem wichtige Impulse bekommen, um Ihre Veränderung durchzuziehen?
- Nun wollen Sie diesen Menschen Ihr ganzes Herz voller Dankbarkeit ausschütten: Was genau werden Sie an diesem Festtag in Ihrer Rede sagen?
- Angenommen, Sie müssten den Satz fortführen: „Ich habe mein Ziel zwar aus eigener Kraft erreicht, doch du hast mich dazu gebracht, dass ich ...“ – wie könnte es weitergehen?
- Am Ende möchte einer dieser Gewürdigten ans Rednerpult. Er beginnt seine Rede mit den Worten: „Es war uns ein Vergnügen, dich zu unterstützen. Und du hast uns durch deinen Erfolg die schönste Freude gemacht, denn jetzt bist du endlich ...“ – wie spricht er wohl weiter?

Kommentar zum Fragen-Inhalt

Diese Frage zum System ist gleichzeitig eine Ressourcen-Frage: Sie setzt voraus, dass drei Menschen den Klienten auf seinem Weg zum Ziel unterstützt *haben*. Unter dieser Prämisse fällt es dem Klienten leichter, diese Menschen zu identifizieren, als wenn Sie fragten: „Welche drei Menschen könnten Sie auf Ihrem Weg zum Ziel unterstützen?“ Im Unbewussten registriert der Klient: Das eine ist passiert und steht nicht mehr in Frage – das andere müsste noch passieren und ist fraglich.

Die Frage nach der Dankbarkeit verleiht dem sachlichen Ziel eine emotionale Dimension. Der Klient nimmt Verbündete wahr, statt sich als Einzelkämpfer zu fühlen. Wer am Ziel eine Dankesrede hält, hat vorher Dankenswertes erfahren. Von diesem Siegertreppchen aus verspürt der Klient emotionalen Rückenwind.

Beispiel: Eine Prokuristin, die ein Filialgeschäft in Fernost aufbauen wollte, bedankte sich bei drei Menschen: bei ihrem Prokuristen-Kollegen – weil er sich trotz anfänglicher Skepsis von der Idee hat überzeugen lassen; bei ihrem Lebensgefährten – weil er ihr immer wieder Mut geschenkt hat, wenn sie kurz vorm Aufgeben war; und bei ihrer (verstorbenen) Großmutter – weil die Klientin ihr das eigene Lebensmotto verdankt: „Wer laufen lernen will, darf hinfallen: Er muss nur wieder aufstehen.“

Also konnten wir im Coaching eine Drei-Ressourcen-Strategie entwickeln: wie die Prokuristin das, was sie in der Dankesrede hervorhob, in Zukunft nutzen konnte. Entscheidend war der neue Blick auf den Prokuristen-Kollegen; ihn hatte sie bis dahin nur als größten Gegner ihrer Pläne wahrgenommen. Fortan ging sie auf ihn ein, würdigte seine Kritik und konnte ihn am Ende für die Expansion gewinnen.

Kommentar zur Fragen-Sprache

Wenn Sie das Wörtchen „angenommen“ ins Rennen schicken – sollten Sie danach weiter in Konjunktiven sprechen: „Angenommen, Sie *hätten* Ihr Ziel erreicht ...“ Oder ist es besser, „Angenommen, Sie *haben* ...“ zu sagen? Ich halte das so: Je eher sich ein Klient auf das Gedankenspiel einlässt, desto früher werfe ich den Konjunktiv über Bord. Experimentieren Sie mit beiden Formen und achten Sie darauf, in welchen Situationen Sie womit punkten.

In den Folgefragen gebe ich dem Klienten zweimal Satzanfänge vor. Das ist eine wunderbare Methode, um neuen Schwung ins Fragenkarussell zu bringen.

Profi-Tipp

Sorgen Sie dafür, dass sich Ihr Klient ein farbiges und stimmungsvolles Bild der Feier ausmalt. Je deutlicher er sich die Details vorstellt, desto deutlicher werden auch seine Visionen ausfallen. Lassen Sie ihn genau beschreiben, wo die Feierlichkeit stattfindet („Wie ist der Raum bestuhlt und geschmückt?“), wen er einlädt, wie er sich an diesem Abend kleidet, wie es im Saal riecht, was er auf dem Weg zum Rednerpult fühlt, in welchen Momenten er eine Gänsehaut bekommt und welche Sätze seiner Rede den stärksten Applaus aufbrausen lassen. Also eine kleine Fantasiereise!

Schwierige Antwort

Der Klient antwortet: „Feiern ist nicht so mein Ding. Ich freue mich lieber im Stillen."

Wie reagieren Sie? Bitte antworten Sie, gerne schriftlich, ehe Sie weiterlesen.

Mein Vorschlag: Der Klient liefert Ihnen eine wichtige Information: dass er sich „im Stillen" freut. Greifen Sie das auf und probieren Sie, Ihre Ausgangsfrage zu variieren:

Coach: „Heißt das: Wenn Sie sich freuen, dann lieber auf die ruhige Tour, mit sich allein oder im ganz kleinen Rahmen?"
Klient: „Meine Frau wäre sicher dabei. Wir würden uns einen schönen Abend machen."
Coach: „Mal angenommen, Sie würden Ihrer Frau an diesem Abend vorschwärmen, wem Sie dankbar sind, wer dazu beigetragen hat, dass Sie Ihr Ziel erreicht haben. Wen – und wofür – würden Sie dann würdigen?"

Anstelle der öffentlichen Rede, die ihn einschüchterte, kann er sich in Gedanken auf eine Form einlassen, die zu seinem Typ passt.

Fragen-Übung

Bitte entwickeln Sie zehn Fragen zu einer Zielfeier mit Dankesrede. Ihr Klient strebt an, in fünf Jahren ein erfolgreicher Markennamen-Erfinder zu sein. Wie gelingt es Ihnen, dass Ihr Klient sich eine solche Feierlichkeit (und damit auch, dass er sein Ziel erreicht hat) in allen Details vorstellt? Wie regen Sie ihn dazu an, dass er die (potenziellen) Unterstützer auf emotionale Weise durchgeht? Welche Redeanfänge würden Sie ihm gerne vorschlagen?

Umsetzungs-Plan

Bitte notieren Sie, welche Ideen Ihnen zu dieser Frage kommen und in welchem Zusammenhang Sie damit arbeiten wollen:

Reframing-Fragen

33. Ein alter, sehr kluger Beraterkollege von mir sagt immer: „Wer in Gedanken so weit ist, dass er in ein Coaching geht, hat den größten Teil der Wegstrecke zum Ziel schon hinter sich." Nun bin ich neugierig: Was hat Ihnen *gerade jetzt* den Mut und die Entschlossenheit verliehen, sich für ein Coaching zu entscheiden? *(Seite 165)*

34. *Klientin:* „Ich bin immer zu pessimistisch!"
Coach: „Mit anderen Worten: Sie haben aus Ihren Erfahrungen gelernt – und Sie sehen gelegentlich nicht nur die Chancen, sondern auch die Risiken. In welchen Situationen würden Sie Ihren Blick gerne mehr auf die Chancen lenken?" *(Seite 168)*

35. Nun sind viereinhalb Monate seit dem Vorfall vergangen und Sie haben sich viele Gedanken gemacht – wie unterscheidet sich die Einschätzung, zu der Sie aus dieser gesunden Distanz kommen, von Ihrem damaligen Spontanurteil? *(Seite 171)*

36. Ich möchte Sie einladen, einen Vergleich zu bilden. Bitte führen Sie folgenden Satz fort: „Wenn ich es schaffen würde, dieses Ziel zu erreichen, dann wäre das für mich so wie ..." *(Seite 174)*

37. Angenommen, Sie meistern diese Situation souverän und wollten in vielen Jahren einen Volkshochschul-Kurs anbieten für Menschen, die in exakt derselben Situation sind wie Sie heute, Motto: „Darum war dieses Problem so nützlich für mich" – welche Stichpunkte könnten dann auf Ihrem Zettel stehen? *(Seite 177)*

38. Ärzte fragen gerne: „Was fehlt Ihnen denn?" Von dem, was Sie vermissen, haben Sie jetzt gesprochen. Wenn Sie die Arztfrage einmal positiv nehmen: Wovon hätten Sie gerne mehr in Ihrem Leben? *(Seite 180)*

39. *Klient:* „Ich stehe enorm unter Druck!"
Coach: „Wie stark müssen Sie unter Druck stehen, um Ihre Bestform abrufen zu können?" *(Seite 183)*

40. Angenommen, wir könnten jemanden zu uns in den Raum rufen: das Kind, das Sie einmal waren, dieses Kind mit dem Kopf voller Hoffnungen, voller Träume, voller Märchengestalten – was würde Ihnen dieses kreative Kind in der jetzigen Situation wohl zurufen, um Ihnen Mut und Tatkraft zu schenken? *(Seite 186)*

41. Mal angenommen, wir könnten diese wichtige Szene auf einem Fernsehbildschirm in Zeitlupe sehen, ganz, ganz langsam: Welche interessanten Details, welche wichtigen Unterschiede zu einer raschen Betrachtung fielen uns womöglich auf? *(Seite 189)*

42. Wenn Sie sich Ihr Problem einmal als Frisur und sich als Friseur vorstellen – auf welche Länge wollten Sie es stutzen? *(Seite 192)*

43. Vielleicht haben Sie Lust, Ihren Einwand einmal positiv zu übersetzen: Was will er – wenn er Ihr kluger Mentor ist – Gutes für Sie sicherstellen? Welche hilfreiche Absicht verfolgt er? *(Seite 195)*

44. Stellen Sie sich mal vor, diese Krise wäre ein Geschenk des Himmels, eine wichtige Lektion in Ihrem Leben, auf die Sie in ein paar Jahren dankbar zurückblicken – welchen Nutzen könnten Sie dann aus ihr gezogen haben? *(Seite 199)*

45. Nun haben Sie mir eine Möglichkeit genannt, wie man das Verhalten Ihres Kollegen deuten kann. Welche weiteren Möglichkeiten fallen Ihnen ein? *(Seite 202)*

46. *Klient:* „Ich möchte den Bogen nicht überspannen."
Coach: Wie weit müssen Sie den Bogen spannen, damit Ihr Pfeil genug Energie hat, ins Ziel zu fliegen?" *(Seite 205)*

47. Welche Situation Ihres Lebens fällt Ihnen ein, als es Ihnen so richtig gut ging, als Sie unbeschwert und allerbester Laune waren? (Der Klient antwortet.) Mal angenommen, Sie stellen sich diese Situation als ein prächtiges Haus vor, ein Haus der Freude, in dem Sie frohen Mutes ein Fenster öffnen und mit großem Abstand auf die jetzige Herausforderung schauen können: Was verändert sich durch diesen Blickwinkel vielleicht? *(Seite 208)*

Ist ein Problem überhaupt ein Problem? Oder wird es nur dadurch, dass man es als Problem sieht, zum Problem gemacht? Ließe sich aus dem Problem, indem man es als Chance sähe, eine Chance machen? Sind es also nicht die Fakten, die über eine Situation bestimmen, sondern die Gedanken, die sich ein Mensch darüber macht?

Abb. 4: Auf den ersten Blick eine Sackgasse – auf den zweiten Blick eine Chance! Reframing-Fragen lassen den Klienten alte Sachverhalte mit neuen Augen sehen.

Genau darauf hebt die Reframing-Frage ab. Sie legt dem Klienten nahe, das „Problem" einmal anders zu sehen: als Herausforderung und Chance, als Weckruf für Ressourcen und Fingerzeig zum richtigen Weg. Seine Gedanken, bislang vielleicht auf der negativen Einbahnstraße, nehmen eine Abzweigung zum Positiven. Er wird angeregt, seine Situation differenzierter, umfassender und chancenorientierter zu sehen. Und er lernt auch, dass er diese Wirklichkeit durch sein Denken formen kann – abstoßend (wenn er nur an das Problem denkt) oder einladend (wenn er stärker auf die Chancen schaut).

Er ist nicht mehr *einer* Denkweise ausgeliefert – er hat die Möglichkeit, sich von seiner Problemhypnose zu verabschieden.

Der neue Rahmen

Hier ein drei Beispiele für Reframing-Fragen:

1. *Klient:* „Die Kollegen haben alle viel mehr Erfahrungen mit Großkunden. Ich bin der Einzige, der da noch als Laie agiert. *Coach:* „Nun könnte man ja auch sagen: Niemand kann noch so viel dazulernen, sich so weit steigern wie Sie. Wenn Sie es einmal unter diesem Aspekt betrachten – was verändert sich dann?"

2. *Klient:* „Diese Entlassung hat mich auf dem falschen Fuß erwischt. Ich habe eine richtige Wut auf meinen Chef – obwohl die Firma eine Chaostruppe war und er ein schlechter Vorgesetzter."

Coach: „Nun deutet Ihre Antwort ja schon an, dass Sie unter Ihrem Chef und Ihrer Firma auch gelitten haben. Welche Chancen könnte die jetzige Befreiung für Sie mit Blick auf Ihre Zukunft ergeben?"

3. *Klient:* „Ich wäre zu gern befördert worden. Aber jetzt sitze ich weiterhin in meiner Fachposition fest!"
   Coach: „Mal angenommen, es hätte für Sie auf längere Frist ein paar große Vorteile, dass Sie Ihre wichtige Fachposition behalten dürfen – welcher Vorteil könnte das sein?"

Die Gedanken werden zu den Chancen, den positiven Aspekten der Situation gelenkt. Der Coach leitet diesen Richtungswechsel auch sprachlich ein: Der Klient agiert nicht mehr „als Laie", sondern „kann noch viel dazulernen". Seine „Entlassung" kommt in der Frage als „Befreiung" daher. Und natürlich sitzt er in seiner Fachaufgabe nicht mehr fest, sondern „darf" sie „behalten".

Die Sprache prägt das Denken. Deshalb empfiehlt es sich bei Reframing-Fragen, negative Formulierungen des Klienten positiv zu übersetzen und seine Wünsche dahinter zu erfragen. Ein Beispiel (von Seite 168):

Klientin: „Ich bin immer zu pessimistisch."
Coach: „Mit anderen Worten Sie haben aus Ihren Erfahrungen gelernt – und Sie sehen *gelegentlich* nicht nur die Chancen, sondern auch die Risiken. In welchen Situationen würden Sie Ihren Blick gerne mehr auf die Chancen lenken?"

Reframing-Fragen sind vielseitig einsetzbar und lassen sich mit zahlreichen Fragetypen kombinieren, zum Beispiel mit der provokanten Frage:

Klient: „Ich stehe enorm unter Druck!"
Coach: „Wie stark müssen Sie unter Druck stehen, um Ihre Bestform abrufen zu können?"

Besonders wirksam sind Reframing-Fragen, die dem Klienten eine gesunde Distanz zu seiner Situation verschaffen, räumlich, zeitlich, emotional. Idealerweise regen sie den Klienten zu einem Rollenwechsel vom Problem zum Lösungsträger an, zum Beispiel (siehe Seite 177):

- Angenommen, Sie meistern diese Situation souverän und wollten in vielen Jahren einen Volkshochschul-Kurs anbieten für Menschen, die in exakt derselben Situation sind wie Sie heute, Motto: „Darum war dieses Problem so nützlich für mich" – welche Stichpunkte könnten dann auf Ihrem Zettel stehen?

Gelungene Reframing-Fragen lassen Ihren Klienten durch Denkanstöße, durch Vergleiche, durch Dissoziierung oder durch zirkuläres Herangehen zu der Einsicht kommen: Aus sauren Zitronen lässt sich süße Limonade herstellen! Wer die vermeintlichen Nachteile einer Situation utilisiert – also nutzbar macht – kommt in großen Sprüngen vorwärts.

Reframing-Frage: Das Coaching-Motiv

Wie jemand, der eine Krücke zum Gehen braucht, sich schwach auf den Füßen fühlt, so kann sich jemand, der ein Coaching beansprucht, schwach im Ziel-Erreichen fühlen. Dabei lässt sich die Tatsache, einen Coach zu konsultieren, in ein viel positiveres Bedeutungskleid stecken.

Die Frage

Ein alter, sehr kluger Beraterkollege von mir sagt immer: „Wer in Gedanken so weit ist, dass er in ein Coaching geht, hat den größten Teil der Wegstrecke zum Ziel schon hinter sich." Nun bin ich neugierig: Was hat Ihnen *gerade jetzt* den Mut und die Entschlossenheit verliehen, sich für ein Coaching zu entscheiden?

Folgefragen

- Wenn Sie sich unser Coaching einmal als einen Bahnhof auf dem Weg zum Ziel vorstellen, der etwa in der Mitte zwischen Start- und Ausgangsstation liegt – welche Stationen haben Sie dann schon hinter sich gelassen?
- Wodurch unterscheiden Sie sich als der Mensch, der sich für dieses Coaching entschieden hat, von dem Menschen, der – zum Beispiel vor einem Monat – noch nicht so weit war?
- Welche Ideen würde Ihnen wohl ein seriöser Motivationsberater zuspielen, um diesen Energieschub für unsere Zusammenarbeit zu nutzen?
- Welche Bahnhöfe liegen jetzt auf dem Weg zum Ziel noch vor Ihnen? Und woran würden Sie am Ende dieses Termins erkennen, dass Ihr Zug in unserer Zusammenarbeit genug Fahrt aufgenommen hat?

Kommentar zum Fragen-Inhalt

Wenn ein Klient sich in der Sackgasse wähnt, wenn er sich hilflos fühlt, ist das eine schlechte Ausgangslage. Sein Blick klebt am Problem fest, statt das Ziel zu fixieren. Vielleicht hofft er, der Coach möge ihn über das Hindernis hinwegtragen. Schmeichelhaft mag das sein, denn Ihnen werden große Kräfte zugetraut. Vor allem aber ist es gefährlich, denn Sie können nur Energiequellen *im* Klienten sichtbar machen. Den Energiefluss herstellen, vor allem die Energie erzeugen, muss der Klient selbst.

Ihr großes Glück: Wenn jemand ins Coaching kommt, wird er oft von einem (unsichtbaren) Energieschub getragen – etwas muss sich in seinem Leben *schon* verändert und ihn von der Notwendigkeit dieses Schrittes überzeugt haben. Mal ist der Leidensdruck zu groß geworden. Mal hat ihn die Sehnsucht nach dem Ziel angestachelt. Mal war es der dringende Hinweis eines (bestenfalls) wohlmeinenden Menschen.

Ganz egal, welcher Art diese Veränderungsenergie ist: Sie lässt sich fürs Coaching nutzen – sofern Sie die „Energiequelle" sichtbar machen. Durch diese Fragen stellen Sie das Coaching nicht als Startbahnhof dar (wie der Klient es selbst sieht), sondern als Zwischenbahnhof, den er nur mit Schwung erreichen konnte. Tun Sie alles, um Ihrem Klienten diesen Schwung bewusst zu machen und ihn ins Coaching zu übertragen.

Kommentar zur Fragen-Sprache

Die Frage arbeitet mit einem Element der hypnotischen Sprache: Statt selbst eine Aussage in den Raum zu stellen, zitiert der Coach einen klugen Kollegen. Eine Aussage, die der Coach als Meinung in den Raum stellt, könnte eine Gegenmeinung heraufbeschwören. Doch wenn er eine Meinung zitiert, ist der Klient eher bereit, diese als gesetzt anzunehmen.

Die Bahnhofs-Metapher gehört zu den stärksten Coaching-Bildern: Nie sind Abfahrtsort, Zwischenstationen und Ziele so klar wie beim Bahnfahren. Indem der Coach als Annahme anbietet, der Klient habe schon die Hälfte seiner Strecke zurückgelegt, schärft er dessen Blick für bereits erzielte, womöglich aber übersehene Erfolge.

Und eine (ehrlich gemeinte) Aussage wie „Nun bin ich neugierig ..." ist keine unprofessionelle Ich-Assoziation, sondern eine natürliche Ermunterung zum Reden. Ihr Wunsch, eine produktive Antwort zu bekommen, und die Bereitschaft Ihres Klienten, sie zu geben, stehen in einem systemischen Zusammenhang. Je gespannter Sie sind (und es auch zeigen), desto spannender die Antworten!

Profi-Tipp

Arbeiten Sie mit einer Zeitlinie, die Sie im Raum als „Zuggleis" auslegen, zum Beispiel mit zwei Zettelschienen: eine für die Zeitdaten (zum Beispiel: 1. Februar 2012), daneben eine mit Schlüsselwörtern für die jeweilige Station (zum Beispiel: „Frusttag des Jahres, Entschluss: Veränderung!").

Die Reise kann an jenem Tag beginnen, an dem der Klient den Ausgangspunkt für das heutige Coaching sieht, Station für Station bis in die Gegenwart. Der Klient schaut dann von den jeweiligen Zeitbahnhöfen in zwei Richtungen: vor und zurück. Was hat sich entwickelt, seit er den letzten Bahnhof hinter sich gelassen hat? Welche Fortschritte sind ihm gelungen, welcher Motivationsschub hat ihn dazu gebracht, die „Weiter-Fahrkarte" fürs Coaching zu lösen? Diese positiven Unterschiede, diese Vorboten der Veränderung, sollten Sie immer wieder in den Mittelpunkt rücken.

Schwierige Antwort

Der Klient antwortet: „Eigentlich ist es genau umgekehrt: Ich bin verzweifelt wie nie zuvor – deshalb bin ich zu Ihnen gekommen."

Wie reagieren Sie? Bitte antworten Sie, gerne schriftlich, ehe Sie weiterlesen.

Mein Vorschlag: Bieten Sie eine positive Übersetzung an: „Inwieweit könnte man auch sagen, Sie sind entschlossen wie nie zuvor, etwas an Ihrer Situation zu verändern?" Falls er zustimmt, können Sie mit Ihrem Klienten erforschen, was diese Entschlossenheit erhöht hat.

Fragen-Übung

Bitte denken Sie sich fünf „Vorreiter" für Ihre Fragen aus, die dem Klienten Ihr Interesse an seiner Antwort vermitteln, so wie die Formulierung „Nun bin ich aber neugierig ...". Bitte nehmen Sie Abstufungen vor – Nummer 1 sollte für größtes, Nummer 5 für mittleres Interesse stehen. Experimentieren Sie so lange mit Formulierungen, bis Ihnen das Ergebnis stimmig erscheint.

Umsetzungs-Plan

Bitte notieren Sie, welche Ideen Ihnen zu dieser Frage kommen und in welchem Zusammenhang Sie damit arbeiten wollen:

34.

Reframing-Frage: Glaubenssätze

„Immer“, „jedes Mal“, „grundsätzlich“ – solche Wörter springen über die Lippen, wenn jemand Glaubenssätze über sich verkündet. Die beste Antwort ist eine Reframing-Frage. Bieten Sie Ihrer Klientin eine positive Übersetzung ihrer Aussage an.

Die Frage

Klientin: „Ich bin immer zu pessimistisch!“
Coach: „Mit anderen Worten: Sie haben aus Ihren Erfahrungen gelernt – und Sie sehen *gelegentlich* nicht nur die Chancen, sondern auch die Risiken. In welchen Situationen würden Sie Ihren Blick gerne mehr auf die Chancen lenken?“

Folgefragen

- Wann waren Sie zuletzt so richtig optimistisch? Und inwiefern hat diese Haltung Ihr Leben bereichert?
- Welche Voraussetzungen haben es Ihnen erleichtert, an das Gelingen einer Sache zu glauben? Und wie könnten Sie solche Voraussetzungen jetzt wieder schaffen?
- Woran würde ein Beobachter erkennen, dass Sie gerade optimistisch ans Werk gehen?
- Wenn wir uns den Optimismus einmal als Motor vorstellen und den Pessimismus als Bremsklotz: Wann auf dem Weg zum jetzigen Ziel werden Sie froh sein, dass Sie bremsen können? Und wann wünschen Sie freie Fahrt?

Kommentar zum Fragen-Inhalt

Jeder Mensch trägt Glaubenssätze im Kopf. Stoßen Sie an, dass Ihre Klientin diese Überzeugungen prüft. Der Satz „Ich bin immer zu pessimistisch“ wirft Fragen auf: *Ist* sie „zu pessimistisch“ (was ein unveränderlicher Zustand wäre, wie sie Rechtshänderin *ist*)? Verhält sie sich nur so (was sie verändern könnte)? Oder nimmt sie sich nur so wahr (was von ihrer Definition und Interpretation abhängt)? Und will sie mit „immer“ tatsächlich sagen, dass es noch nie in ihrem Leben anders war und niemals anders sein wird?

Statt seine Klientin mit all diesen Fragen zu bombardieren, tut der Coach zweierlei: Er bietet eine Reframing-Version der Aussage an – und er hört positiv zu. Der Pessimismus wird utilisiert, also auf seinen Nutzen konzentriert: „Sie haben aus Ihren Erfahrungen gelernt." Und aus „immer pessimistisch" wird, dass die Klientin „gelegentlich nicht nur die Chancen, sondern auch die Risiken" sieht. Schließlich spiegelt der Coach den Wunsch und verpackt ihn in eine Frage: „In welchen Situationen würden Sie Ihren Blick gerne mehr auf die Chancen lenken?"

Wie wirkt eine solche Frage? Die Klientin ist im ersten Augenblick überrascht – so hat sie ihre vermeintlich negative Eigenschaft noch nie gesehen. Die kurze Irritation kurbelt im Kopf neue Gedanken an. Die Abschlussfrage baut ihr eine Brücke, um zu ihren Wünschen zu finden, statt am Ufer des Problems zu verharren.

Zugleich wird ihr durch die Folgefragen bewusst: Ihre vermeintliche Schwäche, der Pessimismus, kann in manchen Situationen auch äußerst hilfreich sein: eine Bremse, um das Tempo zu variieren.

Kommentar zur Fragen-Sprache

Die Eingangsformulierung „Mit anderen Worten" bereitet die Klientin darauf vor, dass der Coach den Inhalt ihrer Aussage wiederholt. Das erhöht den Überraschungseffekt, wenn nun neue Worte und Gedanken folgen. Die Frage, wann sie ihren „Blick gerne mehr auf die Chancen lenken" würde, macht deutlich: Sie selbst bestimmt, worauf sie ihre Wahrnehmung konzentriert. Die Klientin fühlt sich dem Glaubenssatz nicht mehr ausgeliefert – sondern ahnt Wege, sich von ihm zu verabschieden.

Profi-Tipp

In der ersten Phase eines Kontaktes ist es erlaubt, negative Aussagen auch in eigenen negativen Worten zu wiederholen. Die Klienten müssen spüren: Sie verstehen, was ihnen zu schaffen macht. Wenn diese Vertrauensbasis durch aktives Zuhören aufgebaut ist, können Sie auf das positive Zuhören umschalten.

Zum Beispiel sagt eine Klientin: „Für eine Managerin bin ich viel zu still." Das könnten Sie so aufgreifen: „Sie wollen Ihre Qualität, dass Sie sich zurückhalten können, in einigen Situationen durch deutlichere Wortmeldungen ergänzen." Eine Qualität durch eine andere zu ergänzen, das fällt leicht und erzeugt keinen Druck. Dagegen artet der Versuch, einen scheinbaren Makel zu beseitigen, schnell zur Selbstzerfleischung oder zur Maskerade aus.

Schwierige Antwort

Die Klientin antwortet: „Tut mir leid, da haben Sie mich falsch verstanden: Ich habe gesagt, dass ich *immer* pessimistisch bin, nicht nur gelegentlich!"

Wie reagieren Sie? Bitte antworten Sie, gerne schriftlich, ehe Sie weiterlesen.

Mein Vorschlag: Spielen Sie der Klientin eine zirkuläre Frage zu, die den Standpunkt möglicherweise aufweicht: „Okay, Sie erleben sich dauerhaft als pessimistisch. Nun würde mich interessieren: Wie nehmen das andere Menschen wahr, die Ihnen nahestehen? Wer von ihnen würde die Aussage, dass Sie immer pessimistisch seien, vielleicht doch mit einem kleinen Fragezeichen versehen?"

Fragen-Übung

Bitte übersetzen Sie die folgenden Formulierungen positiv, indem Sie je eine Reframing-Frage stellen:

1. „Ich bin ein Kumpeltyp. Keiner nimmt mich als Chef für voll."
2. „Vor wichtigen Verhandlungen bin ich ein Stoffel, für niemanden ansprechbar."
3. „Als Redner verhaspele ich mich jedes Mal."
4. „Als Nichtakademiker unter Promovierten fühle ich mich wie ein Straßenköter unter edlen Zuchthunden."
5. „Ich hasse Meetings, weil sie mich immer den letzten Nerv kosten!"

Lösungsvorschläge finden Sie unter www.karriereberater-akademie.de, Rubrik „Bücher".

Umsetzungs-Plan

Bitte notieren Sie, welche Ideen Ihnen zu dieser Frage kommen und in welchem Zusammenhang Sie damit arbeiten wollen:

35.

Reframing-Frage: Aus der Distanz betrachtet

Wer sich an Vergangenes erinnert, kann in den Strudel der damaligen Gefühle geraten. Auf der einen Seite ist das gut: Gefühle treiben Veränderungen an. Auf der anderen Seite ist es wichtig, dass Ihr Klient eine gesunde Distanz entwickelt und sein klügeres Ich zu Rate zieht.

Die Frage

Nun sind viereinhalb Monate seit dem Vorfall vergangen und Sie haben sich viele Gedanken gemacht – wie unterscheidet sich die Einschätzung, zu der Sie aus dieser gesunden Distanz kommen, von Ihrem damaligen Spontanurteil?

Folgefragen

- Nehmen wir an, dass Ihre Gefühle eine Temperatur von 0 bis 100 Grad erreichen können – wie heiß waren sie damals? Und wie heiß sind sie heute?
- Wie haben Sie es geschafft, eine solche Abkühlung herbeizuführen?
- Haben Sie Lust, sich die damalige Szene einmal in Schwarz-Weiß vorzustellen, als wäre es ein ganz alter Film (lange Pause, damit der Klient in diesen Gedanken eintauchen kann) – was verändert sich durch die Farblosigkeit?
- Inwieweit könnte diese Distanz für Sie hilfreich sein, wenn Sie jetzt die nächsten Schritte einleiten?

Kommentar zum Fragen-Inhalt

Keine Situation ist, wie sie ist. Erst unsere Gedanken, die Bewertungen, geben ihr einen Sinn. Und dieser Sinn gleicht dem Wasser eines Flusses: Er ist in Bewegung, verändert sich mit der Zeit. Allerdings vollzieht sich diese Veränderung im Kopf des Klienten so schleichend, dass sie ihm entgehen kann. Während er meint, noch auf demselben Stand der damaligen Schlüsselsituation zu sein, ist sein Gedankenfluss längst weitergeflossen, haben sich seine Emotionen und Kognitionen entwickelt. Mal nimmt er das, was ihm dramatisch schien, mit mehr Gelassenheit. Mal dämmert ihm das, was ihm nebensächlich schien, als wesentlicher Punkt.

Mit dieser Frage schaffen Sie es, dass der Klient seine Gedanken und Gefühle sondiert: Inwieweit hat er sich verändert? Was vorher unsichtbar war, etwa ein eigenes Fehlverhalten – aus der Distanz kann er es erkennen. Was vorher noch schwer wog, etwa ein Anpfiff durch den Vorgesetzten – nun will es ihm wie ein Wegweiser für eine Veränderung scheinen.

Dieser Fortschritt der Gedanken wird nicht von der Frage erzeugt: Sie ist nur ein Meißel, der hilft, etwas bereits Entstandenes im Kopf freizulegen. Gerade die Erkenntnis, dass sich *doch* etwas bewegt hat, gibt dem Klienten das Vertrauen, dass er sich weiterbewegen, entwickeln und sein Ziel erreichen kann.

Kommentar zur Fragen-Sprache

Die Frage beziffert ganz gezielt, wie viel Zeit vergangen ist (4½ Monate) und erinnert den Klienten daran, dass er sich in dieser Zeit viele Gedanken gemacht hat. Und nun folgen zwei sprachliche Feinheiten: Die Distanz wird als „gesunde Distanz" beschrieben, und seine Einschätzung von damals als „Spontanurteil". Davon geht eine suggestive Wirkung aus; wer nimmt nicht gern eine gesunde Distanz ein? Und niemand würde es für verwerflich halten, ein „Spontanurteil" aus dem Abstand zu korrigieren.

Profi-Tipp

Helfen Sie dem Klienten, die Entwicklungsrichtung seiner Gefühle und Gedanken zu analysieren. Was hatte sich am ersten Tag nach dem Schlüsselerlebnis verändert? Wie sah es eine Woche später aus? Nach einem Monat? Und was wird mutmaßlich in acht Monaten oder gar acht Jahren anders sein? Dieses Spiel mit den zeitlichen Entfernungen zeigt auf: Die Gedanken und Gefühle entwickeln sich oft in eine positive Richtung. Was vorher schwer und bremsend schien, wird durch diese Einsicht leichter.

Zur Vertiefung dieser Thematik empfehle ich Ihnen in meinem Buch „Die 100 besten Coaching-Übungen" den Text „Gefühle über Gefühle" ab Seite 135.

Schwierige Antwort

Der Klient sagt (nachdem er vor vier Monaten überraschend entlassen wurde): „Im Grunde bin ich nur noch wütender und ohnmächtiger geworden! Ich wünschte mir, ich hätte meinem Chef damals so richtig die Meinung gegeigt!"

Wie reagieren Sie? Bitte antworten Sie, gerne schriftlich, ehe Sie weiterlesen.

Mein Vorschlag: „Gut, dann wird es höchste Zeit, dass Sie dieses Versäumnis nachholen. Stellen Sie sich vor, auf diesem Stuhl säße Ihr Chef ..." Der Coach lässt den Klienten einem Stuhl all das sagen, was er seinem Chef gern sagen würde. Das wirkt oft wie ein reinigendes Gewitter und verschafft ihm die Chance, von nun an Abstand zu gewinnen.

Fragen-Übung

Ein mittlerer Manager hat vor sechs Wochen einen wichtigen Vortrag vor Kunden gehalten. Doch während der Präsentation blieb ihm auf einmal die Stimme weg. Auch mehrere Gläser Wasser konnten die Situation nicht retten. Seine Vorgesetzte musste überraschend einspringen und hat ihn später – wie er sagt – „ordentlich zusammengefaltet". In den Tagen danach hat er sich sogar in Konferenzen vor Wortmeldungen gescheut – aus Sorge, seine Stimme bliebe ihm erneut weg.

Bitte entwickeln Sie fünf Fragen, mit denen Sie den Manager dazu bringen, gezielt die Unterschiede zwischen dem damaligen Erleben und seiner heutigen Sicht herauszuarbeiten.

Umsetzungs-Plan

Bitte notieren Sie, welche Ideen Ihnen zu dieser Frage kommen und in welchem Zusammenhang Sie damit arbeiten wollen:

36.

Reframing-Frage: Der Vergleich

Wie schaffen Sie es, Ihren Klienten zum fantasievollen und vernetzten Denken anzuregen? Manchmal hilft schon eine kleine Sprachvorlage, die er dann, wie ein Stürmer vor dem Tor, verwandelt kann – zu einem treffenden Vergleich.

Die Frage

Ich möchte Sie einladen, einen Vergleich zu bilden. Bitte führen Sie folgenden Satz fort: „Wenn ich es schaffen würde, dieses Ziel zu erreichen, dann wäre das für mich so wie ..."

Folgefragen

- Nun haben Sie gesagt „... wie Weihnachten und Ostern an einem Tag". Wenn Sie dem Satz einmal nachlauschen: Was fällt Ihnen an diesem Vergleich auf?
- Jetzt könnte ein strenger Analytiker ja sagen: „Weihnachten und Ostern fallen *niemals* zusammen – also könnte das Ziel auch unrealistisch sein." Was würden Sie darauf antworten?
- Weihnachten hat im Kalender ein festes Datum. Wenn alles nach Plan läuft: An welchem Tag werden Sie Ihre Ziellinie überschreiten? Und wann beginnt Ihre Adventszeit?
- Weihnachten und Ostern sind Feiertage. Wie und mit wem werden Sie feiern, wenn Sie Ihr Ziel erreicht haben?

Kommentar zum Fragen-Inhalt

Ein Vergleich sagt mehr als tausend Worte. Wann immer Ihr Klient eine solche Parallele bildet, ergeben sich wertvolle Anhaltspunkte und fantasievolle Folgefragen. Die Ausgangsfrage lädt ihn zu einem Vergleich ein. Ich finde es spannend, wie spontan viele Klienten solche Sätze vollenden. Die Intuition eilt dem Verstand voraus.

Das Beispiel mit den Feiertagen ist einem realen Coaching entnommen: Der Klient, ein Freiberufler, wollte einen Großkonzern als Auftraggeber gewinnen – obwohl er bislang vor allem für kleine Mittelständler gearbeitet hatte. Seine Formulierung „... wie Weihnachten und Ostern an einem Tag" gab dem Coaching wichtige Impulse: Wie war er gerade auf diesen Vergleich gekommen? Auf der einen Seite freute er sich auf diesen Erfolg, fieberte ihm entgegen. Auf der anderen Seite zweifelte er heimlich daran. Denn auf die Anmerkung, dass die beiden Feiertage in der Realität niemals zusammenfielen, sagte er nach langem Grübeln: „Ja, irgendwie habe ich das Gefühl, dass ich es aus eigener Kraft nicht schaffen kann. Vielleicht ist dieser Schritt dann doch zu groß."

Nach einer langen Reflexion schraubte er sein Ziel zurück: Er wollte zunächst große Mittelständler als Kunden gewinnen und auch Kontakte zu ehemaligen Mitarbeitern von Konzernen knüpfen – und erst dann sein endgültiges Ziel angehen. Mit dieser Zwei-Schritte-Strategie fühlte er sich wohler. Der Vergleich hatte ihm geholfen, eine innere Dissonanz zu erspüren und sein Ziel realistischer zu gestalten.

Kommentar zur Fragen-Sprache

Die zweite Folgefrage konfrontiert den Klienten damit, dass Weihnachten und Ostern niemals zusammenfallen. Doch nicht der Coach selbst kommt als Absender dieser Aussage daher – er legt sie einem „strengen Analytiker" in den Mund. Dieser Kniff, dass kritische Aussagen durch Dritte erfolgen, erleichtert das Konfrontieren. Der Rapport bleibt erhalten. Und der Klient kann unvoreingenommener reagieren, da er die Aussage nicht dem Coach, sondern einem neutralen Dritten zuschreibt.

Profi-Tipp

Je mehr Sie über den Klienten wissen, desto individueller können Sie die Vorlage für den Vergleich gestalten. Beispiel: Ihnen ist bekannt, dass Ihr Klient ein großer Fan von Bruce Springsteen ist. Also könnte Ihre Vorlage für den Vergleich lauten: „Wenn ich es schaffen würde, dieses Ziel zu erreichen, wäre das für mich so wie für Bruce Springsteen …" Ob Ihr Klient jetzt den ersten Hit, ein Konzert mit 100.000 Zuschauern oder das Gefühl nennt, einen gelungenen Song geschrieben zu haben, macht bedeutende Nuancen sichtbar. Vor allem wird der Klient es lieben, mit dieser Parallele weiterzuarbeiten. Die Freude, mit der er über seine Liebhaberei spricht, wird auf die Freude abfärben, mit der er sich seinem Ziel widmet.

Schwierige Antwort

Der Klient antwortet: „Sorry, da fällt mir nichts ein."

Wie reagieren Sie? Bitte antworten Sie, gerne schriftlich, ehe Sie weiterlesen.

Mein Vorschlag: „Verstehe, Ihnen ist *noch* keine Idee für einen Vergleich zugeflogen. Das ist in Ordnung, das braucht manchmal etwas Zeit. Vielleicht darf ich Ihnen ein paar Ansätze zuspielen. Zum Beispiel könnte das Erreichen des Ziels so sein, wie es mal ein früheres Erlebnis für Sie war. Oder es könnte ein Gefühl auslösen, wie Sie es an anderer Stelle in Ihrem Leben kennen. Oder Sie könnten es mit einer Farbe, einer Melodie, einem sinnlichen Erlebnis vergleichen. Haben Sie Lust auf ein kleines Experiment, um nach einem Vergleich zu suchen?“ (Der Klient nickt.) „Dann schließen Sie doch einfach mal für eine halbe Minute die Augen und lassen Sie Ihre Gedanken fließen: ‚Wenn ich es schaffen würde, dieses Ziel zu erreichen, dann wäre das für mich so wie …‘“

Fragen-Übung

Bitte entwickeln Sie fünf Vergleichsfragen nach obigem Muster. Sie können ausdrücklich nach einem Vergleich fragen oder ihn durch eine „Wie“-Vorlage mit offenem Satzende anregen. Verwenden Sie unter anderem folgende Stichwörter:

- Frühere Erfolge
- Prominentes Vorbild
- Wunder
- Naturkatastrophe
- Mondlandung

Umsetzungs-Plan

Bitte notieren Sie, welche Ideen Ihnen zu dieser Frage kommen und in welchem Zusammenhang Sie damit arbeiten wollen:

37.

Reframing-Frage: Der Volkshochschul-Kurs

Wer sich vorstellt, sein Problem überwunden zu haben und anderen seine Erfolgsrezepte zu lehren, sieht seine eigene Situation mit neuen Augen: Er entdeckt Türen, wo vorher Wände waren. Und ein neuer Optimismus verweist seine Sorgen auf die hinteren Ränge.

Die Frage

Angenommen, Sie meistern diese Situation souverän und wollten in vielen Jahren einen Volkshochschul-Kurs anbieten für Menschen, die in exakt derselben Situation sind wie Sie heute, Motto: „Darum war dieses Problem so nützlich für mich" – welche Stichpunkte könnten dann auf Ihrem Zettel stehen?

Folgefragen

- Stellen Sie sich vor, Ihre Kursteilnehmer hätten noch ähnliche Gedanken wie Sie vor der Lösung Ihres Problems: Was müssten Sie sagen, welche Übungen mit ihnen machen, um für Rückenwind zu sorgen?
- Welches sind Ihre besten Argumente, um Ihre Teilnehmer die Chance hinter der Herausforderung erkennen zu lassen?
- Angenommen, ein Seminarteilnehmer sagt zu Ihnen: „Ich schaffe das ohnehin nicht!" Welche ersten Schritte würden Sie vorschlagen, um für kleine Erfolgserlebnisse zu sorgen?
- Und welche Belohnung in ihrem Leben könnten Sie Ihren Teilnehmern in Aussicht stellen, wenn sie es schaffen, ihr Ziel zu erreichen?

Kommentar zum Fragen-Inhalt

Ihre Klientin macht in Gedanken einen Dreisprung: Erstens hat sie ihr Problem „souverän" gemeistert. Zweitens gibt sie dieses Wissen als Kursleiterin weiter. Und drittens sind „viele Jahre" vergangen, sie hat Abstand gewonnen. Diese Annahmen entreißen sie den Krakenarmen ihres Problems. Zumal die erste Aufgabe leicht ist: Sie soll Stichpunkte sammeln, was nützlich an ihrem Problem war. Erst die Fortsetzungsfragen lassen sie tiefer in die Rolle der Kursleiterin gleiten.

Zum Beispiel hat eine Lehrerin, die vergeblich um eine Versetzung an einen anderen Ort kämpfte, auf diese Frage im Coaching gesagt: „Die Punkte auf meinem Zettel wären: Ich habe gelernt, Durststrecken zu überstehen. Ich habe gelernt, hartnäckig zu bleiben. Und ich habe gelernt, mich am Ende doch noch durchzusetzen.“ Das klang völlig anders als ihr Standpunkt zuvor: „Ich weiß nicht mehr weiter, ich stecke fest!“

Wie leicht ist es, anderen Mut zu machen – und wie schwer, sich selbst zu ermutigen! Doch aller Mut, den Ihre Klientin den Teilnehmern zuspricht, färbt auf sie ab und richtet das Segel ihrer Selbstwirksamkeit wieder auf. Die Frage entlockt ihr projektive Antworten: Was die Klientin anderen empfiehlt, was sie an Optimismus und Lösungen weitergibt, richtet sich heimlich an sie selbst. Ohne diesen Abstand, der sie mit der Klugheit der Distanz erfüllt, wäre sie zu einer solchen Selbstermutigung kaum imstande.

Kommentar zur Fragen-Sprache

Die Frage lässt offen, wann der Kurs stattfindet: In „vielen Jahren“ bedeutet für den einen, dass er in fünf Jahren antritt – während der nächste sich erst in drei Jahrzehnten als Seminarleiter auftreten sieht. Solche offenen Formulierungen ziehe ich konkreten Vorgaben (wie: „in zehn Jahren“) immer dann vor, wenn eine Zahl zu Irritationen führen könnte. Zum Beispiel habe ich mit einem 60-Jährigen Unternehmer diskutieren müssen, ob er in zehn Jahren überhaupt noch lebe. Fragen Sie später gerne nach, an welche Jahreszahl er gedacht hat – und warum gerade an diese.

Profi-Tipp

Stellen Sie Ihre Fragen so anschaulich, dass der Klient schnell in seine Rolle als Kursleiter an einer Volkshochschule rutscht; dass er wichtige Passagen vorträgt, während er antwortet. Und dass Sie – gleich einem Zuhörer – ihn mit ihren Teilnehmer-Zwischenrufen („Das schaffe ich doch nie!“) herausfordern können. Je natürlicher es Ihnen gelingt, in ein solches Rollenspiel zu wechseln, desto bessere Ideen für Reframing und Ressourcen kommen dabei heraus.

Schwierige Antwort

Der Klient antwortet: „Ich habe keine Ahnung, wie ich so ratlose Menschen in Bewegung bringen soll.“

Wie reagieren Sie? Bitte antworten Sie, gerne schriftlich, ehe Sie weiterlesen.

Vorschlag: Schlagen Sie den zirkulären Weg ein: „Würden Sie *mir* zutrauen, ein solches Seminar zu halten?“ (Der Klient nickt.) „Mal angenommen, Sie wären als mein bestes ‚Praxis-Beispiel‘ mit von der Partie. Nun würde ich auf Ihre Erfahrungen verweisen und begründen, warum das Problem für Sie so nützlich war. Geben Sie mal eine Einschätzung ab, was so ein Berufsoptimist wie ich anführen könnte?“

Fragen-Übung

Bitte denken Sie sich fünf Varianten zu dieser Frage aus, indem Sie Ihren Klienten keinen Kurs an einer Volkshochschule halten lassen, sondern ihm andere Auftritte vorschlagen – eine originelle Variante wäre zum Beispiel: als Redner im Hyde Park. Denken Sie dabei an konkrete Klienten (oder Menschen aus Ihrem Umfeld): Welcher Rahmen würde am besten zu wem passen? Was verändert sich, wenn dieses Angebot eine individuelle Note enthält?

Umsetzungs-Plan

Bitte notieren Sie, welche Ideen Ihnen zu dieser Frage kommen und in welchem Zusammenhang Sie damit arbeiten wollen:

38.

Reframing-Frage: Die Arztfrage

„Was fehlt Ihnen denn?" Dieser alten Arzt-Frage können Sie im Coaching eine neue Wendung geben, indem Sie den Inhalt überraschend wörtlich nehmen. Jeder Mangel weist auf ein Bedürfnis hin, dem es sich nachzugehen lohnt.

Die Frage

Ärzte fragen gerne: „Was fehlt Ihnen denn?" Von dem, was Sie vermissen, haben Sie jetzt gesprochen. Wenn Sie die Arztfrage einmal positiv nehmen: Wovon hätten Sie gerne mehr in Ihrem Leben?

Folgefragen

- Welche neuen Türen würden sich für Sie öffnen, wenn Sie damit reich gesegnet wären?
- Bei welchem Menschen würden Sie sagen „Er hat das, wovon ich gerne mehr hätte, schon im Überfluss!"? Und was genau unternimmt er Ihrer Meinung nach, um es sich zu holen und zu bewahren?
- Wenn Sie diese Strategie einmal anschauen: Was davon ließe sich am besten auf Ihr Leben übertragen?
- Woran genau würden Sie merken, dass Ihnen nichts mehr fehlt – Sie sich also genug von dem Gewünschten geholt haben?

Kommentar zum Fragen-Inhalt

Diese Frage lenkt den Blick vom Fehlenden auf das Gewünschte. Sachlich mögen das zwei Seiten derselben Medaille sein, aber psychologisch macht es einen großen Unterschied: Wer über einen Mangel nachdenkt, sieht den Mangel, verstärkt den Mangel, begibt sich freiwillig in Mangel-Haft. Die selbst errichteten Mauern versperren ihm den Blick auf die Lösung.

Mit dieser Frage lassen Sie Ihren Klienten den Wunsch hinter einem Mangel ergründen und in eine konstruktive Richtung blicken: Sein verborgenes Bedürfnis tritt an Deck seines Bewusstseins. Und er kann sich fragen: Worin besteht es genau? In welchen Situationen wird es mehr, wann weniger befriedigt? Und was könnte er tun, um sich mehr von dem Begehrten zu holen?

Die Ausgangsfrage ist verführerisch: Sie gibt dem Klienten die Chance, über seine Wünsche zu sprechen, ohne dass er sofort eine Verpflichtung eingehen oder etwas dafür tun muss. Dieser unverbindliche Einstieg schiebt die Schere im Kopf beiseite. Erst die Folgefragen erfordern dann die Aktivität des Klienten.

Kommentar zur Fragen-Sprache

Ist es wirklich eine gute Idee, als Coach eine klassische Arztfrage aufzugreifen? Laufen Sie damit nicht Gefahr, dass der Klient Sie als einen Heiler mit Erfolgsrezepten sieht – statt als Sparringspartner auf Augenhöhe? Nein, denn Sie geben der Frage eine überraschende Wendung: Kein Arzt der Welt würde seinen Patienten fragen, wovon er gerne mehr in seinem Leben hätte. Solche Überraschungseffekte provozieren überraschende Gedanken. Auf einmal sieht der Klient seinen Mangel als Fingerzeig, der seinen Blick auf die Wünsche lenkt.

Profi-Tipp

Lassen Sie Ihren Klienten einmal in die Rolle eines Arztes schlüpfen. Erst darf er für sein eigenes Leben eine Diagnose erstellen: Was genau fehlt ihm? Wenn die Mängel erkannt und benannt sind, bitten Sie ihn, sich Rezepte zu verschreiben – und zwar solche, die aus Handlungen bestehen. Was will er anders machen als bisher? Wie sieht die richtige Dosierung aus? In welchen Fällen müsste die Dosis niedriger, wann höher sein? Und mit welchen Nebenwirkungen ist zu rechnen?

Schwierige Antwort

Der Klient sagt: „Ich hätte gerne Lösungen für meine Probleme. Danach suche ich vergeblich."

Wie reagieren Sie? Bitte antworten Sie, gerne schriftlich, ehe Sie weiterlesen!

Mein Vorschlag: „Mal angenommen, ein alter Hexenmeister würde eine Formel sprechen, die jedes Ihrer Probleme durch eine geniale Lösung ersetzt – so Abrakadabra, mit einem Schlag. Was wäre dann in Ihrem Leben möglich, was Ihnen jetzt fast unerreichbar scheint?"

Was der Klient nun benennt, ist meist das, wovon er gerne mehr hätte.

Fragen-Übung

Bitte versuchen Sie, die folgenden Alltagsfragen fürs Coaching so zu wenden, dass sie für den Klienten erkenntnisreich sein können. Führen Sie dazu die als „Ansatz" skizzierte Einleitung fort und legen Sie eine hypothetische Coaching-Situation zugrunde:

1. Wie geht es Ihnen?
   Ansatz: „Im Alltag fragt man ja gerne: ‚Wie geht es Ihnen?' Wenn Sie das einmal übertragen auf …"

2. Was darf es sein?
   Ansatz: „Wenn Sie an der Wursttheke stehen, fragt die Verkäuferin gerne: ‚Was darf es sein?' Wenn Sie diese Frage einmal übertragen auf …"

3. Darf ich mal kurz stören?
   Ansatz: „Wenn Sie jemand im Alltag unterbricht, sagt er oft: ‚Darf ich mal kurz stören?' Wenn Sie das übertragen auf Ihr unerwünschtes Verhalten, dann …"

Lösungsvorschläge unter: www.karriereberater-akademie.de, Rubrik „Bücher".

Umsetzungs-Plan

Bitte notieren Sie, welche Ideen Ihnen zu dieser Frage kommen und in welchem Zusammenhang Sie damit arbeiten wollen:

Reframing-Frage: Bestform

So manche Formulierung, die negativ scheint, hat eine positive Seite. Der Klient kann sich entscheiden, welchem Aspekt er mehr Beachtung schenkt. Diese (provokante) Reframing-Frage lädt ihn ein, das Gesagte aus einem völlig neuen Blickwinkel zu sehen.

Die Frage

Klient: „Ich stehe enorm unter Druck!"
Coach: „Wie stark müssen Sie unter Druck stehen, um Ihre Bestform abrufen zu können?"

Folgefragen

- Wann standen Sie in Ihrer Vergangenheit mit dem Rücken an der Wand – und haben gerade deshalb wichtige Schritte für Ihr Leben eingeleitet?
- Wie müssten Sie mit dem Druck umgehen, um ihn als produktive Kraft, als Antrieb Ihrer Lebens-Dampflok zu sehen?
- Mal angenommen, ein weiser Psychologe würde behaupten: „Die jetzige Situation macht Ihnen die Veränderung leichter als jemals zuvor, gerade weil sie angespannt ist." Welche Argumente für diesen Standpunkt ließen sich finden?
- Gehen Sie einmal davon aus, dass Sie selbst über einen Regler verfügen, mit dem Sie Ihren empfundenen Druck nach Belieben regulieren können. Was müssten Sie tun, um ihn zu steigern? Und was, um ihn auf ein produktives Maß zu senken?

Kommentar zum Fragen-Inhalt

Viele von uns kennen das Spiel: Die Steuererklärung bleibt liegen, bis der Abgabetermin uns Druck macht. Zum Zahnarzt gehen wir erst, wenn der Schmerz nicht mehr auszuhalten ist. Druck bewegt Dampfloks. Und er schiebt Menschen an. Entscheidend ist, wie man ihn interpretiert: Wer den Druck für einen Feind hält, bekämpft ihn. Wer ihn als Schubkraft erkennt, kann sich von ihm tragen lassen.

Diese Frage stellt eine provokante Behauptung in den Raum: dass der Klient Druck brauche, um seine Bestform abzurufen. Solche zugespitzten Thesen können zugespitzte Antworten hervorlocken. Selbst wenn der Klient die Aussage von sich weist, wird sie doch dafür sorgen, dass er sich mit dem Gedanken auseinandersetzt und eine klare Position bezieht. Auf dieser Basis können Sie eine Reflexion anschieben, an deren Ende Ihr Klient eine solche Aussage oft doch als Teil der Wahrheit erkennt.

Kommentar zur Fragen-Sprache

Die Frage wendet ein hypnotisches Sprachmuster an: Sie erkundet nicht, *ob* der Klient unter Druck stehen müsse, um seine Höchstform abzurufen – sie setzt es einfach voraus. Das kann dem Klienten den Zugang zu seinem Unbewussten erleichtern. Dagegen fiele es ihm leicht, eine geschlossene Frage schnell zu verneinen.

Profi-Tipp

Experimentieren Sie mit Satzanfängen, die Sie dem Klienten (anstelle von Fragen) vorgeben, jeweils aus seiner Perspektive in der Ich-Form, damit er sie fortführen kann. Beispiele: „Druck wirkt sich auch positiv auf mich aus, denn ...", „Unter Druck habe ich schon Dinge erreicht, die ich sonst nicht erreicht hätte, und zwar ...", „Wenn ich ein positiveres Wort für ‚Druck' wählen müsste, dann wäre das ..." Manchmal fällt es dem Klienten leichter, einen angedachten Gedanken weiterzuführen und die eigene Aussage dann auf ihre Stimmigkeit zu prüfen, als eine klassische Frage zu beantworten.

Schwierige Antwort

Der Klient knurrt: „Ich hasse Druck. Er lähmt mich. Ich kann nichts Positives daran erkennen."

Wie reagieren Sie? Bitte antworten Sie, gerne schriftlich, ehe Sie weiterlesen.

Mein Vorschlag: Nehmen Sie diese Aussage durch aktives Zuhören auf – und schließen Sie mit einem sanften zweiten Versuch an: „Dann ist es so, dass Sie starker Druck nicht anspornt, sondern abschreckt und auf der Stelle hält?" (Der Klient nickt eifrig.) „Gut, dann interessiert mich: In welcher Dosis haben Sie Druck in der Vergangenheit gerade noch als hilfreich erlebt?"

Fragen-Übung

Beim Reframing kommt es nicht nur auf den Blickwinkel, sondern auch auf die Wortwahl an. Zum Beispiel sagt Ihr Klient: „Ich empfinde im Moment einen enormen Druck, weil ich mich in der falschen Abteilung fühle!" Bitte greifen Sie diese Aussage durch aktives Zuhören auf und übersetzen Sie das Wort „Druck" positiv.

Beispiel: „Sie spüren ein großes *Verlangen,* die Abteilung zu wechseln?"

Bitte entwickeln Sie fünf weitere Lösungsideen, mit denen Sie das Wort „Druck" positiv übersetzen oder umschreiben.

Umsetzungs-Plan

Bitte notieren Sie, welche Ideen Ihnen zu dieser Frage kommen und in welchem Zusammenhang Sie damit arbeiten wollen:

40.

Reframing-Frage: Das Kind in mir

Kann ein Mensch ratlos sein? Nein – aber manchmal hört er nicht alle Stimmen, die sich in ihm zu Wort melden. Gerade das kreative Kind-Ich kann ein Mutmacher und Ideenentwickler erster Güte sein. So rufen Sie dieses Beratungsgenie auf den Plan.

Die Frage

Angenommen, wir könnten jemanden zu uns in den Raum rufen: das Kind, das Sie einmal waren, dieses Kind mit dem Kopf voller Hoffnungen, voller Träume, voller Märchengestalten – was würde Ihnen dieses kreative Kind in der jetzigen Situation wohl zurufen, um Ihnen Mut und Tatkraft zu schenken?

Folgefragen

- Inwieweit kommen Ihnen diese Ideen bekannt vor? Und in welchen Situationen haben sie vielleicht schon mal bei Ihnen angeklopft?
- Was müssten Sie tun, um diese Gedanken ausdrücklich in Ihr Leben hereinzubitten und sie mit Leben zu füllen?
- Welche Qualitäten des Kindes, das Sie einmal waren, würden Ihnen heute am meisten nützen?
- Angenommen, ein Wissenschaftler würde Sie einen Monat lang durch Ihren Alltag begleiten und zu dem Ergebnis kommen „Alle diese Qualitäten *haben* Sie noch, und es liegt an Ihnen, sie öfter abzurufen" – welche kleinen Beweise für ihre Existenz könnte er gefunden haben? Und wodurch könnte Ihnen dieses Abrufen gelingen?

Kommentar zum Fragen-Inhalt

Diese (zirkuläre) Reframing-Frage lädt den Klienten zu einer Dissoziierung ein. Statt im Wald des Problems zu irren, steigt er auf einen Hochsitz: Aus einer Entfernung von Jahrzehnten, aus der Perspektive des unbeschwerten Kindes, das er war, schaut er auf sein jetziges Leben. Erinnerungsblitze leuchten seinen Kopf aus und machen Eigenschaften sichtbar, die er lange nicht mehr wahrnahm, etwa Optimismus, Spontaneität oder eine große Willensstärke

Niemand verliert das Kind, das er war, so ganz. In einem versteckten Winkel seines Herzens lebt es weiter. Nur wird seine leise Stimme von den Trommeln des Alltags übertönt. Diese Frage verschafft dem kreativen Anteil der Persönlichkeit, diesem Kind-Ich (wie es die Transaktionsanalyse nennt), wieder eine hörbare Stimme und rückt es im inneren Team nach vorne. Der „Kinderglaube" hilft, Visionen zu entwickeln, Lebensfreude zu tanken, innere Bremsen zu lösen und das Standbild einer eingefahrenen Sichtweise in Bewegung zu bringen.

Kommentar zur Fragen-Sprache

Die Frage arbeitet mit einem Einschub: Sie ruft das Kind von einst nicht nur in den Raum, sondern unterstellt ihm einen „Kopf voller Hoffnungen, voller Träume, voller Märchengestalten". Diese Suggestion spezifiziert und erleichtert es dem Klienten, mit seinem kreativen Kind-Ich in Berührung zu kommen – statt zum Beispiel nur auf das ängstliche Kind-Ich zu stoßen, was eine Blockade verstärken könnte.

Profi-Tipp

Laden Sie den Gast, der weit angereist ist, dieses Kind aus der Vergangenheit, zum Verweilen ein. Bitten Sie Ihren Klienten als dieses Kind auf einen Stuhl, doppeln Sie ihn ein – also machen Sie ihn mit seiner Rolle vertraut – und lassen Sie ihn dann aus dieser Perspektive der Unbeschwertheit die Situation kommentieren, sich Tipps geben und Mut zurufen. Danach entlassen Sie den Klienten aus seiner Rolle – in der Fachsprache heißt das „entrollen" – und geben ihm die Chance, die Begegnung mit seinem Kind-Ich zu kommentieren: Welche der Ratschläge sind nützlich für ihn? Und wie könnte es ihm gelingen, die Energie dieses Kindes für seine Ziele zu nutzen?

Schwierige Antwort

Der Klient antwortet: „Dieses Kind würde verzweifeln, wenn es meine Situation sähe. Es würde einfach nur nach seinen Eltern rufen, die alles in Ordnung bringen sollten."

Wie reagieren Sie? Bitte antworten Sie, gerne schriftlich, ehe Sie weiterlesen.

Mein Vorschlag: Manchmal kann auch die positive Suggestion eine solche Antwort nicht verhindern. Probieren Sie dann, eine andere Facette des Kindes anzusprechen: „Also gut, dieses Kind würde eine rettende Hand wünschen, die seine Welt repariert. Das wäre die eine Seite des Kindes. Aber vielleicht ist da noch eine zweite Seite, die Abenteuer und Herausforderung liebt. Was könnte diese zweite Seite sagen?"

Fragen-Übung

Bitte bereiten Sie ein längeres Interview mit dem Kind-Ich Ihres Klienten vor. Nehmen Sie dafür ein reales Klienten-Problem als Hintergrund (oder denken Sie sich eines aus). Nun schreiben Sie bitte 20 Fragen auf, die gezielt an eine Seite des Klienten appellieren, deren positiver Einfluss sich im Alltag nur selten entfalten kann.

Umsetzungs-Plan

Bitte notieren Sie, welche Ideen Ihnen zu dieser Frage kommen und in welchem Zusammenhang Sie damit arbeiten wollen:

Reframing-Frage: Slow Motion

Der Klient galoppiert beim Erzählen mit schnellen Worten über eine Schlüsselszene hinweg. Wie bringen Sie ihn dazu, die Situation detaillierter und differenzierter zu betrachten? Machen Sie's wie in der Sportschau – arbeiten Sie mit Zeitlupe.

Die Frage

Mal angenommen, wir könnten diese wichtige Szene auf einem Fernsehbildschirm in Zeitlupe sehen, ganz, ganz langsam: Welche interessanten Details, welche wichtigen Unterschiede zu einer raschen Betrachtung fielen uns womöglich auf?

Folgefragen

- Welches Verhalten, das im schnellen Film kaum auffällt, bekommt in der langsamen Version mehr Bedeutung?
- Inwieweit verändert sich das Gewicht der in dieser Szene gesprochenen Worte, wenn sie länger und schwerer im Raum stehen?
- Angenommen, Sie hätten die damalige Situation auch in Zeitlupe *erlebt*, also mehr Zeit zum Schauen, zum Denken und zum Handeln gehabt – was hätte sich dadurch womöglich verändert?
- Gehen wir mal davon aus, Sie müssten diese Szene neu drehen für einen Lehrfilm, der einen klugen Umgang mit solchen Situationen vormachen möchte: Welche Regieanweisungen würden Sie dann dem Hauptdarsteller, also sich, zurufen?

Kommentar zum Fragen-Inhalt

Ganz egal, worum es in einem Coaching geht: Die meisten Themen fußen auf einer Schlüsselszene. Da ist die Führungskraft, die eine „freche Antwort" ihres Mitarbeiters wahrnimmt; der Außendienstler, der sich durch einen „anmaßenden Anruf" aus der Zentrale schikaniert fühlt; oder die Sachbearbeiterin, die den Auftritt ihres Chefs in der Gehaltsverhandlung als „Demütigung" erlebt.

Solche Szenen sind das Fundament, auf das ein Mensch seine Überzeugungen baut. Positiv übersetzt: Wenn Ihr Klient die Szene anders wahrnimmt, kann er sie auch anders interpretieren. Dann entsteht für ihn eine andere Wirklichkeit; dann lassen sich Glaubenssätze relativieren, Denkschranken heben, neue Hoffnungsvorräte tanken.

Die Zeitlupen-Frage lässt ihn eine Schlüsselszene neu betrachten: auf einem Bildschirm – ganz langsam, ganz detailliert, ganz anders! Die Langsamkeit eröffnet viele Chancen. Der Klient nimmt neue Aspekte wahr. Beispiel: Ein Abteilungsleiter hatte das Verhalten eines Mitarbeiters im Kritikgespräch zunächst in raschen Worten beschrieben: „Er klatschte seine Hand an die Stirn, zeigte mir eine Mattscheibe. Dann saß er da und schwieg trotzig. Immer wieder sah er auf die Uhr – wohl um mir zu signalisieren, meine Kritik sei langweilig. Als er ging, hat er sich noch trotzig für ‚die Rückmeldung' bedankt."

Die Zeitlupe veränderte den Blickwinkel: Er nahm wahr, dass die Hände seines Mitarbeiters „nervös mit dem Papier nesteln. Vielleicht zittern sie sogar". Und war die Hand, die der Mitarbeiter sich vor die Stirn führte, wirklich als Mattscheibe gemeint – oder als Geste der Verzweiflung? War es nur sein Unwohlsein, das ihn auf die Uhr blicken und die Flucht aus dieser Situation suchen ließ? Und meinte er seinen Dank für die Rückmeldung am Ende doch ernst?

Je langsamer, je intensiver der Abteilungsleiter über die Szene sprach, desto empathischer wurde er, desto vielfältiger nahm er wahr. Das half ihm, das Verhalten des Mitarbeiters als Ergebnis einer systemischen Wechselwirkung zu deuten; er begann, über sein eigenes Auftreten nachzudenken.

Kommentar zur Fragen-Sprache

Eigentlich ist die „Wir"-Form („Was haben wir seit der letzten Sitzung erreicht?") in einem Coaching-Gespräch verpönt – der Coach spricht den Klient direkt an („Was haben Sie seit der letzten Sitzung erreicht?"). Aber in diesem Fall hilft der Plural: Zwei Menschen schauen auf einen Fernseh-Bildschirm. Das gibt dem Coach die Chance, auf natürliche Weise nachzufragen, zum Beispiel: „Ich konnte die Szene, die wir gerade angeschaut haben, auf unserem Bildschirm noch nicht deutlich genug sehen – wie haben sich die Gesichtszüge des Mitarbeiters verändert, als ...?"

Profi-Tipp

Was tun, wenn Ihr Klient ohnehin ein langsamer Erzähler ist, der sich in Details festbeißt und nicht auf den Punkt kommt? Dann können Sie das Gegenstück dieser Frage einsetzen: „Mal angenommen, wir könnten dieselbe Szene, die Sie mir nun in einer detailgenauen Zeitlupe schildern, einmal in einer beschleunigten Variante anschauen – so, als würden wir eine DVD vorwärtsspulen. Was würde dann in groben Zügen passieren?“

Diese Variante lässt Ihnen die Möglichkeit, an entscheidenden Stellen innezuhalten: „Stopp! Hier würde ich gerne mal mit Ihnen das Standbild (oder: die Zeitlupe) näher betrachten ...“

Eine weiterführende „Zeitlupen-Übung“ finden Sie in meinem Buch „Die 100 besten Coaching-Übungen“ ab Seite 138.

Schwierige Antwort

Der Klient antwortet: „Ich glaube, wir würden genau dasselbe sehen, nur eben langsamer.“

Wie reagieren Sie? Bitte antworten Sie, gerne schriftlich, ehe Sie weiterlesen.

Mein Vorschlag: Bitten Sie Ihren Klienten dennoch um eine Zeitlupen-Erzählung und lenken Sie seine Wahrnehmung durch Ihre Fragen auf Punkte, die er in seiner ersten Variante noch nicht angesprochen hat. So könnten Sie den oben beschriebenen Abteilungsleiter fragen: „Was ist Ihnen an der Stimme Ihres Mitarbeiters aufgefallen?“, „Was hat er während des Gesprächs mit seinen Händen getan?“ oder „Wie würden Sie die Bewegung beschreiben, mit der er Ihr Büro verlassen hat?“

Durch solche Fragen – die Sie übrigens betont langsam stellen sollten – verändern Sie nicht nur das Wahrnehmungstempo, sondern auch den Fokus der Kamera.

Fragen-Übung

Die einfachste Möglichkeit, einen anderen Menschen beim Erzählen zu entschleunigen: Fragen Sie nach Details, und zwar in einer ausgesprochen langsamen Geschwindigkeit. Inwiefern verändert sich dadurch das Erzähltempo Ihres Gesprächspartners? Bitte probieren Sie das demnächst in einem Coaching- oder Alltagsgespräch aus – und halten Sie Ihre Erfahrungen gerne schriftlich fest.

Umsetzungs-Plan

Bitte notieren Sie, welche Ideen Ihnen zu dieser Frage kommen und in welchem Zusammenhang Sie damit arbeiten wollen:

42.

Reframing-Frage: Die Frisur

Probleme sind eine haarige Angelegenheit – sogar im wahrsten Sinne des Wortes, wenn Sie eine ungewöhnliche Metapher anbieten. Diese Frage hilft dem Klienten, sein Problem aus der Distanz *haarscharf* und auf spielerische Weise zu sehen.

Die Frage

Wenn Sie sich Ihr Problem einmal als Frisur und sich als Friseur vorstellen – auf welche Länge wollten Sie es stutzen?

Folgefragen

- Welche Nachteile könnte es haben, das Problem völlig wegzurasieren?
- Mal angenommen, Sie müssten Ihr Problem färben, um es für sich attraktiver zu machen – worin könnte die Färbung bestehen?
- Welcher Teil des Problems, welches Problemhaar ist für Sie am lästigsten? Und welche Härchen könnten Sie tolerieren?
- In welchen Situationen gelingt es Ihnen am besten, das Wachstum der Problemhaare zu stoppen? Und wie bekommen Sie das hin?

Kommentar zum Fragen-Inhalt

Ist es weit hergeholt, ein Problem mit einer Frisur zu vergleichen? Mit Sicherheit! Doch gerade weil dieser (hypothetische) Gedanke so ungewöhnlich ist, trägt er den Klienten zu neuen Denkufern: Er kann den *Nahkampf* mit dem Problem unterbrechen, die Situation verfremden und aus gesunder Distanz betrachten. Dasselbe Problem, das unantastbar schien, wirkt auf einmal veränderbar – es lässt sich stutzen, färben, kämmen, föhnen und nach Belieben zurechtlegen.

Die Metapher lebt von den Fortsetzungsfragen: Der Klient kann untersuchen, welche Nachteile es hat, wenn er das Problem vollständig wegrasiert (vielleicht bezieht er doch einen heimlichen Nutzen!). Vor allem kann er sein Problem *haarklein* auseinandernehmen: Stört ihn die komplette Situation (Problemfrisur)? Oder nur Teile davon (lästiges Problemhaar)? Interessant auch die Frage nach der Haarfärbung: Auf welche Weise könnte er sein Problem attraktiver färben? Nicht selten werden Sie als Antwort einen spannenden Reframing-Ansatz hören: „Ich könnte das Problem als eine tolle Herausforderung färben, an der ich mich beweisen kann." Halten Sie Ihren Klienten in diesem Denkmodus durch Anschlussfragen fest: „Mal angenommen, Sie würden Ihr Problem so färben – was würde sich dann für Sie verändern?"

Kommentar zur Fragen-Sprache

Interessant ist die Fortsetzungsfrage, welches „Problemhaar" für den Klienten „am lästigsten" sei – und welche „Härchen" er tolerieren könnte. Hier unterstützt die sprachliche Abstufung zwischen „Haar" und „Härchen" die inhaltliche Gewichtung. Insgesamt wird die Frage den Klienten veranlassen, sein Problem differenzierter zu sehen – und Prioritäten für den Lösungsweg zu finden.

Profi-Tipp

Bieten Sie Ihrem Klienten an, die Problemfrisur einmal aufzuzeichnen. Lassen Sie sich von ihm sagen, welches das längste Problemhaar ist, in welche Richtung es steht (zum Beispiel vor den Augen) und mit welchem Stichwort Sie es beschriften sollen. Beim Zeichnen können Sie immer wieder Fragen stellen: Welche Haare berühren oder kreuzen sich? Welche Haare wachsen in letzter Zeit verstärkt (Pfeil vom Kopf weg)? Welche Haare bilden sich eher zurück (Pfeil zum Kopf hin). Am Ende schauen Sie mit dem Klienten auf das fertige Bild – was würde er an dieser Frisur gerne in Zukunft verändern? So bekommt er einen schnellen und nicht zuletzt humorvollen Überblick, wie seine Ist- und seine Wunschsituation aussehen.

Schwierige Antwort

Der Klient antwortet: „Natürlich würde ich es komplett abschneiden. Ich wäre ja doof, freiwillig ein Problem mit mir herumzuschleppen."

Wie reagieren Sie? Bitte antworten Sie, gerne schriftlich, ehe Sie weiterlesen.

Mein Vorschlag: „Nun haben Haare, die man abschneidet, ja eine dumme Eigenart: Sie wachsen nach. Wie könnten Sie sicherstellen, dass Sie Ihr Problem möglichst lange kurzhalten?"

Fragen-Übung

Bitte bilden Sie kreative Fortsetzungsfragen, indem Sie folgende Stichwörter verwenden:

- Haar in der Suppe
- Dickes Fell
- Glatze
- Dauerwelle

Umsetzungs-Plan

Bitte notieren Sie, welche Ideen Ihnen zu dieser Frage kommen und in welchem Zusammenhang Sie damit arbeiten wollen:

43.

Reframing-Frage: Der Mentor

Ein dickes ‚Aber' bremst die Klientin immer wieder aus – als wäre sie unsicher, ob sie ihr Ziel überhaupt erreichen will. Diese Frage baut ihr eine Brücke, um ihren Einwand und das Bedürfnis dahinter konstruktiv auf dem Weg zum Ziel einzubinden.

Die Frage

Vielleicht haben Sie Lust, Ihren Einwand einmal positiv zu übersetzen: Was will er – wenn er Ihr kluger Mentor ist – Gutes für Sie sicherstellen? Welche hilfreiche Absicht verfolgt er?

Folgefragen

- In welchen früheren Situationen ist Ihnen dieser Mentor schon begegnet? Inwiefern hat er das, was er Gutes für Sie wollte, auch erreicht?
- Manchmal übertreiben es Mentoren auch mit ihrer Fürsorge. Wenn Sie den Einwand um eine andere Dosierung bitten könnten – welche wäre für Sie die hilfreichste?
- Was müssten Sie dem Einwand, Ihrem Mentor, wohl garantieren, damit er Sie in Richtung Ziel durchwinkt – statt Ihnen den Weg zu versperren?
- In welcher Situation können Sie bis zu unserem nächsten Termin einmal ausprobieren, ob diese Vereinbarung zwischen Ihnen und dem Einwand funktioniert?

Kommentar zum Fragen-Inhalt

Wo Ziele sind, sind auch Einwände – innere Stimmen, die Ihre Klientin bremsen. Zum Beispiel sagt eine Marketing-Leiterin (48), die von einer Selbstständigkeit träumt: „Aber einen so tollen Job wie jetzt bekomme ich in meinem Alter nicht wieder!" Es ist wie bei einem Tauziehen: Mal gewinnt der Wunsch, ein eigenes Geschäft zu eröffnen, einen Meter – dann erobert ihn der Einwand zurück, die materielle Sicherheit gehe vor. Die inneren Kräfte heben sich auf bis zum Stillstand.

Doch aus diesem Gegeneinander lässt sich ein Miteinander formen – durch die Frage nach den positiven Absichten. Die *Klientin* antwortete:

„Dieser Mentor will sicherstellen, dass ich auch künftig meine Miete zahlen und meine beiden Pferde unterhalten kann."
*Coach (*tastend): „Dann suchen Sie nach einem Weg, wie Sie auf der einen Seite in eine Selbstständigkeit starten, auf der anderen Seite jedoch eine gewisse finanzielle Sicherheit wahren können?"
Klientin: „Ja, die Sicherheit ist mir wichtig!"

Auf die Fortsetzungsfrage, unter welchen Bedingungen ihr Mentor, der Einwand, das Ziel unterstützen würde, sagte sie: „Ich müsste ein monatliches Grundeinkommen von 1.500 Euro garantieren können." So kam eine vorzügliche Idee ins Spiel: Wäre es nicht möglich, mit dem jetzigen Arbeitgeber einen Beratervertrag abzuschließen? Die Klientin rannte bei Ihrer Geschäftsführung offene Türen ein. Ihr hilfreicher Mentor – ehemals: böser Einwand – hatte diese Lösung herbeigeführt.

Kommentar zur Fragen-Sprache

Die Frage wartet gleich mit zwei Überraschungen auf: nicht nur, dass dem (vermeintlich) störenden Einwand plötzlich eine positive Absicht unterstellt wird. Sondern auch, dass er als „Mentor" personifiziert wird. Ein Mentor weiß mehr als der Geförderte selbst. Und er meint es gut. So bekommt der Einwand, bis dahin hässlich, ein freundliches Gesicht. Zudem bieten sich zahlreiche Anknüpfungspunkte für Rollenspiele.

Dass der Einwand der Mentor ist, baue ich in die Folgefragen immer wieder ein, damit die Klientin beim Antworten das Gedankenspiel weiterverfolgt und nicht in übliche Denkmuster zurückgleitet.

Profi-Tipp

Mit wohlmeinenden Mentoren kann man offen über alles reden. Also liegt es nahe, den Einwand als Mentor auf einen leeren Stuhl zu bitten und die Klientin ein kleines Gespräch mit ihm führen zu lassen. Dazu doppeln Sie Ihre Klientin ein: „Also gut, Sie sind jetzt der kluge Mentor meiner Klientin, nämlich der Einwand. Vielleicht mögen Sie noch einmal den Satz sagen, mit dem Sie sich meistens zu Wort melden."

Und dann folgen diverse Fragen, zum Beispiel: „Wann sind Sie das erste Mal ins Leben meiner Klientin getreten?", „Welche positive Absicht verfolgen Sie?", „Wie würden Sie Ihre Beziehung zum Ziel beschreiben?", „In welchen Situationen halten Sie es für besonders wichtig, sich in Erinnerung zu rufen?", „Und wann macht Ihnen Ihre Freundin, meine Klientin, das Schweigen leicht?"

Am Ende läuft das Interview auf eine Vereinbarung hinaus: Was bräuchte der Einwand, um sich auf ein Ziel – oder einen ersten Schritt dorthin – festzulegen? Später, wenn die Klientin wieder ihre eigene Rolle einnimmt, kann sie auf die Aussagen des Einwandes antworten und ihm Angebote machen. In manchen Fällen lohnen mehrere Runden mit dem leeren Stuhl.

Schwierige Antwort

Die Klientin sagt: „Wenn ich ganz ehrlich bin, empfinde ich diesen Einwand einfach nur als störend. Dieses blöde ‚Aber' drängt sich mir immer wieder auf die Lippen. Keine Ahnung, warum!"

Wie reagieren Sie? Bitte antworten Sie, gerne schriftlich, ehe Sie weiterlesen.

Mein Vorschlag: Übertragen Sie den Einwand in eine Metapher, um einen neuen Denkkorridor zu öffnen: „Kann man das mit einer Ampel vergleichen? Sie wünschen sich, dass sie endlich auf Grün springt. Aber immer, wenn es kurz davor ist, kommt der Einwand dazwischen – und schaltet wieder auf Gelb?"

Klientin (stutzt einen Moment, grübelt): „Ja! So kann man das sagen. Ich fühle mich ausgebremst. Genau!"

Coach: „Nun hat es ja seinen Sinn, dass Ampeln nicht nur auf Grün, sondern auch gelegentlich auf Gelb oder Rot stehen – das soll Unfälle verhindern. Inwiefern kann es sein, dass Ihr Einwand auch eine positive Absicht verfolgt – dass er Sie schützen und zu Ihrer Sicherheit beitragen will?"

Diese fantasiereiche Anregung unterstützt die Klientin, ihre Motive zu erforschen und auch unerwünschte innere Anteile zu respektieren und bei der Lösungssuche einzubeziehen.

Fragen-Übung

Bitte finden Sie selbst eine positive Übersetzung für die folgenden drei Einwände, die Sie Ihrer Klientin in Form einer Frage anbieten:

1. „Ich triebe ja täglich Sport, aber das würde meinen Stress bei der Arbeit nur noch erhöhen, denn dann bliebe umso mehr liegen."
2. „Eigentlich möchte ich vor jeder Bewerbung bei den Firmen anrufen, mich vorstellen und ein paar Fakten herausfinden. Aber dann schleiche ich um den Telefonhörer, und eine Stimme in meinem Kopf flüstert: ‚Du willst dich denen doch nicht aufdrängen!'"
3. „Der Mitarbeiter überschreitet immer wieder Grenzen. Das möchte ich ihm einmal klar sagen. Aber ich fürchte, je kritischer ein

solches Gespräch ausfällt, desto mehr zusätzliche Schwierigkeiten macht er mir danach."

Lösungsvorschläge unter: www.karriereberater-akademie.de, Rubrik „Bücher".

Umsetzungs-Plan

Bitte notieren Sie, welche Ideen Ihnen zu dieser Frage kommen und in welchem Zusammenhang Sie damit arbeiten wollen:

Reframing-Frage: Die Krise als Chance

Alles hat seinen Nutzen, auch das scheinbar Negative. Mit dieser Frage bringen Sie den Klienten auf die Idee, sein rabenschwarzes Problem einmal mit einer neuen Interpretationsfarbe anzustreichen – der Farbe einer Chance.

Die Frage

Stellen Sie sich mal vor, diese Krise wäre ein Geschenk des Himmels, eine wichtige Lektion in Ihrem Leben, auf die Sie in ein paar Jahren dankbar zurückblicken – welchen Nutzen könnten Sie dann aus ihr gezogen haben?

Folgefragen

- Wer regelmäßig Sport treibt, trainiert seine Muskeln. Wer lange mit einem Problem kämpft, baut diverse Fähigkeiten aus. Welche „Fähigkeits-Muskeln" trainieren Sie gerade?
- Wie motivieren Sie sich dazu, in dieser schwierigen Situation nicht aufzugeben, sondern immer weiter für Ihr Ziel zu kämpfen?
- Welche Erkenntnis, die Sie vorher nicht hatten, nehmen Sie aus dieser schwierigen Situation mit?
- Angenommen, Sie schauen als weiser Mensch von 90 Jahren auf diese schwierige Zeit zurück: Worauf werden Sie am stolzesten sein?

Kommentar zum Fragen-Inhalt

Wer beim Wandern auf einen Fluss stößt, der ihm den Weg abschneidet, hat zwei Möglichkeiten: Er kann sich jammernd ans Ufer setzen. Oder er baut sich ein Floß, lässt sich von ihm tragen – und macht die Not zur Tugend. Jedes Problem, das Ihrem Klienten begegnet, kann ihn stärken und vorwärtsbringen.

Wie gelingt es Ihnen im Coaching, den Klienten seine Situation optimal nutzen zu lassen? Wie bringen Sie ihn dazu, weniger auf das Hinderliche und mehr auf das Nützliche zu schauen? Zum einen, indem Sie nicht einfach behaupten: „Ihre Krise ist ein Geschenk!" Dafür würde sich der Klient nach Art des Hauses bedanken: durch massiven Widerspruch. Dagegen macht es ihm diese hypothetische Reframing-Frage leichter, dieses Gedankengebäude zu betreten.

Das zweite Stilmittel der Frage ist eine Dissoziierung: Indem der Klient nicht aus der heutigen Perspektive, sondern aus dem Abstand von „ein paar Jahren" auf die Krise zurückblickt, kann er die engen Ketten der Gegenwart sprengen und – im wahrsten Sinne – eine Perspektive der „Weitsicht" einnehmen.

Kommentar zur Fragen-Sprache

Die klassische Variante dieser Frage erkundigt sich danach, welchen Nutzen eine Krise für den Klienten „hat" – als wäre die Krise der Lieferant, und der Klient müsste nichts weiter tun, als den Nutzen in Empfang zu nehmen. So ist es nicht! Dagegen macht die Formulierung „... welchen Nutzen können Sie aus ihr ziehen?" deutlich: Der Klient muss etwas tun. Ziehen! Anpacken! Handeln! Eine solche Formulierung hilft, den Klienten zu aktivieren.

Profi-Tipp

Reisen Sie mit Ihrem Klienten (Herrn Fischer) in die Zukunft. Lassen Sie ihn auf einem Stuhl Platz nehmen, auf dem steht „Der weise Herr Fischer, 90 Jahre". Und nun sprechen Sie ihn in dieser Rolle an, zum Beispiel so: „Herr Fischer, Sie sind 90 Jahre alt, haben alles im Leben erreicht und ganz viel Weisheit auf Ihrem Lebensweg eingesammelt. Lassen Sie uns zusammen doch mal auf den Jungspund zurückblicken, der Sie mit 45 Jahren waren. Damals haben Sie sich ja für kurze Zeit in einer großen und völlig nutzlosen Krise gewägt. Woran haben Sie zuerst gemerkt, dass das ein Irrtum war?" In diesem Stil fragen Sie weiter – so lange, bis jeder mögliche Nutzen der Situation ausgesprochen ist. Danach darf Herr Fischer auf seinen Klientenstuhl zurückkehren und dem leeren Stuhl des Weisen antworten, was er aus diesen Ausführungen lernen kann.

Schwierige Antwort

Der Klient sagt: „Es kommt mir so vor, als würden Sie mich fragen: Wozu war der Flugzeugabsturz, bei dem alle Insassen umgekommen sind, eigentlich gut? Ich würde Ihnen antworten: zu gar nichts!"

Wie reagieren Sie? Bitte antworten Sie, gerne schriftlich, ehe Sie weiterlesen.

Mein Vorschlag: Eine solche Antwort ist hilfreich – weil der Klient selbst einen Vergleich ins Spiel bringt. Diese Idee sollten Sie keinesfalls zurückweisen, sondern einfach weiterspinnen: „Das finde ich einen interessanten Vergleich. Und ich teile Ihre Auffassung: Wenn ein Flugzeug zerschellt, wenn alle Passagiere tot sind, wird man vergeblich nach einem Nutzen suchen. Auf der anderen Seite: Bei Ihrem Flugzeug stottert zwar der Motor – aber Sie sind in der Luft, Sie können noch steuern und Sie suchen nach einer Landebahn. Angenommen, es gäbe gerade durch diese Situation eine winzige Chance, etwas für künftige Flüge zu lernen – welche könnte das sein?"

Fragen-Übung

Ihr Klient antwortet auf die Ausgangsfrage: „Die einzige Chance, die ich in meiner Arbeitslosigkeit sehe, ist die, dass ich endgültig zu tief ins Glas schaue – ich hatte hier schon mal vor Jahren ein Problem."

Bitte greifen Sie diese Aussage Ihres Klienten auf und entwickeln Sie Fragen, die ihm bewusst machen, dass dieses Risiko zugleich eine Chance ist. Arbeiten Sie bevorzugt mit hypothetischen Ressourcen-Fragen, die den Klienten ein positives Bild davon entwickeln lassen, wie er die Situation bewältigt.

Umsetzungs-Plan

Bitte notieren Sie, welche Ideen Ihnen zu dieser Frage kommen und in welchem Zusammenhang Sie damit arbeiten wollen:

45.

Reframing-Frage: Deutungsvarianten

Je festgefahrener die Sichtweise einer Klientin, desto schwerer fällt die Veränderung. Wenn es Ihnen gelingt, sie die vermeintlichen Tatsachen neu deuten zu lassen, dann schlägt das neue Denk- und Handlungspfade frei – gerade bei Konflikten.

Die Frage

Nun haben Sie mir eine Möglichkeit genannt, wie man das Verhalten Ihres Kollegen deuten kann. Welche weiteren Möglichkeiten fallen Ihnen ein?

Folgefragen

- Welche dieser Interpretationen würde es Ihnen am einfachsten machen, mit der Situation umzugehen? Und welche am schwersten?
- Und wie könnte der Arbeitskollege *Ihr* Verhalten gedeutet haben – bestenfalls? Und im schlechtesten Fall?
- Angenommen, Sie entscheiden sich für die positivste Deutung der Situation: Welche neuen Lösungsmöglichkeiten würden Sie sich dadurch schaffen?
- Wer ist der klügste Diplomat, den Sie kennen? Welchen Umgang mit der Situation würde er Ihnen wohl ans Herz legen?

Kommentar zum Fragen-Inhalt

Wer in einem Konflikt steckt, sieht sich oft als Spielball fremder Mächte – als wäre er seinem Konfliktgegner ausgeliefert. Dieser Mangel an Selbstwirksamkeit ist ein Nährboden für Ohnmacht; hier wächst keine produktive Veränderung.

Dabei sind die meisten Konflikte formbar – im Kopf! Nicht an Fakten entzünden sie sich meist, sondern an Interpretationen. Beispiel: Eine Mitarbeiterin erfährt, dass ihr Kollege einen Kunden angenommen hat, der eigentlich in ihr Gebiet gefallen wäre. Dabei kam ein großes Geschäft ins Rollen, das dem Kollegen höchstes Lob der Geschäftsführung einbrachte. Die Kollegin – nun Klientin – ist stinksauer und wertet dieses Verhalten als Kriegserklärung: „Der Kerl hat mir den besten Neukunden weggeschnappt und geht jetzt mit einem Erfolg hausieren, der eigentlich mir zustünde." (Interpretation eins.)

Doch die Interpretationsfragen führen zu einem neuen Bild. Ich erfahre: Bereits früher hatten die Kollegen, wenn einer verhindert war, Kunden aus den Nachbargebieten angenommen. Interpretation zwei: „Eventuell hat er den Kunden angenommen, um mir den Rücken freizuhalten. Und als die Geschäftsführung sah, welcher Umsatz da ins Rollen kam, hat sie ihn mit der weiteren Betreuung des Kunden beauftragt."

Interpretation drei: „Der Kollege stand offenbar sehr unter Druck – in letzter Zeit hatte er nicht viel zum Umsatz beigetragen. Gut möglich, dass ihm dieser Großauftrag zufällig zuflog und er ihn rein mit Blick auf den eigenen Erfolg angenommen hat – ohne böse Absicht gegenüber mir."

Diese drei Deutungen bringen Bewegung in das starre Gedankenbild. Nun ist eine differenzierte Arbeit an dem Konflikt möglich. Und neue Ideen für die Schlichtung fliegen ihr zu.

Kommentar zur Fragen-Sprache

Die Frage ist in hypnotischer Sprache gestellt: Die Formulierung „*Welche weiteren* Möglichkeiten fallen Ihnen ein ..." setzt voraus, dass es weitere Möglichkeiten gibt und dass sie der Klientin einfallen. Eine solche Erwartung schafft günstigste Voraussetzungen für sie, mit ihren Gedanken eine neue Deutung ans Licht zu fördern.

Profi-Tipp

Lassen Sie sich drei Menschen aus dem Umfeld der Klientin nennen:

1. eine „Axt im Wald", auf Krawall gebürstet;
2. einen Diplomaten, einfühlsam und mit Fingerspitzengefühl;
3. eine Frohnatur, die das Leben leicht und humorvoll nimmt.

Bitten Sie Ihre Klientin, die Situation (oder den Konflikt) jeweils aus der Sicht dieser Menschen zu interpretieren. Doppeln Sie sie mit Sachfragen in die Rollen ein („Wie heißen Sie? Wie alt sind Sie? In welcher Beziehung stehen Sie zu meinem Klienten?"), auch damit Sie mehr über die Person erfahren.

Was verändert sich durch die Interpretation aus diesen Blickwinkeln? Welche Ansätze scheinen der Klientin hilfreich? Was kann sie tun, um diesen Deutungen mehr Raum zu geben? Und welche Schritte lassen sich daraus ableiten?

Schwierige Antwort

Die Klientin antwortet: „Das kann man drehen oder wenden, wie man will: Er wollte mir eins auswischen. Dabei bleibt es."

Wie reagieren Sie? Bitte antworten Sie, gerne schriftlich, ehe Sie weiterlesen.

Mein Vorschlag: Leiten Sie den Perspektivenwechsel zirkulär ein: „Gut, Sie sehen da eine böse Absicht am Werk. Nun interessiert mich: Wenn ich Ihren Kollegen direkt befragen könnte, würde er seine Absichten ja sicher positiver darstellen, um gut dazustehen. Welche Interpretation seines Verhaltens würde er wohl vorschlagen?"

Fragen-Übung

Bitte leiten Sie die Ausgangsfrage mit einer Metapher ein, um sie anschaulicher zu machen. Beispiel: „Sie wissen ja, wie das bei Strafraumszenen im Fußball ist: Der eine Zuschauer hat ein Handspiel gesehen. Der andere sagt: ‚Es war die Brust!' Und ein dritter schwört: ‚Der Ball ist gar nicht berührt worden!' Nun haben Sie eine Sichtweise vorgetragen – dass Ihr Kollege Sie gezielt übers Ohr gehauen hat. Lassen Sie Ihrer Fantasie einmal freien Lauf: Welche Interpretationen desselben Vorfalls wären von der Tribüne aus noch möglich?"

Umsetzungs-Plan

Bitte notieren Sie, welche Ideen Ihnen zu dieser Frage kommen und in welchem Zusammenhang Sie damit arbeiten wollen:

46.

Reframing-Frage: Pfeil und Bogen

Emotionale Aussagen des Klienten kommen oft als Metaphern oder Vergleiche daher. Eine Steilvorlage, um das Sprachbild mit Ihren Fragen fortzuführen. Diese Intervention überrascht den Klienten – und öffnet ihm die Tür zu neuen, oft positiveren Gedanken.

Die Frage

Klient: „Ich möchte den Bogen nicht überspannen."
Coach: Wie weit müssen Sie den Bogen spannen, damit Ihr Pfeil genug Energie hat, ins Ziel zu fliegen?"

Folgefragen

- Welche Möglichkeiten sehen Sie, noch ein paar Schritte auf das Ziel zuzugehen, ehe Sie den Bogen abschießen?
- Von allen Pfeilen, die Sie bislang geschossen haben – welcher ist dem Ziel am nächsten gekommen? Und weshalb?
- Wie weit haben andere ihre Bögen gespannt, um ähnliche Ziele wie Sie (in Ihrer Firma) zu erreichen?
- Angenommen, Ihr Bogen risse tatsächlich – hätten Sie noch eine sanftere Waffe in der Hinterhand?

Kommentar zum Fragen-Inhalt

Das Bild des Klienten drückt eine Sorge aus: Er fürchtet eine Rückkopplung – dass die Energie, die er aufs Ziel richtet, nach hinten losgeht. Indem Sie die Metapher mit Ihren Fragen weiterspinnen, kann der Klient seine Sorge ergründen, mit der Realität abgleichen und zu positiveren Deutungen finden.

Meine Lieblingsfrage in der Fortsetzung: „Von allen Pfeilen, die Sie bislang geschossen haben – welcher ist dem Ziel am nächsten gekommen?" Dieser Gedanke steuert in eine positive Richtung und deckt Erfolgsrezepte auf. Sicher sind dem Klienten schon Bogenschüsse geglückt, bei denen die Sehne gehalten hat. Wie hat er das geschafft? Woher wusste er, dass der richtige Moment für einen Schuss gekommen war? Worauf genau hat er gezielt? Und welchen Standort nahm er vor dem Schuss ein?

Was für ein Unterschied, ob der Klient nur von abstrakten „Versuchen" berichtet, ein Ziel zu erreichen – oder ob er konkrete Schüsse mit Pfeil und Bogen nachzeichnen muss! Die Antworten fallen unverkrampfter und konkreter aus. Vor allem kann der Klient tiefer in sein Inneres tauchen – woher er auch das Sprachbild mit dem überspannten Bogen geschöpft hat.

Kommentar zur Fragen-Sprache

Formal könnte die Frage auch lauten: „Wie weit müssen Sie den Bogen spannen, damit Ihr Pfeil ins Ziel fliegt?" Aber diese Version ist deutlich schwächer, denn ihr fehlt das Schlüsselwort: *Energie*. Das ist es, was der Bogen dem Pfeil schenkt. Und das ist es auch, was der Klient für seine Veränderung braucht. Erst durch dieses Wort wird dem Klienten intuitiv klar, dass es wichtig für seinen Erfolg sein kann, den Bogen weit zu spannen.

Profi-Tipp

Achten Sie darauf, die Metaphern Ihres Klienten nicht nur in *einer* Frage aufzugreifen, sondern bauen Sie daraus durch mehrere Fragen einen Bilderbogen. So entwickeln Sie eine individuelle Sprache mit Ihrem Klienten, die Ihnen auch später gute Dienste leistet. Statt einen Allgemeinplatz zu verwenden („Wie hoch schätzen Sie die Wahrscheinlichkeit ein, Ihr Ziel bis zu unserem nächsten Termin zu erreichen?"), können Sie dann fragen: „Nun spannen Sie Ihren Bogen wieder, um bis zu unserem nächsten Termin ein Ziel zu erreichen: Wie hoch schätzen Sie die Wahrscheinlichkeit ein, dass Ihr Pfeil ins Schwarze trifft?"

Schwierige Antwort

Der Klient zuckt die Schultern und sagt: „Wenn ich wüsste, wie weit ich den Bogen spannen muss, hätte ich doch keine Angst, ihn zu überspannen!"

Wie reagieren Sie? Bitte antworten Sie, gerne schriftlich, ehe Sie weiterlesen.

Mein Vorschlag: Jetzt kann eine paradoxe Frage helfen: „Und angenommen, Sie wollten ganz sicher sein, dass Ihr Bogen reißt – auf welche Weise müssten Sie ihn dann spannen?" Aus der Antwort lassen sich Rezepte für ein vernünftiges Maß an Spannung ableiten.

Fragen-Übung

Bitte führen Sie die folgenden drei Metaphern von Klienten mit jeweils fünf Fragen fort:

1. „Ich will mir von meinem Kollegen nicht die Butter vom Brot nehmen lassen."
2. „Mein Chef benimmt sich wie ein ausgebrochener Gorilla."
3. „Bei unseren Meetings geht es zu wie auf einem orientalischen Basar."

Umsetzungs-Plan

Bitte notieren Sie, welche Ideen Ihnen zu dieser Frage kommen und in welchem Zusammenhang Sie damit arbeiten wollen:

47.

Reframing-Frage: Beste Laune

Welche Probleme sind unlösbar? Solche, die der Klient dafür hält! Es gilt auch der Umkehrschluss. Mit einer dissoziierenden Frage können Sie ihn dazu bringen, sein Problem als lösbarer zu sehen – und es damit lösbarer zu machen.

Die Frage

Welche Situation Ihres Lebens fällt Ihnen ein, als es Ihnen so richtig gut ging, als Sie unbeschwert und allerbester Laune waren? (Der Klient antwortet.) Mal angenommen, Sie stellen sich diese Situation als ein prächtiges Haus vor, ein Haus der Freude, in dem Sie frohen Mutes ein Fenster öffnen und mit großem Abstand auf die jetzige Herausforderung schauen können: Was verändert sich durch diesen Blickwinkel vielleicht?

Folgefragen

- Angenommen, das Problem hätte aus Ihrem alten Blickwinkel 100 Kilo gewogen – wie viel Gewicht hätte es jetzt verloren?
- Stellen Sie sich vor, Sie müssten einem interessierten Schüler erklären, wie diese Problem-Diät funktioniert und an welchen Stellen das Gewicht schmilzt – wie könnten Sie das an Ihrem Beispiel anschaulich machen?
- Nun könnte ein kluger Berater sagen: Wenn ein Problem im Kopf leichter wiegt, ist es auch in der Wirklichkeit leichter zu lösen – was müssten Sie tun, um diese These durch Ihr Handeln zu belegen?
- Nun haben Sie das Problem in zwei Schwere-Geraden erlebt – für welche Wahrnehmung und welches Handeln wollen Sie sich künftig entscheiden?

Kommentar zum Fragen-Inhalt

Die Frage setzt auf eine mehrfache Dissoziierung: Der Klient versetzt sich in eine andere Stimmung (mentaler Abstand), lässt seine Gedanken eine Zeitreise in die Vergangenheit unternehmen (zeitlicher Abstand) und stellt sich dieses Gefühl als ein weit entferntes „Haus der Freude“ vor (räumlicher Abstand, Verfremdung).

Die Distanz füllt den Tank seiner Ressourcen auf. Wer fest an eine Situation denkt, in der er bester Laune war, auf den färbt diese gute Laune ab. Wer sich unbeschwert fühlt, macht die Dinge um sich herum leichter, auch die Herausforderungen. Und mit der gefühlten Lösbarkeit eines Problems nimmt seine tatsächliche Lösbarkeit zu. Der Klient wagt es, einen neuen Anlauf zu nehmen, seinem Problem selbstbewusster zu begegnen und es mit Optimismus und Souveränität anzugehen. Genau diese Haltung macht es leichter, Lösungen zu visionieren und reale Erfolge zu erzielen.

Kommentar zur Fragen-Sprache

Die Frage baut auf eine Metapher: Der Klient soll sich die damalige Situation als ein „Haus der Freude“ vorstellen, aus dessen Fenster er auf die jetzige Herausforderung blickt. Ein Haus ist ein geschützter Raum, wo man „zu Hause“ ist, sich geborgen fühlt. Alles, was ein Mensch durch sein Fenster sieht, berührt ihn nicht unmittelbar; es geschieht in einer anderen Sphäre, der Außenwelt.

Dieses Bild kann helfen, den Klienten eine größere Distanz einnehmen zu lassen. Auch können Sie die Metapher fortspinnen, etwa indem Sie ihn durch die Fenster anderer Etagen schauen lassen: „Wenn Sie durch ein anderes Fenster schauen, sagen wir: ganz oben durchs Dachfenster, dann sehen Sie die Situation vielleicht noch mehr aus der Vogelperspektive – was verändert sich dadurch?“

Profi-Tipp

Fragen Sie Ihren Klienten nicht nur, in welcher Situation er so richtig guter Laune war – sondern sorgen Sie dafür, dass er sich mit allen Sinnen in diese Situation versetzt. Erkundigen Sie sich, welche Geräusche er hörte, welche Gerüche er wahrnahm, welche Gedanken durch seinen Kopf schwirrten und welche Menschen um ihn herum waren. Manchmal dauert es ein paar Minuten, bis sich ein Klient wirklich in seine beste Laune versenkt hat – diese Zeit ist gut investiert, denn sie verkürzt den Weg zu den Lösungen.

Schwierige Antwort

Der Klient sagt: „Ganz egal, aus welcher Perspektive ich schaue: Die Situation bleibt verdammt schwierig!“

Wie reagieren Sie? Bitte antworten Sie, gerne schriftlich, ehe Sie weiterlesen.

Mein Vorschlag: „Das ist eine interessante These! Sind Sie einverstanden, dass wir durch ein Experiment prüfen, inwieweit das zutrifft?

Dazu würde ich Sie gleich durch ein paar Fragen bitten, sich näher in einen Glücksmoment Ihres Lebens zu versetzen. Ich verspreche Ihnen, das wird eine angenehme Erfahrung sein. Und aus dieser Perspektive würden Sie dann auf die jetzige Situation blicken und einmal beobachten lassen, was sich vielleicht doch ein winziges bisschen verändert. Einverstanden?"

Fragen-Übung

Bitte entwickeln Sie drei Dissoziierungs-Fragen in Ihrer Wortwahl, durch die Sie Ihren Klienten, der gerade tief im Problem steckt, in Glücksmomente versetzen. Gerne können Sie folgende Stichwörter verwenden:

1. Beste Schulnote Ihres Lebens
2. Erste Verliebtheit
3. Größter beruflicher Erfolg

Umsetzungs-Plan

Bitte notieren Sie, welche Ideen Ihnen zu dieser Frage kommen und in welchem Zusammenhang Sie damit arbeiten wollen:

Ressourcen-Fragen

48. Angenommen, vor Ihnen läge ein Fotoalbum, in dem alle Menschen abgebildet sind, die Ihnen bislang auf Ihrem Berufs- und Ausbildungsweg begegnet sind. Welche Menschen könnten Sie mir zeigen, die besondere Qualitäten und Kräfte in Ihnen geweckt haben? *(Seite 217)*

49. Ich stelle mal folgende These auf: Probleme sind wie Bauarbeiter – sie legen auch mal eine Pause ein. Dann schweigt der Presslufthammer, und die Kreissäge verstummt. Überlegen Sie bitte: In welchen Situationen verstummt Ihr Problem? In welchen Augenblicken pausiert es und lässt Sie vollkommen in Frieden? *(Seite 220)*

50. Stellen Sie sich Ihre Vergangenheit einmal als einen Ozean vor, auf dessen Grund unzählige Schätze schlummern – Ihre Erfolge, Ihre Erfahrungen, Ihre Kontakte, Ihre schönen Erlebnisse. Wenn Sie jetzt an den Grund tauchen müssten, um etwas an die Oberfläche zu holen, das Ihnen im Moment besonders hilft – was könnte das sein? *(Seite 223)*

51. Wann haben Sie unter dem Problem mehr als heute gelitten? *(Seite 226)*

52. Offenbar sind Sie ein humorvoller Mensch, deshalb interessiert mich Folgendes: Gelingt es Ihnen manchmal, dass Sie diesen oder jenen Aspekt Ihrer schwierigen Lage ein wenig komisch finden und darüber zu schmunzeln oder gar zu lachen? *(Seite 229)*

53. Angenommen, Sie wären Popeye, und Ihre Problemlösekraft würde mit jedem Teller Spinat wachsen – woran würden Sie merken, dass Sie einen Teller Spinat gegessen haben? *(Seite 232)*

54. Stellen Sie sich einmal vor, Sie wären ein Weiser, ein großartiger Berater – und könnten auf Ihre eigene Situation von außen blicken, wie von einem Berghügel in ein Tal hinab, sodass Sie alles sehen, alles verstehen. Welche Tipps würden Sie sich dann vielleicht geben? *(Seite 235)*

55. Gehen wir einmal davon aus, Ihr Kollege würde eines Morgens völlig verwandelt aufwachen. Und er verhielte sich genau so, wie Sie es sich schon immer wünschen. Welche Auswirkungen auf Ihr eigenes Verhalten hätte das? *(Seite 238)*

56. Offenbar verhalten Sie sich in ähnlichen Situationen immer wieder so, dass Sie später damit unzufrieden sind. Nehmen wir an, Sie könnten sich einen kleinen Mann ins Ohr wünschen – was müsste der Ihnen in diesen Situationen flüstern, um Sie zu einem stimmigeren Verhalten zu bringen? *(Seite 241)*

57. Was hätte der beste Vorgesetzte, den Sie je hatten, in einer solchen Situation unternommen? *(Seite 244)*

58. Welche Kräfte, mit denen Sie gar nicht gerechnet haben, sind Ihnen bei den ersten Etappen Ihrer Veränderung zu Hilfe gekommen? *(Seite 247)*

59. Für welche Entscheidung Ihres Lebens würden Sie sich gerne eine Urkunde verleihen, weil Sie sagen „Diese Entscheidung war so richtig gut!"? *(Seite 250)*

60. Wenn Sie einmal Ihre alten Wunschträume durchgehen, diese Träume, die Sie über viele Jahre begleitet und über viele Klippen getragen haben – welche davon würden Sie gerne wieder aufleben lassen? *(Seite 253)*

61. Wer steht in dieser schwierigen Situation voll hinter Ihnen? *(Seite 256)*

62. Mal angenommen, Sie würden all das, was in Ihrem Leben gut klappt, in einem kleinen Erfolgs-Tagebuch festhalten – welche positiven Wirkungen könnte das auf Sie haben, auch mit Blick auf Ihr aktuelles Ziel? *(Seite 259)*

63. Malen Sie sich aus, Sie hätten Ihr Ziel mit Bravour erreicht und würden nun als Coach einen Menschen betreuen, der sich in einer ähnlichen Lage befindet wie Sie damals. Wie würden Sie ihn dazu motivieren, seine Situation zu verändern? *(Seite 263)*

Abb. 5: Viele Menschen haben kein Auge für ihr eigenes Potenzial. Die Ressourcen-Frage öffnet den Blick für diese Stärken.

Viele Menschen sind sichere Spürhunde, wenn sie nach ihren eigenen Schwächen suchen. Doch die Fährte ihrer Stärken nehmen sie erst gar nicht auf. Das hat mit der Sozialisation zu tun. Was man *nicht* darf, was man *lassen* soll, worin man *schlecht* ist: Ein solcher Chor der Ermahnungen und der Kritik prasselte auf Kinderohren ein. Die Tonspur dieser Äußerungen, kritisches Eltern-Ich genannt, spult sich noch in den Köpfen von Erwachsenen ab. Schwächen werden aufgeblasen, Stärken übersehen.

Hier setzt die Ressourcen-Frage an: Sie geht davon aus, dass jeder Mensch über beträchtliche Stärken verfügt. Nur kann es sein, dass diese Ressourcen wie mit Tarnfarbe angestrichen sind. Wer sie besitzt, muss sich ihrer nicht bewusst sein. Das ist fatal, denn nur wer seine Stärken kennt, kann sie im richtigen Moment einsetzen.

Die Ressourcen-Fragen lenken die Wahrnehmung auf solche Stärken. Dabei blenden sie oft zurück in die Vergangenheit: Welche Stärken und Strategien haben einem Menschen seine bisherigen Erfolge beschert? Was füllt ihn mit Energie? Und wie kann es ihm gelingen, diese Joker erneut auszuspielen?

Die Ressourcen-Jagd

Drei Beispiele für Ressourcen-Fragen:

1. *Klient:* „Die Situation ist unerträglich. Schon seit Monaten sind meine Aufgaben nicht ausreichend geklärt."
   Coach: „Wie haben Sie es geschafft, trotz dieser widrigen Umstände so lange und so erfolgreich am Ball zu bleiben?"

2. *Klientin:* „Bei meinen bisherigen Bewerbungen hatte ich einfach Glück; ich kannte immer jemanden, der mich empfohlen hat."

Coach: „Mal angenommen, genau dieses Vorgehen – Empfehlungen zu nutzen – wäre Ihre persönliche Erfolgsstrategie: Welche Erkenntnisse und Erfahrungen von früher könnten Ihnen helfen, auf der Beziehungsklaviatur jetzt wieder mit Erfolg zu spielen?"

3. *Klient:* „Mein Problem ist, dass ich mich schnell begeistere, aber die Flinte auch immer wieder schnell ins Korn werfe."
   Coach: „Nun haben Sie ja viele Dinge mit Erfolg abgeschlossen, ich denke an Ihr Studium und Ihre Weiterbildung zum Bilanzbuchhalter. Welche Menschen um Sie herum und welche innere Haltung haben Sie bei solchen Erfolgen am meisten unterstützt?"

Ressourcen sind oft dort, wo der Klient sie nicht vermutet. Wer kommt schon auf die Idee, dass es eine Qualität sein könnte, auch unter schwierigen Umständen die Arbeit erfolgreich fortzuführen? Wer ist sich seiner persönlichen Erfolgsstrategien bewusst, mit denen er frühere Jobs erobert oder Ausdauer bewiesen hat?

Mit Ihren Ressourcen-Fragen können Sie die Wahrnehmung des Klienten erweitern, auch auf sein Umfeld bezogen: Welche Menschen könnten ihn unterstützen? Wer wäre ein guter Sparringspartner für Rollenspiele? Wie ließe sich der Bezirksleiter, mit dem er so ein gutes Verhältnis hat, als Mentor gewinnen? Könnte ihm sein Fußballtrainer, der für einen großen Konzern arbeitet, die Tür zu einem neuen Arbeitsplatz öffnen?

Gute Ressourcen-Fragen machen die Suche nach Stärken zu einem Abenteuer, zu einer wahren Schatzjagd (siehe Seite 223):

- Stellen Sie sich Ihre Vergangenheit einmal als einen Ozean vor, auf dessen Grund unzählige Schätze schlummern – Ihre Erfolge, Ihre Erfahrungen, Ihre Kontakte, Ihre schönen Erlebnisse. Wenn Sie jetzt an den Grund tauchen müssten, um etwas an die Oberfläche zu holen, das Ihnen im Moment besonders hilft – was könnte das sein?

Auch der indirekte Weg führt zu Ressourcen: Immer dann, wenn ein Problem (kurz) abwesend ist, haben sich offenbar die Ressourcen ans Steuerrad gedrängt. Eine fantasievolle Ressourcen-Frage, die zugleich Lösungsfrage ist, macht sie sichtbar (siehe Seite 220):

- Ich stelle mal folgende These auf: Probleme sind wie Bauarbeiter – sie legen auch mal eine Pause ein. Dann schweigt der Presslufthammer, und die Kreissäge verstummt. Überlegen Sie bitte: In welchen Situationen verstummt Ihr Problem? In welchen Augenblicken pausiert es und lässt Sie vollkommen in Frieden?

Eine solche Metapher bietet Ihnen die Chance, das Bild auch bei den Folgefragen im Blick zu behalten. Gerade die spielerische Leichtigkeit der Fragen deckt Ressourcen auf, etwa so:

- Bei den Bauarbeitern steht wahrscheinlich im Arbeitsvertrag, wann und wie lange sie Pause haben. Auf welche Weise geben Sie Ihrem Problem zu verstehen, dass es zu pausieren hat?

Mit solchen Fragen sorgen Sie dafür, dass Ihr Klient seine Ressourcen kennenlernt, sich mit ihnen anfreundet und sie als Verbündete auf dem Weg zum Ziel nutzt.

48.

Ressourcen-Frage: Fotoalbum

Ressourcen gewinnen an Kraft, wenn sie ein Gesicht bekommen – wenn Ihr Klient Menschen vor sich sieht, die ihn an seine Stärken und Erfolge erinnern. Diese Frage ruft solche Menschen herbei. Das hilft ihm, seine Kräfte für neue Herausforderungen zu aktivieren.

Die Frage

Angenommen, vor Ihnen läge ein Fotoalbum, in dem alle Menschen abgebildet sind, die Ihnen bislang auf Ihrem Berufs- und Ausbildungsweg begegnet sind. Welche Menschen könnten Sie mir zeigen, die besondere Qualitäten und Kräfte in Ihnen geweckt haben?

Folgefragen

- Bitte wählen Sie einen aus. Wenn Sie diesen Menschen sehen – an welche Ihrer Erfolge, an welche Ihrer Entwicklungssprünge denken Sie dann?
- Angenommen, Sie müssten die Bilder mit einem Text versehen, der mit den Worten beginnt: „Dieser Mensch ist auch für mein heutiges Ziel wichtig, weil er mir Folgendes mitgegeben hat ...“ Wie setzen Sie fort?
- Wie ist es Ihnen eigentlich gelungen, eine Reihe solcher fantastischen Menschen als Förderer hinter sich zu versammeln?
- Wenn Sie dasselbe Album in zehn Jahren öffnen: Welche wichtigen Menschen hätten Sie bis dahin im Idealfall als neue Förderer gewonnen?

Kommentar zum Fragen-Inhalt

Wer über Menschen spricht, nimmt zwar ihre Namen in den Mund, muss aber kein emotionales Bild vor Augen haben. Das Fotoalbum verleiht diesen Menschen ein Gesicht. Vor dem inneren Auge des Klienten läuft der Film eines persönlichen Erfolges ab, der von diesen Menschen angestoßen, jedoch von ihm selbst erreicht wurde. Er erinnert sich an seine Eigenkräfte und an die Wohltat, Unterstützung zu erfahren.

Am wirksamsten ist die zweite Folgefrage: Was haben diese wichtigen Menschen dem Klienten mitgegeben, das ihn befähigen kann, sein heutiges Ziel zu erreichen? So wird ein Energiebogen von der

Vergangenheit in die Zukunft gespannt. Der Klient realisiert, dass er schon hohe Hürden übersprungen hat, mithilfe von Kräften, die nach wie vor in ihm schlummern und die er wieder wecken kann.

Ebenso kann am Ende die Erkenntnis stehen, dass er für die neue Herausforderung auch neue Fähigkeiten oder Kompetenzen braucht. Dann lautet die Frage: Auf welche Weise kann er sie sich aneignen? Und wie können ihn andere Menschen, zum Beispiel als Mentoren, dabei unterstützen?

Kommentar zur Fragen-Sprache

Die Frage erkundigt sich danach, welche Qualitäten oder Talente die anderen Menschen in dem Klienten „geweckt“ haben. Wecken funktioniert nur, wenn etwas Schlummerndes vorhanden ist. Diese Formulierung assoziiert dem Klienten, dass er das Potenzial zur Lösung der aktuellen Herausforderung schon in sich trägt – dass er jedoch „Wecksignale“ braucht, um diese Qualitäten zu entfalten.

Hätte der Coach dagegen gefragt, „Was haben Ihnen diese Menschen beigebracht?“, so wäre der Klient nur der passive Empfänger gewesen – und würde sich in der aktuellen Situation womöglich darauf beschränken, „Rettung von außen“ zu erhoffen.

Profi-Tipp

Laden Sie Ihren Klienten ein, zum nächsten Termin reale Fotos der Menschen mitzubringen (sofern er welche hat). Diese Bilder können Sie auf Stühlen im Raum verteilen, hinter die der Klient dann treten kann, um – nach Eindoppelung – aus der Sicht dieser Menschen zu sprechen. Ein hilfreicher Anstoß von Ihnen kann sein: „Sie kennen meinen Klienten aus einer früheren Phase seines Lebens und haben gesehen, wie er eine große Herausforderung bewältigt hat. Mit welchen seiner Qualitäten, glauben Sie, wird er die aktuelle Situation meistern?“

Schwierige Antwort

Der Klient antwortet: „Ich halte nichts von Fotoalben.“

Mein Vorschlag: Akzeptieren Sie diese Aussagen – schließlich geht es nicht um die Form (Album), sondern um das inhaltliche Ziel der Frage (positive Erinnerungen ansteuern).

Coach: „Einverstanden, dann erspare ich Ihnen das Album. Auf welche Weise sammeln Sie dann Ihre guten Erinnerungen?“
Klient: „In meinem Tagebuch. Ich schreibe das Wichtigste jeden Abend auf.“

Coach: „Also gut: Wenn Sie je eine Seite im Tagebuch über Menschen schreiben müssten, die besondere Qualitäten und Kräfte in Ihnen geweckt haben – welche Menschen wären das? Und was würde ich auf diesen Seiten wohl lesen?"

Fragen-Übung

Bitte stellen Sie Ihrem Klienten zehn Fragen zu dem Fotoalbum in einer Variante: Welche *neuen* Menschen würde er in 20 Jahren gerne im Rückblick präsentieren? Stellen Sie die Fragen so, dass er über konkrete Schritte seines Handelns nachdenkt. Beispiel: „Angenommen, Sie hätten einen großartigen Mentor gehabt, den wir hier abgebildet sehen – wodurch könnten Sie seine Unterstützung gewonnen haben?"

Umsetzungs-Plan

Bitte notieren Sie, welche Ideen Ihnen zu dieser Frage kommen und in welchem Zusammenhang Sie damit arbeiten wollen:

49.

Ressourcen-Frage: Bauarbeiter

Probleme gelten als fleißig, als rund um die Uhr aktiv. Dabei legen sie nicht nur Pausen ein, sondern werden sogar in die Pause geschickt. Aber wie? Eine Metapher hilft der Klientin, ihr Problem pausieren zu lassen.

Die Frage

Ich stelle mal folgende These auf: Probleme sind wie Bauarbeiter – sie legen auch mal eine Pause ein. Dann schweigt der Presslufthammer, und die Kreissäge verstummt. Überlegen Sie bitte: In welchen Situationen verstummt Ihr Problem? In welchen Augenblicken pausiert es und lässt Sie vollkommen in Frieden?

Folgefragen

- Bei den Bauarbeitern steht wahrscheinlich im Arbeitsvertrag, wann und wie lange sie pausieren dürfen. Auf welche Weise geben Sie Ihrem Problem zu verstehen, dass es zu pausieren hat?
- Nun könnte man ja sagen: Wenn es Ihnen in diesem Moment gelingt, Ihr Problem zur Bedeutungslosigkeit zu verbannen, kann es Ihnen in anderen Momenten auch gelingen. Was spricht aus Ihrer Sicht für diese These?
- Es soll Bauarbeiter geben, denen in der Pause langweilig wird – sie brauchen ihre Arbeit einfach und fangen wieder vorzeitig an. Was vermissen Sie möglicherweise, wenn Ihr Problem pausiert?
- Nehmen wir an, Sie sollten Ihr Problem nicht nur in eine Pause, sondern in den Jahresurlaub von drei Wochen schicken – wie könnte Ihnen das gelingen?

Kommentar zum Fragen-Inhalt

Mit Problemen ist es wie mit Partygästen: Man kann nur den fotografieren, der da ist; Abwesende bleiben unsichtbar. Die Klientin weiß genau, wann ihr Problem sie belagert – aber ihr fehlt ein anschauliches Bild von der Abwesenheit ihres Problems. Deshalb fließt die meiste Aufmerksamkeit dem Problem zu. Es wird so lange unter die Lupe genommen, bis es aufgeblasen wirkt. Die Wahrnehmung ist kein neutrales Problem-Messgerät, sie trägt zur Größe des Problems bei.

Umgekehrte Variante: Der Coach lenkt den Blick auf die fehlenden Bilder, auf jene Momente, in denen das Problem abwesend ist – zum Beispiel, wenn die Klientin ihrer Lieblingsarbeit nachgeht, wenn sie im Doppelbüro alleine arbeitet oder wenn sie in ihrer Freizeit mit Freunden unterwegs ist. Diese Ausnahmen vom Problem sind aus mehreren Gründen spannend: Erstens hat die Klientin, ohne es zu merken, einen Teil ihres Ziels schon erreicht – phasenweise. Aus dieser Erkenntnis fließt ihr Optimismus für die weiteren Schritte zu. Und zweitens ist das Problem nicht zufällig abwesend, sondern sie trägt dazu bei. Wenn sie herausfindet, wie sie sich das Problem vom Leib hält, kann sie diese Strategie auf andere Situationen übertragen.

Kommentar zum Fragen-Inhalt

Die Bauarbeiter verleihen dem Problem eine sinnliche Dimension: Man stellt sich kräftige Typen vor, die mit ihrem Werkzeug jede Menge Lärm machen. An das Bild mit der Pause können Sie vielfältig anknüpfen. Meine letzte Frage lautet oft: „Wie könnte es Ihnen gelingen, Ihr Problem zu entlassen?" Auch dieser Ansatz lässt sich mit Analogien aus der Arbeitswelt fortspinnen, zum Beispiel mit Blick auf Kündigungsschutz („Welche Gewohnheitsrechte wird das Problem für sich beanspruchen?") oder mit Blick auf den Betriebsrat („Wer hat ein Interesse daran, dass Ihr Problem nach wie vor seinen Hammer schwingt?").

Kommentar zur Fragen-Sprache

Gewagte Vergleiche – etwa der mit den Bauarbeitern – kommen bei Klienten natürlicher rüber, wenn Sie sie als *Ihre* These, *Ihre* Idee oder *Ihre* spontane Eingebung bezeichnen. Absolute Feststellungen („Probleme sind wie Bauarbeiter ...") könnten unnatürlich wirken oder Widerstände erzeugen. Wenn Sie dagegen die Subjektivität eingestehen, wächst die Chance, dass Ihre Klientin mit Ihnen darüber ins Gespräch kommt

Profi-Tipp

Laden Sie Ihre Klientin dazu ein, dass sie ihrem Problem zu Hause eine offizielle Kündigung schreibt, mit allem, was dazugehört: einer stichhaltigen Begründung, einem Termin, ab dem die Kündigung wirksam wird, und einem kurzen Resümee der gemeinsamen Zeit. Beim folgenden Termin bietet sich ein Rollenspiel an: Der Coach stellt das Problem dar, die Klientin spricht die Kündigung aus, überreicht sie und hält eine kurze Abschiedsrede. So lässt sich prüfen, ob die Entscheidung stimmig ist. Vor allem stärken solche symbolischen Akte die Entschlossenheit der Klientin.

Schwierige Antwort

Die Klientin antwortet: „Mein Problem ist ja gerade: Das Problem verstummt niemals! Es brummt immer. Zumindest in meinem Hinterkopf."

Wie reagieren Sie? Bitte antworten Sie, gerne schriftlich, ehe Sie weiterlesen.

Mein Vorschlag: Arbeiten Sie den positiven Kern der Aussagen heraus: „Verstehe, Ihr Problem löst sich niemals in Luft auf, meinen Sie. Auf der anderen Seite macht es sicher einen Unterschied, ob es in Ihrem Vorderkopf oder nur in Ihrem Hinterkopf brummt. Was ist anders, wenn das Problem weiter nach hinten rückt?"

Fragen-Übung

Bitte stellen Sie Fragen zur Abwesenheit des Problems mithilfe einer neuen Metapher: dem Wetter oder einem bestimmten Wetterphänomen (Wind, Regen, Hitze usw.). Beginnen Sie mit denselben Worten wie oben: „Ich stelle mal folgende These auf: Probleme sind wie ..." Greifen Sie in Ihren (mindestens vier) Folgefragen die Metapher auf.

Umsetzungs-Plan

Bitte notieren Sie, welche Ideen Ihnen zu dieser Frage kommen und in welchem Zusammenhang Sie damit arbeiten wollen:

50.

Ressourcen-Frage: Schätze am Meeresgrund

Ressourcen sind wie Schätze am Meeresgrund: Man sieht sie nicht auf den ersten Blick. Eine fantasiereiche Frage kann Ihren Klienten seine eigene Vergangenheit durchtauchen lassen. Dabei kann er so manchen Ressourcen-Schatz bergen.

Die Frage

Stellen Sie sich Ihre Vergangenheit einmal als einen Ozean vor, auf dessen Grund unzählige Schätze schlummern – Ihre Erfolge, Ihre Erfahrungen, Ihre Kontakte, Ihre schönen Erlebnisse. Wenn Sie jetzt an den Grund tauchen müssten, um etwas an die Oberfläche zu holen, das Ihnen im Moment besonders hilft – was könnte das sein?

Folgefragen

- Schauen Sie sich genau am Meeresgrund Ihrer Vergangenheit um, in diesem Abenteuerland unter Wasser: Welche weiteren Schätze könnten Sie heben?
- Welches ist der älteste Schatz Ihres Lebens? Und welches der jüngste?
- Wenn Sie eine Unterwasserkamera dabei hätten: Welche motivierenden Bilder Ihrer Vergangenheit könnten Sie schießen, um sie sich in der Gegenwart immer wieder vor Augen zu halten?
- Wenn Sie nach oben schauen, zur Oberfläche, zur Gegenwart: Was von all dem, was Sie jetzt geborgen haben, wird Ihnen in der gegenwärtigen Situation am hilfreichsten sein? Und was genau wird sich durch diesen Schatz verändern?

Kommentar zum Fragen-Inhalt

Es gibt zwei Arten von Ressourcen-Fragen: die sachlichen und die emotionalen. Eine sachliche Frage („Welche Erfahrungen könnten Ihnen ...?") macht den Klienten zum Buchhalter seines Lebens – er schaut in die Bilanz. Die Begeisterung hält sich in Grenzen; nüchterne Fragen bringen nüchterne Antworten.

Dagegen kann eine fantasiereiche Ressourcen-Frage zu Abenteuerreisen in Gedanken führen – ideal für fantasiereiche Klienten. Die Schätze am Meeresgrund weisen viele Parallelen zu Ressourcen in einem Menschen auf: Man kann sie auf den ersten Blick nicht sehen. Sie können alt, aber dennoch ungeheuer wertvoll sein. Wer sie finden will, muss in die Tiefe gehen. Ein Suchscheinwerfer und ein langer Atem sind hilfreich. Und manches Fundstück will erst einmal poliert sein, ehe man seinen Wert erkennt.

Die meisten Klienten brauchen ein, zwei Minuten, ehe sie sich ganz auf die Metapher einlassen. Aber dann können Ihre Fragen wahre Gedanken-Tauchgänge anstoßen, die fantastische Ressourcen ans Licht bringen. Schon manches Mal habe ich dieselben Menschen, die vorher kaum auf Ressourcen kamen, einen Schatz nach dem anderen nach oben fördern sehen.

Kommentar zur Fragen-Sprache

Wie sehen die Schätze am Grund des Ressourcen-Ozeans aus? Die Frage gibt dem Klienten Anstöße: „ ... Ihre Erfolge, Ihre Erfahrungen, Ihre Kontakte, Ihre schönen Erlebnisse." Eine solche Aufzählung erleichtert es dem Klienten, der Metapher zu folgen (was ist eigentlich mit „Schätzen" gemeint?). Vor allem wird er auf das, wonach er gezielt sucht, eher als auf zufällige Fundstücke stoßen.

Profi-Tipp

Worin finden sich die meisten Schätze am Meeresgrund? In Wracks! Dasselbe kann auch für die Ressourcen gelten. Jedes Mal, wenn Ihr Klient in seinem Leben eine (vermeintliche) Niederlage erlitten hat, wenn etwas unterging, waren seine Kräfte gefordert: Er musste wieder auf die Beine kommen, wieder nach vorne blicken. Darum kann es sich lohnen, ihn gezielt ein paar (vermeintliche) Wracks ansteuern zu lassen, die sich aus der Nähe als Schatzkammern entpuppen können. Dann kann es gelingen, die Vergangenheit neu zu interpretieren und Blockaden zu lösen.

Schwierige Antwort

Der Klient sagt: „Ich glaube, ich bin in den letzten Wochen schon zehntausendmal durch dieses Gewässer getaucht, aber habe nichts Brauchbares gefunden."

Wie reagieren Sie? Bitte antworten Sie, gerne schriftlich, ehe Sie weiterlesen.

Mein Vorschlag: Lassen Sie den Klienten zweierlei trennen: die Suche nach den Fundstücken – und die Einschätzung ihres Wertes: „Ihrer Antwort entnehme ich: Sie haben etwas gefunden, aber noch nichts wirklich Hilfreiches?" (Der Klient bejaht.) „Dann schlage ich vor:

Lassen Sie uns doch einfach mal möglichst viele Fundstücke an die Oberfläche holen. So wie verrostete Gegenstände vom Meeresgrund. Dann können wir später in Ruhe schauen, ob diese Ressourcen wirklich wertlos sind. Oder ob sie Ihnen, wenn man sie putzt und poliert, doch nützen können. Einverstanden?“

Fragen-Übung

Bitte lassen Sie sich ganz auf die Metapher mit dem Meer und den Ressourcen-Schätzen ein. Und nun entwickeln Sie zwanzig Fragen, die allesamt den Bogen zwischen der wahren Schatztaucherei und der Ressourcen-Suche spannen. Wenn Sie mögen, können Sie folgende Stichwörter einfließen lassen: Taucherbrille, Sauerstoffflasche, Suchscheinwerfer, Meerestiefe, Haie, Muscheln, U-Boot, Auftauch-Geschwindigkeit, Schatzkiste, Wrack.

Umsetzungs-Plan

Bitte notieren Sie, welche Ideen Ihnen zu dieser Frage kommen und in welchem Zusammenhang Sie damit arbeiten wollen:

51.

Ressourcen-Frage: Das Problem

Worüber reden Klienten am liebsten? Über ihr Problem! Als Coach können Sie mit Ihren Fragen gegen diesen Strom anschwimmen. Oder Sie nutzen die Energie und folgen dem Strom mit Ihrer Ausgangsfrage, um dann überraschend zu wenden.

Die Frage

Wann haben Sie unter dem Problem mehr als heute gelitten?

Folgefragen

- Auf welche Weise haben Sie es geschafft, die Stärke des Problems zu mindern?
- Inwiefern kann Ihre damalige Strategie heute wieder helfen?
- Wenn Sie sich das Problem einmal als heftigen Schauer vorstellen – welches sind Ihre persönlichen Regenschirme, mit denen Sie es von sich abprallen lassen können?
- Was gibt Ihnen die Kraft, über einen so langen Zeitraum mit dieser Situation fertig zu werden?

Kommentar zum Fragen-Inhalt

Diese Frage weist den Klienten auf einen wichtigen Unterschied hin. Wenn es einen Zeitpunkt gab, zu dem er mehr als heute unter dem Problem gelitten hat, heißt das auch: Es muss ihm gelungen sein, das Problem besser in den Griff zu bekommen, die Situation souveräner zu meistern. Dieser Gedanke wird durch die Folgefragen vertieft und schenkt dem Klienten eine neue Perspektive. Statt immer nur den misslichen Unterschied zwischen der aktuellen Situation und der erwünschten Lösung zu sehen, sieht er plötzlich einen motivierenden Unterschied: Er wird mit der Situation *besser* fertig als zu einem früheren Zeitpunkt, ist auf seinem Lösungsweg *weiter* gekommen.

Was er für die Veränderung getan hat, war nicht völlig vergeblich (wie es schien), sondern hat ihn doch ein Stück nach vorne getragen. Und wenn er dieses Stück bewältigt hat – warum sollte er dann nicht noch weiterkommen? Der Klient interpretiert sein Handeln neu: als Teilerfolg, statt völligen Misserfolg. Gleichzeitig sichtet er Erfolgsstrategien und prüft, ob sie sich erneut anwenden lassen.

Kommentar zur Fragen-Sprache

Ich arbeite sehr gerne mit der Fortsetzungsfrage nach den Regenschirmen. Daraus kann man viele Parallelen zu realen Situationen ableiten. Zum Beispiel lassen sich missliche Situationen, etwa das Klima in einer Firma, nicht auf Anhieb verändern. Aber jeder Mensch entscheidet selbst, wie er mit dieser Situation umgeht. Der Regenschirm ist eine vorzügliche Metapher für solche individuellen Strategien. Diese Frage lässt sich auch fortsetzen: Gibt es zur Not auch eine Regenjacke? Ein Vordach, unter das man sich flüchten könnte? Oder eine andere Wetterzone in seiner Branche? Fantasiereiche Fragen bringen: fantasiereiche Antworten.

Profi-Tipp

Lassen Sie den Klienten seine persönlichen Regenschirme zeichnen. Mit welchen Strategien kann er mit der Situation umgehen? Welcher Schirm ist der größte, der ihn am besten schützt? Welcher Schirm ist kleiner? Welchen kann er immer mit sich führen (Knirps)? Und welchen muss er sich erst holen (zum Beispiel Unterstützung durch die Familie oder Freunde).

Bitten Sie Ihren Klienten, neben den vorhandenen Schirmen auch solche aufzumalen, die er sich wünschen würde. Was müsste er tun, um diese Schutzschirme in der Realität für sich zu entwickeln?

Schwierige Antwort

Der Klient sagt: „So schlimm wie heute war es noch nie."

Wie reagieren Sie? Bitte antworten Sie, gerne schriftlich, ehe Sie weiterlesen.

Mein Vorschlag: Gehen Sie von einer hypothetischen Verschlechterung aus: „Also gut, aus Ihrer Sicht haben Sie den bislang tiefsten Punkt erreicht. Was meinen Sie: Kann es noch tiefer gehen?" (Der Klient bejaht.) „Dann stellen Sie sich einmal vor, Sie würden noch eine Stufe tiefer sinken. Was wäre dann schlechter als heute?" Danach können Sie fragen: „Umgekehrt: Was ist heute noch besser, als es nach einem weiteren Absinken wäre?" Nach dieser Einleitung können Sie die relativ positiven Aspekte der Situation mit dem Klienten herausarbeiten.

Fragen-Übung

Bitte denken Sie sich ressourcenorientierte Folgefragen für folgende drei Eröffnungen aus:

1. Wann hat Ihnen der Job noch weniger Freude als im Moment gemacht?

2. Zu welcher Zeit kamen Sie sich noch gehetzter vor als heute?
3. An welchem Tag dieses Jahres haben Sie sich im Job noch mehr gelangweilt?

Umsetzungs-Plan

Bitte notieren Sie, welche Ideen Ihnen zu dieser Frage kommen und in welchem Zusammenhang Sie damit arbeiten wollen:

Ressourcen-Frage: Humor

Wer sich in einer schwierigen Situation befindet, vergisst dabei oft eine wichtige Ressource: seinen eigenen Humor. Diese Frage unterstützt den Klienten dabei, seine Lage mit einem Augenzwinkern und aus einer liebevoll-ironischen Distanz zu sehen.

Die Frage

Offenbar sind Sie ein humorvoller Mensch, deshalb interessiert mich Folgendes: Gelingt es Ihnen manchmal, dass Sie diesen oder jenen Aspekt Ihrer schwierigen Lage ein wenig komisch finden und darüber zu schmunzeln oder gar zu lachen?

Folgefragen

- Wie verändert sich Ihr Gefühl, Ihre innere Haltung, wenn Sie mit Humor auf Ihre Lage schauen?
- Nehmen wir an, der Humorvolle in Ihnen könnte dem – nennen wir ihn – Belasteten ein paar Tipps zurufen: Welche Tipps könnten das sein?
- Wenn es Ihre Aufgabe wäre, Ihre Situation mindestens einmal am Tag mit Humor zu betrachten – wie würden Sie sicherstellen, dass Sie es auch tatsächlich tun?
- Wenn Sie sich eine innere Haltung aussuchen könnten: Wie viel Humor wäre darin enthalten? Und was könnten Sie unternehmen, um diesen Wunsch zu verwirklichen?

Kommentar zum Fragen-Inhalt

Ob auf der Bühne des eigenen Lebens eine Tragödie oder eine Komödie läuft, hängt nicht zuletzt von den Augen des Betrachters ab: Worauf schaut er – auf die dramatischen Aspekte? Oder auch auf das Komische? Jeder Mensch ist der Autor seiner eigenen Wahrheit. Worauf er seine Wahrnehmung richtet, macht diese Wahrheit aus.

Wenn es Ihnen gelingt, den Blick Ihres Klienten die komischen Aspekte erfassen zu lassen, hat das mehrere Vorteile. Zum einen muss er auf Distanz gehen, zu sich und zu seinem Problem, damit diese Selbstironie möglich wird. Seine Situation bekommt einen neuen Anstrich. Diese Haltung hilft, die Lage ohne lähmendes Selbstmitleid zu analysieren. Humor entsteht immer aus Kontrast – das kann auch der zwischen dem eigenen Wunsch und der Wirklichkeit sein.

Zum anderen ist Humor der beste Veränderungshelfer dieser Welt: Er erinnert die Menschen an einen Quell der Freude, der tief in ihnen sprudelt. Wer Schwarz sah, sieht wieder Licht. Wer hilflos war, spürt wieder Gestaltungsenergie.

Zudem ist es für das Coaching-Gespräch ein Segen, wenn Sie mit Ihrem Klienten herzhaft lachen können. Das stärkt die Beziehung und löst Verkrampfungen.

Kommentar zur Fragen-Sprache

Die Frage ist in der Tastsprache gehalten, damit der Klient seine erste Situation *nicht* auf die leichte Schulter genommen sieht. Der Coach fragt, ob der Klient „manchmal“ (also nicht immer) „diesen oder jenen Aspekt“ (also nicht alle) „ein wenig komisch“ findet (also nicht absolut). Und statt gleich nach einem Lachen zu fragen, erkundigt er sich erst mal nach einem Schmunzeln. Je zurückhaltender die Frage formuliert ist, desto leichter macht sie es dem Klienten, seine humorvollen Momente zu entdecken – statt dem Coach zu belegen, dass seine Situation absolut nicht zum Lachen sei.

Profi-Tipp

Diese Frage geht von einer Voraussetzung aus: dass ein Klient Humor hat. Gerne frage ich in Momenten nach, in denen mich mein Klient zum Schmunzeln bringt. Zum Beispiel sagte ein arbeitsloser Bauingenieur zu mir, als vor dem Coaching-Raum plötzlich ein Presslufthammer zu hören war: „Für Sie ist das Lärm – für mich die Aussicht auf neue Arbeit ...“

In solchen Augenblicken klopft der Humor des Klienten an die Coaching-Tür. Durch diese Folgefrage können Sie ihn hereinbitten und ihm zu einem wichtigen Auftritt verhelfen. Wer lernt, über sich zu lachen, ist einen großen Schritt weiter.

Schwierige Antwort

Der Klient sagt trocken: „Wenn ich ehrlich sein soll, finde ich meine Situation eher zum Heulen als zum Lachen.“

Wie reagieren Sie? Bitte antworten Sie, gerne schriftlich, ehe Sie weiterlesen.

Mein Vorschlag: Versetzen Sie Ihren Klienten in einen Menschen, dem er einen guten Blick für Komik zugesteht: „Gibt es einen Regisseur oder einen Autor, den Sie für besonders humorbegabt halten?"

Klient: „Ja, ich bin ein großer Fan der Gedichte von Heinz Erhardt. Sie kennen doch sicher das mit der Made?"

Coach: „Stimmt, Heinz Erhardt konnte tragischen Situationen immer komische Aspekte abgewinnen. Vielleicht haben Sie Lust auf ein spannendes Gedankenspiel: Mal angenommen, Sie wären der augenzwinkernde Heinz Erhardt und sollten über Ihre Situation ein komisches Gedicht schreiben, das die Leser zum Lachen bringt – was könnte der Inhalt dieses Gedichts sein?"

Die Chance, eine humorvolle Antwort zu erhalten, ist sehr groß; als Heinz Erhardt kann er sich erlauben, was innere Bremskräfte ihm selbst zunächst versagten.

Fragen-Übung

Die Ausgangsfrage greift eine Ressource explizit auf. Bitte übertragen Sie das Prinzip dieser Frage auf andere Eigenschaften Ihres Klienten, die ihm bei der Problemlösung helfen könnten, zum Beispiel: „Ich erlebe Sie als sehr reflektierten Menschen, deshalb …". Denken Sie an einen konkreten Klienten (oder Menschen) sowie eine Ausgangssituation und entwickeln Sie neben der Hauptfrage vier weiterführende Fragen.

Umsetzungs-Plan

Bitte notieren Sie, welche Ideen Ihnen zu dieser Frage kommen und in welchem Zusammenhang Sie damit arbeiten wollen:

53.

Ressourcen-Frage: Popeye

Wenn das Leben doch so einfach wie im Comic wäre! Wenn es reichte, wie Popeye eine Dose Spinat zu essen, um dann voller Kraft zu sein! Es funktioniert tatsächlich – sogar als Gedankenschmaus. Diese hypothetische Ressourcen-Frage lädt Ihre Klientin zum Essen ein.

Die Frage

Angenommen, Sie wären Popeye, und Ihre Problemlösekraft würde mit jedem Teller Spinat wachsen – woran würden Sie merken, dass Sie einen Teller Spinat gegessen haben?

Folgefragen

- Woraus könnte Ihr Spinat bestehen, was stärkt Sie auf dem Weg zum Ziel?
- Welche Menge von diesem Kraftfutter bräuchten Sie, um die ersten Schritte in Richtung Ziel zu bewältigen?
- Was könnten Sie tun, um sich den Nachschub von diesem Kraftfutter zu sichern?
- Welche Fortschritte könnten Ihnen gelingen, wenn Sie morgen einfach mal so täten, als hätten Sie einen Teller von diesem ganz speziellen Spinat gefrühstückt?

Kommentar zum Fragen-Inhalt

Wer vor einer Herausforderung steht, braucht Kraft. Es reicht nicht, dass Ihre Klientin diese Kraft *hat* – es muss ihr auch gelingen, sie zu aktivieren. Diese Frage hebt den Bühnenvorhang für die Ressourcen: Die Klientin stellt sich vor, ihre Lösungskraft habe, ähnlich wie bei Popeye, durch den Verzehr eines Tellers Spinat zugenommen. Und nun muss ihr, ebenfalls wie Popeye, etwas leichtfallen, was vorher schwerfiel, etwas gelingen, was vorher nicht gelang.

Und so wird sie beschreiben, wie sie mit alten Gewohnheiten bricht, Grenzen überschreitet, neue Lösungen findet. Und je mehr sie von diesen positiven Möglichkeiten, von ihren gewachsenen Kräften spricht, desto mehr füllen sie ihr Bewusstsein aus. Das Reden über Stärke macht stark! Am Ende wird es sie reizen, einfach so zu tun, als hätte sie den Lösungsspinat schon gelöffelt.

Diese Frage ist deshalb so effektiv, weil sie Kontraste in Berührung bringt: das Ernste, nämlich ein Problem, und das Spielerische, nämlich die Comic-Figur Popeye. Wenn Ihre Klientin sich in die Rolle des Kinderhelden denkt, verliert ihr Problem an Bedrohlichkeit. Ihre Gedanken können sich leicht und schnell wie Bilder in einem Comic-Film bewegen.

Kommentar zur Fragen-Sprache

In den Fortsetzungsfragen wird das Wort „Spinat" mehrfach durch „Kraftfutter" ersetzt. Weshalb? „Kraftfutter" ist ein Wort, das sich selbst erklärt: Dieses Futter verleiht Kraft. Die Klientin kann sich die Energie für die geistige Übertragungsleistung sparen, dass „Spinat" gleich Kraftfutter ist. Dann fällt es ihr leichter, ihre persönlichen Kraftquellen – zum Beispiel die Besinnung auf eine Stärke – in den Rahmen der Metapher einzufügen.

Profi-Tipp

Bitten Sie Ihre Klientin, sich die Szene eines Comic-Films auszumalen: Wie sie, als spinatgestärkter Popeye, mit einer Herausforderung konfrontiert wird, die typisch für ihr Problem ist. Was unternimmt Popeye, um mit der Situation fertig zu werden? Wodurch unterscheidet sich das, was sie als Popeye denkt und tut, von ihrem üblichen Denken und Handeln? Danach analysiert sie ihre „Popeye-Erzählung": Was davon kann sie auf sich übertragen?

Schwierige Antwort

Die Klientin antwortet: „Dann würde ich das Problem lösen, statt wie der Ochs vorm Berg zu stehen."

Wie reagieren Sie? Bitte antworten Sie, gerne schriftlich, ehe Sie weiterlesen.

Mein Vorschlag: Laden Sie die Klientin ein, ihre Aussage zu konkretisieren: „Dann interessiert mich, welches Ihr erster Schritt zur Lösung wäre. Was würden Sie sich trauen, wozu Ihnen vorher die Kraft oder die Entschlossenheit fehlte? Was genau liefe besser als vorher?"

Fragen-Übung

Fragen Sie Ihre Klientin nach ihrer liebsten Comic-Figur. Dann können Sie Ihre Frage individuell auf sie zuschneiden. Zum Beispiel antwortet sie: „Als Kind habe ich Wickie geliebt! Sie wissen schon, diesen kleinen Wikingerjungen, der immer die besten Ideen hatte, wenn er sich an der Nase rieb."

Bitte probieren Sie, den Popeye-Ansatz auf Wickie zu übertragen – und formulieren Sie eine Ausgangsfrage und vier Fortsetzungsfragen.

Umsetzungs-Plan

Bitte notieren Sie, welche Ideen Ihnen zu dieser Frage kommen und in welchem Zusammenhang Sie damit arbeiten wollen:

54.

Ressourcen-Frage: Der Weise

Diese zirkuläre Ressourcen-Fragen hilft, wenn der Klient seine Situation tausendmal durchdacht, aber immer noch nicht die gewünschte Klarheit erlangt hat. Offenbar kommen die inneren Lösungsstimmen nicht ausreichend zum Zuge. Hier bekommen sie das Wort erteilt.

Die Frage

Stellen Sie sich einmal vor, Sie wären ein Weiser, ein großartiger Berater – und könnten auf Ihre eigene Situation von außen blicken wie von einem Berghügel in ein Tal hinab, sodass Sie alles sehen, alles verstehen. Welche Tipps würden Sie sich dann vielleicht geben?

Folgefragen

- Wenn Sie als weiser Berater Ihre eigenen Gedanken – also die desjenigen, den Sie beraten – lesen könnten: Welche davon schienen Ihnen am hilfreichsten?
- Wenn Sie das, was Sie bislang unternommen haben, einmal kommentieren müssten – wofür würden Sie sich das größte Lob aussprechen?
- Welche Aspekte oder welche Menschen, die Sie bislang kaum berücksichtigt haben, könnten für die Lösungssuche wichtig sein?
- Wenn Sie als weiser Berater mit sich vereinbaren müssten, was Sie noch im Laufe dieser Woche als Schritte in Richtung Ziel unternehmen könnten – welche Schritte wären das?

Kommentar zum Fragen-Inhalt

Die Frage tut so, als wäre der Klient ein anderer Mensch, ein Weiser auf dem Berghügel. Und obwohl der Klient in Wirklichkeit der Klient bleibt, obwohl er nach wie vor auf einem Stuhl sitzt, statt auf einem Berghügel zu stehen, verändert diese Vorstellung die Reichweite seiner Gedanken. Wer als Weiser angesprochen wird, findet einen leichteren Zugang zu seinen Lösungsressourcen, die bislang im Hintergrund standen. Jetzt werden sie gezielt nach vorne gerufen. In närrischer Freiheit dürfen sie Ideen entwickeln, Tipps geben und Beobachtungen schildern.

Der Klient wächst im wahrsten Sinne über sich hinaus: Er hebt seine Gedanken auf eine neue Ebene, erschließt Zusammenhänge und bewertet sein bisheriges Lösungsverhalten aus der Meta-Perspektive. Der psychologische Kniff dabei: Den meisten Menschen fällt es deutlich leichter, *anderen* Menschen Tipps und Hinweise zu geben als sich selbst. Doch sind die Ratschläge erst einmal ausgesprochen, lassen sie sich ausbauen und nutzen.

Kommentar zur Fragen-Sprache

Die Frage erklärt den Klienten nicht nur zum Weisen, sondern sie versetzt ihn gleichzeitig auf einen Berghügel. Diese räumliche Perspektive unterstützt eine Dissoziierung, einen größeren Abstand zum Problem. Der Binnenreim „alles sehen, alles verstehen“ gleitet leichter ins Unbewusste und entfaltet eine stärkere suggestive Kraft als eine konventionelle, nicht gereimte Aufforderung.

Der letzte Satz der Frage ist bewusst in der Tastsprache gehalten: Der Coach fragt nach Tipps, die der Weise „vielleicht“ gäbe. Diese Einschränkung verhindert, dass der Klient sich überfordert fühlt; „vielleicht“ erlaubt fantasievolles Spekulieren.

Profi-Tipp

Stellen Sie diese Frage nicht zu Beginn der Lösungssuche, sondern erst dann, wenn die üblichen Denkwiesen abgegrast scheinen. Würdigen Sie, was Ihr Klient bis dahin an Überlegungen hervorgebracht hat, und sei es nur die Erkenntnis, im Moment noch unentschlossen zu sein. Beispiel für eine Überleitung zu dieser Frage: „Ich merke, dass Sie gründlich abwägen, statt leichtfertig zu beschließen. Das ist eine gute Voraussetzung, um eine stimmige Entscheidung zu finden. Vielleicht kann Sie folgende Frage auf dem Weg dorthin noch einen Schritt weiterbringen …“

In diesem Kontext steht der Weise, den Ihre hypothetisch-zirkuläre Ressourcen-Frage auf den Plan ruft, nicht in Konkurrenz mit Ihrem Klienten (der sich dann als weniger weise fühlen müsste!), sondern übernimmt einfach den Staffelstab.

Schwierige Antwort

Der Klient sagt: „Vielleicht würde ich mir raten, das ganze Problem zu vergessen. Aber das wäre nun mal nicht realistisch!“

Mein Vorschlag: Lassen Sie Ihren Klienten diesen Ansatz ausbauen: „Mal angenommen, Sie würden das Problem nicht vollständig vergessen, sondern es nur ein winziges bisschen leichter nehmen – welche neuen Möglichkeiten könnte Ihnen diese Haltung verschaffen?"

Fragen-Übung

Nennen Sie Ihrem Klienten keinen allgemeinen Weisen, sondern machen Sie ihm drei konkrete Vorschläge, zum Beispiel: „Nehmen wir an, Sie könnten sich einen Berater aussuchen, und zwar Sokrates, Helmut Schmidt oder Otto Walkes – wen würden Sie in Ihrer Situation bevorzugen?" Interessante Folgefragen: „Warum haben Sie sich gerade für diesen Kandidaten entschieden? Was kann er Ihnen in dieser Situation geben, was die anderen nicht können?"

Bitte entwickeln Sie für drei Klienten (oder Menschen aus Ihrem Umfeld) jeweils einen maßgeschneiderten Vorschlag: Welche prominenten oder nicht prominenten Berater würden Sie ins Gespräch bringen? Warum gerade diese Menschen? Und welche Folgefragen fallen Ihnen ein?

Umsetzungs-Plan

Bitte notieren Sie, welche Ideen Ihnen zu dieser Frage kommen und in welchem Zusammenhang Sie damit arbeiten wollen:

55.

Ressourcen-Frage: Die Verwandlung

Was tun, wenn Ihr Klient nicht sich selbst verändern will, sondern die Veränderung von einem anderen Menschen erwartet? Wie gelingt es Ihnen, ihn vom Abwarten zum Handeln, von der Reaktion zur Aktion zu lotsen? Mit dieser Frage geben Sie ein wichtiges Signal.

Die Frage

Gehen wir einmal davon aus, Ihr Kollege würde eines Morgens völlig verwandelt aufwachen. Und er verhielte sich genau so, wie Sie es sich schon immer wünschen. Welche Auswirkungen auf Ihr eigenes Verhalten hätte das?

Folgefragen

- Angenommen, Sie könnten einen Film anschauen, der Sie im Kontakt mit Ihrem Kollegen zeigt: An welchen Kleinigkeiten Ihres Verhaltens würden Sie bemerken, ob der Film gedreht wurde *vor* der Verwandlung Ihres Kollegen – oder danach?
- Gehen Sie mal davon aus, wir könnten in dem Film auch die Tonspur Ihres Denkens hören: Was hätte sich dort womöglich verändert?
- Welche Vorteile hätte dieser neue Umgang für Sie, für Ihren Kollegen und womöglich auch für Ihr ganzes Team?
- Welche Voraussetzungen müsste ich Ihnen anbieten, um Sie dafür zu gewinnen, sich tatsächlich mal einen Tag lang so zu verhalten und genau zu beobachten, was sich zwischen Ihnen und Ihrem Kollegen verändert?

Kommentar zum Fragen-Inhalt

Jedes Coaching soll eine Veränderung bringen. Doch viele Klienten wollen nicht sich, sondern nur einen Mitmenschen verändern, um ihr eigenes Leben zu verbessern. Der Kollege soll sie endlich einbeziehen, der Chef mehr loben, der Freund besser zuhören. Motto: „Wie bringe ich ihn dazu, dass er …"

Damit stehen Sie vor einer Aufgabe, die der Quadratur des Kreises gleicht: Ein Mensch, der nicht anwesend ist, kann auch nicht gecoacht werden. Über sein Verhalten können nicht Sie oder Ihr Klient entscheiden, nur er selbst. Eine solche Auslagerung der Verantwortung entzöge dem Coaching den Boden.

Diese Frage ruft Ihren Klienten zurück an den Tisch der Initiative und der Verantwortung. Er stellt sich vor, der andere hätte sich schon wie gewünscht verändert – und würde ihm dadurch ein neues Verhalten ermöglichen. Damit dringt er zum Kern seines Anliegens vor: was *er selbst* wünscht – und *selbst* verändern kann. Je konkreter er sich sein neues Verhalten ausmalt, desto mehr wird es ihn reizen, seine Gedanken in die Tat umzusetzen.

Je mehr positive Gefühle diese Vision erzeugt, desto eher lässt der Klient sich darauf ein, die ersten Schritte der Veränderung selbst zu gehen. Am Ende steht oft eine kindliche Neugier: „Mal gespannt, wie der Kollege darauf reagiert!"

Kommentar zur Fragen-Sprache

Die Frage verlangt dem Klienten keine Zusage für ein künftiges Verhalten ab, sondern sie öffnet ihm durch den Konjunktiv einen Gedanken-Proberaum, in dem er sich sein neues Verhalten vorstellen kann. Emotional unterfüttert wird die Frage durch die Formulierung „wie Sie es sich schon immer wünschen". Es macht einen großen Unterschied, ob Sie von „erwarten" (sachlich) oder „wünschen" (emotional) sprechen.

Profi-Tipp

Lassen Sie Ihren Klienten exakt den Unterschied zwischen einem neuen und seinem bisherigen Verhalten definieren. Genau diese Differenz zeigt das ungenutzte Potenzial, seinen Handlungsspielraum auf. Kommen Sie auf dieses Thema immer wieder zurück, auch im Detail: „Wie haben Sie vorher über Ihren Kollegen gegenüber anderen gesprochen? Und wie tun Sie es jetzt?" Oder: „Mit welchem Gefühl haben Sie ihn vorher morgens begrüßt? Und was hat sich jetzt verändert?"

Achten Sie darauf, wie sich die Tonlage, die Mimik und die Gestik Ihres Klienten verändern, wenn er von der zweiten Version spricht. Falls er sich dabei entspannt: Melden Sie es ihm zurück!

Schwierige Antwort

Der Klient sagt: „Das ist zu schön, um wahr zu sein. Der Kerl verändert sich nie, das weiß ich."

Wie reagieren Sie? Bitte antworten Sie, gerne schriftlich, ehe Sie weiterlesen.

Mein Vorschlag: Tauschen Sie den aktuellen Kollegen einfach gegen ein angenehmeres Exemplar aus, so kann der Klient die Variationsbreite seines Verhaltens erforschen, indirekt auch gegenüber seinem „Problem-Kollegen“: „Gut, dann nehmen wir einfach an: Dieser alte Kollege wird durch einen neuen ersetzt, mit dem Sie gut auskommen. Wie würden Sie mit diesem Kollegen umgehen? Wo genau lägen in Ihrem Verhalten die Unterschiede, verglichen mit dem Umgang mit Ihrem jetzigen Kollegen?“

Fragen-Übung

Ihr Klient, ein leitender Ingenieur, kommt mit folgendem Anliegen zu Ihnen: „Ich möchte die Geschäftsleitung dazu bringen, meinen Verantwortungsbereich auszubauen. Vor allem ist es mir wichtig, dass man endlich meine Individualleistung wahrnimmt und sie nicht meinem direkten Vorgesetzten zuschreibt. Wie erreiche ich es, dass sich die Geschäftsleitung in meinem Sinne verhält?“

Bitte entwickeln Sie eine Strategie, wie Sie an diesen Fall herangehen. Welche Hypothesen über die Sichtweise Ihres Klienten haben Sie? Mit welchen Fragen kann es Ihnen gelingen, ihn das Heft des Handelns in die Hand nehmen zu lassen?

Lösungsvorschläge unter: www.karriereberater-akademie.de, Rubrik „Bücher“.

Umsetzungs-Plan

Bitte notieren Sie, welche Ideen Ihnen zu dieser Frage kommen und in welchem Zusammenhang Sie damit arbeiten wollen:

Ressourcen-Frage: Kleiner Mann im Ohr

Wie kommt ein kleiner Mann ins Ohr Ihrer Klientin? Indem Sie danach fragen! Mit diesem Kniff kann ein Mensch einem Bedürfnis, das sonst oft zu kurz kommt, in wichtigen Situationen eine Stimme verleihen. Das sorgt für stimmigere Entscheidungen.

Die Frage

Offenbar verhalten Sie sich in ähnlichen Situationen immer wieder so, dass Sie später damit unzufrieden sind. Nehmen wir an, Sie könnten sich einen kleinen Mann ins Ohr wünschen – was müsste der Ihnen in diesen Situationen flüstern, um Sie zu einem stimmigeren Verhalten zu bringen?

Folgefragen

- Wie könnten Sie sicherstellen, dass dieser kleine Mann sich auch in den richtigen Momenten zu Wort meldet?
- Auf welche Weise hat er Sie schon in der Vergangenheit in *manchen* Situationen zu einem stimmigeren Verhalten gebracht?
- Eben haben Sie einen Satz genannt, den der kleine Mann Ihnen ins Ohr flüstern sollte: Mit welcher Stimme würde er diesen Satz wohl aussprechen?
- Mal angenommen, Sie würden diesen Satz jetzt eine Minute lang sagen, wieder und wieder, bis er tief in Ihr Unterbewusstsein sinkt – inwieweit könnte das hilfreich für Sie sein?

Kommentar zum Fragen-Inhalt

Diese Frage weist die Klientin auf einen Widerspruch hin: Sie, die sich für ein Verhalten entscheidet, ist später diejenige, die sich mit diesem Verhalten unzufrieden zeigt. Offenbar ist ihre Entscheidung für dieses Verhalten nicht *stimmig*; offenbar überhört sie ein wichtiges Bedürfnis.

Wie kann sich dieses Bedürfnis lauter und schneller zu Wort melden? Indem es einen „Fürsprecher" bekommt: einen kleinen Mann im Ohr. Diese Vorstellung erhöht in kritischen Situationen das Selbstbewusstsein der Klientin – so wie ein Bühnen-Schauspieler sicherer auftritt, wenn ihn zur Not eine Souffleuse unterstützt. Der „kleine Mann im Ohr" wird als Beschützer, als Unterstützer, als *äußere* Instanz wahrgenommen – obwohl es sich in Wirklichkeit um ein Mitglied des inneren Teams handelt.

Zum Beispiel habe ich eine Marketing-Expertin gecoacht, die oft sauer auf sich selbst war: Sie nahm eilige Zusatzaufgaben von ihrer Chefin an, auch wenn sich schon andere Terminarbeiten auf ihrem Schreibtisch türmten. Der kleine Mann sollte ihr zurufen: „Sag der Chefin, was es kostet!" Sie wollte verdeutlichen: Für jede Arbeit, die sie zusätzlich annahm, bliebe eine andere länger liegen.

Aber wie könnte sie sicherstellen, dass ihr kleiner Mann rechtzeitig auf den Plan trat? Ihr fiel ein: Die Chefin leitete ihre „unsittlichen Anträge" immer mit einer Phrase ein: „Ob Sie vielleicht für mich ..." Diese Worte sollten der Zauberspruch sein, der den kleinen Mann weckte. Der Plan ging auf: Als die Chefin wieder mit einer Zusatzarbeit kam, sprang ihr der kleine Mann zu Hilfe. Und sie antwortete erstmals: „Ja, das kann ich Ihnen bis morgen Abend fertig machen. Dafür bleiben dann aber folgende Vorgänge liegen ..." Von diesem Tag an wurde ihre Abgrenzung immer besser.

Kommentar zur Fragen-Sprache

Die Folgefragen regen die Klientin an, sich diesen „kleinen Mann" näher vorzustellen, etwa indem Sie sich nach dessen Stimme erkundigen. So fällt es ihr leichter, sich den kleinen Mann als eigenständige Instanz zu denken, statt nur als verbrauchtes Sprachbild. Solche Fragen, die für Anschaulichkeit sorgen, polieren auch andere (abgegriffene) Metaphern auf. Beispiel: Ihre Klientin spricht davon, der Zug sei für sie abgefahren. Dann könnten Sie fragen: „Welches ist die nächste Station, an der Sie wieder einsteigen könnten?" Wenn Sie Metaphern fortführen, erwacht das alte Bild zu neuem Leben.

Profi-Tipp

Führen Sie ein Interview mit dem „kleinen Mann im Ohr". Doppeln Sie Ihre Klientin in diese Rolle ein: „Also gut, Sie sind jetzt der kleine Mann im Ohr – wie klein sind Sie eigentlich?", „Wie lange wohnen Sie schon in diesem Ohr?" usw. Dann erkunden Sie, was dem kleinen Mann am Verhalten der Klientin auffällt, welche Tipps er ihr geben will und wie vergangene Situationen anders gelaufen wären, wenn er sich zu Wort gemeldet hätte. Dann kehrt die Klientin in ihre reale Rolle zurück und kommentiert das Interview – was hat sie daraus gelernt?

Schwierige Antwort

Die Klientin antwortet: „Ich habe keine Ahnung, was ein kleiner Mann in meinem Ohr flüstern könnte. Da fehlt mir die Fantasie."

Wie reagieren Sie? Bitte antworten Sie, gerne schriftlich, ehe Sie weiterlesen!

Mein Vorschlag: „Mal angenommen, ein Bühnenautor hätte bei unserem Gespräch Mäuschen gespielt und gehört, in welchen Situationen Sie mit Ihrem Verhalten unzufrieden waren. Welchen Text würde er, als fantasiereicher Autor mit verrückten Ideen, ihrem kleinen Mann vielleicht in den Mund legen?"

Fragen-Übung

Bitte denken Sie sich fünf fantasievolle Alternativen aus, wer anstelle des kleinen Mannes in Ihrer Ausgangsfrage auftreten könnte. Beispiel: „Angenommen, Sie hätten einen Warn-Papagei bei sich im Büro stehen: Was müsste dieser Vogel Ihnen zurufen, damit ...?"

Umsetzungs-Plan

Bitte notieren Sie, welche Ideen Ihnen zu dieser Frage kommen und in welchem Zusammenhang Sie damit arbeiten wollen:

57.

Ressourcen-Frage: Der beste Vorgesetzte

Was soll ich jetzt bloß tun? Diese bange Frage stellen sich Menschen, wenn es schwierig wird, aber oft finden sie keine Antwort. Oder sie probieren das, was bislang erfolglos war, immer wieder. Diese systemische Ressourcen-Frage ergründet neue Chancen.

Die Frage

Was hätte der beste Vorgesetzte, den Sie je hatten, in einer solchen Situation unternommen?

Folgefragen

- In welchen Schritten wäre er wohl vorgegangen? Und was hätte er dabei berücksichtigt?
- Wie schätzen Sie die Erfolgschancen dieses Vorgehens ein – auch mit Blick auf die Eigenarten Ihrer Firma und der Beteiligten?
- Wenn Sie sich von diesem Verhalten eine Scheibe abschneiden könnten: Welche wäre das? Und welche ersten Schritte könnten daraus folgen?
- Mal angenommen, Sie würden sich demnächst in einer kniffligen Situation einfach vorstellen, Sie *wären* Ihr ehemaliger Vorgesetzter – welche erwünschten Auswirkungen auf Ihr Tun und Denken könnte das haben? Und welche unerwünschten?

Kommentar zum Fragen-Inhalt

Wenn Ihr Klient sich in einer Sackgasse wägt, wenn er in einer schwierigen Situation nicht weiß, was zu tun ist, heißt das nur: Sein Blick auf den Lösungsweg ist *noch* verstellt. Ihre Aufgabe als Coach ist es, ihm den Blick auf Möglichkeiten zu öffnen. Die Frage, wie sein Vorbild gehandelt hätte, ist ein Blitzlicht. Derselbe Mensch, der keine Wege sieht, weiß sofort, welche Wege das Vorbild *sähe* – womit die Scheuklappen gefallen sind.

Zum Beispiel habe ich einen Betriebsleiter gecoacht, dem die Geschäftsleitung in den Werkshallen 15 Prozent seiner Mitarbeiter gestrichen hatte. Seither stieg die Quote der Unfälle an den Maschinen dramatisch. Er wollte einen Teil der Personalkürzung rückgängig machen, aber drang mit seinen Argumenten nicht durch. Das machte ihn ratlos.

Doch die Frage nach seinem Ex-Chef entlockte ihm sofort die Antwort: „Der war ein großer Rechner. Der hätte nicht von der Gesundheit der Mitarbeiter gesprochen, sondern einfach vorgerechnet, was die Personal- und Maschinenausfälle unterm Strich kosten." Daraufhin ließ er seinen Controller eine solche Berechnung aufstellen. Das war eines der (zwei) wichtigen Argumente, die ihm schließlich wieder neue Planstellen brachten. Kleine Frage – große Wirkung.

Kommentar zur Fragen-Sprache

Die Frage bildet eine Parallele: Weil der Klient selbst ein Problem in seiner Rolle als Vorgesetzter hat, holt der Coach als Vorbild einen Ex-Vorgesetzten ins Boot: den „besten Vorgesetzten, den Sie je hatten". Hätte der Klient ein Fach-Problem, würde die Frage auf den „fachlich kompetentesten Kollegen" zielen. Die Formulierung *„je* hatte" schlägt bewusst eine pathetische Saite an. Das klingt ein bisschen nach „Erlöser" – und hilft dem Klienten, eine Lösung zu finden.

Profi-Tipp

Wenn das Vorbild, das Ihr Klient ins Gespräch bringt, einen ganz anderen Weg eingeschlagen hätte als den, der im jetzigen Umfeld zum Ziel führt – was dann? Nutzen Sie die Chance, sich nach weiteren Vorbildern zu erkundigen: „Was hätte der zweitbeste Chef, den Sie je hatten, unternommen?", „Und was der Drittbeste?" Vorteil: Der Klient bekommt eine *Reihe* von Möglichkeiten zugespielt, die er auf seine Situation übertragen und aus denen er auswählen kann. Manchmal wird er sich auch für eine Kombilösung entscheiden.

Schwierige Antwort

Der Klient sagt: „Um ehrlich zu sein: Alle Chefs, die ich bislang hatte, waren eher Nichtskönner."

Wie reagieren Sie? Bitte antworten Sie, gerne schriftlich, ehe Sie weiterlesen.

Mein Vorschlag: Bleiben Sie der Idee treu, nach einem Vorbild zu suchen, aber verlegen Sie sich auf andere Felder: „Sie meinen: Diese Chefs hätten eher einen Holz- als einen Lösungsweg eingeschlagen?" (Klient stimmt zu.) „Dann frage ich mich: In welchen anderen Feldern Ihres Lebens gibt es Menschen, denen Sie viel in Sachen Menschenführung und Strategie zutrauen? Das können Prominente oder historische Persönlichkeiten sein, Politiker oder Sportler, Verwandte oder Bekannte. Wen würden Sie da an erster Stelle nennen?"

Nun spielen Sie mit ihm durch, was dieses Vorbild getan hätte und wie sich dieses Verhalten auf den Klienten übertragen lässt.

Fragen-Übung

Der Klient antwortet auf die Ausgangsfrage: „Mein letzter Chef, der für mich ein Vorbild war, hätte sich das nicht gefallen lassen. Der hätte der Geschäftsleitung sofort seine Kündigung auf den Tisch geknallt. Und basta."

Wie gehen Sie mit dieser Antwort um? Was wollten Sie über das bisherige Verhalten Ihres Klienten herausfinden? Welche Fragen müssten Sie stellen, damit Ihr Klient das, was für ihn nützlich ist, von seinem Ex-Chef auf sich überträgt – ohne deshalb sofort die radikale Konsequenz der Kündigung zu ziehen? Und inwiefern ist es von Bedeutung, dass er ausgerechnet diesen Chef als seinen „besten" bezeichnet?

Antworten Sie gerne schriftlich.

Umsetzungs-Plan

Bitte notieren Sie, welche Ideen Ihnen zu dieser Frage kommen und in welchem Zusammenhang Sie damit arbeiten wollen:

Ressourcen-Frage: Schubkräfte

Wer einen Plan umsetzt, fürchtet Überraschungen – sie können ihn aus der geplanten Flugbahn werfen. Doch es gibt auch positive Überraschungen, die für neue Schubkräfte sorgen. Wenn Sie nach ihnen fragen, werden sie für den Klienten nutzbar.

Die Frage

Welche Kräfte, mit denen Sie gar nicht gerechnet haben, sind Ihnen bei den ersten Etappen Ihrer Veränderung zu Hilfe gekommen?

Folgefragen

- Mit welcher Strategie ist es Ihnen gelungen, diese wichtigen Kräfte für sich zu aktivieren?
- Was fiel Ihnen leichter, als Ihnen dieser Kraftschub zu Hilfe kam?
- Mal angenommen, diese Kräfte wären Blumen, die Sie als Gärtner immer größer ziehen könnten – welches Beet in Ihrem Leben bräuchten Sie? Und wie könnte der Dünger aussehen?
- Schauen Sie doch mal in die Kristallkugel und spekulieren Sie ein wenig: Welche unerwarteten Kräfte könnten Sie bei Ihren nächsten Schritten unterstützen?

Kommentar zum Fragen-Inhalt

„Wo aber Gefahr ist, wächst das Rettende auch“, schrieb Friedrich Hölderlin. Wer mit einem Problem kämpft, kann unerwartete Schützenhilfe bekommen, von außen und von innen. Zum Beispiel sagte ein Abteilungsleiter beim ersten Termin: „Meine Geduld mit dem Mitarbeiter ist am Ende. Beim nächsten Fehler stauche ich ihn zusammen.“ Doch beim folgenden Coaching berichtete er, er sei mit dem nächsten Fauxpas unerwartet souverän umgegangen.

Oder: Eine Betriebswirtin, die einen neuen Job sucht, erzählt zunächst: „Ich habe kein Netzwerk, ich bin ganz auf mich allein gestellt.“ Doch auf die Ausgangsfrage hin fällt ihr beim nächsten Termin ein: „Zufällig habe ich erfahren, dass die Freundin einer Handballkollegin als Personalchefin arbeitet.“

Oder eine Top-Managerin, die ein Angebot aus dem Ausland hat, war der Meinung: „Meine Familie ist völlig gegen den Wechsel." Doch in einem Nebensatz lässt ihr Mann in der nächsten Woche durchblicken: Unter bestimmten Bedingungen würde er den Auslandseinsatz doch unterstützen.

Solche Lichtblicke gehen schnell im Dunkel einer schwierigen Situation verloren – Ihre Frage lenkt die Aufmerksamkeit darauf. Solche Ressourcen lassen sich mit System nutzen. Zum Beispiel könnte die Betriebswirtin sich fragen, wie sie ihren Bekanntenkreis *gezielter* für die Jobsuche nutzen könnte. Oder der Abteilungsleiter erforscht, wie es ihm trotz aller Anspannung gelungen ist, geduldig mit dem Mitarbeiter umzugehen. Was davon kann er verstärken? Wertvolle Ressourcen!

Kommentar zur Fragen-Sprache

Die Frage lebt von dem eingeschobenen Relativsatz: „... Kräfte, *mit denen Sie gar nicht gerechnet haben ...*" Diese Formulierung macht dem Klienten bewusst, dass es nicht nur unerwartete Schwierigkeiten gibt (wovon im Coaching immer gerne gesprochen wird) – sondern auch unerwartete Hilfestellung (wovon fast nie die Rede ist). Das schürt seinen Optimismus und regt ihn an, gezielt nach solchen Kraftquellen zu suchen, auch bei den nächsten Etappen seiner Veränderung.

Profi-Tipp

Besonders interessant ist die Fortsetzungsfrage, bei der Ihr Klient in die Kristallkugel blickt, um die unerwarteten Kräfte der Zukunft zu erahnen. Allein die Tatsache, dass er nach solchen Kräften sucht, erhöht die Wahrscheinlichkeit, dass er sie später in seinem Alltag findet. Lassen Sie ihn möglichst viele solcher Kraftquellen benennen und fragen Sie ihn bei jeder: „Was können Sie dazu beitragen, dass diese Kraftquelle tatsächlich zu sprudeln beginnt?" Idealerweise ist der Klient nicht auf zufällige Hilfe angewiesen, sondern findet Wege, sich diese Unterstützung zu organisieren.

Schwierige Antwort

Der Klient antwortet: „Es war genau umgekehrt! Einige Kräfte, mit denen ich fest gerechnet habe, sind weggebrochen!"

Wie reagieren Sie? Bitte antworten Sie, gerne schriftlich, ehe Sie weiterlesen.

Mein Vorschlag: „Das heißt: Der Weg, den Sie gegangen sind, wurde dadurch steiniger, als Sie es erwartet haben?" (Klient nickt.) „Dann interessiert mich sehr: Was hat Ihnen die Kraft gegeben, trotz dieser unvorhergesehenen Schwierigkeiten weiterzumachen?“

Fragen-Übung

Bitte stellen Sie die Ausgangsfrage erneut, nur dass Sie das Wort „Kräfte“ durch konkrete Varianten ersetzen (zum Beispiel: „Menschen“). Wie viele Varianten, wie viele mögliche Ressourcen fallen Ihnen ein? Legen Sie Ihren Fragen gerne einen konkreten Coaching-Fall oder eine Herausforderung in Ihrem eigenen Leben zugrunde.

Umsetzungs-Plan

Bitte notieren Sie, welche Ideen Ihnen zu dieser Frage kommen und in welchem Zusammenhang Sie damit arbeiten wollen:

59.

Ressourcen-Frage: Gute Entscheidung

Die meisten schwierigen Situationen, vor denen ein Klient steht, sind keine Premieren: In der Vergangenheit hat er Ähnliches gemeistert. Zum Beispiel schwierige Entscheidungen mit Erfolg gefällt. Helfen Sie ihm, diese Erfahrungen für die Gegenwart zu nutzen.

Die Frage

Für welche Entscheidung Ihres Lebens würden Sie sich gerne eine Urkunde verleihen, weil Sie sagen „Diese Entscheidung war so richtig gut!"?

Folgefragen

- Welcher Mensch aus Ihrem Umfeld hat Sie für diese Entscheidung am meisten bewundert oder Ihnen die größte Hochachtung entgegengebracht?
- Angenommen, dieser Mensch dürfte auf Ihre Urkunde eine Begründung schreiben, was Sie bei dieser Entscheidung und im Vorfeld richtig gemacht haben – welche Punkte würde er dort wohl festhalten?
- Und wenn es Ihre Aufgabe wäre, einen für Sie besonders wertvollen Punkt zu unterstreichen oder hinzuzufügen – welcher wäre das? Und aus welchen Gründen?
- Wenn Sie diese Komplimente auf der Urkunde einmal mit Blick auf die anstehende Entscheidung anschauen – welche Ihrer damaligen Qualitäten sind für Sie jetzt die hilfreichsten?

Kommentar zum Fragen-Inhalt

Wer eine wichtige Entscheidung fällen will, braucht Selbstvertrauen. Die Antworten auf diese Frage mehren es. Der Klient beschäftigt sich mit einer gelungenen Entscheidung der Vergangenheit, er wertet sie durch eine Urkunde auf. Gleichzeitig forscht er nach Gründen, wie ihm diese Entscheidung geglückt ist: Auf welcher Grundlage, zu welchem Zeitpunkt und in Abstimmung mit welchen Menschen hat er entschieden?

Sein Optimismus wächst, denn er sieht: Genau in der Disziplin, die jetzt wieder ansteht, sind ihm schon Erfolge geglückt. Zudem bekommt er wertvolle Hinweise, auf welche Weise ihm eine gute Entscheidung gelungen ist – und wieder gelingen kann. Statt eine Fehlentscheidung zu imaginieren, tanzen dem Klienten die bunten Bilder seines vergangenen Erfolgs vors Auge. Das hebt seine Laune, seine Selbstkenntnis, seine Entscheidungsfreude.

Wenn es Ihnen gelingt, Ihren Klienten beim Blick nach hinten in positive Schwingungen zu versetzen, pflanzen sich diese Wellen auf den Umgang mit künftigen Herausforderungen fort.

Kommentar zur Fragen-Sprache

Die Frage könnte auch lauten: „Zu welcher Entscheidung Ihres Lebens wollen Sie sich nachträglich gratulieren?" Aber wie emotionalschwachbrüstig kommt eine (auch noch nachträgliche) Gratulation daher – verglichen mit einer feierlichen Urkunde, einer offiziellen Auszeichnung? Dass der Klient die Urkunde sich selbst verleiht, hat symbolische Wirkung: Er ist nicht auf Anerkennung von außen angewiesen – er kann sie sich auch selbst erweisen.

Profi-Tipp

Bieten Sie Ihrem Klienten als Herausforderung bis zum nächsten Termin an, tatsächlich eine solche Urkunde zu entwickeln: Wie würde sie aussehen? Was würde darauf stehen? Welche wichtigen Zeugen könnten unterschreiben? Diese Arbeit an der Urkunde wird gleichzeitig eine Arbeit an der neuen Entscheidung sein, wenn auch unbewusst. Beim nächsten Termin können Sie die Urkunde mit ihm durchgehen, Fragen dazu stellen und die Früchte dieser Inkubation ernten.

Schwierige Antwort

Der Klient antwortet: „Ehrlich gesagt liege ich bei Entscheidungen immer daneben. Da wäre keine Urkunde drin."

Wie reagieren Sie? Bitte antworten Sie, gerne schriftlich, ehe Sie weiterlesen.

Mein Vorschlag: Jedes Mal, wenn der Klient Pauschales über sich äußert, etwa durch Formulierungen wie „immer", „grundsätzlich", „stets", „in jedem Fall", sollten Sie als Coach dazwischengrätschen. Zum Beispiel mit provokanten Fragen:

Coach: „Dann war Ihre Entscheidung, mit der Bahn zu unserem Coaching-Termin anzureisen, auch ein Fehler?"
Klient: „Nein, das war richtig. Ich war ja pünktlich da."
Coach: „Ich denke, Sie liegen bei Entscheidungen *immer* daneben."
Klient: „Dann sagen wir halt: bei wichtigen Entscheidungen."

Durch weitere provokante Fragen (etwa: „War es ein Fehler – oder unwichtig – Ihr Abitur zu machen?“) kann der Klient seine Aussage immer mehr differenzieren. Am Ende steht manchmal die wertvolle Einsicht: Er kann nur über vergangene Entscheidungen sprechen, nicht über künftige. Die einzige formal korrekte Aussage: „Ich habe *bislang oft* bei wichtigen Entscheidungen danebengelegen“, sagt gleichzeitig: Künftig kann es anders werden!

Fragen-Übung

Entwerfen Sie eine Urkunde, die Sie sich für eine tolle Entscheidung Ihres Lebens verleihen. Dann listen Sie auf der Urkunde „Zeugen“ auf, also wichtige Menschen, die Sie zu jener Zeit unterstützt und begleitet haben. Welche Fragen müssten Sie diesen Menschen stellen, damit diese Sie an Ihre eigenen Ressourcen erinnern? Und auf welche Weise könnten Ihre Klienten von solchen zirkulären Fragen profitieren?

Umsetzungs-Plan

Bitte notieren Sie, welche Ideen Ihnen zu dieser Frage kommen und in welchem Zusammenhang Sie damit arbeiten wollen:

60.

Ressourcen-Frage: Wunschträume

Das größte Kapital, über das ein Mensch verfügt, schlummert in seinem Kopf: Träume, Wünsche, Fantasien. Wenn es Ihnen gelingt, den Wind seiner Visionen auffrischen zu lassen, kann sich das Rad der Veränderung mit neuem Schwung drehen.

Die Frage

Wenn Sie einmal Ihre alten Wunschträume durchgehen, diese Träume, die Sie über viele Jahre begleitet und über viele Klippen getragen haben – welche davon würden Sie gerne wieder aufleben lassen?

Folgefragen

- Welches Bild steigt Ihnen vor Augen auf, wenn Sie an diesen Traum denken? (Pause) Und wie klingt die Melodie, die das in Ihren Gedanken anschlägt?
- Gehen wir mal davon aus, dieser Wunschtraum beinhaltet eine Botschaft, was Sie im Leben für Ihr Glück brauchen – was genau könnte das sein?
- Wenn es Ihre Aufgabe wäre, eine Verbindung zwischen diesem Traum und Ihrem aktuellen Ziel aufzuzeigen – welche fiele Ihnen da ein?
- Angenommen, allein die Vorstellung dieses erfüllten Traumes könnte Ihnen Energie für die nächsten Schritte schenken – was könnten Sie dann mithilfe dieser Zusatzenergie Neues unternehmen?

Kommentar zum Fragen-Inhalt

Der Mensch lebt nicht vom Brot allein. Wünsche, Sehnsüchte, Träume versorgen ihn mit Lebensenergie. Im Reich seiner Gedanken ist er der König. Er formt seine eigene Welt. Diese schöpferische Leistung, die jedem Träumer gelingt, ist die Grundlage für ein erfolgreiches Coaching. Wenn Ihre Klientin mit offenen Augen träumt, wenn sie sich ihre Wünsche zunächst in Gedanken erfüllt, tritt sie in Dialog mit ihren Sehnsüchten, wächst ihre Tatkraft.

Nahezu alle alten Wunschträume Ihrer Klientin werden indirekt verbunden sein mit dem aktuellen Ziel. Wenn ein Mensch etwa den alten Traum nennt, er hätte gerne ein Häuschen in Kanada, kann das hinweisen auf den Wunsch nach Unabhängigkeit – womöglich ein Grundpfeiler seines Wertsystems. Vor diesem Hintergrund kann er das aktuelle Anliegen – „Wie setze ich eine Gehaltserhöhung durch?" – in einem größeren Rahmen sehen und das Meta-Ziel erkennen (siehe auch Seite 282): Der Wunsch nach mehr Geld kann in Wirklichkeit ein Wunsch nach mehr Unabhängigkeit sein.

Je mehr die Klientin über sich und ihre Wünsche weiß, je gezielter sie die Flüsse ihrer einzelnen Träume zusammenführt und diese geballte Kraft nutzt, desto leichter und spielerischer kommt sie im Coaching vorwärts.

Kommentar zur Fragen-Sprache

Warum lautet die Frage nicht einfach: „Gibt es einen Wunschtraum, den Sie schon lange im Kopf haben?" Weil hier – wie bei allen geschlossenen Fragen – die Antwort „nein!" gar nicht unwahrscheinlich ist. Dagegen ist die Ausgangsfrage offen und schlägt die Tastatur der Emotionen an, indem sie die Wunschträume voraussetzt („welche davon ...") und sie näher beschreibt – als solche, die die Klientin „über viele Jahre begleitet und über viele Klippen getragen haben". Diese Suggestion ist ein Sprungbrett, das die Fantasie hebt.

Profi-Tipp

Besorgen Sie sich „Wolken" aus einem Trainerkoffer, beschriften Sie diese mit diversen Träumen der Klientin (durch je eine Überschrift) und verteilen Sie sie an einem aufgezeichneten Himmel, zum Beispiel an einer Pinnwand. Wie viele Träume bringt Ihre Klientin zusammen?

Dann darf sie diese Träume ordnen: Welche gehören zusammen? Welche bilden eine Gruppe? Über welchen Träumen könnte eine gemeinsame Überschrift stehen – wenn ja, welche? Und welche Verbindungslinien ließen sich zwischen Träumen herstellen, die auf den ersten Blick nichts miteinander zu tun haben?

Diese Übung bietet nicht nur einen praktischen Nutzen, weil sie die Tür für Synergien öffnet. Vielmehr hilft sie der Klientin auch, sich bewusst zu werden, welche (oft gleichen) Werte hinter ihren (oft verschiedenen) Wünschen stehen.

Schwierige Antwort

Die Klientin antwortet: „Träume gibt es viele – zum Beispiel den, dass ich endlich mal einen Marathon laufen wollte. Aber ich weiß nicht recht, was das mit dem Thema unseres Coachings zu tun hat."

Wie reagieren Sie? Bitte antworten Sie, gerne schriftlich, ehe Sie weiterlesen.

Mein Vorschlag: Spielen Sie mit offenen Karten: „Vielleicht wäre es spannend für Sie, einmal zu prüfen: Inwieweit können Ihnen diese Träume Energie für Ihr aktuelles Ziel schenken? Und welche Verbindung zwischen diesen Träumen und Ihrem aktuellen Ziel gibt es?"

Fragen-Übung

Bitte denken Sie sich zwanzig Fragen rund um das Thema „Wunschträume" aus. Was müssen Sie einen Menschen fragen, damit er seine Träume in allen Farben vor sich sieht? Damit die Energie dieser Träume ihm zufließt? Damit er mehr über sein Wertesystem erfährt? Damit er die Träume als Zugpferde vor eine gegenwärtige Herausforderung spannen kann?

Ich wette: Es wird Ihnen Spaß machen, sich solche Fragen auszudenken. Denn wir denken fürs Leben gern über Träume nach. Wenn Sie Lust haben: Gehen Sie Ihre Fragen selbst durch und geben Sie Antworten. Welche Ihrer eigenen Fragen hat Sie am meisten inspiriert?

Umsetzungs-Plan

Bitte notieren Sie, welche Ideen Ihnen zu dieser Frage kommen und in welchem Zusammenhang Sie damit arbeiten wollen:

61.

Ressourcen-Frage: Schwierige Situationen

Schwierige Situationen haben einen Vorteil: Der Klient erfährt, wer seine wahren Freunde sind und wie viel Kraft sie ihm geben können. Allerdings wird der Blick auf diese Ressource oft vom Problemberg verstellt. Eine schlichte Frage verschafft neue Aussichten.

Die Frage Wer steht in dieser schwierigen Situation voll hinter Ihnen?

Folgefragen

- Wie fühlt es sich an, dass Sie auf diese vertrauten Menschen bauen können, dass Sie ganz genau wissen „Egal, was passiert, ich habe Rückendeckung!"?
- Nehmen wir an, ich könnte diese Vertrauten jetzt befragen, wodurch Sie sich diese loyale Rückendeckung verdient haben: Wer würde mir wohl welche Antwort geben?
- Wenn Sie sich Ihre Vertrauten einmal als ein kleines Trainerteam vorstellen: Wer wäre der Konditionstrainer, der Ihre Durchhaltekräfte stärkt? Wer der Strategietrainer, der Sie bei der Planung neuer Schritte unterstützt? Und wer der Motivationstrainer, der Ihre mentalen Kräfte, wenn sie nachlassen, wieder weckt? Vielleicht fallen Ihnen auch andere Trainer ein.
- Ich finde, Sie können stolz auf den Unterstützerkreis sein. Wie ist es Ihnen eigentlich gelungen, diese Menschen für sich zu gewinnen?

Kommentar zum Fragen-Inhalt

Wer sich bewusst macht, welche Menschen hinter ihm stehen, fühlt sich stärker als zuvor. Sein Glaube, das Ziel erreichen zu können, nimmt zu. Eine sich selbst erfüllende Prophezeiung: Weil er sich viel zutraut, probiert er mehr, erreicht er mehr, verwirklicht er seine Pläne eher.

Dass diese Menschen auf seiner Seite stehen, dass sie ihn unabhängig davon schätzen, ob ein gewünschter Erfolg eintritt oder nicht, diese Erfahrung verhilft dem Klienten zum selben Denken: dass er sich selbst achtet, auch wenn sein Ziel noch (scheinbar) weit entfernt liegt.

Diese emotionale Komponente ist ebenso wichtig wie die sachliche Unterstützung. Mal kann ein Freund durch seine Kontakte bei der Arbeitsplatzsuche helfen. Mal gibt es eine Freundin, mit der sich beim morgendlichen Jogging produktive Gespräche über knifflige Strategieprobleme führen lassen. Und mal sitzt in der eigenen Firma ein Mentor, den er nur ansprechen muss, um bei einer Aufstiegsentscheidung noch ein paar wichtige Aspekte vor Augen gehalten zu bekommen.

Kommentar zur Fragen-Sprache

Die Ausgangsfrage ist schlicht gehalten, die Feinheiten blitzen in den Folgefragen auf: Die erste Frage lädt den Klienten zu positiven Emotionen ein, nicht zuletzt durch einen Einschub in der Ich-Form („... ich habe Rückendeckung"). Die zweite Frage, eine systemische, animiert ihn, zu reflektieren, was andere an ihm schätzen – das Wort „loyal" ist sprachlich redundant, erhöht aber die emotionale Ansprache. Die dritte Frage nach dem Trainerteam hilft dem Klienten, sich seine konkreten Wünsche an die Vertrauten bewusst zu machen. Das Bild mit dem Trainer ist gut, weil ein Sportler seine Leistung immer selber bringen muss. Der Klient wird vor der Illusion bewahrt, er könnte die komplette Verantwortung auslagern.

Profi-Tipp

Entwerfen Sie mit dem Klienten für jede „Trainerbank" einen DIN-A4-Zettel. Wenn der Klient mag, kann er oben auf dem quer gelegten Blatt eine Trainerbank mit einem Strichmännchen oder einer Strichfrau einzeichnen (also seinem Unterstützer) und den Namen darüber schreiben. Und nun folgen drei vertikale Spalten: „1. Wann und wie oft unterstützt er/sie mich idealerweise?", „2. Wie genau sieht die Unterstützung aus?", „3. Was fällt mir nach dieser Unterstützung leichter?" Die letzte Rubrik ist wichtig, denn wie schrieb Erich Kästner so schön: „Es gibt nichts Gutes außer: man tut es!"

Schwierige Antwort

Der Klient antwortet: „Ich glaube, meinen Freunden und Kollegen ist meine Situation egal. Die sind mit sich selbst beschäftigt."

Wie reagieren Sie? Bitte antworten Sie, gerne schriftlich, ehe Sie weiterlesen.

Mein Vorschlag: Offenbar hat der Klient eine ungeprüfte Hypothese im Kopf, regen Sie einen Abgleich mit der Realität an: „Sie haben gerade gesagt: ‚Ich glaube ...' Was hielten Sie davon, diese Einschätzung mit einem kleinen Experiment zu prüfen? Lassen Sie uns einmal überlegen, welche Unterstützung Sie sich in dieser Situation von Ihrem besten

Freund (Ihren Arbeitskollegen, Ihrer Familie) wünschen würden – und wie Sie testen könnten, ob er dazu bereit ist."

Fragen-Übung

Kleiden Sie die Ausgangsfrage in eine Metapher. Das ist sinnvoll, wenn Sie die emotionale Betriebstemperatur des Klienten erhöhen wollen. Beispiel: „Wenn Sie sich Ihre Situation einmal als einen Boxkampf vorstellen, und Sie taumeln schon – wer steht dann noch treu in Ihrer Ecke des Rings? Wer hält bis zur letzten Sekunde zu Ihnen? Wer glaubt an Sie? Wer würde Sie nicht hängen lassen?"

Welches Bild fällt Ihnen ein? Schreiben Sie gerne Folgefragen auf, die Ihre Metapher fortführen.

Umsetzungs-Plan

Bitte notieren Sie, welche Ideen Ihnen zu dieser Frage kommen und in welchem Zusammenhang Sie damit arbeiten wollen:

62.

Ressourcen-Frage: Erfolgs-Tagebuch

Erfolge im Alltag besser erkennen und würdigen – wie schafft Ihre Klientin das? Indem sie diese Erfolge – schönes Wort! – „festhält“, am besten regelmäßig und schriftlich. Mit einer hypnotischen Ressourcen-Frage können Sie ein Erfolgs-Tagebuch anregen.

Die Frage

Mal angenommen, Sie würden all das, was in Ihrem Leben gut klappt, in einem kleinen Erfolgs-Tagebuch festhalten – welche positiven Wirkungen könnte das auf Sie haben, auch mit Blick auf Ihr aktuelles Ziel?“

Folgefragen

- Gehen wir davon aus, Sie wollten die kleinen oder auch größeren Erfolge dieser Woche nachträglich erfassen – was fiele Ihnen da ein?
- Manchmal finden sich im Alltag kleine Erfolge, die man zunächst gar nicht wahrnimmt – welche könnten das bei Ihnen sein?
- Vieles klappt in Ihrem Leben offenbar – was davon wird Sie am ehesten auf dem Weg zu Ihrem Ziel unterstützen?
- Welche Einträge würden Sie gerne künftig in Ihrem kleinen Erfolgs-Tagebuch lesen? Und was könnten Sie dazu beitragen, dass es dazu kommt?

Kommentar zum Fragen-Inhalt

Erfolg ist subjektiv: Wenig hat er damit zu tun, was ein Mensch erreicht – und viel damit, was er selbst davon würdigt. Diese Frage ermuntert Ihre Klientin, auch die kleinen Erfolge des Alltags unter dem Scheffel hervorzuholen. Der Coach unterbreitet ihr keinen expliziten Vorschlag („Ich empfehle Ihnen, ein Erfolgs-Tagebuch zu führen ...“), denn damit verhält es sich oft wie mit transplantierten Organen: Sie werden abgestoßen. Vielmehr vertraut er auf die Klugheit und Selbsterkenntnis der Klientin – und spielt ihr seinen Gedanken mit einer Frage zu.

Die Klientin kann sich in Gedanken mit dem Tagebuch und den möglichen Chancen auseinandersetzen, ehe sie eine Verpflichtung eingeht oder ablehnt. Oft stößt die Idee auf ein positives Echo. Oder es kommt heraus: Die Klientin hält das Tagebuch nicht für die richtige Form. Dann hilft die Frage: „Welche andere Möglichkeit sehen Sie, die Erfolge Ihres Alltags zu würdigen?"

Eine Biologin machte im Coaching den Vorschlag: „Ich rufe zweimal die Woche meine beste Freundin an, um ihr von meinen Erfolgen zu berichten." Ein Erfolgs-Tagebuch – oder auch -Telefonat – lässt sich bei den nächsten Sitzungen einbeziehen: „Welche Erfolge Ihrer letzten Woche könnten wichtig sein für unser heutiges Gespräch?" Ein Coaching, das so positiv startet, behält diese Richtung in den meisten Fällen bei.

Kommentar zur Fragen-Sprache

Die Frage ist im Konjunktiv gehalten („würden aufschreiben", „könnte haben"), damit die Klientin die Idee zwanglos durchspielen kann. Am Ende erkundigt sich der Coach nach der „positiven Wirkung". Warum er nicht neutral nach der „Wirkung" fragt? Weil es hilfreich ist, die Gedanken der Klientin nach Vorteilen suchen zu lassen. Ansonsten besteht die Gefahr, dass sie sich in negative „Wirkungen" festbeißt, ehe sie die Chancen der Idee sondiert hat.

Profi-Tipp

Laden Sie Ihre Klientin dazu ein, ihr Erfolgs-Tagebuch jeweils vor den Sitzungen durchzulesen und auf sich wirken zu lassen. Diese geballte Erfolgsportion füllt sie mit Energie und bestärkt sie in der Überzeugung: Ihr Ziel ist erreichbar!

Knüpfen Sie im Coaching an die erwähnten Erfolge und die Kompetenzen dahinter an, zum Beispiel: „Gerade haben Sie von einem Erfolg aus Ihrem Tagebuch erzählt: dass Sie sich die letzte Woche dreimal zum morgendlichen Joggen überwunden haben. Ich denke, dazu haben Sie viel Willenskraft benötigt. Ich frage mich nun: Wie können Sie diese Willenskraft nutzen, um …"

Schwierige Antwort

Die Klientin antwortet: „Das habe ich in Gedanken schon probiert. Aber die meisten Tage hatte ich keine wirklichen Erfolge zu verzeichnen."

Wie reagieren Sie? Bitte antworten Sie, gerne schriftlich, ehe Sie weiterlesen.

Mein Vorschlag: Hören Sie die positive Aussage heraus und bieten Sie ein Experiment an:

Coach: „Verstehe ich richtig, dass Sie an einigen Tagen wirkliche Erfolge zu verzeichnen hatten? Und dass es an den anderen Tagen ebenfalls Erfolge gab, auch wenn sie Ihnen nicht so richtig groß erschienen?"

Klientin: „So kann man das sagen. Aber die meisten Erfolge waren nur Erfölgchen."

Coach: „Mal angenommen, Sie würden ein ‚Erfölgchen-Tagebuch' führen, nur eine Woche lang – ein Büchlein, in das Sie auch die geringsten Erfolge schreiben könnten. Und wir würden bei der nächsten Sitzung schauen: Wie wichtig – oder unwichtig – sind diese Erfölgchen tatsächlich? Und welche für Ihr Ziel wichtigen Kompetenzen stehen vielleicht dahinter. Inwiefern könnte dieses Experiment für Sie spannend sein?"

Der Coach greift die Wortwahl der Klientin auf („Erfölgchen") – und statt sie davon überzeugen zu wollen, dass sie ihre Leistungen unterschätzt, bietet er ihr ein offenes Experiment an. Gut möglich, dass sie mitmacht!

Fragen-Übung

Bitte führen Sie in den nächsten sieben Tagen selbst ein Erfolgs-Tagebuch. Probieren Sie, jeden Tag mindestens fünf Erfolge aufzuschreiben – das dürfen kleine Leistungen sein, etwa dass Sie endlich mal wieder gründlich die Zeitung gelesen haben. Oder auch größere Leistungen, etwa dass Sie ein überfälliges Kritikgespräch endlich geführt haben.

Nach einer Woche notieren Sie Fragen an sich (als wären Sie Ihr eigener Coach), die Ihnen zum Beispiel helfen sollen,

... die Erfolge der Woche zu gewichten,
... die Erfolge auf ihren Nutzen für künftige Ziele zu prüfen,
... die Erfolge nach Kompetenzen, die dahinter stehen, zu gruppieren,
... die Erfolge daraufhin zu prüfen, welche Sie künftig gern ergänzen würden.

Bitte beantworten Sie diese Fragen als Klient laut. Danach analysieren Sie: Welche Fragen waren für Sie die hilfreichsten? Was zeichnet diese Fragen aus? Und inwiefern können Sie sich vorstellen, die Arbeit mit dem Tagebuch Ihren Klienten vorzuschlagen?

Umsetzungs-Plan

Bitte notieren Sie, welche Ideen Ihnen zu dieser Frage kommen und in welchem Zusammenhang Sie damit arbeiten wollen:

Ressourcen-Frage: Andere stark machen

Wenn ein Klient nach Rat sucht, dann meist in der Außenwelt – zum Beispiel beim Coach. Aber was geschieht, wenn eine Frage ihn selbst zur Anlaufstelle für einen Klienten erklärt? Dann findet er Zugang zu (verborgenen) Lösungsressourcen in ihm selbst.

Die Frage

Malen Sie sich aus, Sie hätten Ihr Ziel mit Bravour erreicht und würden nun als Coach einen Menschen betreuen, der sich in einer ähnlichen Lage befindet wie Sie damals. Wie würden Sie ihn dazu motivieren, seine Situation zu verändern?

Folgefragen

- Wie würden Sie den Optimismus Ihres Klienten stärken, wenn er sagt „Mir fehlt so ziemlich alles, was ich bräuchte, um dieses Ziel zu erreichen!"?
- Welche Lösungsschritte, die auch bei Ihnen funktioniert haben, würden Sie empfehlen?
- Was müsste Ihr Klient tun oder sagen, damit Sie denken: „So eine Haltung ist vorbildlich – so wird er es schaffen!"
- Welche Aufgaben für den Alltag würden Sie ihm bis zum nächsten Coaching mit auf den Weg geben?

Kommentar zum Fragen-Inhalt

Neulich hat mir eine Bekannte folgende Geschichte erzählt: „Manchmal komme ich bei Dunkelheit auf unserem Bahnhof an. Dann muss ich durch einen kleinen Wald laufen. Jedes Mal habe ich Angst. Es sei denn, meine kleine Tochter ist dabei. Wenn sie an meiner Hand ist, bin ich völlig sicher. Dann kann ich reinen Herzens zu ihr sagen: ‚Du brauchst keine Angst zu haben – Mama hat ja auch keine.'"

Die Frage nutzt dieses Phänomen: Verantwortung für andere macht stark. Sie hilft, die eigene Angst, Unzulänglichkeit und Ratlosigkeit zu überwinden. Zumal die Frage von zwei hilfreichen Voraussetzungen ausgeht: Der Klient hat sein Problem überwunden. Und er coacht einen Menschen, der in derselben Lage ist wie er „damals".

Natürlich weiß er genau, wie es sich anfühlt, mit diesem Problem zu kämpfen (in Wirklichkeit tut er es ja noch!). Und er weiß auch, wie viel Zuversicht und Selbstvertrauen ein Coach verströmen muss, um Menschen dazu zu bringen, dass sie sich an den eigenen Haaren aus dem Sumpf des Problems ziehen.

Auf der Bühne seines inneren Teams treten zwangsläufig jene Persönlichkeitsanteile nach vorne, die ihn ermutigen, anspornen und an seinen Erfolg glauben. Und alles, was er seinem „Klienten" predigt, richtet sich in Wirklichkeit an ihn selbst – an seine bremsenden und zweifelnden Anteile. Erstaunlicherweise ist er, der (manchmal verzweifelt) Lösungssuchende, zugleich ein Lösungsträger. Erst durch diesen Perspektivenwechsel, durch seine Verantwortung für einen Klienten, wird ihm dies bewusst.

Kommentar zur Fragen-Sprache

Diese Frage lebt nicht zuletzt von der emotionalen Komponente: Einer, der es geschafft hat, zeigt dem, der es noch schaffen will, den richtigen Weg. Deshalb schiebt die Frage eine zuspitzende Formulierung ein, um die emotionale Betriebstemperatur zu erhöhen: Der Klient hat sein Ziel nicht nur erreicht, was recht trocken und bürokratisch klänge („Plansoll erreicht") – er hat es „mit Bravour" erreicht. In dieser Formulierung schwingen Triumph und Feierlichkeit mit.

Profi-Tipp

Bieten Sie Ihrem Klienten ein kleines Rollenspiel an: Er darf sich vors Flipchart stellen, als Coach. Und Sie spielen, zwischen Stühlen wechselnd, mehrere seiner Klienten. Dabei sollten Sie Typen darstellen, in denen sich Anteile des Klienten spiegeln. Zum Beispiel einen Perfektionisten: „Ich weiß einfach nicht, was ich tun kann, ohne einen Fehler zu riskieren. Haben Sie da einen Tipp?" Einen Selbstzweifler: „Wissen Sie, ich bin schon so oft bei ähnlichen Vorgängen auf die Nase gefallen, dass ich diesmal mit nichts Besserem rechne. Warum sollte ich auch?" Und einen Ängstlichen: „Wenn ich einen Fehler mache, kann mich das Kopf und Kragen kosten. Können Sie mir garantieren, dass ich erfolgreich bin?" Ihr Klient darf Antworten und Tipps geben.

Nach dem Rollenspiel kehrt der Klient in seine eigene Rolle zurück. Fragen Sie ihn, was er von sich selbst als Coach lernen kann. Welche seiner eigenen Einsichten haben ihn überrascht? Was davon wird er auf welche Weise umsetzen?

Schwierige Antwort

Der Klient antwortet: „Ich glaube, so ein Coaching-Gespräch unter vier Augen würde mir nicht liegen."

Wie reagieren Sie? Bitte antworten Sie, gerne schriftlich, ehe Sie weiterlesen.

Mein Vorschlag: Damit hat der Klient nicht den Wesenskern der Übung abgelehnt – nämlich dass er seine Erfahrungen an andere vermittelt –, sondern nur die Form, also es als Coach zu tun: „Verstehe ich Sie richtig: Sie würden Ihre Erfahrungen durchaus weitervermitteln – nur wünschen Sie sich, es nicht in einem Einzelcoaching zu tun?" (Klient stimmt zu.) „Dann schlage ich vor, Sie bieten ein Gruppenseminar an …"

Fragen-Übung

Ihr Klient antwortet auf die Ausgangsfrage: „Das verstehe ich nicht. Ich selbst stecke noch in dem Problem fest. Wie soll ich da einen anderen in der gleichen Situation beraten."

Bitte entwickeln Sie eine Strategie, um auf diese Antwort zu reagieren. Schreiben Sie gerne einen kleinen Dialog auf, wie das Gespräch weitergehen könnte.

Umsetzungs-Plan

Bitte notieren Sie, welche Ideen Ihnen zu dieser Frage kommen und in welchem Zusammenhang Sie damit arbeiten wollen:

Ziel- und Lösungsfragen

64. Stellen Sie sich bitte eine Skala von eins bis zehn vor, auf der zehn für Ihr Ziel steht – für das, was Sie dann erreicht haben wollen, und für den, der Sie dann sein wollen. Wo stehen Sie dann im Moment? *(Seite 272)*

65. Bei olympischen Läufen werden Zeiten gestoppt und Fotos geschossen, um die Reihenfolge des Einlaufs zu belegen. Welchen zweifelsfreien Beweis könnten Sie vorlegen, wenn Sie die Linie Ihres persönlichen Ziels überquert haben? *(Seite 275)*

66. Wenn Sie sich Ihr Ziel einmal als einen Berggipfel vorstellen – welche Etappen, welche kleineren Gipfel auf dem Weg könnten Sie ins Visier nehmen, um Stück für Stück sicher nach oben zu gelangen? *(Seite 278)*

67. Was ist für Sie gewährleistet, wenn Sie Ihr Ziel erreicht haben? *(Seite 282)*

68. Nehmen wir an, es wäre ganz sicher, dass Sie Ihr Ziel erreichen – Sie hätten eine schriftliche Garantie, dass es klappt. Gäbe es dann noch ein Sahnehäubchen, das sie diesem Ziel im Übermut aufsetzen wollten? *(Seite 285)*

69. Denken Sie einmal an jenen Tag der letzten Woche, an dem Sie mit Ihrem Problem am besten fertiggeworden sind, es vielleicht sogar zeitweise vergessen haben. Was unterscheidet diesen Tag von den weniger guten? *(Seite 288)*

70. Wenn Ihr Problem ein Löwe wäre und Sie ein Löwenbändiger – was würden Sie im Umgang mit ihm beachten? *(Seite 291)*

71. Von allem, was Sie schon probiert haben, um Ihr Ziel zu erreichen – was hat am besten funktioniert? *(Seite 294)*

72. Stellen Sie sich Ihre Verhaltensweisen einmal als Radios mit Lautstärkeregler vor: Welches zieldienliche Verhalten würden Sie gerne auf lauter stellen? Und welches zielschädliche Verhalten auf leiser? *(Seite 297)*

73. Mal angenommen, Sie wären eine Romanfigur, die sich in einer verstrickten Situation befindet – was könnte ein so richtig fantasievoller Autor Sie unternehmen lassen, um doch noch ein Happy End herbeizuführen? *(Seite 300)*

74. *Klient:* „Ich habe keine Lust mehr, in dieser Firma Mädchen für alles zu sein!" – *Coach:* „Sondern?" *(Seite 303)*

75. Mal angenommen, Sie hätten das Ziel mit großem Einsatz erreicht und dürften sich eine tolle Belohnung wünschen – was könnten Sie sich Gutes tun? *(Seite 306)*

Coaching-Ziele sind wie Reise-Ziele: Wer nur weiß, wohin er *nicht* will, kommt nie am Ziel an – als würde er im Reisebüro sagen: „Ich möchte *nicht* nach Gran Canaria!" Und wer nur *in etwa* weiß, wie sein Ziel aussieht, kann enttäuscht werden: Er füllt den Tank seines Veränderungsflugzeugs (Ressourcen) und meistert womöglich den Flug (Umsetzung) – aber dann landet er am Ziel und merkt: „Hier wollte ich gar nicht hin!"

Abb. 6: Wer treffen will, muss vorher zielen. Mit Zielfragen unterstützen Sie Ihren Klienten, wohlgeformte Ziele ins Visier zu nehmen.

Noch wahrscheinlicher ist, dass er diesen Ort nie erreicht. Seine Intuition flüstert ihm zu: „Dein Kurs ist falsch!" Die Triebwerke seiner Motivation beginnen zu stottern. Und die hochfliegenden Pläne stürzen ab. Ein großer Teil der Ziele, die verfehlt werden, werden aus gutem Grund verfehlt: Es sind die falschen Ziele.

Der Erfolg eines Coachings steht und fällt mit einer sauberen Zielklärung. Darum ist es so wichtig, dass Sie mit Ihrem Klienten *vor* der Veränderungsreise erforschen, wie ein stimmiges Ziel für ihn aussieht, was er dafür tun muss und welche Kriterien verraten, dass er es erreicht hat.

Gut gezielt!

Hier drei Beispiele für Zielfragen, wie sie sich in den Coaching-Dialog streuen lassen:

1. *Klient:* „Ich will als Führungspersönlichkeit mehr in Erscheinung treten."
   Coach: „Welches wären die wichtigsten Dinge, die Sie jeden Tag tun müssten, um am Abend sagen zu können: ‚Jawohl, heute habe ich mich als Führungspersönlichkeit bewiesen!'"

2. *Klient:* „Ich erwarte von der Personalabteilung, dass sie mein Potenzial erkennt und mich entsprechend fördert."
   Coach: „Was genau werden Sie unternehmen, um die Personalabteilung auf Ihr Potenzial aufmerksam zu machen?", „Aus welchen Maßnahmen besteht die Förderung, die Sie sich vorstellen?", „Mit welcher Strategie wollen Sie Ihre Personalab-

teilung davon überzeugen?", „Was wäre für Sie gewährleistet, wenn Sie diese Förderung bewilligt bekämen?"

3. *Klient:* „Ich möchte endlich aufhören mit den vielen Überstunden; das greift meine Gesundheit an."
Coach: „Heißt das, Sie suchen nach einer gesunden Work-Life-Balance?" (Klient nickt.) „Mal angenommen, Sie müssten eine kleine Abhak-Liste erstellen, an welchen Fortschritten Sie diese Balance bei sich erkennen – welche Punkte würden ganz vorne auf der Liste stehen?"

Bei Zielfragen sollten Sie die von mir entwickelte **PASS-WM-Formel** im Kopf haben. Ein gut definiertes Ziel erfüllt folgende Kriterien:

Positiv – der Klient sagt, was er will, statt nur, was ihn abstößt. Wer „endlich aufhören" möchte mit seinen „vielen Überstunden", spricht nur vom Nicht-Ziel. Er muss den positiven Gegenpol definieren, um ein erreichbares (und anziehendes) Ziel zu erhalten.
▶ *Gute Frage:* „Sondern?"

Attraktiv – das Ziel ist ein Herzensziel des Klienten. Die Vorstellung, es zu erreichen, erfüllt ihn mit Freude und Lebendigkeit. Dagegen müssen Ziele, die gesellschaftlich als attraktiv gelten, etwa eine Beförderung oder ein dickes Gehalt, für ihn selbst nicht attraktiv sein.
▶ *Gute Frage*: „Wenn Sie in ein paar Jahren auf Ihr Leben zurückblicken – was würde Ihnen fehlen, wenn Sie dieses Ziel nicht erreicht hätten?"

Selbst-erreichbar – das Ziel wird nicht an andere delegiert (wie oben die Förderung durch die Personalabteilung), sondern der Klient hat es durch eigenes Tun und Lassen in der Hand, ob er es erreicht.
▶ *Gute Frage:* „Wenn Sie sich vorstellen, dass der Weg zu Ihrem Ziel aus hundert Schritten besteht: Wie viele davon können Sie auf eigenen Füßen gehen? Und bei wie vielen Schritten müssen andere Sie tragen?"

Spezifisch – das Ziel wird konkret und greifbar definiert, nicht allgemein und schwammig. Wer „als Führungspersönlichkeit in Erscheinung treten" will, muss genau festlegen Welches Handeln und welches Denken sind damit gemeint?

▶ *Gute Frage:* „Wenn Sie das Ziel, das Sie gerade allgemein benannt haben, einmal für ein Kind von sechs Jahren übersetzen müssten: Wie würde es dann lauten?"

Wahrnehmbar – wenn der Klient sein Ziel erreicht, sollte sich etwas verändern. Und zwar so, dass es für ihn und (meist) auch für seine Umwelt wahrnehmbar ist, vor allem zu sehen, zu hören und zu fühlen.
▶ *Gute Frage:* „Welche Veränderungen an Ihnen und Ihrem Verhalten fielen Menschen in Ihrer Umgebung auf, wenn Sie Ihr Ziel erreicht hätten?"

Messbar – wer seine Work-Life-Balance verbessern will und vorher durch eine Abhak-Liste festlegt, woran er das merken würde, entwickelt einen Maßstab. Wenn auf der Liste steht „Dreimal pro Woche joggen", „Feierabend immer vor 19 Uhr" und „Wieder zwei Bücher pro Monat lesen" – dann wird sein Ziel messbar.
▶ *Gute Frage:* „Wenn ein Zielkontrolleur zu Ihnen käme und prüfen wollte, ob Sie Ihr Ziel erreicht haben: Welche Punkte müsste er abfragen, um das herauszufinden?"

Die wichtigste Frage jedoch ist die nach einem Meta-Ziel, sprich einem Ziel hinter dem Ziel (siehe Seite 282):

▶ Was ist für Sie gewährleistet, wenn Sie Ihr Ziel erreicht haben?

Wer als Ziel eines Einkaufsbummels angibt, einen Blumenstrauß zu kaufen, geht es dem um den Blumenstrauß? Nein, er will seiner Liebsten eine Freude machen. Geht es ihm um die Freude der Liebsten? Letztlich wohl: um das Glück der Beziehung. Dieses übergeordnete Ziel ist entscheidend – der Blumenstrauß war nur ein Beitrag dazu.

Fragen Sie Ihre Klienten grundsätzlich, was gewährleistet sei, wenn sie ihr Ziel erreicht haben – das öffnet den Blick fürs Wesentliche. Erst dann kann das Flugzeug in die eigentliche Zielrichtung starten.

Der zweite Bestandteil dieses Kapitels sind „Fragen nach der Lösung". Erforschen Sie, wie Ihr Klient Lösungen herbeiführen und damit seine Ziele erreichen kann. Sichten Sie zunächst, was ihm aus eigener Kraft geglückt ist, etwa durch die Frage (von Seite 294):

▶ Von allem, was Sie schon probiert haben, um Ihr Ziel zu erreichen – was hat am besten funktioniert?

Seien Sie sicher: Der Klient hat, ehe er ins Coaching kam, schon viele Anläufe unternommen. Indem Sie diese Versuche durch Lösungsfragen sichten und mit dem Klienten analysieren, vermeiden Sie, dass er zweimal in dieselbe Grube stürzt. Vor allem können Sie Erfolge würdigen und ihn dazu ermuntern, sie auszubauen.

Und sprechen Sie die Fantasie des Klienten an. Welche außergewöhnlichen Lösungen, welche verrückten Ideen könnten funktionieren? Solche Lösungsfragen erweitern sein Denken, auch durch zirkuläre Ansätze. Hier ein Beispiel (von Seite 300):

- Mal angenommen, Sie wären eine Romanfigur, die sich in einer verzwickten Situation befindet – was könnte ein so richtig fantasievoller Autor Sie unternehmen lassen, um doch noch ein Happy End herbeizuführen?

Je mehr sich Ihr Klient mit den Lösungen befasst, je klarer er sie vor seinem inneren Auge sieht, je fantasievoller er sie anstrebt, desto eher wird er sie erreichen.

64.

Zielfrage: Die Skala

Kann man über ein Ziel sprechen, ehe dieses Ziel definiert ist? Ja, eine Skalenfrage erlaubt dem Klienten, *intuitiv* einzuordnen, wie weit er auf seinem Weg schon gekommen ist – und zwar aus eigener Kraft, vor Beginn des Coachings.

Die Frage

Stellen Sie sich bitte eine Skala von eins bis zehn vor, auf der zehn für Ihr Ziel steht – für das, was Sie dann erreicht haben wollen, und für den, der Sie dann sein wollen. Wo stehen Sie dann im Moment?

Folgefragen

- Wenn ich anderen Menschen dieselbe Frage stellen würde, zum Beispiel wohlmeinenden Freunden oder Kollegen: Wo würden die Sie wohl sehen? Wie erklären Sie diese Differenz?
- Wenn Sie „vier" sagen, frage ich mich: Was genau ist besser, als wenn Sie nur auf einer Drei wären?
- Wenn Sie an schlechten Tagen mal tiefer als vier stehen: Was genau unternehmen Sie, um das alte Niveau zurückzuerobern?
- Nehmen wir an, Sie täten mehr von dem, was Sie auf die Vier gebracht hat – wohin würde Sie das auf der Skala tragen?

Kommentar zum Fragen-Inhalt

Schätzungen kommen aus dem Bauch. Darauf spekuliert diese Frage. Ohne dass vorher besprochen werden müsste, wie das Ziel aussieht, schlummert im Klienten eine Selbsteinschätzung. Auf herkömmliche Fragen, etwa „Wie zufrieden sind Sie mit dem bisher Erreichten?", kommen meist allgemeine Antworten: „Nicht so zufrieden." Das kann eine Zwei, eine Vier oder eine Sechs auf der Skala bedeuten – je nachdem, welchen Anspruch ein Klient an sich stellt.

Dagegen bringt die Skalenfrage eine *greifbare* Selbsteinschätzung. Sie können sehen, ob der Klient sich noch auf den ersten 20 Metern seines 100-Meter-Laufes fühlt (falls er zwei sagt) – oder ob er schon die Hälfte erreicht zu haben meint (falls er fünf sagt). Bei Klienten, die sich sehr tief auf der Skala einordnen, sollten Sie nach bislang *unbeachteten* Erfolgen forschen, nach schleichenden Fortschritten, die kaum gewürdigt wurden. Indem der Klient über solche Erfolge spricht, verändert sich ihre Bedeutung. Oft wird die Skalenfrage am Ende einer Sitzung anders als am Anfang beantwortet – zum Beispiel korrigiert der Klient seine Vier zur Fünf.

Die Folgefrage nach der Einschätzung der wohlmeinenden Freunde und Kollegen ist ergiebig: In fast allen Fällen sieht die Umwelt den Klienten schon ein paar Schritte weiter als er sich selbst. Das hilft ihm, eine neue Perspektive einzunehmen und alten Erfolgen mehr Gewicht zuzuschreiben.

Kommentar zur Fragen-Sprache

Die Frage zielt mit ihren beiden Relativsätzen in zwei Richtungen: nicht nur auf das Ziel („... für das, was sie dann erreicht haben wollen."), sondern auf die Persönlichkeit des Klienten („... für den, der Sie dann sein wollen ..."). In den meisten Fällen hängen die Entwicklung des Ziels und die Entwicklung der Persönlichkeit zusammen. Sollte der Klient jedoch eine Differenzierung vornehmen, zum Beispiel, er sei dem Ziel schon bedeutend näher als seiner Wunschpersönlichkeit, sollten Sie die Stimmigkeit des Ziels hinterfragen.

Profi-Tipp

Laden Sie den Klienten ein, mit seinen Selbstmaßstäben zu experimentieren. Das kann Ihnen durch hypothetische Fragen gelingen, zum Beispiel: „Nun sind Sie, wie Sie selber sagen, ein extrem selbstkritischer Mensch. Mal angenommen, Sie wären in dieser Hinsicht etwas großzügiger gegenüber sich selbst: Wo würden Sie sich dann auf der Zielskala sehen?" Solche Fragen machen dem Klienten bewusst, dass es ihm freisteht, sich selbst mit Wohlwollen zu betrachten.

Schwierige Antwort

Der Klient antwortet: „Das kann ich so nicht sagen. Ich fühle mich jedenfalls noch weit vom Ziel entfernt."

Wie reagieren Sie? Bitte antworten Sie, gerne schriftlich, ehe Sie weiterlesen.

Mein Vorschlag: Indem Sie spekulieren, wo der Klient stehen könnte, laden Sie ihn zur Korrektur ein – wählen Sie einen eher hohen Wert:

Coach: „Heißt ‚weit entfernt', dass Sie sich etwa bei einer Fünf sehen?"
Klient: „Nein, eine Fünf wäre viel zu hoch."
Coach: „Also eher: vier?"
Klient: „Ich würde sagen: auch nicht. Wenn schon, dann eine Drei."

Fragen-Übung

Bitte formulieren Sie die folgenden drei Fragen zu Skalenfragen um:

1. Welches Anliegen ist Ihnen heute das wichtigste?
2. Welche Lösungsversuche sind Ihnen am besten gelungen?
3. Welchen Ihrer zehn Kollegen schätzen Sie am meisten?

Umsetzungs-Plan

Bitte notieren Sie, welche Ideen Ihnen zu dieser Frage kommen und in welchem Zusammenhang Sie damit arbeiten wollen:

Zielfrage: Das Zielfoto

Gibt es die Ziellinie nur beim Sport? Nein, auch für Ihre Klientin ist es sinnvoll, sich eine Zielmarkierung zu setzen. In welcher Entfernung sich diese Linie befindet und woran man bemerkt, sie überschritten zu haben, sind wichtige Kriterien, um das Ziel zu definieren.

Die Frage

Bei olympischen Läufen werden Zeiten gestoppt und Fotos geschossen, um die Reihenfolge des Einlaufs zu belegen. Welchen zweifelsfreien Beweis könnten Sie vorlegen, wenn Sie die Linie Ihres persönlichen Ziels überquert haben?

Folgefragen

- Bei einem Lauf kann man die Zeit messen. Welcher Maßstab ist für Ihr Ziel der wichtigste?
- Woran würden andere Menschen in Ihrem Umfeld – nennen wir sie: die Unparteiischen – bemerken, dass Sie die Linie überschritten haben?
- Angenommen, Sie müssten ein persönliches Zielfoto als Beweis liefern: Was könnte auf diesem Foto zu sehen sein?
- Sportler jubeln nach erfolgreichen Läufen. Welches Gefühl wird sich bei Ihnen einstellen, wenn Sie die Ziellinie hinter sich gelassen haben?

Kommentar zum Fragen-Inhalt

Viele Ziele sind diffus wie Nebel: Jemand möchte seinen „Erfolg im Beruf besser kommunizieren". Was bedeutet das? Reicht es, dass er alle zwei Wochen eine Hausmitteilung schreibt? Oder sucht er persönliche Gespräche mit seinem Chef? Wenn ja: wann, wie oft, worüber? Und was verändert sich, wenn sein Vorhaben gelingt, welches Ziel steht hinter dem Ziel?

Schwammige Ziele dämpfen das Handeln. Eine klar definierte Ziellinie aber hilft der Klientin, ihr Ziel exakt anzupeilen und sicher zu erreichen. Diese Parallele zum Laufsport öffnet Raum für Anknüpfungen. Der Startschuss zur Lösungssuche darf erst ertönen, wenn das Ziel sauber definiert ist: positiv und attraktiv, selbst-erreichbar und spezifisch, wahrnehmbar und messbar.

Die Fragen nach dem (Lauf-)Ziel regen die Klientin an, Maßstäbe zu definieren und ihre diffusen Wünsche zu einem scharfen Bild vom Erreichen des Ziels zu verdichten. Das Zielfoto weist zwei Dimensionen auf: eine sachliche, denn es soll den Einlauf dokumentieren, das Ziel messbar machen; und eine emotionale, denn es soll im Kopf der Klientin eine Vision entflammen, das Ziel sichtbar, spürbar, vorstellbar machen. Ein solches Erfolgsbild kann sie anspornen und über Hindernisse hinwegtragen.

Kommentar zur Fragen-Sprache

Die Parallele zum Laufwettbewerb hilft der Klientin, die Notwendigkeit *objektiver* Maßstäbe einzusehen. Ein 100-Meter-Lauf funktioniert nur, wenn es eine Ziellinie und eine zuverlässige Zeitmessung gibt – sonst würde sich jeder Läufer selbst zum „Sieger" ausrufen, womöglich ohne die Linie je überschritten zu haben. Beide Kriterien – das klar definierte Ziel und die objektiven Maßstäbe – kann die Klientin auf sich übertragen. Deshalb erkundigt sich die Ausgangsfrage nach einem *„zweifelsfreien* Beweis".

Profi-Tipp

Bieten Sie Ihrer Klientin ein Rollenspiel an: Sie als Trainer, Ihre Klientin als Athletin. Nun finden Sie durch Fragen heraus: Welche Zieldistanz passt am besten zu ihr? Eine Athletin, die auf 100 Meter Weltklasse ist, kann auf der Langstrecke lahmen. Und so muss auch Ihre Klientin herausfinden: Welches Ziel kommt ihr entgegen, entspricht ihren Wünschen, ihren Talenten, ihren Kräften? Muss sie wirklich in die Geschäftsleitung aufsteigen (Langstrecke)? Oder würde eine Aufgabe als Bereichsleiterin (Kurzstrecke) besser zu ihr passen? Auf welcher Distanz hat sie bislang die größten Erfolge erzielt? Welche Hürden werden sie auf dem Weg erwarten? Erst wenn mehrere Ziele diskutiert und imaginiert sind, bekommt sie ein sicheres Gefühl, welche Ziellinie im Moment die stimmigste wäre.

Schwierige Antwort

Die Klientin antwortet: „Mein schönster Beweis wäre, dass ich dann ausgeglichener und fröhlicher bin."

Wie reagieren Sie? Bitte antworten Sie, gerne schriftlich, ehe Sie weiterlesen

Mein Vorschlag: „Vielleicht mögen Sie sich Ihre Ausgeglichenheit und Ihre Fröhlichkeit einmal als zwei Schauspieler vorstellen, die hinter einer Bühne, auf der Ihr Erfolg gefeiert werden soll, auf ihren großen Einsatz warten. Woran – also an welchen Fakten – würden die beiden definitiv merken: Jetzt ist das Ziel erreicht, jetzt können wir auf die Bühne springen?"

Fragen-Übung

Bitte trainieren Sie Ihre Fähigkeit, kreative Fragen nach dem Ziel zu stellen, indem Sie Parallelen zu folgenden Sportarten bilden:

1. Handball
2. Marathon
3. Geräteturnen

Nehmen Sie dazu an, Ihre Klientin, eine Außendienstlerin (59), die finanziell ausgesorgt hat, will „allmählich einen Gang zurückschalten und mich nicht mehr so aufreiben". Wie schaffen Sie es mit Ihren Fragen, dass sie ihre Kreativität nutzt sowie ihr Ziel konkreter und positiv herausarbeitet?

Umsetzungs-Plan

Bitte notieren Sie, welche Ideen Ihnen zu dieser Frage kommen und in welchem Zusammenhang Sie damit arbeiten wollen:

66.

Zielfrage: Der Berggipfel

Es ist leicht, sich große Ziele zu stecken. Aber es ist schwer, sie tatsächlich zu erreichen, ja überhaupt an ihre Erreichbarkeit zu glauben. Diese Frage hilft Ihrem Klienten, sein Ziel greifbarer zu machen und den Weg dorthin in realistische Einheiten zu gliedern.

Die Frage

Wenn Sie sich Ihr Ziel einmal als einen Berggipfel vorstellen – welche Etappen, welche kleineren Gipfel auf dem Weg könnten Sie ins Visier nehmen, um Stück für Stück sicher nach oben zu gelangen?

Folgefragen

- Wie weit sind Sie bis heute schon gekommen, von welcher Höhe starten Sie Ihre Gipfelwanderung?
- Welches Etappenziel könnten Sie kurzfristig erreichen, vielleicht schon bis zu unserem nächsten Termin?
- Welche weiteren Etappenziele sind für Sie bis zu welchem Zeitpunkt zu machen? Und welches Rüstzeug bräuchten Sie, um diese Höhe sicher zu erreichen?
- Welche anderen Wege sehen Sie, die zum selben Gipfel führen – zum Beispiel dann, wenn sich eine geplante Route als ungangbar erweist?

Kommentar zum Fragen-Inhalt

Viele Klienten scheuen vor ihrem Ziel zurück, weil es ihnen unerreichbar erscheint. Diese Frage lenkt ihren Blick vom Zielgipfel zurück auf die Erde: Welches sind die Etappen, die Nahziele? Statt gleich den Gipfel stürmen zu müssen, kann der Klient realistische Zwischenziele anstreben. Herausforderung statt Überforderung.

Zweiter Effekt: Der Klient wird angeregt, strategisch zu denken. Er macht sich Gedanken über den Ausgangspunkt seines Weges – manchmal ist er schon weiter gekommen, als es ihm bewusst war. Er fragt sich, welche Wege zum Ziel führen (meist sind es mehrere!) und welches Rüstzeug er dafür benötigt, zum Beispiel Informationen durch Recherche, Rückendeckung durch Freunde oder Unterstützung durch Fortbildungen. So klärt sich sein Weg und füllt sich sein Ressourcen-Rucksack.

Was vorher ein Ziel im Wolkenkuckucksheim war, kann durch diese Frage planbar, greifbar, erreichbar werden. Weiterer Vorteil: Der Klient muss auf seine Erfolgserlebnisse nicht bis zum Erreichen des endgültigen Ziels warten – jeder Zwischengipfel, den er erklimmt, befeuert seine Motivation.

Kommentar zur Fragen-Sprache

Diese Metapher spricht vielen Klienten aus der Seele: Sie kommen sich wie winzige Punkte im Tal vor, während der Zielgipfel unbezwingbar hoch erscheint. Doch wie es dem Bergwanderer gelingt, in kleinen Schritten aufzusteigen, so kann es auch Ihr Klient bis zum Ziel schaffen. Viele Analogien erlauben die Arbeit mit Folge-Metaphern, zum Beispiel können Sie nach riskanten Steilwänden auf dem Weg zum (nächsten Zwischen-)Gipfel fragen, nach anderen Menschen oder Umständen, die Lawinen auslösen könnten, nach Wanderungs-Begleitern, die ihren Klienten beim Aufstieg unterstützen. So kann sich ein munteres und spielerisches Gespräch entwickeln, und Sie können auf die Metapher im Coaching-Prozess immer wieder zurückkommen.

Profi-Tipp

Lassen Sie Ihren Klienten eine angeleitete Fantasiereise auf seinen Gipfel unternehmen, dann kann er seine Intuition nutzen. Bitten Sie ihn, sich völlig zu entspannen, die Augen zu schließen und seine Gedanken treiben zu lassen. Und nun sprechen Sie – frei oder schriftlich vorbereitet – einen Text, der den Klienten in eine kleine Abenteuergeschichte beim Aufstieg zu seinem Ziel verwickelt und an entscheidenden Stellen immer wieder Fragen stellt und Lücken lässt, die der Klient mit seiner eigenen Fantasie füllen kann. Solche Texte werden – nach vorheriger Abstimmung mit dem Klienten – in der Du-Form gesprochen. Hier eine Textpassage:

„Stell dir vor, du atmest die frische Luft eines Morgens,
wie fröhliche Sektperlen prickelt der Sauerstoff durch deine Lungen,
und dein Körper und dein Geist dehnen sich immer mehr aus.
Spürst du, wo du jetzt bist? Du bist unterwegs zu deinem Zielgipfel.
Schau einmal nach oben: Wie hoch will dir dieser Gipfel scheinen?
Kannst du seine Spitze überhaupt deutlich sehen?
Kannst du riechen, wie es auf deinem Zielgipfel duftet?
Sehen, wie es dort aussieht? Hören, wie es dort klingt?
Nimm dir die Zeit, dir dein Ziel so genau vorzustellen,

dass du es malen, vertonen, greifbar machen könntest.
Und nun schau nach unten: Wie hoch bist du jetzt schon gekommen? Welche Wände hast du hinter dir gelassen … usw.

Nach Fragen legen Sie eine kurze Pause ein – das öffnet der Fantasie des Klienten neue Räume. Erstaunlich, welche Erkenntnisse über das Ziel aus dem Unbewussten der Klienten an die Oberfläche steigen. Fantasiereisen machen die Intuition für das neue Ziel nutzbar.

In meinem „Handbuch Fantasiereisen" finden Sie 50 Fantasiereisen für diverse Situationen, einen Schreibkurs für Reiseleiter und viele Anwendungstipps. Ebenso lege ich dar, warum Fantasiereisen im Coaching künftig immer wichtiger werden.

Schwierige Antwort

Der Klient sagt: „Ich glaube, es gibt nur zwei Möglichkeiten: Ich erreiche das Ziel. Oder ich scheitere. Für halbe Sachen bin ich nicht zu haben."

Wie reagieren Sie? Bitte antworten Sie, gerne schriftlich, ehe Sie weiterlesen.

Mein Vorschlag: Hören Sie aktiv zu und versuchen Sie, das Interesse Ihres Klienten an den Zwischenzielen zu wecken:

Coach: „Das heißt, Sie werden sich nicht mit faulen Kompromissen zufriedengeben, sondern wollen Ihr Ziel komplett erreichen, wenn Sie schon viel Mühe reinstecken?"

Klient: „Exakt! Bei Zwischenzielen ist es doch oft so, dass man sich aus Bequemlichkeit damit zufriedengibt. Zum Beispiel hatte ich immer vor, einen Marathon zu laufen. Aber es ist dann doch beim Halbmarathon geblieben!"

Coach (tastend): Bedeutet das: Zwischenziele an sich wären für Sie durchaus akzeptabel – nur müssten Sie eine Strategie für sich finden, die sicherstellt, dass Sie von dort aus weitermarschieren?"

Nun ist anzunehmen, dass der Klient sich doch noch auf ein Gespräch über die Etappen einlässt.

Fragen-Übung

Gehen Sie davon aus, dass Ihr Klient, ein mittlerer Manager, seinen Verhandlungsstil verbessern möchte. Bislang, so sagt er, werde er viel zu oft über den Tisch gezogen. Er möchte – so wörtlich – „mehr innere Stärke entwickeln. Und endlich lernen, dass mich nicht jeder lieben muss. Es reicht schon, wenn die Leute mich akzeptieren".

Bitte entwickeln Sie eine komplette Fantasiereise, die Ihrem Klienten – gerne in Form einer Gipfelwanderung – den Zugang zu seiner Intuition erleichtert. Beispiel für einen Aufbau:

1. *Entspannungsphase:* Leiten Sie den Klienten an, seine Gedanken wie Drachen gleiten zu lassen, sich vollkommen zu entspannen.
2. *Die eigentliche Reise:* Lassen Sie Ihren Klienten seinen Zielgipfel und dessen Landschaft besichtigen. Gehen Sie dabei individuell auf sein Anliegen ein. Wichtig: Lassen Sie ihn auf Gipfel achten, die er bereits bezwungen hat, auf (kleine) Erfolge und Ressourcen.
3. *Rückhol-Phase:* Lassen Sie die Reise langsam ausklingen, indem Sie den Klienten wieder in den Raum bitten.

Ein komplettes Beispiel, wie man eine Fantasiereise didaktisch und sprachlich aufbaut, können Sie nachlesen unter www.karriereberater-akademie.de, Rubrik „Bücher".

Umsetzungs-Plan

Bitte notieren Sie, welche Ideen Ihnen zu dieser Frage kommen und in welchem Zusammenhang Sie damit arbeiten wollen:

67.

Zielfrage: Das Meta-Ziel

Liegen Ziele auf der Hand? Nein, manchmal liegen sie im Dunkeln. Die scheinbaren Ziele können irrlichternde Unterziele sein. Mit dieser einfachen, aber sehr effektiven Frage schicken Sie die Gedanken Ihres Klienten auf die Reise zum Meta-Ziel.

Die Frage

Was ist für Sie gewährleistet, wenn Sie Ihr Ziel erreicht haben?

Folgefragen

- Wie viel vom dem, was dann gewährleistet wäre, ist schon heute in Ihrem Alltag enthalten – auf einer Skala von 1 (für ganz wenig) bis 10 (für ganz viel)?
- Was genau tun oder denken Sie in Momenten, wenn Sie auf der Skala mal um ein oder zwei Stellen höher als sonst liegen?
- Mal angenommen, es würde ein größeres Ziel hinter Ihrem Ziel geben – welches Ziel könnte das sein?
- Auf welchen anderen Wegen – als dem jetzt angedachten Ziel – könnten Sie dieses große Ziel auch erreichen?

Kommentar zum Fragen-Inhalt

Es ist wie im Alltag: Wenn jemand als sein dringendstes Ziel nennt, einen Parkplatz in Flughafennähe zu finden, geht es ihm dann ums Parken? Nein, er möchte sein Flugzeug bekommen! Geht es ihm dann um den Flug? Nein, er möchte sich an einem sonnigen Strand im Jahresurlaub erholen!

Diese Frage lässt Ihren Klienten nachdenken über das Ziel hinterm Ziel, das sogenannte Meta-Ziel. Zum Beispiel sagt ein Mitarbeiter, der unter dem autoritären Auftreten seines Vorgesetzten leidet: „Ich möchte erreichen, dass der Chef mich nicht mehr anbrüllt, sondern in einer normalen Tonlage mit mir kommuniziert."

Coach: „Was ist für Sie gewährleistet, wenn Sie dieses Ziel erreicht haben?"

Klient: „Dann habe ich wieder mehr Mut, selbstständig Entscheidungen zu fällen. Im Moment bin ich ein echter Hasenfuß, weil ich die Anfälle meines Chefs fürchte."

Coach: „Also suchen Sie nach einem Weg, wie Sie Ihre Selbstsicherheit gegenüber dem Chef ausbauen können – sodass Sie souverän entscheiden und auch damit umgehen können, wenn mal ein Fehlerchen passiert?"

Klient: „Ja, genau, das ist mir wichtig!"

Das erste Ziel litt unter zwei Mängeln: Erstens hat der Klient *nicht* definiert, was er tun möchte – sondern nur eine Verhaltensänderung seines Chefs angestrebt. Und zweitens war sein Wunsch, der Chef möge in einer „normalen Tonlage" mit ihm sprechen, nur der Hinweis auf den tiefergehenden Wunsch nach mehr Selbstbewusstsein – die Nachfrage und das aktive Zuhören machen das bewusst.

Ein solches Meta-Ziel will erkannt sein; erst dann kann Ihr Klient die Weichen zum richtigen Zielbahnhof stellen.

Kommentar zur Fragen-Sprache

Eigentlich bin ich ein Freund der unbürokratischen und bilderreichen Sprache (wie Sie sicher schon gemerkt haben). Warum dann ein so steifes Wort wie „gewährleistet"? Könnte man nicht fragen: „Welche Vorteile hat es für Sie, wenn Sie das Ziel erreicht haben?" Oder: „Welche Veränderung in Ihrem Leben tritt ein, wenn ...?" Nein, denn alle diese Ansätze lenken die Gedanken des Klienten schon in eine bestimmte Richtung, hier: Vorteile oder Veränderung. Dagegen ist das Wort „gewährleistet" so neutral, dass der Klient in alle Richtungen denkt – und oft (auch für ihn selbst) verblüffende Antworten gibt.

Profi-Tipp

Stellen Sie diese Frage nicht nur einmal, sondern bedenken Sie, dass hinter dem Parkplatz der Flughafen und hinter dem Flughaften die Erholung stehen kann ... Haken Sie so lange nach, bis Sie und Ihr Klient den Eindruck haben: Das ist die Überschrift, die über allen Zielen steht, der größere Rahmen. Auf dieser Grundlage lässt sich eine Landkarte entwickeln: Welche Wege führen zu diesem großen Ziel? Zum Beispiel hätte der genannte Klient auf diverse Ideen kommen können, um sein Selbstbewusstsein zu stärken – auch solche, die seine Bürowelt nicht direkt berühren, etwa eine Mentaltechnik wie Qigong zu erlernen, um mehr innere Ruhe zu finden und sie auszustrahlen.

Schwierige Antwort

Der Klient schaut den Coach verwirrt an und sagt: „Ist doch klar: Dann bin ich zufriedener, weil ich mein Ziel erreicht habe!"

Wie reagieren Sie? Bitte antworten Sie, gerne schriftlich, ehe Sie weiterlesen.

Mein Vorschlag: Lassen Sie Ihren Klienten definieren, welche Wirkungen diese Zufriedenheit herbeiführte: „Mal angenommen, Sie hätten das geschafft und Sie wären zufriedener – wie würde sich das auf Ihr Leben auswirken?" Meist kommt jetzt eine Antwort, aus der sich durch aktives Zuhören ein Meta-Ziel filtern lässt.

Fragen-Übung

Ihr Klient sagt auf die Ausgangsfrage: „Wenn ich endlich eine Vorgesetzten-Position erreicht habe, dann sind meine Eltern verdammt stolz auf mich – das haben sie verdient, nach all den Jahren, die sie mich im Studium unterstützt haben. Außerdem finde ich die Vorstellung schön, demnächst auf meiner Visitenkarte als Manager ausgewiesen zu werden – und nicht mehr nur als Fachkraft."

Bitte entwickeln Sie fünf Folgefragen, die den Klienten dabei unterstützen, sein Meta-Ziel zu erkennen.

Umsetzungs-Plan

Bitte notieren Sie, welche Ideen Ihnen zu dieser Frage kommen und in welchem Zusammenhang Sie damit arbeiten wollen:

68.

Zielfrage: Das Sahnehäubchen

„Träume sind Schäume!“, „Schlag dir die Rosinen aus dem Kopf“: Wer solche Sätze als Kind gehört hat, kann später dazu neigen, dass er seine Ziele allzu bescheiden definiert. Auf der Strecke bleibt die Attraktivität. Diese Frage holt sie zurück.

Die Frage

Nehmen wir an, es wäre ganz sicher, dass Sie Ihr Ziel erreichen – Sie hätten eine schriftliche Garantie, dass es klappt. Gäbe es dann noch ein Sahnehäubchen, das sie diesem Ziel im Übermut aufsetzen wollten?

Folgefragen

- Nehmen wir an, Sie könnten die Attraktivität des Ziels auf einer Skala von eins (für ganz wenig) bis zehn (für ganz viel) bewerten – zu welcher Veränderung käme es durch das Sahnehäubchen?
- Welche Möglichkeiten sehen Sie, das Sahnehäubchen in Ihr Ziel einzubinden, vielleicht auch durch eine kleinere Sahneportion?
- Wenn Sie spontan sagen müssten, was jene Ziele verbindet, die zu den wichtigsten Erfolgen Ihres Lebens geführt haben – was fiele Ihnen da ein?
- Was können Sie tun, um diese Elemente in Ihrem jetzigen Ziel noch auszubauen?

Kommentar zum Fragen-Inhalt

Viele Menschen haben sich daran gewöhnt, ihre Ziele zu kürzen. Der Kopf radiert aus, was das Herz sich wünscht. Vernünftig mögen solche Ziele sein, aber ihnen fehlt die wichtigste Eigenschaft: die Attraktivität. Ein Ziel, das Ihr Klient halbherzig steckt, wird er auch so verfolgen: halbherzig.

Mit dieser Frage und der Einladung, er dürfe übermütig sein, fördern Sie das Denken in größeren Dimensionen. Zum Beispiel hatte eine Volkswirtin ursprünglich als Ziel definiert: „Ich möchte aus meiner Festanstellung in eine Selbstständigkeit wechseln.“ Doch sie sprach dieses Ziel so nüchtern aus, als würde sie Nachrichten von einem Blatt ablesen.

Erst meine Frage nach dem Sahnehäubchen bewegte sie: Ihre Schultern strafften sich. Über ihr Gesicht huschte ein Lächeln. Schwärmend antwortete sie: „Ich würde mir ein eigenes Büro wünschen, das ich ganz in meinem Stil einrichte, so eine Art repräsentatives Arbeitswohnzimmer."

Auf meine Frage, wie sich das Ziel dadurch auf der Skala verändere, sagte sie: „Es würde von einer Sechs auf eine Acht steigen." Sie, eine passionierte Gestalterin, definierte ihre Selbstständigkeit nicht zuletzt über ihren Firmensitz. Schnell war klar: Das Sahnehäubchen musste ein Bestandteil des Hauptziels werden. Ohne die Ausgangsfrage hätte sich die Klientin gescheut, diesen vermeintlichen Luxus in ihre Zieldefinition aufzunehmen.

Kommentar zur Fragen-Sprache

Die Formulierung „Mal angenommen" ist ein Raumöffner, auch bei Zielfragen. Die Klientin bekommt „die Garantie", dass sie ihr Ziel erreicht – ihre Angst vor dem Scheitern schwindet. Alle Sehnsüchte, die sie sich in vorauseilendem Gehorsam versagt hat, dürfen wieder mitsingen beim Wunschkonzert.

Die Begriffe „Sahnehäubchen" und „Übermut" fordern sie geradezu heraus, bei der Antwort mehr auf die Intuition als auf den (möglicherweise einschränkenden) Verstand zu hören.

Profi-Tipp

Bieten Sie Ihrer Klientin die Metapher an, sich ihr Ziel als Kuchenstück vorzustellen – wie viel Sahne braucht sie nun, um den Reiz zu erhöhen? Und welche Menge würde ihre innere Verdauung überfordern? Zu welchem Zeitpunkt könnte sie das Häubchen am ehesten gebrauchen (manchmal kann es auch eine Belohnung *nach* Erreichen des Ziels sein)? Und was sagt all das über die Attraktivität des ursprünglichen Zieles aus?

Schwierige Antwort

Die Klientin, die sich selbstständig machen will, antwortet: „Ich würde gerne einen Umsatz machen, der deutlich über dem meines jetzigen Arbeitgebers liegt – also einen mittleren Millionenbetrag. Dann hätte ich das Gefühl: Ich habe es geschafft, ich bin wirklich Unternehmerin!"

Wie reagieren Sie? Bitte antworten Sie, gerne schriftlich, ehe Sie weiterlesen.

Mein Vorschlag: In der Aussage Ihrer Klientin schwingt ein wichtiger Wunsch mit, den Sie würdigen und transformieren sollten:

Coach: „Es ist Ihnen also wichtig, dass Sie nicht nur als kleine Selbstständige wahrgenommen werden, sondern als eine so richtig erfolgreiche Unternehmerin?"

Klientin: „Ja! Und ich will nicht nur so wahrgenommen werden – ich will es auch sein!"

Coach: „Nun ist der Umsatz ein Maßstab, an dem man unternehmerischen Erfolg festmachen kann. Welche weiteren Maßstäbe sehen Sie noch?"

Klientin: „Zum Beispiel, dass man sich Angestellte leisten kann und nicht alleine vor sich hin wurstelt."

Coach: „Mal angenommen, die Gründung verläuft nach Ihren Plänen – bis wann könnten Sie sich die ersten Angestellten leisten?"

Der Coach sucht mit der Klientin nach Alternativen, wie sie das wichtige Bedürfnis hinter ihrem „Sahnehäubchen", den Weg zur Anerkennung, in das Ziel einbinden kann. In diesem Fall wurde ein konkretes Zieldatum definiert, zu dem die erste Angestellte anfangen würde. Dagegen wäre ein „mittlerer Millionengewinn" als Ziel bei einer Ein-Personen-Gründung nicht seriös planbar gewesen.

Fragen-Übung

Bitte suchen Sie sich zwei wichtige Ziele Ihres Lebens aus, die Sie noch nicht erreicht haben. Und nun fragen Sie sich: Wie müssten Sie die Ziele verändern, um sie noch attraktiver zu gestalten? Welche Sahnehäubchen fallen Ihnen ein? Gehen Sie dann die Folgefragen durch und antworten Sie im Selbstgespräch oder schriftlich.

Wie leicht fällt es Ihnen, Antworten zu finden? Inwiefern verändert sich das Ziel durch das Sahnehäubchen? Und lohnt es vielleicht, Ihr Ziel mit etwas Sahne anzureichern, um es noch attraktiver zu machen? Leiten Sie aus diesem Experiment bitte Erkenntnisse für Ihre Coaching-Gespräche ab.

Umsetzungs-Plan

Bitte notieren Sie, welche Ideen Ihnen zu dieser Frage kommen und in welchem Zusammenhang Sie damit arbeiten wollen:

69.

Lösungsfrage: Der gute Tag

Wer ein Problem hat, sieht gerne schwarz. Dabei gibt es jede Menge Grautöne, manchmal sogar Lichtblicke. Ihre Herausforderung ist es, diese Ressourcen aufzudecken. Wie Sie das schaffen? Indem Sie sich nach einem besonderen Tag der Woche erkundigen.

Die Frage

Denken Sie einmal an jenen Tag der letzten Woche, an dem Sie mit Ihrem Problem am besten fertiggeworden sind, es vielleicht sogar zeitweise vergessen haben. Was unterscheidet diesen Tag von den weniger guten?

Folgefragen

- Was von dem, was Sie an diesem Tag getan haben, würden Sie gerne öfter tun?
- Was von dem, was Sie an diesem Tag gedacht haben, würden Sie gerne öfter denken?
- Mal angenommen, Sie könnten solche Tage anlocken – welche Voraussetzungen müssten Sie schaffen, um ihren Besuch wahrscheinlicher zu machen?
- Wenn es Ihre Aufgabe wäre, den kommenden Mittwoch zu einem solchen Tag zu machen – wie könnten Sie das gewährleisten? Und hätten Sie Lust auf dieses Experiment?

Kommentar zum Fragen-Inhalt

Haben Klienten einen scharfen Blick für Unterschiede? Ja, sie nehmen die Differenz zwischen Ideal und Wirklichkeit wahr, die Entfernung zum Ziel, das Defizit. Auf der Strecke bleibt der positive Unterschied zwischen den guten und den schlechten Tagen. Etliche Klienten suchen nach der Lösung ihres Problems wie nach einem Hut, den sie schon längst auf ihrem Kopf tragen – sie müssten ihn nur wahrnehmen und zurechtrücken.

Denn an den guten Tagen gelingt ihnen bereits, was sie an den anderen Tagen noch erreichen wollen: der souveräne Umgang mit einer schwierigen Situation. Sie praktizieren eine Lösung, zumindest in kleiner Dosis. Wenn sie das durch Ihre Fragen begreifen, wenn sie sich von diesem Erfolg beflügeln lassen, wenn sie dieses zieldienliche Verhalten verstärken, dann merken sie auf einmal: Die guten Tage sind kein Zufall, sondern lassen sich durch eigenes Handeln herbeiführen. Die Selbstwirksamkeit bekommt einen Schub. Und Lösungen werden sichtbar.

Kommentar zur Fragen-Sprache

Die Frage tastet sich an den Klienten heran, um ihn abzuholen, wo er steht: Sie spricht *nicht* davon, er sei mit dem Problem „fertiggeworden" (was er zurückweisen würde), sondern „besser fertiggeworden". Sie spricht *nicht* davon, er habe es „vergessen" – sondern „zeitweise vielleicht" vergessen. Und dann erfragt sie explizit den „Unterschied" zwischen diesem Tag und den anderen. Fragen nach dem Unterschied wirken wie ein Kontrastmittel: Sie machen sichtbar, was vorher schon vorhanden, aber für den Klienten nicht zu erkennen und damit: nicht zu nutzen war.

Profi-Tipp

Lassen Sie Ihren Klienten die Tage der letzten Woche skalieren: Angenommen, er müsste sie auf einer Skala von eins bis sieben einteilen, wobei sieben für den besten und eins für den schlechtesten Tag steht – zu welchem Urteil käme er? Interessanterweise brauchen die meisten Menschen nicht lange, um ein solches Ranking vorzunehmen. Damit bekommen Sie eine erstklassige Vorlage geliefert: Vier von sieben Tagen liegen über dem Durchschnitt. Finden Sie durch Ihre Fragen genau heraus, was an diesen Tagen besser gelaufen ist als sonst, welche anderen Voraussetzungen der Klient sich geschaffen hat und was er davon für die kommenden Tage übernehmen könnte. Sogar der Tag, der nur eine Zwei erhält, ist interessant: Wie hat der Klient verhindert, auf eine Eins abzustürzen? Was war besser als am schlechtesten Tag?

Etliche Klienten lieben dieses Spiel – und bringen ins nächste Coaching automatisch ein Ranking ihrer Woche mit. Eine solche Reflexion ist ein wunderbarer Lösungshelfer.

Schwierige Antwort

Der Klient antwortet: „Es war an allen Tagen gleich schlecht. Ich kann da wirklich keinen Lichtblick erkennen."

Wie reagieren Sie? Bitte antworten Sie, gerne schriftlich, ehe Sie weiterlesen.

Mein Vorschlag: „Vielleicht fällt Ihnen ein Tag ein, an dem es besonders schlecht war?" (Der Klient antwortet wie aus der Pistole geschossen

– womit der Grundstein für eine Differenzierung gelegt ist.) „Gut, dann lassen Sie uns einmal untersuchen: Was war an den anderen Tagen ein ganz klein wenig besser?"

Fragen-Übung

Problemaussagen des Klienten können Sie mit Lösungsfragen kontern, um positive Unterschiede herauszuarbeiten. Beispiel:

Klient: „Der Kollege ist fast immer schlechter Laune. Wir verstehen uns nicht."
Coach: „An welchem Tag in letzter Zeit sind Sie mit dem Kollegen besser ausgekommen als sonst?"

Bitte reagieren Sie auf die drei folgenden Aussagen mit Fragen nach diesem Muster:

1. „Hier geht alles drunter und drüber, es herrscht Chaos."
2. „Mein Chef spendet mir einfach keine Anerkennung."
3. „Meine Kollegin beteiligt sich nicht an der Teamarbeit."

Umsetzungs-Plan

Bitte notieren Sie, welche Ideen Ihnen zu dieser Frage kommen und in welchem Zusammenhang Sie damit arbeiten wollen:

70.

Lösungsfrage: Löwenbändiger

Im Zirkus ist alles spektakulärer als im Alltag. Warum nicht den Klienten mit seinem Problem in einen Löwenkäfig schicken? Dort kann er einen neuen Blick auf die alte Situation entwickeln – und sein Problem gleich einem gefährlichen Löwen bändigen.

Die Frage

Wenn Ihr Problem ein Löwe wäre und Sie ein Löwenbändiger – was würden Sie im Umgang mit ihm beachten?

Folgefragen

- Durch welches Verhalten würden Sie Ihren Problemlöwen reizen, ihn noch gefährlicher machen?
- In welchen Situationen ist es Ihnen bereits gelungen, dieses gefährliche Tier zu bändigen?
- Wenn Sie eine Anleitung schreiben müssten, wie man Ihren Problemlöwen zähmt: Welche Schritte würden Sie empfehlen?
- Angenommen, ein Weiser würde die These aufstellen, Ihr Problemlöwe sei eine Art gigantischer Wachhund, dessen Anwesenheit Sie vor Schlimmerem bewahrt – welche Argumente könnte er dafür finden?

Kommentar zum Fragen-Inhalt

Klient hier, Problem dort – oft ist diese Zweier-Beziehung so eingefahren, dass kein neuer Gedanke mehr Platz hat. Doch wenn der Klient sein Problem zu einem Löwen verwandelt, einem königlichen Tier, und sich selbst zu einem Löwenbändiger, einem mutigen Zirkuskünstler – dann kitzelt dieser neue Rahmen auch neue Gedanken wach. Die Vorstellung, ein Löwenbändiger zu sein, ruft beim Klienten die Kompetenzen eines Löwenbändigers wach. Der braucht Mut, einen starken Willen und vor allem ein detailliertes Wissen darüber, wie seine Raubkatzen ticken. Obwohl die Löwen stärker sind als er, gelingt es ihm, sie auf subtile Weise zu kommandieren.

Diese Metapher spielt dem Coach zahlreiche Folgefragen zu: Durch welches Verhalten kann es dem Klienten gelingen, seinen Problemlöwen zu steuern? Welchen Charakter hat sein Problemlöwe? Wie muss er im Löwenkäfig auftreten, um das Problem zu beeindrucken? Und welche Menschen sitzen als Zuschauer in der Manege? Wer profitiert davon, wenn seine Vorführung gelingt – und wird klatschen? Und aus welcher Ecke könnten eher Buh-Rufe kommen?

So mancher Klient, der sich seinem Problem hilflos ausgeliefert sah, avanciert in wenigen Minuten zum mutigen und kompetenten Löwenbändiger. In der Manege gelingt es ihm, mit erweiterten Kompetenzen und einer großen Entschlossenheit aufzutreten. Dieses Verhalten lässt sich auf seinen Umgang mit dem Problem im Alltag übertragen.

Kommentar zur Fragen-Sprache

Die Frage ist knapp gehalten, das erhöht den Überraschungseffekt. Und statt gleich zu erfragen, wie der Klient den Problemlöwen *bändigt,* liegt die Latte beim ersten Anlauf niedriger: „Was würden Sie im Umgang mit ihm *beachten*?" Der Klient ist nicht gezwungen, Lösungen aus dem Ärmel zu schütteln. Vielmehr kann er den Charakter seines Problems ergründen und darüber nachdenken, welches Verhalten dieses „Raubtier" noch gefährlicher macht. So fällt es dem Klienten leichter, sich zu Lösungen vorzuarbeiten.

Profi-Tipp

Sprechen Sie mit dem Klienten nicht nur über sein Verhalten, sondern auch über seine Gedanken dahinter. Diese Kognitionen wirken auf sein Handeln wie ein Steuerrad. Eine produktive Übung: Stellen Sie einen leeren Stuhl auf, der den Problemlöwen darstellt. Und nun bitten Sie Ihren Klienten, sein Gedankenradio auf laut zu drehen: Einmal soll er dem Löwen alle Gedanken erzählen, von denen er meint, sie würden das Problem gefährlicher machen „Du bist ohnehin nicht bezwingbar, ich weiß, du wirst mich fressen" usw. Und einmal soll er dem Löwen das sagen, wovon er meint, es hielte diesen in seinen Schranken: „Du weißt genau, ich habe dich schon mehrfach durch den brennenden Reifen springen lassen – zum Beispiel neulich, als es mir gelang ..."

Wie fühlen sich die einzelnen Haltungen an? Was verändert sich im Klienten, sobald er auf die aus seiner Sicht hilfreichen Gedanken umschaltet?

Schwierige Antwort

Der Klient antwortet: „Als Löwenbändiger ginge es mir genau wie jetzt: Ich wüsste einfach nicht, was ich tun soll."

Wie reagieren Sie? Bitte antworten Sie, gerne schriftlich, ehe Sie weiterlesen.

Mein Vorschlag: Steigen Sie tiefer in die Metapher ein, indem Sie sich nach dem Verhalten eines realen Löwenbändigers erkundigen und den Klienten animieren, dieses auf seine Situation zu übertragen:

Coach: „Dann stellen Sie sich einmal einen realen Löwenbändiger vor. Was müsste er tun, um sich in Gefahr zu bringen?"

Klient: „Er müsste den Tieren zeigen, dass er Angst hat. Zum Beispiel: sich abwenden und schnell zur Tür des Käfigs rennen."

Coach: „Vielleicht mögen Sie dieses Verhalten einmal auf Ihre Situation übertragen: Was würde es für Sie heißen, vor Ihrem Problem Angst zu zeigen und vor ihm davonzulaufen?"

Klient: „Zum Beispiel, dass ich eine notwendige Entscheidung immer wieder aufschiebe. Dass ich die Augen vor ihr schließe. Dass ich ..."

Fragen-Übung

Bitte recherchieren Sie im Internet, mit welchen Mitteln erfolgreiche Löwenbändiger arbeiten und durch welche Fehler es zu Unfällen kommen kann. Lassen Sie dieses Fachwissen in einen kleinen Fragenkatalog einfließen, den Sie speziell für diese Metapher entwickeln. Was verändert sich an der Qualität Ihrer Fragen, wenn Sie auf solche Informationen zurückgreifen?

Umsetzungs-Plan

Bitte notieren Sie, welche Ideen Ihnen zu dieser Frage kommen und in welchem Zusammenhang Sie damit arbeiten wollen:

71.

Lösungsfrage: Bewährtes

Wird eine Lösung im Coaching geboren? Nein, oft gibt es sie schon vorher – sie muss nur erkannt, gefördert und variiert werden. Mit dieser Frage erfahren Sie, was sich bei der Lösungssuche bereits bewährt hat – und damit Teil der künftigen Lösung sein kann.

Die Frage

Von allem, was Sie schon probiert haben, um Ihr Ziel zu erreichen – was hat am besten funktioniert?

Folgefragen

- Was genau haben Sie in diesem Fall anders gemacht als sonst?
- Auf einer Skala von eins (für keine Wirkung) bis zehn (für vollständige Wirkung) – wie hoch würden Sie Ihren Lösungsversuch einordnen?
- Nehmen wir an, Sie hätten einem fremden Menschen, der exakt in Ihrer Situation ist und den Sie coachen, bei genau diesem Versuch zugeschaut – was würden Sie ihm raten, um auf der Skala noch einen Punkt höherzukommen?
- Angenommen, dieser Klient würde sagen „Wenn das so einfach wäre, hätte ich es ja schon gemacht" – mit welchen Argumenten könnten Sie ihn als Coach wohl animieren, die Weichen jetzt noch konsequenter in diese Richtung zu stellen? Und woran würden Sie merken, dass er es auch tatsächlich tut?

Kommentar zum Fragen-Inhalt

Wer sein Ziel aus eigener Kraft nicht erreicht hat, denkt oft: „Alles falsch gemacht!" Diese Haltung ist eine Hypothek. Die Gedanken der Klientin kleben am Negativen. Ihre Überzeugung, sie müsse im Coaching neu beginnen, bremst sie aus: Alles, was sie bislang erreicht hat, bleibt unbeachtet. Sie fühlt sich bei null, oft sogar: *als* Null.

Diese Frage regt sie an, ihre Lösungsversuche differenzierter zu sehen. Welche haben mehr als andere gebracht? Und warum? Wenn ihr bewusst wird, dass etwas funktioniert hat, erfüllt sie das mit Stolz und Hoffnung – vor allem kann sie dieses zieldienliche Verhalten analysieren, ausbauen und variieren. Weniger von dem tun, was nicht funktioniert, und mehr von dem, was funktioniert: Das ist eines der einfachsten, aber besten Erfolgsrezepte.

Die Frage hilft der Klientin, ihre bisherigen Erfolge als Sprungbrett fürs künftige Handeln zu nutzen. Und sie hilft Ihnen, ihre persönlichen Erfolgsstrategien zu verstehen und bei Ihrer Coaching-Strategie zu berücksichtigen.

Kommentar zur Fragen-Sprache

Wenn es eine Wortkombination gibt, die in Coaching-Fragen viel zu selten vorkommt, dann lautet sie: „am besten". Mit diesem positiven Superlativ können Sie Dutzende gescheiter Fragen entwickeln, immer mit Blick auf die Ressourcen. Beispiele: „Welcher Mensch aus Ihrem Umfeld unterstützt Sie *am besten*?", „In welcher Situation bei der Arbeit ging es Ihnen in der letzten Woche *am besten*?", „Wenn Sie jemandem Tipps geben müssten, wie man solche Konflikte in Ihrer Firma löst – was funktioniert nach Ihrer Erfahrung *am besten*?" Jedes Mal reisen die Gedanken in eine positive Richtung.

Profi-Tipp

Lassen Sie die Klientin ihre bisherigen Lösungsversuche mit Fantasie betrachten. Dabei können Sie die Fragen individuell auf ihren Beruf abstimmen. Zum Beispiel könnten Sie eine Mathematikerin fragen: Was würde passieren, wenn sie zwei knapp gescheiterte Versuche multipliziert, also minus mal minus nimmt?

Oder fragen Sie eine begeisterte Hobby- oder Berufsköchin: „Wenn Sie Ihren Lösungsversuch einmal als ein Kochgericht mit verschiedenen Zutaten betrachten – welche Zutat, vielleicht auch nur: welches Gewürz, hat für den absoluten Erfolg noch gefehlt? Und wenn Sie jetzt ein Rezept für die Zukunft entwickeln müssten: Wie würde es aussehen?"

Schwierige Antwort

Die Klientin sagt: „Wenn etwas funktioniert hätte, wäre ich nicht zu Ihnen gekommen – das ging alles schief."

Wie reagieren Sie? Bitte antworten Sie, gerne schriftlich, ehe Sie weiterlesen.

Mein Vorschlag: Nutzen Sie die negative Energie und fragen Sie zum Beispiel: „Was ging eigentlich am schiefsten?" Blitzschnell wird Ihre Klientin antworten – womit sie, ohne es zu merken, schon differenziert hat. Darauf können Sie bauen: „Verglichen mit diesem Reinfall – was lief bei Ihren anderen Lösungsversuchen etwas besser?“ Über den Steg dieser Frage ist das Positive leichter zu erreichen.

Fragen-Übung

Ihre Klientin, eine Geschäftsführerin im Mittelstand, ist seit fünf Jahren erfolgreich im Amt. Im Coaching möchte sie klären: „Wie schaffe ich es, die Inhaber meiner Firma von meiner neuen Strategie zu überzeugen? Ich bin der Meinung, wir müssen ins Ausland expandieren. Die Eigentümer dagegen sind aufs Deutschlandgeschäft fixiert, weil das immer funktioniert hat.“

Bitte entwickeln Sie zehn Fragen für dieses Coaching, einzige Bedingung: Die Formulierung „am besten“ muss enthalten sein. Schreiben Sie die Fragen möglichst spontan auf und prüfen Sie dann, um welche Fragetypen es sich handelt. Zu welcher Art von Fragen verleitet Sie die Formulierung „am besten“? Inwieweit können Sie sich vorstellen, diese Methode auch mal zur Vorbereitung auf ein reales Coaching zu nutzen?

Umsetzungs-Plan

Bitte notieren Sie, welche Ideen Ihnen zu dieser Frage kommen und in welchem Zusammenhang Sie damit arbeiten wollen:

72.

Lösungsfrage: Lauter, bitte!

Die Dosis eines Medikaments entscheidet, ob es heilt oder tötet. Und die Dosis eines Verhaltens entscheidet, ob Ihr Klient damit Lösungstüren öffnet oder gegen Problemwände rennt. Diese Frage hilft ihm beim Austarieren seines Verhaltens.

Die Frage

Stellen Sie sich Ihre Verhaltensweisen einmal als Radios mit Lautstärkeregler vor: Welches zieldienliche Verhalten würden Sie gerne auf lauter stellen? Und welches zielschädliche Verhalten auf leiser?

Folgefragen

- An welchem Lautstärkeregler würden Sie zuerst drehen, um näher an Ihr Ziel zu gelangen? In welchen Situationen wäre diese Veränderung am hilfreichsten?
- Wenn Sie an diesem Regler drehen: Welchen positiven Einfluss auf die anderen könnte das haben?
- Wer aus Ihrem Umfeld würde zuerst merken, dass Sie Verhaltenslautstärken verstellt haben? Und an welchen positiven Beobachtungen würde er das festmachen?
- An welchen Indizien würden Sie selbst bemerken, dass die richtige Lautstärke erreicht ist, Ihr Verhalten also weder zu hoch noch zu niedrig dosiert ist? Und was wäre dann besser als jetzt?

Kommentar zum Fragen-Inhalt

Die Frage bittet den Klienten *nicht*, ein Verhalten pauschal zu verstärken und ein anderes pauschal *abzustellen* (wie es oft der Selbstanspruch ist). Vielmehr verhilft ihm das Bild mit dem Lautstärkeregler zu einer differenzierten Sicht. Kann sein, ein zieldienliches Verhalten läuft im Moment so leise, dass es nichts bewirkt. Diese Fragen schärfen die Ohren: Der Klient lauscht auf solche positiven Ansätze.

Wer zum Beispiel das Ziel verfolgt, sein Netzwerk in der eigenen Firma zu verbessern, könnte herausfinden: Schon bislang gelingt es ihm, bei Konferenzen viele Kontakte zu knüpfen. In diesen Situationen scheint die Lautstärke seiner Kontaktfreudigkeit genau richtig. Was wäre, wenn er den Lautstärkeregler dieses Verhaltens auch in der eigenen

Firma höher drehte? Wenn er dort aktiver Kontakte suchen und pflegen würde?

Dagegen könnte er zu dem Ergebnis kommen: Seine Eigenart, an vielen Tagen von morgens bis abends hinter verschlossener Bürotür zu sitzen, läuft dem Ziel entgegen. Welche Auswirkung hätte es, wenn er dieses Verhalten, diese Eigenbrötelei, etwas zurückdrehte? Wäre es dann möglich, zum Beispiel in der Mittags- und der Kaffeepause, mit anderen Menschen ins Gespräch zu kommen? Und wie sieht es nach Feierabend aus?

Wenn Sie durch Ihre Fragen fantasiereich am Lautstärkeregler des Klienten drehen, werden bald interessante Lösungsansätze zu hören sein.

Kommentar zur Fragen-Sprache

Die Vorstellung, es gebe einen „Lautstärkeregler" für sein Verhalten, macht dem Klienten seine Selbstwirksamkeit klar: Er kann die Stärke regulieren. Von der Frage, *ob* er sich verändern kann, lenkt ihn dieser Ansatz zu der Frage: *in welchem Maße*?

Die Metapher mit der Lautstärke lässt sich auch für Folgefragen zum System nutzen, zum Beispiel: „Wie sehr müssten Sie den Lautstärkeregler dieses Verhaltens nach oben drehen, damit es auch bei Ihrem Chef ankommt?" Oder: „In welchen Situationen, wenn auch andere Verhaltens-Radios um Sie herum senden, ist eine höhere Sendestärke notwendig?" Zum Beispiel kann ein leitender Angestellter, der seine Ellbogen beim Führen weniger gebrauchen will, genau von diesen Ellbogen in Verhandlungen mit zähen Kunden profitieren – dann ist Durchsetzungsvermögen in höherer Dosis als beim Führen gefragt.

Profi-Tipp

Belassen Sie es nicht dabei, dass Ihr Klient von „etwas leiser" oder „etwas lauter" spricht. Eine Skalenfrage macht die Antworten vergleichbar: „Wenn zehn die maximale und eins die minimale Verhaltenslautstärke ist – wie hoch ist Ihr Radio dann im Moment eingestellt?" So können Sie zum Beispiel erfragen, wie der Klient sich von einer aktuellen Vier zu einer Fünf entwickeln könnte, wie er den Sprung von der Drei zur Vier geschafft hat und welche Lautstärke (wahrscheinlich unter zehn) er erreichen müsste, um an sein Ziel gelangen zu können.

Ebenso können Sie ihm bewusst machen, dass er jetzt schon diese „Lautstärken" variiert: „In welchen Situationen des letzten Monats hatten Sie Ihr erwünschtes Verhalten auf die höchste Lautstärke gestellt? Wo auf der Skala liegt diese Lautstärke? Und was war in diesem Moment anders als beim niedrigsten Wert?"

Schwierige Antwort

Der Klient antwortet: „Eigentlich möchte ich mein Verhalten nicht groß verändern. Es geht mir nur um die Sache: dass sich etwas in der Firma bewegt."

Wie reagieren Sie? Bitte antworten Sie, gerne schriftlich, ehe Sie weiterlesen!

Mein Vorschlag: Der Klient gibt durch die Formulierungen „eigentlich" und „nicht groß verändern" zu erkennen, dass er doch bereit ist, sich zu bewegen. Diese Ansätze lassen sich aufgreifen: „Also sind Ihnen Veränderungen in Ihrer Firma sehr wichtig – so wichtig, wenn ich Sie richtig verstehe, dass Sie eventuell doch bereit sind, Ihr Verhalten zwar nicht im großen Maße anders zu dosieren, aber doch ein kleines bisschen?" (Klient deutet ein Nicken an.) „Dann interessiert mich: Was würde sich an Ihrem Verhalten verändern, wenn jemand den Regler ihres Wunschverhaltens ganz minimal nach oben dreht?"

Fragen-Übung

Bitte bilden Sie weitere Fragen dieser Art, die nicht auf ein Radio zielen, sondern individuellen Bezug auf Ihren Klienten nehmen. Folgende Informationen über die Klienten liegen Ihnen vor:

- Ihr Klient ist Informatiker und schätzt Computerspiele.
- Ihre Klientin ist Sängerin – sie hat eine eigene Band.
- Ihr Klient ist Außendienstler. Sein Handy schlägt ständig Alarm.

Lösungsvorschläge unter: www.karriereberater-akademie.de, Rubrik „Bücher".

Umsetzungs-Plan

Bitte notieren Sie, welche Ideen Ihnen zu dieser Frage kommen und in welchem Zusammenhang Sie damit arbeiten wollen:

73.

Lösungsfrage: Die Romanfigur

Ein Problem kann wie ein Labyrinth sein: Dem Klienten stehen zahlreiche Lösungswege offen, aber er sieht sie nicht alle. Welcher der richtige ist? Keine Ahnung. Diese Frage beflügelt seine Fantasie und verhilft ihm zu neuen Denk- und Handlungsideen.

Die Frage

Mal angenommen, Sie wären eine Romanfigur, die sich in einer verstrickten Situation befindet – was könnte ein so richtig fantasievoller Autor Sie unternehmen lassen, um doch noch ein Happy End herbeizuführen?

Folgefragen

- Nehmen wir an, Sie müssten eine Wunsch-Überschrift für das Kapitel formulieren, das jetzt vor Ihnen liegt – wie würde diese Überschrift lauten?
- In einem Roman gibt es immer viele Figuren. Welche Menschen könnten Sie auf Ihrem Weg zum Ziel unterstützen? Und wodurch?
- Woran würde der Romanleser erkennen, dass Sie den richtigen Weg eingeschlagen haben?
- Damit ein Roman nicht langweilig wird, tauchen auf dem Weg zum Ziel meist überraschende Hindernisse auf: Welche könnten das sein? Und mit welchen Strategien würde der Autor Sie diese überwinden lassen?

Kommentar zum Fragen-Inhalt

Viele Menschen sagen: „Ich habe wenig Fantasie!" Diese Frage versetzt den Klienten in einen Experten für Fantasie und verrückte Ideen: einen Romanautor. Der Perspektivenwechsel in den Kopf des Autors reicht aus, um beim Klienten die Kreativität zu wecken: Auf spielerische Weise malt er sich aus, welcher Umgang mit seiner Situation möglich wäre.

Dabei können Vorschläge herauskommen, die sich in der Realität umsetzen lassen. Aber auch solche, die mit der Wirklichkeit wenig gemeinsam haben, etwa: „Ich würde meinen Protagonisten im Lotto gewinnen lassen. Dann könnte er seinen Job kündigen, sein eigenes

Geschäft gründen und wäre das leidige Problem mit der Nachbarabteilung los."

In diesen märchenhaften Vorstellungen steckt oft ein wahrer Kern: Vielleicht sehnt sich der Klient tatsächlich nach einer Selbstständigkeit. Vielleicht hängen die Probleme mit der Nachbarabteilung damit zusammen, dass er wie ein Unternehmer handelt, also über seine Abteilungsgrenzen hinausdenkt, statt wie ein typischer Angestellter, der die Provinzgrenzen seiner Abteilung zu beachten hat.

Alle Antworten spielen Ihnen spannende Ansätze zu, auf die Sie im weiteren Coaching bauen können.

Kommentar zur Fragen-Sprache

Die Ausgangsfrage enthält zwei Besonderheiten: Erstens wird der Autor bewusst mit dem Adjektiv „fantasievoll" geschmückt – denn Sie können nicht wissen, welche Assoziationen Ihr Klient mit einem „Autor" verbindet; das kann für ihn auch jemand sein, der trockene Gebrauchsanleitungen schreibt. Das Adjektiv lenkt die Gedanken. Und zweitens legt die Frage den Aktivitätsfokus nicht auf den Autor („Was kann der Schriftsteller unternehmen, um ..."), sondern auf den Klienten: „... was könnte ein fantasievoller Autor *Sie unternehmen lassen ...*" Diese Formulierung unterstützt, dass er sich als Handelnden sieht, nicht nur als Spielball der Autorenfantasie.

Profi-Tipp

Der Roman bietet eine fantastische Grundlage, um mit dem Klienten in die Biografiearbeit einzusteigen. Zum Beispiel kann er auf Kärtchen seine Lebensabschnitte mit Kapitelüberschriften und kurzen Handlungsabrissen versehen. Wichtig ist der Blick nach vorne: Wie soll der Roman weitergehen? Welche Enden sind möglich? Welche neuen Handlungsstränge lassen sich bilden? Welche Figuren, die noch nicht vorhanden sind – zum Beispiel ein Mentor – ließen sich auf welche Weise in den Roman einführen?

Schwierige Antwort

Der Klient antwortet: „Ich glaube, mein Leben wäre für einen Roman viel zu langweilig. Deshalb halte ich die Frage für unrealistisch."

Wie reagieren Sie? Bitte antworten Sie, gerne schriftlich, ehe Sie weiterlesen.

Mein Vorschlag: Hören Sie aktiv zu und nutzen Sie diesen Gedanken zum Anknüpfen: „Stimmt, in Romanen wimmelt es oft von Killern und Abenteurern." (Klient nickt) „Insofern wäre Ihr Roman ein Entwicklungsroman, in dem sich die Handlung langsam entwickelt. Gehen wir einmal von einem solchen Roman aus. Was könnte der Autor Sie anpacken lassen, um in den nächsten Kapiteln für mehr Spannung zu sorgen?"

Fragen-Übung

Ihr Klient antwortet auf die Ausgangsfrage: „Vielleicht hätte der Romanautor mir eine andere Biografie gegeben: Ich würde aus einem wohlhabenden Elternhaus stammen, mich sicher in den feinsten Kreisen bewegen und hätte nicht nur ein FH-Studium in Worms, sondern eine Promotion in Oxford vorzuweisen. Und damit wäre ich ein heißer Kandidat auf die Nachfolge des Prokuristen. Das ist für mich der interessanteste Job in diesem langweiligen Laden."

Welche wertvollen Informationen über den Klienten enthält diese Antwort? Wie gehen Sie damit um, dass Ihr Klient seine Vergangenheit verändern möchte? Und welche Fragen, mit denen sich die Roman-Metapher fortführen ließe, fallen Ihnen dazu ein? Bitte antworten Sie gerne schriftlich.

Lösungsvorschläge unter www.karriereberater-akademie.de, Rubrik „Bücher".

Umsetzungs-Plan

Bitte notieren Sie, welche Ideen Ihnen zu dieser Frage kommen und in welchem Zusammenhang Sie damit arbeiten wollen:

74.

Zielfrage: Mädchen für alles

Eines wissen Klienten immer ganz genau: was sie nicht mehr wollen. Aber damit ist noch kein attraktives Ziel definiert. Ein einziges Fragewort kann als Katalysator wirken und die negative Energie in positive umwandeln.

Die Frage

Klient: „Ich habe keine Lust mehr, in dieser Firma Mädchen für alles zu sein!"
Coach: „Sondern?"

Folgefragen

- Welche Anteile Ihrer jetzigen Tätigkeit würden Sie gerne zurückfahren?
- Und welche Komponenten Ihrer jetzigen Aufgabe würden Sie gerne erhalten, vielleicht sogar ausbauen?
- An welchem Tag in letzter Zeit waren Sie diesem Idealjob am nächsten – und wie haben Sie das hingekriegt?
- Wenn Sie Jobprofil-Entwickler wären und eine Position für sich schaffen könnten: Wie sähe sie aus?

Kommentar zum Fragen-Inhalt

Es gibt Interventionen, die mit minimalem Wortaufwand eine maximale Wirkung erzielen. Die effektivste davon ist für mich das Wort „sondern". Immer, wenn der Klient sein Fluchtmotiv definiert – also sagt, was er nicht mehr möchte –, wirkt dieses Wort wie eine Bande beim Billard: Es lenkt seine Gedanken in die Gegenrichtung, hin zum Ziel, hin zum Positiven.

Warum ist diese Ein-Wort-Intervention effektiver als scheinbar raffiniertere Fragen? Die Aufmerksamkeit bleibt beim Klienten, Sie spielen den Ball blitzschnell und unauffällig an ihn zurück. Das sorgt für spontane Antworten. Dagegen würde jede längere Intervention die Konzentration des Klienten nach außen lenken, auf Sie. Damit wäre wieder der Filter des Verstandes zwischengeschaltet und eine spontane Antwort verhindert.

Vor allem realisiert der Klient kaum, dass Sie ihn mit dem läppischen Wörtchen „Sondern?“ nach seinem positiven Ziel fragen – einem Ziel, das vielleicht von inneren Anteilen torpediert und immer wieder ins Fluchtmotiv verkehrt wird. Diese Intervention trägt eine Tarnfarbe, deshalb wird sie nicht abgewehrt.

Kommentar zur Fragen-Sprache

Wenn die Intervention „sondern“ aufgrund ihrer Kürze besonders wirkungsvoll ist, heißt das umgekehrt: Längere und bilderreiche Interventionen sind unwirksamer? Nein, jede Intervention hat ihre Zeit. Meine Erfahrung ist: Je mehr das Gespräch von alleine in die Zielrichtung läuft, desto unspektakulärer und alltäglicher können Ihre Interventionen ausfallen. Aber je mehr der Klient sich auf den Pfaden seiner Gewohnheit festläuft, desto hilfreicher sind neue, überraschende Interventionen – denn sie ziehen oft neue, überraschende Antworten nach sich.

Wer nach der Aussage des Klienten, er wolle kein Mädchen für alles mehr sein, gleich nach dem idealen Jobprofil fragt, schießt aus zu großer Entfernung aufs Tor – klüger wäre es, durch „Sondern?“ noch mal einen Pass zu spielen, der den Klienten gedanklich näher ans Ziel bringt.

Profi-Tipp

Was tun, wenn Ihr Klient sein Ziel mehrfach negativ definiert? Dann sollten Sie das Wort „sondern“ nicht zu oft als Intervention einsetzen, weil es sonst seine Natürlichkeit verliert. Alternativ greife ich gern auf andere Kurzinterventionen zurück, die sich ähnlich flüssig in ein Gespräch einbinden lassen, zum Beispiel „Und stattdessen?“ oder „Was sonst?“. Die Wirkung ist dieselbe, ohne dass sich der Klient durch papageienhafte Wiederholungen provoziert fühlt.

Schwierige Antwort

Der Klient antwortet: „Ich weiß nur, dass es so nicht weitergehen kann!“

Wie reagieren Sie? Bitte antworten Sie, gerne schriftlich, ehe Sie weiterlesen.

Mein Vorschlag: In diesem Fall ist es erlaubt, dass Sie dem Klienten ein Angebot machen, welches positive Ziel hinter seinem Einwand stehen könnte – er hat dann die Wahl, ob er dieses Ziel annimmt oder korrigiert:

Coach (tastend): „Also suchen Sie nach einem Weg, wie Sie weniger von dem machen können, was Ihnen keinen Spaß macht, und mehr von dem, was Ihnen Freude bereitet?"

Klient: „Kann man so sagen. Vor allem möchte ich wieder mehr Energie in meine Fachaufgabe stecken, statt mit der Konzernbürokratie zu kämpfen!"

Die letzte Antwort ist zwar noch zur Hälfte negativ – aber es schimmert schon die Perle eines möglichen Ziels durch: Konzentration auf die Fachaufgabe. Daran können Sie im Dialog anknüpfen.

Fragen-Übung

Bitte entscheiden Sie, bei welcher der folgenden vier Klienten-Aussagen eine Intervention mit dem Wort „sondern" passt – und bei welchen nicht. Dort entwickeln Sie andere, möglichst kurze Fragen als Interventionen. Bitte begründen Sie Ihre Entscheidung (gerne schriftlich):

1. „Ich bin jeden Tag 14 Stunden im Büro. Wenn ich so weitermache, bekomme ich spätestens mit 55 einen Herzinfarkt."
2. „Meine Familie steigt mir schon aufs Dach, weil ich sogar im Urlaub am Laptop sitze. Ich will nicht länger ein Sklave der Firma sein."
3. „Ich bin hier nur der Sachbearbeiter. Ich habe keine Lust mehr, in der zweiten Reihe zu arbeiten."
4. „Diese Firmenpolitik macht mich fertig. Immer muss ich nach einer Pfeife tanzen, die mich in die falsche Richtung lockt."

Umsetzungs-Plan

Bitte notieren Sie, welche Ideen Ihnen zu dieser Frage kommen und in welchem Zusammenhang Sie damit arbeiten wollen:

75.

Zielfrage: Die Belohnung

Wer ein Ziel erreichen möchte, denkt oft übers Scheitern nach. Was in den Gedanken kaum vorkommt: der feierliche Moment, *nachdem* das Ziel erreicht ist. Diese Frage unterstützt Ihre Klientin dabei, ihre Freude auf den Erfolg zu verstärken.

Die Frage

Mal angenommen, Sie hätten das Ziel mit großem Einsatz erreicht und dürften sich eine tolle Belohnung wünschen – was könnten Sie sich Gutes tun?

Folgefragen

- Nehmen Sie mal an, ich wäre Zuschauer bei Ihrer Belohnungs-Zeremonie: Welche Bilder würde ich da sehen? Und was würde mir an Ihnen auffallen?
- Auf welche Ihrer Leistungen, mit denen Sie Ihr Ziel erreicht haben, wären Sie beim Rückblick in dieser Feierstunde am stolzesten?
- Mit welcher Strategie haben Sie es auf dem langen Weg zum Ziel geschafft, sich auch immer wieder an der Freude auf Ihre Belohnung aufzubauen?
- Mit welchem Gefühl und welchen Gedanken, glauben Sie, werden Sie am Abend der Belohnungszeremonie einschlafen?

Kommentar zum Fragen-Inhalt

Diese Frage erzeugt im Kopf der Klientin zwei hilfreiche Bilder: Zum einen stellt sie sich vor, sie habe ihr Ziel schon erreicht. Und zum anderen malt sie sich eine Belohnung aus. Wenn sie ihr Ziel mit einem positiven Erlebnis verknüpft, wenn am Ende des beschwerlichen Weges eine Herzensfreude wartet, starten ihre Triebwerke durch. Gerade in Phasen, wenn der Weg steinig ist, können Fragen nach der Belohnungszeremonie für einen neuen Energieschub sorgen und der Hoffnung eine Landebahn bauen.

Wie sehen die Belohnungen in der Praxis aus? Ein Top-Verkäufer stellte sich einen Klosterurlaub in Aussicht, in dem er all jene Romane lesen wollte, die sich seit Jahren an seinem Bett stapelten. Eine Abteilungsleiterin schwärmte von einem Designer-Kleid, das sie sich dann endlich leisten wollte. Und ein Geschäftsführer malte sich aus, wie er mit seinem besten Freund unter freiem Sternenhimmel vor seinem Sommerhaus in Finnland eine Flasche Champagner köpfte.

Die Zugkraft geht nicht von materiellen Inhalten aus (Urlaub, Kleid, Champagner), sondern von dem symbolischen Akt: Der Gedanke, sich für das Erreichen des Ziels zu belohnen, wird als besondere Zeremonie erlebt. Solche Feierlichkeiten nach harter Arbeit, etwa Erntefeste, sind in nahezu allen Kulturen verwurzelt und befriedigen wichtige Bedürfnisse.

Kommentar zur Fragen-Sprache

Den Kern bilden drei Formulierungen: „großem Einsatz“, „tolle Belohnung“, „sich Gutes tun“. Eine Frage, die positive Gedanken erzeugen möchte, braucht positive Formulierungen. Der Einsatz wird als „groß“, die Belohnung als „toll“ bezeichnet. Solche Adjektive verwende ich sonst sparsam – hier können sie das Kopfkino der Klienten anregen. Nüchterne Fragen, etwa „Wie wollen Sie sich belohnen, wenn Sie Ihr Ziel erreicht haben?“, schaffen das kaum.

Profi-Tipp

Besprechen Sie mit Ihrer Klientin detailliert, wie ihre Belohnungszeremonie ablaufen wird. Welche Jahreszeit und welchen Ort stellt sie sich dafür vor? Welche Menschen werden dabei sein? Wie riecht es, schmeckt es, hört es sich an? Nehmen wir an, sie würde einen Tagebuch-Eintrag darüber schreiben, wie sie die größten Hindernisse auf dem Weg zum Ziel überwunden hat: Was wäre dort zu lesen? Je intensiver die Klientin davon ausgeht, ihr Ziel bereits erreicht zu haben, desto größer die Wahrscheinlichkeit, dass sie es tatsächlich erreicht.

Schwierige Antwort

Die Klientin antwortet: „Ehrlich gesagt: Wenn ich das Ziel erreichen würde, wäre das Belohnung genug für mich.“

Wie reagieren Sie? Bitte antworten Sie, gerne schriftlich, ehe Sie weiterlesen.

Mein Vorschlag: Ist diese Antwort ein Problem? Nur dann, wenn der Coach seine Frage wichtiger als die Antwort der Klientin nimmt. Allerdings lohnt der Versuch, der Klientin noch eine Anregung zuzuspielen.

Coach: „Wer wird sich am meisten mit Ihnen freuen, wenn Sie das Ziel erreicht haben?“
Klientin: „Mein Mann! Er hat mich immer wieder ermutigt.“

Coach: „Haben Sie schon eine Vorstellung davon, wie Sie mit Ihrem Mann den Tag begehen werden, an dem Sie Ihr Ziel erreicht haben?"

Schon denkt die Klientin über eine Zeremonie nach. Wichtig: Der Coach spricht nicht mehr von „Belohnung" (dieses Wort hatte die Klientin indirekt zurückgewiesen) – er spricht davon, wie sich der Tag „begehen" ließe. Meint fast dasselbe – erzielt aber eine größere Wirkung.

Fragen-Übung

Eine Klientin antwortet auf die Ausgangsfrage: „Meine Belohnung wird sein, dass ich mir einen so richtig schönen Tag mache – mit allem, was dazu gehört."

Bitte stellen Sie fünf bis zehn Fragen, die Ihrer Klientin dazu verhelfen, ein konkretes Bild dieses Tages zu entwickeln und ihn sich mit allen Sinnen vorzustellen. Setzen Sie dabei auch zirkuläre und hypothetische Fragen ein.

Umsetzungs-Plan

Bitte notieren Sie, welche Ideen Ihnen zu dieser Frage kommen und in welchem Zusammenhang Sie damit arbeiten wollen:

Feedback-Fragen

76. *Klient:* „Diese Versetzung hat mir niemand angekündigt, das macht mich sauer. Gegen den Job kann ich gar nichts sagen. Aber die Art, wie man mich dorthin geschoben hat, gefällt mir gar nicht."
Coach: „Auf der einen Seite höre ich, dass Sie die plötzliche Versetzung verletzt und erzürnt. Auf der anderen Seite meine ich zu spüren, dass die neue Aufgabe nicht ohne Reiz für Sie ist. Inwieweit liege ich da richtig?" *(Seite 314)*

77. Gerade ist mir etwas an Ihrer Körpersprache aufgefallen. Wollen Sie es hören? (Der Klient nickt.) Wenn ich es richtig wahrgenommen habe, haben Sie Ihre Faust geballt, als Sie von der Situation erzählten. Gut möglich, dass Ihre Faust etwas Wichtiges sagen möchte. Wie könnte diese Botschaft lauten? *(Seite 318)*

78. Im Alltag folgt unser Verhalten oft einem inneren Autopiloten: Wir handeln, denken und fühlen, wie wir immer handeln, denken und fühlen – ohne uns dessen bewusst zu sein. Wenn es Ihre Aufgabe wäre, Ihren Autopiloten mal einen Tag lang abzustellen – wie könnte Ihnen ein bewusster Tag gelingen? Und was, denken Sie, liefe dann besser als im alltäglichen Trott? *(Seite 321)*

79. *Klient:* „Dann werde ich in der kommenden Woche das Gespräch mit meinem Chef in London führen und hier in Deutschland die Konferenz mit meinen Kollegen ansetzen und durchziehen."
Coach (schweigt längere Zeit): „Ich frage mich gerade, ob es realistisch ist, diese beiden Ziele in derselben Woche anzugehen?" *(Seite 324)*

80. Mir fällt auf, dass sich seit unserem ersten Gespräch etwas verändert hat an Ihrem Verhalten – haben Sie eine Ahnung, was es sein könnte? *(Seite 327)*

81. Nun bin ich unschlüssig, was ich Ihnen empfehlen soll. Einerseits würde ich Ihnen gerne ans Herz legen ... Andererseits habe ich im Ohr, dass Sie ... Welche Möglichkeit, denken Sie, wäre für Ihr Leben auf Dauer die bessere? *(Seite 330)*

Abb. 7: Individueller Denkanstoß: Die Feedback-Frage gibt dem Klienten eine Rückmeldung und regt damit eigene Gedanken bei ihm an.

Eine Frage wirkt immer in zwei Richtungen: Sie holt Gedanken aus dem Klienten heraus – und sie spielt ihm Gedanken zu. Ihn auf etwas hinzuweisen, ihm ein Feedback zu geben, kann effektiv sein. Zum Beispiel wollen Sie ihm rückmelden, dass er nach Ihrer Meinung zu viele Ziele zur selben Zeit anpacken will. Oder Sie wollen spiegeln, welche Signale der Körpersprache Sie bei ihm wahrnehmen. Oder Sie wollen ihm eine wichtige Information geben, als Grundlage für neue Gedanken.

All das gelingt Ihnen mit der „Feedback-Frage". Fließen die Informationen dabei also nur in eine Richtung, zum Klienten? Nein. Zwar spiegeln Sie ihm Beobachtungen, hinterfragen Aussagen, bieten Struktur an oder geben Wissen weiter. Aber all dies geschieht mit dem Ziel, den Klienten zu *eigenen*, zu weiterführenden Gedanken anzuregen. Ein Feedback in Frageform lässt ihm alle Freiheit: Er kann es als Anstoß für sein Denken annehmen, es aber auch zurückweisen.

Feedback durch Fragen

Hier drei Beispiele für Feedback-Fragen:

1. *Klientin:* „Wenn die Mitarbeiter bockig sind, werde ich sie an die kurze Leine nehmen. Dann bleibt ihnen keine Wahl – dann müssen sie einfach mit!"
   Coach: „Nun gibt es ja Führungsexperten, die sagen: Je größer der Zug ist, den man auf Mitarbeiter ausübt, desto mehr ziehen sie dagegen. Wie schätzen Sie diese Gefahr ein?"

2. *Klient:* „Die Kritik meines Chefs kam aus heiterem Himmel. Über den Inhalt würde ich mit mir reden lassen, aber er hatte vorher nie ein Wort gesagt und mich eiskalt in dieses offene Messer laufen lassen."
   Coach: „Auf der einen Seite höre ich heraus, dass Sie durchaus mit einem kritischen Feedback Ihres Chefs leben könnten. Nur hätten Sie es sich *früher* gewünscht hätten, quasi als Wegwei-

ser. Auf der anderen Seite klingt für mich an, dass Sie – was den Inhalt der Kritik angeht – Ihrem Chef sogar ein Stück weit recht geben. Inwieweit sehe ich das richtig?"

3. *Klient:* „Nächste Woche werde ich alles anpacken: das Gespräch mit dem Prokuristen führen, die Konferenz mit den Vertriebsleuten organisieren und dann auch noch den Plan fürs nächste Jahr aufstellen."
Coach: „Ich überlege gerade, ob das wirklich zu schaffen ist – alle drei Ziele in nur einer Woche?"

Diese Rückmeldungen helfen dem Klienten, den eigenen Gedanken nachzulauschen und ihre Stimmigkeit zu prüfen. Im ersten Fall verwendet der Coach ein Mittel aus der hypnotischen Sprache: Er legt die Aussage in den Mund von „Führungsexperten". Solche Rückmeldungen empfehlen sich, wenn eine direkte Aussage des Coachs größeren Widerstand auslösen könnte.

Im zweiten Beispiel hebt der Coach die positiven Aspekte der Aussage hervor: Der Klient kann offenbar mit der Kritik seines Chefs leben – nur hätte er sie sich zu einem anderen Zeitpunkt *gewünscht.* Somit ist die destruktive Kritik in eine positive Richtung gewendet. Besonders interessant: Wie wird der Klient die Aussage kommentieren, er gebe seinem Chef bei der Kritik sogar ein Stück weit recht? Was er jetzt sagt, kann ihn anregen, sein Verhalten zu verbessern und seine Empathie zu schulen – erst recht, wenn Sie eine zirkuläre Frage zur Vertiefung nachschieben: „Angenommen, wir könnten Ihren Chef fragen, welches Verhalten er sich von Ihnen in dieser Situation gewünscht hätte – was würde er wohl antworten?"

Und im letzten Beispiel lässt sich der Coach nicht zu einer Aussage hinreißen („Diese Terminplanung ist unrealistisch"), sondern sendet eine Ich-Botschaf: „Ich frage mich, ob ..." Der Klient ist zu nichts verpflichtet – es steht ja nicht mal eine Frage im Raum! –, wird den Gedanken jedoch prüfen, mit seiner Terminplanung abgleichen und auf diesem zwanglosen Weg am ehesten zu neuen Einsichten kommen.

Eine Sonderform der Feedback-Fragen sind solche, die dem Klienten in ihrer Einleitung eine (für ihn) wichtige Information vermitteln, ehe sie zum Kern der Frage – hier mit hypothetischem Ansatz – kommen. Beispiel (von Seite 321):

- Im Alltag folgt unser Verhalten oft einem inneren Autopiloten: Wir handeln, denken und fühlen, wie wir immer handeln, denken und fühlen – ohne uns dessen bewusst zu sein. Wenn es Ihre Aufgabe wäre, Ihren Autopiloten mal einen Tag lang abzustellen – wie könnte Ihnen ein bewusster Tag gelingen? Und was, denken Sie, liefe dann besser als im alltäglichen Trott?

Offenbar hat der Coach den Eindruck gewonnen: Im Leben des Klienten gibt es viele Automatismen. Und wenn es ihm gelänge, einige davon abzuschalten, fiele ihm die Lösung leichter. Die Einleitung der Frage beinhaltet ein indirektes Feedback, individuell auf den Klienten zugeschnitten.

Feedback-Fragen sind fürs Coaching eine spannende Beimischung, die den Horizont des Klienten erweitern, seine emotionale Betriebstemperatur erhöhen und Erkenntnissprünge fördern können. Und doch sollten Sie diese Fragen wie ein scharfes Gewürz verwenden: fein dosiert.

76.

Feedback-Frage: Das innere Team

Kann es sein, dass ein Mensch seine Lage als Problem oder als Katastrophe sieht? Niemals. Zu dieser Einschätzung gelangt allenfalls ein *Anteil* seiner Persönlichkeit. Diese Frage lädt die optimistischen Stimmen des inneren Teams ein, im Konzert der Meinung lauter mitzusingen.

Die Frage

Klient: „Diese Versetzung hat mir niemand angekündigt, das macht mich sauer. Gegen den Job kann ich gar nichts sagen, im Gegenteil. Aber die Art, wie man mich dorthin geschoben hat, gefällt mir gar nicht."

Coach: „Auf der einen Seite höre ich, dass Sie die plötzliche Versetzung verletzt und erzürnt. Auf der anderen Seite meine ich zu spüren, dass die neue Aufgabe nicht ohne Reiz für Sie ist. Inwieweit liege ich da richtig?"

Folgefragen

- Offenbar gibt es einen Anteil Ihrer Persönlichkeit, der diese Situation als Chance sieht. Angenommen, diese Stimme hätte mehr Einfluss auf Ihr Denken und Handeln – wie könnte sich das auswirken?
- Wenn Sie mal genau in sich hineinhören: Welche weiteren Stimmen kommentieren die Versetzung? Und mit welchen Worten?
- Unter welchen Voraussetzungen würden sich die kritischen Stimmen doch auf die Versetzung einlassen?
- Wenn das ganze innere Team an einem Strang zöge: Wozu könnten die anschiebenden Stimmen gut sein? Und welche Aufgabe könnten die kritischen Stimmen übernehmen?

Kommentar zum Fragen-Inhalt

Die Frage hebt ab auf das „Innere Team" nach Friedemann Schulz von Thun. Wenn ein Mensch blockiert ist, liegt das oft an inneren Un*stimmigkeiten*. Es ist wie bei einem Tauziehen: Wenn gleich starke Gegner in unterschiedliche Richtungen ziehen, heben sich die Kräfte auf. Wenn es dagegen gelingt, alle in eine Richtung ziehen zu lassen, geht es rasch vorwärts.

Diese Frage erlaubt dem Klienten, einen bislang vernachlässigten Aspekt zu beachten: dass er nicht *ausschließlich* gegen eine überraschende Veränderungen ist, hier eine Versetzung, sondern dass Anteile in ihm froh darüber sind. Nicht selten kommt bei einem solchen Coaching-Gespräch heraus: Schon vor der Versetzung hatte er überlegt, sich hausintern zu bewerben. Oder so mancher Arbeitnehmer, der von seiner Firma entlassen wird, hatte im Vorfeld selbst schon über einen Wechsel nachgedacht.

Diese konstruktiven Gedanken, diese Zeugnisse der Selbstwirksamkeit, sind in einer Krisensituation unter der Lawine des „Katastrophenfalls" verschüttet. Ein guter Coach wird diese Kräfte sorgsam bergen, aufpäppeln und in das innere Team integrieren.

Kommentar zur Fragen-Sprache

Die Frage arbeitet mit einer Einerseits-andererseits-Figur, sodass der Klient seine Empfindungen differenzieren kann. Das Gefühl, das gerade obenauf liegt, etwa der Zorn über die Versetzung, ist nicht das einzige Gefühl.

Die Frage ist in der Tastsprache gehalten. Der Coach sagt „Ich meine, zu spüren ..." Gleichzeitig vermeidet er es, die neue Aufgabe mit positiven Adjektiven wie „reizvoll" zu belegen. Vielmehr wendet er ein Element aus der hypnotischen Sprache an: eine (unwirksame) Verneinung: Die Formulierung „nicht ohne Reiz" provoziert weniger Widerspruch als „reizvoll", sagt aber im Endeffekt dasselbe. Genau das will die Tastsprache: den Klienten nicht bedrängen, ihn diesen Gedanken vorurteilsfrei prüfen lassen.

Am Ende fragt der Coach nicht geschlossen: „Liege ich da richtig?" – was ein kurzes „Nein" provozieren könnte – sondern offen: „Inwieweit liege ich ..." Je offener die Fragen, desto tiefergehend die Antworten.

Profi-Tipp

Bitten Sie Ihren Klienten, die einzelnen Stimmen seines „Inneren Teams" mit Namen zu versehen. Wie heißt derjenige, der die Versetzung als „Schmach" bezeichnet? „Der Beschämte", sagt der Klient. Wie heißt derjenige, der eine Chance darin sieht? „Der Hoffnungsträger", sagt der Klient.

Zeichnen Sie auf ein Flipchart-Blatt einen riesigen Oberkörper, in den Sie kleine Unter-Ichs des Klienten einzeichnen, mit Namen versehen und ihnen vom Klienten jeweils einen typischen Satz in den Mund legen lassen. Zum Beispiel sagt „Der Beschämte": „Jetzt bist du hier im Haus erledigt!" Haken Sie so lange nach – „Welche weiteren Stimmen hören Sie vielleicht noch?" – bis Sie alle greifbaren Anteile erfasst haben.

Dann können Sie Ihren Klienten seine Mannschaft aufstellen lassen. Wer soll in der aktuellen Situation weiter vorne auf der Bühne stehen? Wer weiter hinten? Und wie lässt sich verhindern, dass einzelne Stimmen zu weit abgedrängt und zu Heckenschützen gemacht werden?

Geben Sie Ihrem Klienten das Flipchart-Blatt mit nach Hause. Zum Beispiel hat mir ein Manager erzählt, dass er jetzt selbst innere Teams malt und immer wieder neugierig auf die Anteile seiner selbst ist. Ein Lesetipp, auch für Ihre Klienten: „Miteinander reden" von Friedemann Schulz von Thun, Band 3.

Schwierige Antwort

Der Klient antwortet: „Tut mir leid – einen Reiz kann ich da nicht sehen."

Wie reagieren Sie? Bitte antworten Sie, gerne schriftlich, ehe Sie weiterlesen.

Mein Vorschlag: Mit einer solchen Antwort müssen Sie rechnen! Wann immer Sie dem Klienten eine These anbieten, hat er das Recht, sie zurückzuweisen. Forschen Sie in dieselbe Richtung weiter, aber allgemeiner: „Verstehe, die Versetzung kommt Ihnen so gar nicht wie ein Reiz vor." (Der Klient nickt.) „Auf der anderen Seite: Neben all den kritischen Gedanken, die Sie sich gemacht haben, dachten Sie vielleicht schon mal: ‚Einen winzigen Vorteil hätte diese dämliche Versetzung dann doch …' Welche Überlegungen in diese Richtung gab es?"

Bei der letzten Frage ist es übrigens sehr hilfreich, dass die Beförderung – aus Sicht des Klienten – mit dem Wort „dämlich" belegt wird. Diese Vorgabe erhöht die emotionale Beteiligung und macht es ihm psychologisch leichter, auf die andere Seite der Waage einen (kleinen) positiven Aspekt als Gegengewicht zu legen.

Fragen-Übung

Stellen Sie Einerseits-andererseits-Fragen nach dem obigen Muster. Spekulieren Sie dabei, welches die positiven Aspekte für den Klienten sein könnten. Die Fälle:

1. Der Klient, ein Manager, hat kurzfristig seinen Arbeitsplatz verloren. Die neue Geschäftsleitung hat die Führungsebene radikal aus-

gedünnt. Eigentlich hatte er das Coaching gebucht, um etwas für seine Work-Life-Balance zu tun.

2. Die Klientin, eine selbstständige Grafikerin, hat ihren wichtigsten Kunden verloren, mit dem sie 50 Prozent ihres Umsatzes macht. Jetzt steht sie vor der Frage, wie sie übers nächste Jahr kommen soll.

3. Ein Industriekaufmann wollte ein Abendstudium an seine Ausbildung anschließen. Doch nun hat ihm seine Firma endgültig beschieden, die Kosten dafür nicht zu übernehmen.

Umsetzungs-Plan

Bitte notieren Sie, welche Ideen Ihnen zu dieser Frage kommen und in welchem Zusammenhang Sie damit arbeiten wollen:

77.

Feedback-Frage: Körpersprache

Womit spricht ein Klient im Coaching? Nicht nur mit seinem Mund, sondern mit seinem ganzen Körper. Manchmal ist es klug, die Körperteile durch eine Frage ins Gespräch zu holen, denn sie stehen für (verdrängte) Akteure des inneren Teams.

Die Frage

Gerade ist mir etwas an Ihrer Körpersprache aufgefallen. Wollen Sie es hören? (Der Klient nickt.) Wenn ich es richtig wahrgenommen habe, haben Sie Ihre Faust geballt, als Sie von der Situation erzählten. Gut möglich, dass Ihre Faust etwas Wichtiges sagen möchte. Wie könnte diese Botschaft lauten?

Folgefragen

- Wenn Sie die Aussage Ihrer Faust einmal daraufhin prüfen, was davon für Ihre nächsten Schritte am hilfreichsten ist – welcher Aspekt könnte das sein?
- In welchen Situationen, glauben Sie, sollte Ihre Faust ein größeres Wörtchen mitreden können?
- Woran würde ich als Beobachter merken, dass Ihnen Ihre Faust zu einem anderen Verhalten verholfen hat?
- Und wann halten Sie es für ratsam, dass sich die Faust eher zurückhält?

Kommentar zum Fragen-Inhalt

Die Körpersprache hat einen bestechenden Vorteil: Sie durchläuft nicht erst den Filter des Verstandes, wie die Wortsprache, sondern sie fließt *unwillkürlich* – das heißt, Ihr Klient hat kaum Einfluss darauf. So kann es passieren, dass zwischen dem, was er sagt, und dem, was sein Körper dabei spricht, eine Diskrepanz herrscht.

Beispiel: Der Klient, ein leitender Angestellter, berichtet, dass ihn die Geschäftsleitung erst unmittelbar vor der öffentlichen Bekanntgabe eines Umzugs der Firma informiert habe. Etliche Kollegen aus dem Führungsteam seien schon Wochen früher eingeweiht gewesen. Diese Situation kommentiert er mit den Worten: „Es geht im Business eben nicht alles rational zu." Gleichzeitig ballt er seine Faust.

Die Frage, was seine Faust zu sagen habe, bringt den Klienten mit einem verdrängten inneren Anteil in Berührung. Zum Beispiel seiner Wut darüber, dass man ihn übergangen hat – eine Emotion, mit der sich positiv arbeiten lässt, denn dahinter kann ein Wunsch stehen: dass der Klient wichtig genommen und als verschwiegene Führungskraft behandelt werden möchte. Oder dass er sich ein Arbeitsumfeld wünscht, in dem Transparenz statt Geheimniskrämerei herrscht.

Der Hinweis, den die Körpersprache gab, hat dem Klienten geholfen, seine Situation und seine Wünsche zu reflektieren.

Kommentar zur Fragen-Sprache

Die Frage gliedert sich in zwei Teile: Erst bekommt der Klient ein Feedback angeboten. Sobald er dieses Angebot annimmt, folgt die eigentliche Frage. Dabei vermeidet der Coach eine allgemeinverbindliche oder gar diagnostizierende Aussage, Motto: „Sie *haben* die Faust geballt, das ist immer ein Zeichen von innerer Anspannung." Vielmehr tastet er sich mit einer subjektiven Aussage an den Klienten heran („Wenn ich es richtig wahrgenommen habe ...") und überlässt ihm die Interpretation: „Wie könnte diese Botschaft lauten?" Dieser Angebots-Charakter, der auf Zugzwang verzichtet, erleichtert dem Klienten das Reflektieren.

Profi-Tipp

Wenn Sie ein Körperteil – es muss nicht immer die Faust sein! – einmal ins Coaching einbezogen haben, können Sie es später immer wieder ansprechen. Zum Beispiel macht der Klient später einen Vorschlag, wie er seine Situation verändern könnte, und Sie sagen: „Gut, das ist eine interessante Möglichkeit. Gerne würde ich einmal hören, was Ihre Faust dazu sagt?" Das Körperteil steht als Sinnbild für einen inneren Anteil. Vielleicht gibt es sogar einen Gegenspieler, zum Beispiel die gerunzelte Stirn, die sich ebenfalls äußern darf.

Ihr Klient nimmt sich als vielschichtige Persönlichkeit wahr – statt zu glauben, er sei einfach so, wie er ist (also Problemträger!). Außerdem können Sie die Persönlichkeitsanteile, die sich oft gegenseitig blockieren, miteinander ins Gespräch bringen – die ersten Schritte in Richtung Lösung.

Schwierige Antwort

Der Klient sagt: „Ich habe meine Faust einfach nur so geballt, das hatte wirklich nichts mit dem zu tun, was ich gerade gesagt habe."

Wie reagieren Sie? Bitte antworten Sie, gerne schriftlich, ehe Sie weiterlesen.

Mein Vorschlag: Nehmen Sie die Aussage an, lockern Sie die Situation auf und spielen Sie dem Klienten dann noch mal eine hypothetische Frage in der Tastsprache zu – ein solches zweites Angebot wird überraschend oft angenommen: „Ja, das kann natürlich ein Zufall gewesen sein. Ich fass mir ja auch mal an die Nase, ohne dass ich damit der Welt eine Botschaft senden möchte." (Klient lacht.) „Doch mal angenommen, Sie würden davon ausgehen, Ihre geballte Faust hätte doch etwas zu heißen gehabt – was könnte dann, frei fantasiert, die Botschaft sein?"

Fragen-Übung

Bitte stellen Sie zu folgenden Situationen Fragen, die ein Körperteil einbeziehen und den Klienten zum Reflektieren anregen:

1. Der Klient rollt seine Augen, als er von den ewigen Urlaubswünschen seines Kollegen erzählt – während er sie gleichzeitig als „verständlich" bezeichnet, schließlich habe der Kollege eine große Familie.
2. Die Klientin, die sich schon seit Monaten vergeblich bewirbt, faltet beim Nachdenken über neue Bewerbungsschreiben ihre Hände, als wollte sie beten – und zwar so fest, bis die Fingerknöchel merklich weißer werden.

Umsetzungs-Plan

Bitte notieren Sie, welche Ideen Ihnen zu dieser Frage kommen und in welchem Zusammenhang Sie damit arbeiten wollen:

78.

Feedback-Frage: Der innere Autopilot

Wer sich verändern will, muss alte Gewohnheiten aussetzen und neue Verhaltensweisen probieren. Das gelingt nur, wenn er *bewusst* wahrnimmt, was er tut und lässt. Mit einer Frage können Sie dieses Bewusstsein schärfen.

Die Frage

Im Alltag folgt unser Verhalten oft einem inneren Autopiloten: Wir handeln, denken und fühlen, wie wir immer handeln, denken und fühlen – ohne uns dessen bewusst zu sein. Wenn es Ihre Aufgabe wäre, Ihren Autopiloten mal einen Tag lang abzustellen – wie könnte Ihnen ein bewusster Tag gelingen? Und was, denken Sie, liefe dann besser als im alltäglichen Trott?

Folgefragen

- Mit welchen Strategien ist es Ihnen früher gelungen, bewusst eine andere Richtung als Ihr Autopilot einzuschlagen? Und mit welchem Erfolg?
- Wie hat es sich angefühlt für Sie, selbst am Steuer Ihres Lebensautos zu sitzen und die Richtung zu bestimmen?
- Welche Vorteile mit Blick auf Ihr Ziel hätte es, wenn Sie die alten Muster durch bewusste Entscheidungen ersetzen könnten?
- In welcher Situation werden Sie am meisten davon profitieren, dass Sie sich bewusst für oder gegen ein Verhalten entscheiden?

Kommentar zum Fragen-Inhalt

Fragen sind wie Torschüsse beim Fußball: Sie funktionieren nicht aus jeder Entfernung – manchmal ist eine gute Vorlage nötig. Diese Frage beginnt mit einer Erläuterung: was ein Autopilot ist und wie er funktioniert. Erst wenn die Klientin diesen Gedanken aufgenommen hat, ist sie reif für die eigentliche Frage: Was, wenn sie diesen Autopiloten mal einen Tag lang abstellte?

Die Frage läuft auf den Kern jeder Veränderung hinaus. Wer Gewohnheiten durchbrechen und neue neuronale Verschaltungen im Gehirn anlegen will, darf sich nicht im Strom der Gewohnheiten treiben lassen

– er muss *bewusst* in eine andere Richtung rudern, so oft, bis sich auf seiner innere Seekarte ein neuer Weg abzeichnet.

Dennoch fordert die Frage die Klientin zunächst nur zum *einmaligen* Abweichen von den Mustern auf – sie soll den neuen Seeweg erst ausprobieren, ehe sie sich öfter für oder gegen ihn entscheidet. Die Erfahrung, die viele dabei sammeln: Wenn sie ihrem aktuellen Willen statt ihren alten Gewohnheiten folgen, werden ihre Handlungen und Entscheidungen stimmiger, rücken ihre Ziele näher, schrumpfen ihre Probleme.

Dieses Experiment können Sie beim nächsten Termin auswerten und mit Ihrer Klientin überlegen, wie sich das neue Verhaltensmuster festigen ließe. Allerdings sollten Sie auch die umgekehrte Frage nicht vergessen: In welchen Fällen leistet der Autopilot gute Dienste, weil er Energie spart?

Kommentar zur Fragen-Sprache

Die Einleitung ist in der Mehrzahl gehalten („uns"), um der Klientin bewusst zu machen: Es handelt sich nicht (nur) um ein persönliches Fehlverhalten von ihr – ein Eindruck, der Widerstände auslösen könnte –, sondern um eine gängige Verhaltensweise. Der parallele Satzbau, die Wiederholung der Wörter „denken, handeln und fühlen", vertieft den Inhalt (Wiederholung wirkt doppelt!). Und er verleiht der Fragen-Sprache einen angenehmen Rhythmus. Gerade Fragen, deren Inhalt die Klientin herausfordert, sollten in der Sprache geschmeidig sein.

Profi-Tipp

Laden Sie Ihre Klientin zu einem Gedankenspiel ein: „Stellen Sie sich vor, Sie sind die Flugsicherheitsbehörde Ihres eigenen Lebens. Und nun müssen Sie eine Richtlinie schreiben, in welchen Situationen Sie mit dem Autopiloten durch Ihre Tage fliegen dürfen – und wann genau Sie auf Handsteuerung umschalten sollten. Bitte begründen Sie jeweils, wie Sie zu Ihrer Entscheidung kommen. Und machen Sie Vorschläge, wie sich die Umsetzung Ihrer Ideen in der alltäglichen Flugpraxis sicherstellen lässt."

Diese Frage eignet sich zur Diskussion im Coaching, aber auch als Herausforderung für zu Hause.

Schwierige Antwort

Die Klientin antwortet: „Ich glaube, ich kenne gar keinen Autopiloten. Ich entscheide immer bewusst."

Wie reagieren Sie? Bitte antworten, gerne schriftlich, ehe Sie weiterlesen!

Mein Vorschlag: Machen Sie ihr deutlich, dass sie das Maß des Steuerns verändern kann: „Nun sind Sie ja zu mir ins Coaching gekommen, um etwas zu verändern. Kann man vielleicht sagen: Sie wollen das Steuerrad, an dem Sie ohnehin sitzen, in eine andere Richtung als bisher drehen? (Die Klientin nickt.) Gut, dann frage ich mich: Was liefe besser, wenn Sie Ihr Steuer einen Tag lang *noch* aktiver in die Hand nähmen?"

Fragen-Übung

Ihre Klientin antwortet auf die Ausgangsfrage: „Ohne den Autopiloten wäre ich verloren! Ich muss am laufenden Band Entscheidungen fällen, ohne Gewohnheiten wäre das nicht möglich. Mit Handsteuerung würde ich abstürzen."

Bitte entwickeln Sie eine Strategie, wie Sie der Klientin eine Rückmeldung auf ihren Einwand geben und sie zugleich mit einer Frage zu dem genannten Experiment einladen können – gerne schriftlich. Achten Sie darauf, ob Sie drei Elemente verbinden können: das aktive Zuhören, das Informieren und die Motivation der Klientin zu kitzeln.

Umsetzungs-Plan

Bitte notieren Sie, welche Ideen Ihnen zu dieser Frage kommen und in welchem Zusammenhang Sie damit arbeiten wollen:

79.

Feedback-Frage: Ich frage mich ...

Darf ein Coach seinem Klienten widersprechen? Manchmal muss er es sogar! Die Kunst besteht darin, die Beziehung zum Klienten nicht mit direktem Widerspruch zu belasten – sondern ihm unauffällige und tastende Anstöße zu geben.

Die Frage

Klient: „Dann werde ich in der kommenden Woche das Gespräch mit meinem Chef in London führen und hier in Deutschland die Konferenz mit meinen Kollegen ansetzen und durchziehen."

Coach (schweigt längere Zeit, grübelt): „Ich frage mich gerade, ob es realistisch ist, diese beiden Ziele in derselben Woche anzugehen?"

Folgefragen

- Wenn Sie diese beiden Ziele als Schritte zu Ihrem Ziel betrachten: Welchen müssten Sie dann zuerst gehen, damit der andere leichter fällt?
- Welcher dieser beiden Vorsätze würde, wenn Sie ihn verwirklichen, Sie am meisten beflügeln?
- Nehmen wir an, Sie würden sich ein Ziel für diese und eines für die nächste Woche vornehmen: Wie würde sich das auf die Erfolgsaussichten auswirken?
- Nach all dem, was wir jetzt besprochen haben: Welche Termin setzung scheint Ihnen die klügste?

Kommentar zum Fragen-Inhalt

Was tun, wenn Sie als Coach das Gefühl haben: Der Klient überfordert sich, begeht einen Denkfehler, übersieht einen wichtigen Aspekt? Natürlich können Sie das direkt sagen: „Ich glaube nicht, dass es realistisch ist, beide Ziele in einer Woche zu erreichen." Mögliches Ergebnis: Der Klient fühlt sich angegriffen (Sie trauen ihm offenbar zu wenig zu!) – und wird seinen Vorsatz verteidigen: „Glauben Sie mir, als Manager muss ich dauernd wichtige Dinge parallel machen!"

Die „Ich frage mich"-Konfrontation kommt auf Samtpfoten daher: Der Coach gibt kein Urteil ab – das wäre eine Anmaßung, denn der Klient kennt sich und seine Leistungsfähigkeit am besten. Vielmehr stellt er einen Denkanstoß in den Raum. Die Tatsache, dass diese Intervention offen ist, lässt dem Klienten alle Freiheiten. Er wird ins Grübeln kommen, ob ein anderer Weg klüger wäre.

Die Folgefragen helfen ihm, seine Zwischenziele richtig einzuordnen: als Etappen auf dem Weg zu einem größeren Ziel. Wenn er von diesem Feldherrenhügel schaut, fällt es ihm leichter, seine Vorsätze zu gewichten, zu strukturieren und den langen Atem einem hektischen Aktionismus vorzuziehen.

Kommentar zur Fragen-Sprache

Der Coach stellt eine Frage, ohne eine Frage zu stellen (daher ist das Fragezeichen am Ende nur symbolischer Natur!). Als würde er seinen Kopf öffnen und laut denken. Dabei gibt er eine Frage, die er scheinbar sich selbst stellt, an den Klienten weiter. Diese Art, eine indirekte Frage zu stellen, basiert auf einem hypnotischen Sprachmuster. Der Klient ist nicht gezwungen, die Frage zu beantworten – sie richtet sich ja gar nicht an ihn. Und doch wird er in seinem Kopf nach einer Antwort suchen und sie (meist) ins Coaching einbringen.

Profi-Tipp

Ein gelungenes Gespräch zeichnet sich dadurch aus, dass der Coach die Form seiner Fragen variiert. Eine Aussage, die mit „Ich frage mich ..." beginnt, ist eine solche Variante. Ebenfalls können Sie Satzanfänge vorgeben, die Ihr Klient zu Ende führen soll. Oder Sie stellen eine Aussage in den Raum, mit der unausgesprochenen Bitte, Ihr Klient möge sie kommentieren: „Uff, zwei so wichtige Ziele in einer Woche!"

Solche Elemente sorgen für Abwechslung, für Spannung, für ein munteres und konstruktives Gespräch. Je weniger der Klient weiß, welche Intervention ihn erwartet, desto spannender werden seine Antworten, auch für ihn selbst. Dagegen ziehen berechenbare Interventionen meist berechenbare Antworten nach sich.

Schwierige Antwort

Der Klient sagt: „Und, zu welchem Ergebnis kommen Sie?"

Wie reagieren Sie? Bitte antworten Sie, gerne schriftlich, ehe Sie weiterlesen.

Mein Vorschlag: Stellen Sie Ihre Meinung nicht in den Raum, ehe Sie gehört haben, was der Klient denkt. Spielen Sie den Ball an ihn zurück, zum Beispiel durch eine projektive Frage:

„Hm, ich bin da noch unschlüssig – was glauben Sie, zu welchem Ergebnis ich kommen werde?“

Fragen-Übung

Trainieren Sie diese Frageform im Alltag. Was geschieht, wenn Sie Ihr Kind nicht auffordern, sein Kinderzimmer aufzuräumen, sondern sagen „Ich frage mich, wann du dein Zimmer wieder aufräumen wirst?“ Was geschieht, wenn Sie Ihrem Chef (oder Auftraggeber) nicht sagen, dass ein Projekttermin verschoben werden muss, sondern: „Ich frage mich, inwiefern der Termin noch zum Projektstand passt?“

Achten Sie bitte genau darauf, inwieweit die Reaktion Ihrer Gesprächspartner offener ausfällt, als wenn Sie den direkten Weg gewählt hätten.

Und am Ende dieser Übung frage ich mich natürlich, inwieweit es für Ihre Klienten ein Gewinn sein könnte, wenn Sie öfter mal eine Frage in diese Form kleiden würden?

Umsetzungs-Plan

Bitte notieren Sie, welche Ideen Ihnen zu dieser Frage kommen und in welchem Zusammenhang Sie damit arbeiten wollen:

Feedback-Frage: Fortschritte

Das Zauberwort jedes Coachings lautet: Veränderung. Nur wenn der Klient weiß, wo er Fortschritte macht, kann er diesen Weg gezielt beibehalten. Aber wie lenken Sie seine Wahrnehmung auf das, was sich bewegt, auf das, was *er* verändert?

Die Frage

Mir fällt auf, dass sich seit unserem ersten Gespräch etwas verändert hat an Ihrem Verhalten – haben Sie eine Ahnung, was es sein könnte?

Folgefragen

- Angenommen, mir wären weitere Fortschritte aufgefallen – welche könnten das sein?
- Woran, glauben Sie, habe ich diese Veränderung(en) bemerkt?
- Angenommen, Sie hätten seit unserem letzten Termin einen unsichtbaren Begleiter an Ihrer Seite gehabt, der jetzt über Ihre Erfolgsrezepte berichten müsste – welche interessanten Details würde ich dabei erfahren?
- Vielleicht mögen Sie eine Prognose wagen: Welche weiteren Fortschritte könnten Sie bis zu unserem nächsten Gespräch erreicht haben?

Kommentar zum Fragen-Inhalt

Ein Fortschritt ist nur dann für die weitere Veränderung nutzbar, wenn der Klient ihn registriert und Motivation daraus bezieht. Nur geschehen Fortschritte oft in Gänseschritten statt Riesensprüngen; man kann sie leicht übersehen.

Diese Frage macht den Klienten neugierig: Der Coach sagt, er habe eine Veränderung an ihm registriert (was dann auch tatsächlich der Fall sein sollte). Diese Aussage schenkt der Frage die Leichtigkeit eines Ratespiels: Es gibt die Veränderung – aber worin besteht sie?

Und wie man bei dem Spiel „Ich sehe was, was du nicht siehst" plötzlich Details im Raum bemerkt, die einem vorher nicht aufgefallen sind, so schärft diese Frage den selektiven Veränderungsblick des Klienten. Dabei lässt sie alle Denkrichtungen offen: Hat der Klient sein Verhalten *im* Coaching verändert? Wirkt er zum Beispiel selbstbewusster? Oder sind Veränderungen gemeint, die der Klient aus seinem Alltag geschildert hat? Geht er zum Beispiel konstruktiver mit einer schwierigen Situation um?

Ich bin immer wieder erstaunt, wie viele bislang unbeachtete Veränderungen ein Klient durch diese Frage entdeckt.

Kommentar zur Fragen-Sprache

Wer den Klienten fragt, ob dieser „eine Ahnung" habe, lädt seine Intuition ins Gespräch ein. Eine Ahnung ist ein Gefühl, das sich nicht unbedingt auf Fakten stützt, eine Vorhut des Verstandes. Wenn der Coach dagegen fragte, „Wissen Sie, was ich meine?", könnte der Klient aus ganzem Herzen antworten: „Nein!" Diese Frage würde sich vor allem an seinen Verstand wenden, auf Fakten zielen, an der Intuition vorbeigehen.

Profi-Tipp

Zu welchem Zeitpunkt sagen Sie Ihrem Klienten, welche Veränderung Sie gemeint hatten? Müssen Sie darauf überhaupt antworten? Am besten lassen Sie diese Antwort so lange offen, bis er alle (möglichen) Veränderungen aufgezählt hat, die ihm einfallen. Dann sollten Sie fragen: „Und welche von diesen Veränderungen, denken Sie, war für mich die augenfälligste?" Nun nimmt Ihr Klient eine Gewichtung vor, vordergründig aus Ihrer, unterschwellig aus seiner Perspektive. Erst wenn das geschehen ist, sollten Sie das kleine Ratespiel auflösen.

Schwierige Antwort

Der Klient antwortet: „Keine Ahnung. Sie werden es mir sagen!"

Wie reagieren Sie? Bitte antworten Sie, gerne schriftlich, ehe Sie weiterlesen.

Mein Vorschlag: „Gerne werde ich es Ihnen sagen. Vorher würde ich gerne einen Tipp von Ihnen hören. Vielleicht erraten Sie ja, auf welchen Bereich sich die Veränderung bezieht?"

Der Coach legt die Hürde nach unten: Der Klient wird ausdrücklich zum „Raten" eingeladen und darf sich auf den „Bereich" beschränken. Wenn er sich auf dieses Spiel einlässt, gewinnt es oft an Eigendynamik – und er findet doch noch zu detaillierten Schilderungen.

Fragen-Übung

Bitte lesen Sie die folgenden drei Fragen und klären Sie für sich, gerne schriftlich, in welchen Situationen Sie solche präzisen Fragen der allgemeineren Variante vorziehen würden:

1. Mir ist an Ihrer Erzählung aufgefallen, dass sich offenbar etwas im Verhältnis zwischen Ihnen und dem schwierigen Mitarbeiter verändert hat – haben Sie eine Ahnung, was es sein könnte?
2. Wenn ich Sie so erlebe, wie Sie aus Ihrem Alltag erzählen, habe ich das Gefühl: Da hat sich seit unserem letzten Gespräch in Ihrer Einstellung etwas verändert – kommen Sie vielleicht drauf, was es sein könnte?
3. Gleich als Sie den Raum betreten haben, hatte ich das Gefühl: „Frau Meyer muss etwas bewirkt haben!" – haben Sie eine Ahnung, wodurch Sie das ausstrahlen?

Umsetzungs-Plan

Bitte notieren Sie, welche Ideen Ihnen zu dieser Frage kommen und in welchem Zusammenhang Sie damit arbeiten wollen:

81.

Feedback-Frage: Standpunkt finden

Es reißt sie hin, es reißt sie her: Wann immer eine Klientin zwischen zwei Möglichkeiten steht, kann es hilfreich sein, ihr durch aktives Zuhören diese Pole in einer Frage vor Augen zu führen – das erleichtert ihr, zu einem stimmigen Standpunkt zu finden.

Die Frage

Nun bin ich unschlüssig, was ich Ihnen empfehlen soll. Einerseits würde ich Ihnen gerne ans Herz legen ... (Ihren Hut als Interimsmanager in den Ring zu werfen – das passt wirklich gut zu Ihrer Qualifikation). Andererseits habe ich im Ohr, dass Sie ... (weniger Stress und mehr Freizeit wollen – das spräche für eine ganz normale Festanstellung). Welche Möglichkeit, denken Sie, wäre für Ihr Leben auf Dauer die bessere?

Folgefragen

- Wenn Sie Ihrem ersten Bauchgefühl folgen sollten – in welche Richtung zieht es Sie mehr?
- Wie könnten Sie diese Möglichkeit gestalten, dass Sie eine noch größere Attraktivität gewinnen? Und wie die andere?
- Angenommen, ein pfiffiger Erfinder würde Ihnen versichern: „Beide Wege lassen sich auf elegante Weise kombinieren!" Wie könnte das seiner Auffassung nach wohl möglich sein?
- Für welche Entscheidung, denken Sie, würden Sie sich in 30 Jahren das größere Lob aussprechen?

Kommentar zum Fragen-Inhalt

Was tun, wenn die Klientin Sie fragt: „Was würden Sie an meiner Stelle bevorzugen?" Die erste Möglichkeit: Sie spielen den Ball an sie zurück („Mich interessiert, wohin Sie tendieren?"). Die zweite: Sie bekennen Ihre Präferenz (was unklug wäre, denn es gelten nicht Ihre Maßstäbe, sondern die der Klientin). Die dritte Möglichkeit ist die Ausgangsfrage: Sie spiegeln der Klientin in Frageform, welche Möglichkeiten Sie aufgenommen haben, jeweils kurz mit dem offenbar (für sie) wichtigsten Vorteil.

Diese Art der Frage fasst das Gespräch zusammen, zeichnet die Pole auf und belässt die Entscheidung bei der Klientin. Was vorher verschwommen schien im Meer der Worte, steht ihr nun klar vor Augen. Außerdem ist es besser für den Rapport, wenn Sie Ihre Unschlüssigkeit offen bekennen, als wenn Sie – wie ein Lehrer, der die Antwort weiß, aber sie nicht sagen will – die Klientin mit dem Zaunpfahl auf ihre Eigenverantwortung hinweisen: „Da müssen Sie schon selbst draufkommen; es ist Ihre Entscheidung, nicht meine."

Kommentar zur Fragen-Sprache

Die Frage ermuntert die Klientin, an ihre Entscheidung einen Maßstab zu legen, der bislang vielleicht zu kurz kam: „Welche Möglichkeit … wäre *für Ihr Leben auf Dauer* die bessere?" Es geht also nicht nur um die Karriere, sondern um das „Leben". Nicht nur um die kurze Sicht, sondern um die „Dauer". Ich staune immer wieder, dass diese Art von Frage auch Menschen, die unschlüssig scheinen, eine klare Präferenz entlockt.

Vielleicht liegt das an der Intuition, die gezielt durch eine gefühlsbetonte Wortwahl angesprochen wird: „ans Herz legen", „im Ohr haben" oder „Bauchgefühl" (bei der ersten Folgefrage).

Profi-Tipp

Der Denkraum zu dieser Frage lässt sich auch durch die zirkuläre Tür betreten. Zum Beispiel können Sie sich erkundigen, zu welcher Entscheidung das Vorbild der Klientin wohl riete – und warum? Meist stellt sich heraus: Genau dieser Standpunkt ist es, den die Klientin auch gerne einnähme.

Skalenfragen können den Praxistransfer sichern: „Auf einer Skala von 1 (für unwahrscheinlich) bis 10 (für ganz sicher): Wie groß sehen Sie unter den jetzigen Voraussetzungen die Chance, dass Sie diese Entscheidung dann auch konsequent umsetzen?" Und: „Was bräuchten Sie, was müssten Sie der einen Möglichkeit hinzufügen oder der anderen Möglichkeit nehmen, um noch einen (oder zwei oder drei) Punkte sicherer zu sein?"

Schwierige Antwort

Die Klientin sagt auf die Ausgangsfrage: „Das ist ja genau mein Dilemma! Ich weiß nicht, welches die bessere Lösung ist. Geben Sie mir mal einen Tipp!"

Wie reagieren Sie? Bitte antworten, ehe Sie weiterlesen!

Mein Vorschlag: Appellieren Sie an ihre Fantasie: „Ich höre den Wunsch heraus, dass Sie gerne eine Einschätzung von außen hätten. Mal angenommen, Ihr Leben wäre ein Theaterstück und die Aufgabe des Regisseurs wäre es, Ihnen ein möglichst erfülltes Leben zu schenken. Haben Sie Lust, mit mir in Gedanken durchzuspielen, mit welcher Variante das besser gelänge?“

Auf diese Weise lässt sich die Klientin auf beide Gedanken(lösungs-)pfade ein, statt weiter auf der Stelle zu treten. Höchstwahrscheinlich wird sie in projektiver Form, als Regisseur, eine Tendenz bekennen.

Fragen-Übung

Nutzen Sie die nächste Gelegenheit bei einem Coaching- oder einem Privatgespräch, Ihrem Gesprächspartner zwei Entscheidungspole und ihren wichtigsten Vorteil zu spiegeln. Wie gelingt es Ihnen, die möglichen Entscheidungen klar aufzuzeigen? Welche Wirkung hat das auf Ihr Gegenüber? Experimentieren Sie mit dem Zeitpunkt, zu dem Sie eine solche Frage anbieten. Was verändert sich, wenn Sie die Frage erst nach längerem Zuhören und Nachfragen stellen?

Umsetzungs-Plan

Bitte notieren Sie, welche Ideen Ihnen zu dieser Frage kommen und in welchem Zusammenhang Sie damit arbeiten wollen:

Vertiefungs-, Differenzierungs- und Präzisierungsfragen

82. *Klient:* „Mein Zeitmanagement funktioniert einfach nicht."
Coach: „Wenn ich Sie bitten würde, ein Beispiel dafür zu schildern – welches wäre das extremste?" *(Seite 339)*

83. Was noch? *(Seite 342)*

84. Was glauben Sie: Zu wie viel Prozent ist das Problem ein reines Ärgernis – und zu wie viel Prozent auch eine Chance für Sie, eine fällige Veränderung einzuleiten? *(Seite 345)*

85. *Klient:* „Ich wünsche mir einfach mehr Kommunikationsbereitschaft von unserer Nachbarabteilung."
Coach: „Wenn Sie Ihrer fünfjährigen Tochter erklären müssten, was ‚Kommunikationsbereitschaft' ist – wie würden Sie das anschaulich machen?" *(Seite 348)*

Abb. 8: Sie schärft den Blick fürs Detail, macht das Diffuse greif- und messbarer: die Präzisierungsfrage.

Diese drei Fragetypen verbindet eine Gemeinsamkeit: Sie nehmen es sehr genau mit dem, was der Klient sagt. Um Beispiele bitten sie ihn, statt sich mit schwammigen Aussagen zu begnügen (Präzisierungsfrage). Den Blick auf Farbnuancen einer Situation lenken sie, statt an eine Einheitsfarbe zu glauben (Differenzierungsfrage). Und die ersten Aussagen des Klienten sehen sie *nicht* als endgültig und vollständig – sondern laden ihn ein, tiefer in sich zu gehen und weitere Gedanken zu fassen (Vertiefungsfrage).

Die Grundhaltung hinter diesen Fragen: Der Klient gilt als Fundgrube für alles, was es braucht, eine Situation zu verstehen und eine Lösung zu finden. Je gründlicher diese Fragen den Klienten dazu bringen, das Land seiner Gedanken zu erforschen, desto besser kommt er vorwärts.

„Die Kunst der Präzision"

Zwei Beispiele für (mehrere) Präzisierungsfragen:

1. *Klient:* „Der Mitarbeiter verhält sich in diversen Situationen illoyal."
   Coach: „Was genau tut Ihr Mitarbeiter, dass Sie sein Verhalten als ‚illoyal' empfinden?", „In welchen Situation kam es bislang dazu?", „Und wann – und aus welchem Anlass – geschah es zum ersten Mal?"

2. *Klientin:* „Die ersten Angriffe haben schon vor längerer Zeit stattgefunden."
   Coach: „Wer hat Sie angegriffen?", „Worin bestanden diese Angriffe?", „Seit wann kommt es dazu?", „Wie haben diejenigen, die zugegen waren, darauf reagiert?", „Wie verändern sich die Angriffe seit dem ersten Mal?"

Die Präzisierungsfrage – eng verwandt mit der Informationsfrage – lädt den Klienten ein, seine erste Aussage um wichtige Informationen zu ergänzen. Dabei setzt der Coach bevorzugt W-Fragen ein: Wer tut was? Wann? Wie? Wo? Warum? Das kleine Faktenfenster, durch die Worte des Klienten nur ein Stück geöffnet, wird so weit aufgestoßen, bis ein Panorama der Zusammenhänge zu sehen ist.

Auf der Beziehungsebene signalisieren solche Fragen dem Klienten: „Der Coach interessiert sich für mich. Er will alles verstehen, was ich sage, sogar die Details." Und mit dem Interesse, das Sie an Ihrem Klienten zeigen, wächst sein Interesse an sich selbst. Er schaut genauer hin und stößt auf interessante Nuancen und Zusammenhänge – zum Beispiel könnte sich der Chef, der seinen Mitarbeiter als illoyal empfindet, erstmals bewusst machen, an welchem Tag und in welcher Situation es losging. Kann sein, es kommt ein Schlüsselerlebnis ans Licht, das mit seinem eigenen Verhalten zu tun hat. Mit der Präzision der Wahrnehmung wächst auch die Präzision der (potenziellen) Lösung.

Die zweite der Genau-nehm-Fragen, die Differenzierungsfrage, lädt den Klienten ein, zwischen der Gegenwart und der Allgegenwart eines Problems zu unterscheiden. Selbst die größten Probleme können nicht das ganze Leben eines Menschen, nicht 24 Stunden am Tag einnehmen. Wie sieht die andere Seite der Wahrheit aus? Lässt sie sich vielleicht sogar in Zahlen fassen?

Der feine Unterschied

Hier zwei Beispiele für Differenzierungsfragen:

1. *Klient*: „Ich habe einfach keinen Spaß mehr an meiner Arbeit. Diese Bürokratie, diese ewigen Prozesse – all das ödet mich an!"
   Coach: „Mal angenommen, Sie hätten die Chance, das lästigste Drittel Ihrer Arbeit in einem Schrottcontainer zu entsorgen. Welches Drittel wäre das?", „Welche Teile Ihrer Arbeit wären folglich etwas besser als das entsorgte?", „Und welches wäre das beste Drittel? Und was davon wollen Sie erhalten und ausbauen? "

2. *Klientin:* „Ich bin jetzt 55. In diesem Alter werde ich keinen neuen Job mehr finden. Die Unternehmen ziehen junge Uni-Absolventen vor."

> *Coach:* „Mal angenommen, Sie wären Personaler: Für welche Art von Stellen würden Sie junge Abgänger vorziehen?", „Welche Stellen würden Sie dagegen lieber mit erfahrenen Profis besetzen?", „Und wie müssten diese Profis auftreten, um Sie zu überzeugen?"

Diese Fragen weichen Glaubenssätze auf: Beim Antworten dämmert den Klienten, dass ihre hausgemachten Wahrheiten nur Teilwahrheiten sind – und dass der *andere* Teil der Wahrheit ihnen mehr als die einschränkende Sichtweise dient. Indem der Coach voraussetzt, es gebe ein lästigstes Drittel der Arbeit, steht gleichzeitig fest: Es muss zwei weniger lästige (vielleicht sogar: angenehme) Drittel geben. Schon öffnet sich Raum für neues Denken.

Die zweite Frage, mit zirkulärem Ansatz, ermuntert die Klientin, nicht nur die Nachteile ihres Alters, sondern auch die Vorzüge zu sehen. Erst wenn sie dieses Pfund erkennt, kann sie in ihren Bewerbungen damit wuchern.

Besonders wirksam sind Differenzierungsfragen, wenn Sie den Klienten dazu bringen, eine Abstufung in greifbaren Zahlen vorzunehmen. Ein Beispiel (von Seite 345):

- Was glauben Sie: Zu wie viel Prozent ist das Problem ein reines Ärgernis – und zu wie viel Prozent auch eine Chance für Sie, eine fällige Veränderung einzuleiten?

Kaum ein Klient wird das Ärgernis mit 100 Prozent beziffern – schon deshalb, weil die Frage eine „fällige Veränderung" assoziiert und damit meist einen Zipfel der Wahrheit erwischt.

Die dritte Frage im Bunde, die Vertiefungsfrage, bietet dem Klienten an, tiefer in einen Gedanken einzutauchen, nach weiteren Ansätzen, Beispielen und Ideen zu suchen. Dass er die Kreise seines üblichen Denkens verlassen und weiter als im Alltag blicken kann, munitioniert ihn für Lösungen. Durch Vertiefungsfragen und geduldiges Zuhören helfen Sie ihm, das eigene Verhalten zu analysieren und auf neue, auch fernerliegende Gedanken zu stoßen.

Fragen für Tiefe

Zwei Beispiele für Vertiefungsfragen:

1. *Klient:* „Damals fiel das mit dem Bewerben noch leichter als heute. Ich habe einfach angerufen und schon war die Sache klar."
   Coach: „Bitte erzählen Sie mehr davon! In welchen Schritten sind Sie bei Ihren Initiativbewerbungen vorgegangen?"

2. *Klientin:* „Ich glaube, ich habe schon ein bisschen Talent als Organisator."
   Coach: „Woran würde ich dieses Talent erkennen?"
   Klientin: „Zum Beispiel halte ich meine Projekttermine grundsätzlich ein."
   Coach: „Woran noch?"
   Klientin: „Hm, vielleicht daran, dass die Kollegen immer auf mich zukommen, wenn es ein größeres Event zu organisieren gibt."
   Coach: „Und woran noch?"

Die wiederholte Frage aus dem letzten Beispiel, das schlichte „Woran noch?", unterstützt die Klientin dabei, Gedanken zu finden, die zu schüchtern waren, sich gleich bei der ersten Frage nach vorne zu drängen – gerade solche Gedanken, weil *neue* Gedanken, sind besonders interessant.

Im ersten Beispiel bekundet der Coach ausdrücklich sein Interesse („Bitte erzählen Sie mehr davon!"), das ermuntert zur Vertiefung. Indem er „Schritte" – also eine gewisse Systematik – bei der Initiativbewerbung voraussetzt, wird der Klient auch nach solchen Schritten fahnden. Das Ergebnis solcher Vertiefungen kann eine bessere Selbsterkenntnis sein. Und mit ihr: bessere Lösungschancen.

82.

Vertiefungsfrage: Extrembeispiele

Wenn etwas „nicht funktioniert", wenn eine „Beziehung getrübt" ist, wenn es „Defizite" gibt – was meint der Klient damit eigentlich? Es gibt nur einen Weg, das herauszufinden – Sie müssen ihn um Beispiele bitten. Am besten um: Extrembeispiele.

Die Frage

Klient „Mein Zeitmanagement funktioniert einfach nicht."
Coach: „Wenn ich Sie bitten würde, ein Beispiel dafür zu schildern – welches wäre das extremste?"

Folgefragen

- Was ist typisch an dieser Situation? Und was untypisch?
- Wenn Sie diese extreme Situation als Maßstab nehmen: Was funktioniert an Ihrem Zeitmanagement in gewöhnlichen Situationen einen Tick besser?
- Angenommen, Sie sollten Ihr Zeitmanagement weiter verschlechtern: Was könnten Sie tun, um noch extremere Situationen heraufzubeschwören?
- Umgekehrt: Welche positiven Ansätze lassen sich für Sie daraus ableiten?

Kommentar zum Fragen-Inhalt

Die typische Frage wäre: „Können Sie mir ein Beispiel schildern?" Ein guter Ansatz, denn der Klient wird seine abstrakten Worte („Zeitmanagement funktioniert nicht") mit einer Szene aus seinem Leben unterfüttern. Damit bekommen Sie ein Gefühl, auf welcher Grundlage Ihr Klient zu einer bestimmten Auffassung gelangt ist – konstruktivistische Puzzlesteine, aus denen er seine Wirklichkeit baut.

Wo liegt der Vorteil, wenn Sie nach dem „*extremsten*" Beispiel fragen? Dass Sie in kurzer Zeit Kerninformationen bekommen. Würden Sie einen Sprinter nach „einem Beispiel" für seine 100-Meter-Zeit fragen? Nein, Sie würden sich nach seiner Bestzeit erkundigen! Würden Sie bei einem Berg fragen, welche Höhen er zum Beispiel hat? Nein, Sie würden sich nach seinem höchsten Punkt erkundigen.

Beliebige Beispiele beinhalten (zu) viel Willkür. Ein Sprinter, der 100 Meter schon in 10 Sekunden gelaufen ist, kann 11,2 Sekunden als Beispiel nennen (weil das seine letzte Zeit im Training war). Ein solches Beispiel können Sie nicht einordnen. Dagegen ist bei einem Extrembeispiel klar: Das ist die Spitze des Gipfels. Wenn Sie diese kennen, haben Sie ein Gefühl für die Fallhöhe und einen Maßstab, um sich an andere Beispiele heranzutasten (siehe Folgefragen).

Weiterer Vorteil: Indem der Klient ein Extrembeispiel benennt, gewichtet er. Indirekt räumt er ein: Es gibt Situationen, in denen es besser läuft, also nicht extrem. Auf dieser Basis können Sie positive Unterschiede mit ihm herausarbeiten.

Kommentar zur Fragen-Sprache

Die typische Satzstellung lautet: „Welches Beispiel ist das extremste für ...?“ Warum bevorzuge ich eine Stellung, bei der erst im letzten Wort des Satzes klar wird: Es soll das „extremste“ Beispiel sein? Und warum kommt die Frage im Konjunktiv daher? Weil ich beobachtet habe: Die Gedanken des Klienten tasten sich langsam an das Thema heran, während ich meine Frage formuliere. Je weniger Anforderungen ich im ersten Teil der Frage stelle (auch durch den Konjunktiv), desto unbeschwerter segeln die Gedanken des Klienten. Dagegen wäre die schnelle Forderung nach dem „extremsten“ Beispiel womöglich eine Denkbremse.

Bis das letzte Wort der Frage folgt, ist der Denkprozess so weit fortgeschritten, dass den Klienten das Wort „extremste“ nicht mehr ausbremst, sondern nur in eine andere Richtung lenkt.

Profi-Tipp

Die Beispiele für ein Problem lassen sich vorzüglich skalieren. Wenn Ihr Klient ein Beispiel erzählt, ohne dass Sie nach dem Extrem gefragt haben, könnten Sie sagen: „Angenommen, wir hätten eine Skala von eins (für leichte Spuren des Problems) bis zehn (für Extrembeispiel des Problems) – wo auf der Skala würden Sie das gerade Erzählte einordnen?“ Dann können Sie systematisch die Treppe der Skala nach oben gehen: „Dieses Beispiel steht für eine Sechs – welches könnte für eine Sieben stehen?“ Auf diese Weise bekommt der Klient ein feines Gespür für die Ausprägungen seines Problems. Am Ende stehen Ressourcen-Fragen wie: „Nun haben wir herausgefunden, dass sich Ihr Problem bis auf Windstärke zehn steigern kann. Wie schaffen Sie es, diesen Sturm die meiste Zeit bis Stärke sieben zu zähmen?“

Schwierige Antwort

Der Klient sagt: „Ein Extrembeispiel? Ich kann Ihnen Dutzende davon nennen, da wären …"

Wie reagieren Sie? Bitte antworten Sie, gerne schriftlich, ehe Sie weiterlesen.

Mein Vorschlag: Was Sie erreichen wollten, eine Unterscheidung, scheint durch diese Antwort gefährdet. Eine hypothetische Frage kann den Klienten dazu veranlassen, doch noch zu gewichten: „Mal angenommen, Sie würden einem alten Freund im Fahrstuhl begegnen und hätten nur eine knappe Minute, zwischen Stockwerk 1 und 15. Nun würden Sie Ihre Erzählung mit den Worten beginnen: ‚Ich muss dir unbedingt erzählen, was da an meinem Arbeitsplatz passiert ist. Zum Beispiel …' Welche Geschichte würde sich da ganz spontan auf Ihre Lippen drängen?"

Die künstliche Verknappung der Zeit und die Einladung an die Intuition helfen meist, dass der Klient ein Beispiel hervorhebt.

Fragen-Übung

Bitte notieren Sie ein Problem, mit dem Sie im Moment zu tun haben. Nun nehmen Sie ein DIN-A3-Blatt quer, überschreiben es mit „Problembeispiele" und legen vertikal eine Skala an von eins (Minimalbeispiele für das Problem) bis zehn (Extrembeispiele). Ziehen Sie jeweils Spalten und schreiben Sie nun neben jedem Punkt in Stichwörtern Beispiele auf. Wie leicht oder schwer fällt es Ihnen, hier abzustufen?

Und: Welche Fragen müssten Sie sich stellen, um diese Unterschiede möglichst produktiv wahrzunehmen? Bitte entwickeln Sie solche (Skalen-)Fragen. Vielleicht haben Sie Lust, selbst darauf zu antworten. Was lehrt Sie dieses Experiment fürs Coachen?

Umsetzungs-Plan

Bitte notieren Sie, welche Ideen Ihnen zu dieser Frage kommen und in welchem Zusammenhang Sie damit arbeiten wollen:

83.

Vertiefungsfrage: Was noch?

Wie hilfreich eine Antwort ausfällt, hängt nicht nur von der Qualität der Frage ab, sondern auch davon, wie gut Sie nachhaken: Laden Sie Ihren Klienten ein, nicht nur naheliegende Gedanken und Ideen zu sammeln – sondern auch nach weitergehenden zu suchen.

Die Frage

Was noch?

Folgefragen

- Und außerdem?
- Weitere Ideen?
- Wenn ich einen Ihrer Kollegen oder Freunde fragen würde: Wer hätte da noch etwas hinzuzufügen?
- Angenommen, ein perfekter Gedankenleser würde nach einem Blick in Ihren Kopf behaupten: „Sie haben noch einen wichtigen Aspekt übersehen!" – welcher könnte das sein?

Kommentar zum Fragen-Inhalt

Der Coach fragt seinen Klienten: „Was würde mir Ihr letzter Chef, der Sie so geschätzt hat, wohl über Ihre Qualitäten erzählen?" Der Klient antwortet: „Er würde sagen, dass ich Ausdauer habe." (Pause) „Aber wissen Sie, mit Ausdauer allein werde ich das jetzige Problem nicht gelöst bekommen, denn ..."

Dieser Dialog ist bezeichnend: Wenn Sie Ihrem Klienten eine Ressourcen- oder Lösungsfrage stellen, reißen sich seine Gedanken oft nur *kurz* vom Problemstrudel los – um dann dorthin zurückzudriften. Die knappe, aber enorm hilfreiche Frage „Was noch?" erinnert den Klienten daran: Der Aspekt, den er genannt hat, ist nur einer von vielen – die Oberfläche eines (Ressourcen-)Meeres, dessen Tiefen er ergründen muss. Also wird er seine positiven Gedanken *vertiefen* und den konstruktiven Kurs beibehalten, auf den ihn die ursprüngliche Frage gelotst hat.

Es braucht die *fortgesetzte* Einladung, die Gedanken zu vertiefen, auch durch andere Fragen wie „Und außerdem?" – erst dann entfaltet die ursprüngliche Frage ihr ganzes Potenzial. Der Klient taucht tiefer in seine Gedanken ein und stößt auf Aspekte, die nicht nur für den Coach, sondern oft auch für ihn neu sind.

Je länger und vertiefter er über Ressourcen und Lösungen spricht, desto greifbarer werden diese für ihn – und die Zugkraft des Problemstrudels lässt nach.

Kommentar zur Fragen-Sprache

Die Frage spielt den Ball auf schnellstem Weg, also mit geringem Wortaufwand, an den Klienten zurück. Meist sind Verkürzungen wie „Und außerdem?“ oder „Weitere Ideen?“ wirksamer als wohlformulierte Sätze („Welche weitergehenden Ideen kommen Ihnen in den Sinn?“). Ein Grund könnte sein: Diese verkürzten Einwürfe sind von größter Natürlichkeit – und werden genauso beantwortet: natürlich und spontan. Dagegen können lange Fragen diese Unmittelbarkeit erschweren.

Profi-Tipp

Wenn Sie eine Frage stellen, die den Klienten in eine wichtige Denkrichtung lotst, sollten Sie grundsätzlich so lange mit „Und noch?“ und ähnlichen Anstößen nachhaken, bis Ihr Klient sagt: „Mehr fällt mir jetzt nicht mehr ein.“ Und selbst dann kann es sich lohnen, ihm noch mal eine Brücke zu bauen: „Angenommen, Sie schauen heute Abend auf meine Frage zurück – was könnte Ihnen dann noch eingefallen sein?“

Beispiel aus der Praxis: Ein Soziologe suchte nach einer neuen Arbeit, ich hatte ihn gefragt, welche Menschen ihn dabei unterstützen könnten. Mit Mühe hatte er drei Namen genannt. Auf mein wiederholtes Nachhaken („Und noch?“) kam er auf ein Dutzend. Und als ich mich schließlich nach dem abendlichen Rückblick auf die Frage erkundigte, antwortete er: „Heute Abend sitze ich mit meiner Frau zusammen – und sie wird mir dann alle Menschen aus ihrem Freundeskreis nennen, die ich wieder mal vergessen habe, zum Beispiel ...“ Am Ende standen 19 Kontakte auf dem Papier.

Schwierige Antwort

Der Klient sagt: „Das war wirklich schon alles. Mehr fällt mir nicht ein.“

Wie reagieren Sie? Bitte antworten Sie, gerne schriftlich, ehe Sie weiterlesen.

Mein Vorschlag: Oft kommen solche Antworten von Klienten, die hohe Ansprüche an ihre Antwort haben. Zum Beispiel würden sie als relevante Kontakte für die Jobsuche nie flüchtige Bekannte nennen. Durch einen zweiten Anlauf probiere ich, den Anspruch zu reduzieren: „Also gut, mehr Kontakte (Ideen, Lösungen, Ressourcen) erster Wahl fallen Ihnen im Moment noch nicht ein. Wenn ich Sie jetzt nach Kontakten zweiter Wahl – von denen wir gar nicht sicher wissen, ob sie hilfreich sind – fragen würde: Wer fiele Ihnen dann noch ein?"

Fragen-Übung

Trainieren Sie diese Technik im Alltag. Beispiel: Ein Freund kommt aus dem Urlaub zurück, und Sie fragen ihn, welches die schönsten Erlebnisse seiner Reise waren. Was passiert, wenn Sie durch „Und noch?" und ähnliche Interventionen mehrfach nachhaken? Achten Sie genau darauf, wie sich das auswirkt auf die Erzählweise Ihres Gesprächspartners (wächst sein Spaß am Reden?) und auf die Originalität dessen, was er Ihnen erzählt (erfahren Sie spannende Dinge, die Sie sonst nie gehört hätten?). Welchen Nutzen können Sie daraus für Ihre Coachings ziehen?

Umsetzungs-Plan

Bitte notieren Sie, welche Ideen Ihnen zu dieser Frage kommen und in welchem Zusammenhang Sie damit arbeiten wollen:

84.

Differenzierungsfrage: Ärgernis oder Chance

Ob die Klientin ihr Problem als Ärgernis oder als Chance betrachtet, hängt vor allem davon ab, worauf sich ihre Wahrnehmung konzentriert. Mit Ihren Fragen können Sie diese Wahrnehmung auf das steuern, was bislang zu kurz kam: die Chance.

Die Frage

Was glauben Sie: Zu wie viel Prozent ist das Problem ein reines Ärgernis – und zu wie viel Prozent auch eine Chance für Sie, eine fällige Veränderung einzuleiten?

Folgefragen

- Angenommen, Sie wollten den Chancenanteil erhöhen – was könnten Sie selbst dazu beitragen?
- Was genau müssten Sie erreichen, um im Rückblick als Mensch mit 90 Jahren sagen zu können „Wie gut, dass ich damals in diese Situation gekommen bin!"?
- Wie würde sich das wohl anfühlen, die Veränderungschance auf so großartige Weise genutzt zu haben?
- Und welche anderen Menschen, außer Ihnen, wären vielleicht stolz und glücklich, dass Sie diese Herausforderung so famos bewältigt haben?

Kommentar zum Fragen-Inhalt

Probleme sind wie Magengeschwüre: Wer eines hat, wünscht es sich weg. Doch der Versuch, das Problem operativ zu entfernen, ist riskant: Der Blick der Klientin verengt sich auf die Gefahr – eine Problemhypnose. Ganz egal, was Sie fragen, ihre Gedanken sausen zum Problem zurück. Nicht sie hat ihr Problem im Griff – sondern umgekehrt!

Mit dieser Frage eröffnen Sie ein neues Feld: Sie behaupten (indirekt), das Probleme habe zwei Seiten – es sei nicht nur ein „reines Ärgernis", sondern biete auch die Chance für „eine fällige Veränderung". Der Blick der Klientin schweift vom Problem ab, um nach Chancen Ausschau zu halten.

Alles, was sie jetzt findet (und sei es nur das kleinste Fundstück!), können Sie sie durch Ihre Fragen genau untersuchen lassen. Zum Beispiel hat mir eine Filialleiterin, die mit Ihrem Bezirksleiter immer wieder zusammenkrachte, auf diese Frage geantwortet: „Diese Konflikte sind zu 80 Prozent ein Ärgernis und zu, sagen wir, 20 Prozent eine Chance. Vielleicht kann ich lernen, meine Kräfte nicht auf Nebenkriegs-Schauplätzen zu verschwenden. Ich lasse mich immer wieder auf Debatten über Unwichtiges ein."

Diese Formulierung war immer noch negativ („nicht ... verschwenden"). Ich antwortete mit einer positiven Übersetzung: „Also bieten Ihnen diese Konflikte zu einem Fünftel – und das ist viel! – die Chance, etwas ganz Entscheidendes zu lernen: wie Sie Fünfe auch mal gerade sein lassen können, wenn die Lage es zulässt. Und so würden Sie viel Energie sparen, um Ihre Interessen auf den wirklich wichtigen Feldern durchzusetzen ...?"

Diese Rückmeldung beinhaltete zwei Wertungen („das ist viel", „etwas ganz Entscheidendes"), um die eingeschlagene Denkrichtung der Klientin zu verstärken. Sie hielt inne, grübelte und sagte dann: „Ja, das ist wahr! Genau so müsste ich es machen!" Hier schwang immer noch ein Zweifel mit („müsste"). Doch dieser schwand, als ich ihr zahlreiche Fragen stellte, wie das denn im Detail aussehen und sich anfühlen könnte: gelassener auf den Bezirksleiter zu reagieren und mehr Energie fürs Wesentliche zu haben. Die positive Vision stellte das Problem bald in den Schatten.

Kommentar zur Fragen-Sprache

Die Frage nach Prozenten ist ein klassisches Mittel der Differenzierung. Wer eine Gewichtung wie auf einer Waage vornehmen muss, setzt automatisch voraus: Es gibt nicht nur eine Waagschale, sondern auch eine zweite! Damit ist schon viel erreicht, weil die Klientin, wenigstens in Gedanken, die Insel des Problems verlässt und mit dem Fernrohr hinaus auf das Meer der Chancen blickt.

Die Veränderung wird in der Frage als „fällig" bezeichnet – eine solche Suggestion macht es der Klientin leichter, auf ein entsprechendes Echo aus ihrem Inneren zu lauschen.

Profi-Tipp

Die Prozente bieten für Ihre Fantasie beim Fragen viel Spielraum. Beispiel: „Angenommen, Sie wollten erreichen, dass diese Konflikte Ihnen nicht nur zu 20, sondern zu 25 Prozent eine Chance bieten – mit welcher Haltung könnten Sie das bewirken?" Oder (gegen Ende des

Dialogs über die Ausgangsfrage): „Mal angenommen, ein sehr kluger Mensch würde beim Blick auf Ihre Situation behaupten: Das Verhältnis ist genau umgekehrt – 20 Prozent Risiko und 80 Prozent Chance. Mit welchen Argumenten, denken Sie, könnte er diesen Standpunkt begründen?"

Auf diese Weise wird der Klientin klar, dass Sie das Verhältnis zwischen Risiko und Chance selbst bestimmen kann.

Schwierige Antwort

Die Klientin antwortet: „Ich würde sagen: 100 Prozent Ärgernis – und null Prozent Chance."

Wie reagieren Sie? Bitte antworten Sie, gerne schriftlich, ehe Sie weiterlesen.

Mein Vorschlag: Der Versuch mit einer zirkulären Frage könnte sich lohnen: „Verstehe, Sie können, auch wenn Sie genau hinschauen, nicht einmal den Hauch eines positiven Aspektes erkennen." (Klientin nickt.) „Nun ahnen Sie ja schon, da ich Ihnen diese Frage gestellt habe: Ich sehe durchaus Chancen für Sie. Raten Sie mal, welche Chancen das sein könnten …"

Fragen-Übung

Ihre Klientin antwortet auf die Ausgangsfrage: „Zu 99 Prozent ist es ein Ärgernis – und zu einem Prozent eine Chance." Bitte entwickeln Sie eine Folgefrage, in der Sie dieses scheinbar schlechte Verhältnis so positiv übersetzen, dass die Klientin die Chance dahinter wittert und ihre Gedanken auch in diese Richtung schickt.

Umsetzungs-Plan

Bitte notieren Sie, welche Ideen Ihnen zu dieser Frage kommen und in welchem Zusammenhang Sie damit arbeiten wollen:

85.

Präzisierungsfrage: Kommunikationsbereitschaft

Was tun, wenn Ihr Klient in abstrakten Formeln schwelgt? Wenn er nicht traurig ist, sondern „eine gewisse emotionale Beeinträchtigung" empfindet? Mit der richtigen Frage kann es Ihnen gelingen, ihn sein altes Gefühl mit neuen, klaren Worten erforschen zu lassen.

Die Frage

Klient: „Ich wünsche mir einfach mehr Kommunikationsbereitschaft von unserer Nachbarabteilung."

Coach: „Wenn Sie Ihrer fünfjährigen Tochter erklären müssten, was ‚Kommunikationsbereitschaft' ist – wie würden Sie das anschaulich machen?"

Folgefragen

- Mal angenommen, Ihre Tochter würde fragen: „Gibt's für Kommunikation auch Spielregeln wie für ‚Mensch ärgere dich nicht'?" – welche Spielregeln würden Sie nennen?
- Welche Beispiele für eine gelungene Kommunikation mit der Nachbarabteilung könnten Sie Ihrer Tochter erzählen?
- Und wenn Ihre Tochter fragen würde: „Papi, was kannst du eigentlich tun, damit du besser mit der Nachbarabteilung auskommst?" – welche ersten Schritte fielen Ihnen ein?
- Mal angenommen, Sie würden dieses Verhalten ausbauen, als eine Art Vorschuss für die Nachbarabteilung – welche Auswirkungen auf deren Verhalten könnte das bestenfalls haben?

Kommentar zum Fragen-Inhalt

Welchen Vorteil hat es, dass der Coach die fünfjährige Tochter des Klienten ins Spiel bringt? Gegenüber seiner Tochter ist der Vater ein Wissender, kein Wissensempfänger (wie er sich vielleicht heimlich im Coaching sieht). Diese Rollenverteilung hilft ihm, seine Abstraktionen zu überwinden, seine Gefühle zu erforschen und klare Beispiele und Definitionen zu liefern. Als Coach lernen Sie dabei seine innere Landkarte, seine Werte kennen.

Außerdem: Gegenüber einem Kind kann sich der Vater nicht auf schwammige Formulierungen zurückziehen (wie „Kommunikationsbereitschaft" eine ist!). Er muss in anschaulichen Worten Farbe bekennen. Damit können Sie sich ein Bild machen, wie er die Situation wahrnimmt. Zudem bietet die Perspektive eines Kindes einen praktischen Vorteil: Sie können naive Fragen stellen, dürfen Dinge nicht verstehen und mehrfach nachfragen, ohne dass es unnatürlich wirkt.

Natürlich funktioniert diese Frage auch, wenn der Klient keine Kinder hat. Dann tritt anstelle der Tochter einfach „eine Fünfjährige". Oder ein junger Reporter des Kinderrundfunks.

Kommentar zur Fragen-Sprache

Die Frage bittet den Klienten *nicht*, das Wort „Kommunikationsbereitschaft" zu „definieren" (wie es die typische Frage täte). Zum einen würde der Coach, indem er eine solche Sprache wählte, die Ebene der Kindersprache verlassen. Je abstrakter die Frage, desto abstrakter die Antwort. Zum anderen ist „definieren" ein abstrakter Vorgang – während die Bitte, etwas „anschaulich zu machen", nach Beispielen und Szenen verlangt, die man auf einer Theaterbühne aufführen könnte.

Profi-Tipp

Nutzen Sie die Rolle des Kindes immer wieder. Sobald Ihr Klient in abstrakte, blutleere Rede zurückfällt, können Sie mit einer Kinderstimme einhaken: „Also weißt du, Papi, als Fünfjährige verstehe ich gar nicht so genau, was du jetzt meinst?" Solche Interventionen sorgen für Auflockerung, stärken die Verbindung zwischen Ihnen und dem Klienten (nur Sie beide verstehen diesen Running Gag) und ermutigen ihn, seine Gefühle aus der Verpackung steifer Worthülsen zu befreien. Das dient seiner Selbsterkenntnis ebenso wie Ihrer Klarheit beim Coachen – und damit dem Prozess.

Schwierige Antwort

Der Klient antwortet: „Ehrlich gesagt: Ich glaube, das ist ein viel zu ernstes und trockenes Thema für Kinder, was hier in unserer Firma passiert."

Wie reagieren Sie? Bitte antworten Sie, gerne schriftlich, ehe Sie weiterlesen.

Mein Vorschlag: Hören Sie den Wunsch hinter dem Einwand heraus und laden Sie Ihren Klienten ein, das Thema aus einem neuen Blickwinkel zu betrachten: „Verstehe, Sie würden Ihrer Tochter lieber etwas Lustiges und Unbeschwertes erzählen." (Klient stimmt zu.) „Mal angenommen, Sie dürften eine kleine Kasperletheater-Aufführung zum Thema geben, lustig und überzeichnet – wie könnte die aussehen?"

Fragen-Übung

Der Klient, der mit seiner Arbeit unzufrieden ist, antwortet auf die Ausgangsfrage kühl: „Der Erfüllungsgrad meiner Wünsche ist nun mal nicht Mittelpunkt meines beruflichen Strebens." Dabei macht er ein vollkommen unbeteiligtes Gesicht. Nun möchten Sie erreichen, dass er seine Worte *nachempfindet* und sich selbst bewusst macht. Dazu formulieren Sie bitte eine ähnliche Frage wie die Ausgangsfrage (und gerne auch Folgefragen), nur beziehen Sie sich – gerne mit Fantasie – jeweils auf:

1. Ein Haustier, nämlich den treuen Schäferhund des Klienten.
2. Seinen Großvater, einen schwerhörigen Mann, den er als Kind sehr bewundert hat.
3. Seine Freunde aus dem Fußballverein, die in ganz anderen Branchen arbeiten.

Bitte wählen Sie eine Formulierung, die den Klienten emotionalisiert und es ihm leichter macht, seine ursprüngliche Formulierung zu entschlüsseln.

Lösungsvorschläge unter: www.karriereberater-akademie.de, Rubrik „Bücher".

Umsetzungs-Plan

Bitte notieren Sie, welche Ideen Ihnen zu dieser Frage kommen und in welchem Zusammenhang Sie damit arbeiten wollen:

Provokante und paradoxe Fragen

86. Wann haben Sie angefangen, die Latte Ihrer Ziele so hoch zu legen, dass Sie nicht mehr drüberkommen können? *(Seite 357)*

87. Angenommen, Ihr schlimmster Feind könnte Ihnen ein Verhalten anraten, das Ihnen in dieser Situation garantiert schadet – wie fiele dieser Rat wohl aus? *(Seite 360)*

88. Wenn Ihr Problem Ihnen besonders groß scheint – welchen Dünger führen Sie ihm dann zu? *(Seite 363)*

89. *Klient:* „Welche Qualitäten ich für meine Arbeit brauche? Nur ein wenig Ausdauer. Sonst nichts."
Coach: „Dann könnte in Ihrem Job jeder Dahergelaufene von der Straße glänzen, jeder unqualifizierte Nichtskönner, sofern er nur eine Prise Ausdauer mitbrächte?" *(Seite 366)*

Abb. 9: Wer steht dem Klienten im Weg? Oft genug: Er selbst. Die provokante Frage winkt auf freundliche Art mit dem Zaunpfahl.

Höflich sollte es im Coaching zugehen – aber nicht fried-höflich! Provokante Fragen haben einen unschlagbaren Vorteil: Sie locken einen Menschen aus der Reserve. Wer Thesen aufstellt, erzeugt Anti-Thesen (oder Zustimmung), weckt Aufmerksamkeit und stößt Gedanken an. Zugespitzte Fragen bringen knackige Antworten.

Die Höflichkeit können Sie dabei wahren: Zum einen empfehlen sich provokante Fragen erst, wenn die Beziehung zum Klienten gefestigt ist – also sicher nicht in der ersten halben Stunde einer Coaching-Premiere. Und der Ton macht die Musik: Wenn Sie zugespitzt im Inhalt, aber freundlich und warm im Ton sind, bleibt der Rapport intakt.

Provokante Fragen treiben die emotionale Betriebstemperatur nach oben und entlocken dem Klienten spontane Antworten. Wenn das Frage-Antwort-Spiel für kurze Zeit zum munteren Schlagabtausch gerät, in der Tonlage einer netten Neckerei, sorgt das für spannende Gedanken und für eine unverkrampfte Beziehung zum Klienten.

Provokation in Frageform

Wie können provokante Fragen aussehen? Hier zwei Beispiele

1. *Klientin:* „Der Kollege sieht einfach durch mich hindurch. Er ignoriert mich sogar morgens, grüßt nicht einmal. Als gäbe es mich gar nicht."
   Coach: „Ich frage mich gerade: Welche Tarnkappen setzen Sie auf, dass er Sie so leicht übersehen kann?"

2. *Klient:* „Meine Mitarbeiter sind einfach unfähig. Sie kümmern sich um nichts. Sie verlassen sich immer auf mich – als wären sie Kinder, die genau wissen: Der Alte wird es richten!"
   Coach: „Wann haben Sie beschlossen, Ihre Mitarbeiter von jeder Verantwortung zu befreien und diese selbst zu übernehmen?"

Beide provokanten Fragen lenken die Verantwortung zu den Klienten zurück. Statt weiter über andere zu klagen, werden sie durch die Provokation indirekt gefragt: „Was tragen Sie selbst zu der Situation bei?" Provokante Fragen leben von ihrem Überraschungseffekt; sie lassen die Gedanken des Klienten aus dem Gleis der Gewohnheit springen. Mag die erste Reaktion auch Abwehr sein: Das Denken und das Diskutieren führen zu einer gründlichen Selbstprüfung, an deren Ende oft wichtige Erkenntnisse und Lösungsansätze stehen.

Eine weitere Möglichkeit, provokante Fragen zu stellen, ist der sokratische Dialog. Wie Sokrates, der griechische Philosoph, einst auf den Straßen seine scheinbar kindlichen, in Wirklichkeit aber hintersinnigen Fragen stellte, so agiert der Coach ebenfalls aus der Position des Naiven. Diese Warte erlaubt es ihm, den Klienten (zeitweise) *nicht* zu verstehen, über dessen Widersprüche zu stolpern, ihm Fragen zur Klärung zu stellen und einen Disput anzuschieben.

Beispiel für eine sokratische Frage: „Wahrscheinlich liegt es an mir, aber jetzt muss ich doch mal nachfragen, ob ich Sie richtig verstanden habe: Sie hatten sich vorgenommen, alle Äußerungen Ihres Kollegen mit großer Gelassenheit zu nehmen. Und jetzt, wenn ich es richtig sehe, bringt Sie genau so eine Äußerung zur Weißglut. Wie kann das sein?"

Eine solche Frage kommt im Gewand der Unschuld daher – der Coach nimmt die Verantwortung auf sich („Wahrscheinlich liegt es an mir ..."). Umso größer ist die Chance, dass sich der Klient auf eine Diskussion einlässt und seinen bisherigen Standpunkt gründlich hinterfragt.

Das Ziel der Sokratischen Gesprächsführung ist es, den Klienten innerlich zu verwirren – sodass sein altes Gedankenpuzzle auseinanderfallen und ein neues, für ihn günstigeres, sich zusammenfügen kann. Alle provokanten Fragen, auch in diesem Buch, lassen sich in ein sokratisches Gewand packen.

Der zweite Fragetyp dieses Kapitels, die paradoxe Frage, erkundet, welches Verhalten garantiert *nicht* ans Ziel führt. Diese Einladung zur Destruktivität lässt sogar wortkarge Klienten wie die Wasserfälle sprudeln. Einmal nicht die „richtigen" Antworten geben zu müssen (wie einst in der Schule), sondern gezielt die falschen, die absurden, die völlig schrägen, das macht offenbar Spaß. Ihr Klient kann ohne Druck antworten. Er darf bockig sein, spinnen, auf kreative Weise „Nein!" sagen.

Auch wenn jemand keine Ahnung von der Lösung hat (oder zu haben meint): Was *nicht* funktioniert, was die Anti-Lösungen sind, das weiß er dann doch. So darf der Geist, der stets verneint, bei der Antwort vorauseilen. Derweil notieren Sie die Anti-Argumente sorgsam, um später mit ihnen weiterzuarbeiten.

Paradox gefragt

Hier zwei Beispiele für paradoxe Fragen:

1. *Klient:* „Ich habe keine Ahnung, wie ich den Kunden für diese Idee gewinnen soll."
   Coach: „Mal angenommen, Sie ließen sich von einer Konkurrenzfirma mit 100.000 Euro bestechen. Die einzige Bedingung wäre: Sie müssten sich dem Kunden gegenüber systematisch so verhalten, dass er sich niemals auf die Idee einlässt. Was täten Sie?"

2. *Klientin:* „Ich glaube, mein Chef weiß gar nicht, dass ich unzufrieden mit meinem Gehalt bin. Sicher hält er mich für genügsam und bescheiden."
   Coach: „Was müssten Sie tun, um dieses Bild der Bescheidenheit so sehr zu festigen, dass Ihr Chef auch die nächsten zehn Jahre bei Gehaltserhöhungen ganz sicher über Sie hinweggeht?"

In beiden Fällen werden die Klienten ein Szenario beschreiben, das ausgeht von der Realität (einige dieser Verhaltensweisen kommen ihnen aus gutem Grund bekannt vor!), aber beim Erzählen erfahrungsgemäß immer mehr ins Absurde abdriftet. Das Fehlverhalten wird überzeichnet und bekommt die Narrenkappe aufgesetzt. Gut so, damit verliert es seinen Schrecken!

Zum Beispiel könnte die Klientin beschreiben, wie sie ihre Leistungen vor dem Chef verheimlicht (indem sie die Lob-Mails der Kunden in panischer Eile löscht), wie sie das Angebot eines Headhunters zurückweist (indem sie ihm droht, den Chef über dieses unsittliche Angebot zu informieren!) und wie sie ihrem Vorgesetzten vorschwärmt, wie glücklich sie sei, heutzutage überhaupt einen Arbeitsplatz zu haben.

Das Faszinierende: Jede Anti-Idee ist zugleich eine Idee – man muss die Denkfigur nur umdrehen! In der zweiten Runde spielen Sie Ihrer

Klientin ihre zahlreichen Anti-Ideen nach dem Motto zu: „Wenn das der falsche Weg ist – welchen könnten Sie stattdessen gehen?" Der übertrieben negative Ursprungsplan macht es leicht, einen vernünftigeren Plan daraus abzuleiten; kein Perfektionsanspruch steht mehr im Weg.

Vielleicht beschließt Ihre Klientin, künftig alle Mails mit Lob an Ihren Chef weiterzuleiten und sie in einer Leistungsmappe für die nächste Gehaltsverhandlung zu sammeln. Vielleicht beschließt sie, aktiv den Kontakt zu Headhuntern aufzunehmen, ihren Marktwert zu prüfen und sich Alternativen am Markt zu schaffen. Und vielleicht wird sie ihren Chef bei nächster Gelegenheit auch wissen lassen, dass sie mit ihrer Arbeit durchaus glücklich ist, nur für eine überdurchschnittliche Leistung auch ein überdurchschnittliches Gehalt erwartet.

Die paradoxe Frage verleiht dem Coaching eine federnde Leichtigkeit, einen spielerischen Charakter, der die Kreativität fördert, neue Ideen akquiriert und dem Rapport dient.

Provokante Frage: Die gerissene Latte

Darf ein Coach provozieren? Manchmal muss er es sogar, um ein neues Schlaglicht auf eingefahrene Gedanken zu werfen. Mit der richtigen Frage zur richtigen Zeit können Sie Ihren Klienten nicht nur irritieren, sondern noch mehr inspirieren.

Die Frage

Wann haben Sie angefangen, die Latte Ihrer Ziele so hoch zu legen, dass Sie nicht mehr drüberkommen können?

Folgefragen

- Welche Menschen aus Ihrem Umfeld finden Ihre Leistungen schon dann gut oder sehr gut, wenn Sie noch nicht zufrieden sind?
- Welcher dieser Menschen ist Ihnen ein besonders wertvoller Ratgeber? Und was würde er Ihnen vielleicht mit Blick auf Ihr neues Ziel sagen?
- Malen Sie sich einmal aus, Sie würden etwas weniger von sich erwarten und Ihre Ziele öfter und unbeschwerter erreichen – wie könnte sich das bestenfalls auf Sie auswirken?
- Und wie hoch müssten Sie die Latte Ihrer Ziele legen, um sich endgültig klein zu fühlen und mit Pauken und Trompeten zu scheitern?

Kommentar zum Fragen-Inhalt

Wer seine Ziele nicht erreicht, fragt sich meist: „Was mache ich falsch? Welche neuen Wege kann ich gehen, welche neuen Strategien probieren?“ Aber was, wenn das Ziel außerhalb seiner Reichweite liegt? Ein Coach, der ihn unkritisch dabei unterstützt, das alte Ziel im neuen Anlauf zu erreichen, verhält sich wie ein Lotse, der einen gekenterten Schlauchbootfahrer zu einer weiteren Ozeanüberquerung ermuntert – statt nach Gewässern zu suchen, die besser zur Ausstattung passen.

Diese Frage bringt ein Element der „provokanten Therapie“ (nach Frank Farrelly) zum Einsatz: das kreative Missverstehen. Mit seiner These wirft er ein neues Schlaglicht auf die Erfahrungen des Klienten. Solche Aussagen polarisieren – sie helfen dem Klienten, seine alte Sicht der Dinge einer Revision zu unterziehen und neue Standpunkte auszuprobieren. Zwar ist nicht zu erwarten, dass der Klient die provokante Sichtweise teilt. Doch häufig wird er ein Saatkörnchen Wahrheit entdecken – und dieses Körnchen kann bis zum nächsten Termin zu einer stattlichen Einsichts-Pflanze gereift sein. Die Langzeitwirkung provokanter Fragen ist enorm.

Und was, wenn Sie sich vergreifen und Ihre Provokation ins Leere läuft? Das haben solche Versuche an sich: Der Coach spielt dem Klienten einen zugespitzten Gedanken zu – und der entscheidet, was er daraus macht. Auch was der Klient zurückweist, kann ihn schlauer machen, indem er es prüft.

Allerdings sollten Sie provokante Fragen niemals zu Beginn eines Coaching-Prozesses stellen. Erst wenn der Rapport zwischen Ihnen und Ihrem Klienten funktioniert, sind die Leitplanken einer Beziehung stark genug, damit eine solche Provokation sie nicht aus der Bahn wirft.

Kommentar zur Fragen-Sprache

Provokante Fragen müssen immer offen sein. Also nicht: „Haben Sie beschlossen ...?“, sondern: „*Wann* haben Sie beschlossen ...?“ Erstens würde eine geschlossene Frage eine schnelle und womöglich endgültige Antwort provozieren: „Nein.“ Und zweitens hilft die Frage nach dem „Wann“ dem Klienten, seine Gedanken blitzschnell an die Zeitbahnhöfe seines Lebens wandern und dort Eindrücke aus dem neuen Blickwinkel sammeln zu lassen.

Profi-Tipp

Die Kommunikationswissenschaft weiß: Bei allem, was wir sagen, kommt es nur zu 15 Prozent auf den Inhalt an – und zu 85 Prozent auf *nonverbale* Signale. Diese Einsicht können Sie nutzen, wenn Sie provokante Fragen stellen. Achten Sie darauf, dies in einer sanften Stimmlage zu tun. Wenn Sie Ihrem Klienten dabei (im doppelten Sinne) zugewandt sind, sich leicht nach vorne neigen und einen freundlichen Augenkontakt halten, entfaltet die Frage eine andere Wirkung, als wenn Ihr Sprechen so kühl wie das Klirren von Eiswürfeln im Whiskyglas klänge.

Versetzen Sie sich gerade vor kritischen Fragen immer wieder in die Meta-Perspektive und stellen Sie sicher, dass Sie Ihre (mögliche) innere Anspannung nicht nonverbal transportieren.

Schwierige Antwort

Der Klient antwortet: „Das ist ja ein starkes Stück! Sie jubeln mir hier eine Haltung unter, die nichts mit mir zu tun hat."

Wie reagieren Sie? Bitte antworten Sie, gerne schriftlich, ehe Sie weiterlesen.

Mein Vorschlag: Nehmen Sie die Kritik Ihres Klienten an und machen Sie transparent, wo sein Vorteil liegen könnte: „Das tut mir leid, wenn das als eine Unterstellung bei Ihnen angekommen ist. Mein Anliegen war Folgendes: Ich möchte Ihnen verschiedene Möglichkeiten anbieten, wie Sie eine neue Sicht auf Ihre Lage gewinnen können. Und es steht Ihnen selbstverständlich frei, solche Angebote zurückzuweisen. Nun interessiert mich, wie Ihre Antwort gemeint ist: Wollen Sie damit sagen, dass Sie Ihre Ziele nie – wirklich niemals – zu hoch legen?"

Gerade die absolute Frage am Ende bringt meist Ausnahmen aus Sicht des Klienten ans Licht – womit eine neue Gesprächsgrundlage entsteht.

Fragen-Übung

Bitte formulieren Sie auf Grundlage der folgenden Fallskizze drei provokante Fragen:

Eine Managerin, die höchst erfolgreich arbeitet, fühlt sich von ihren männlichen Kollegen „an die Wand gedrängt". Immer wieder stimmten sich die „Herren der Schöpfung" im Vorfeld von Entscheidungen über ihren Kopf hinweg ab. Sie habe herausbekommen, dass es informelle Treffen auf einem Golfplatz gebe. Doch obwohl sie selbst Golferin sei, habe sie nicht vor, „bei dieser Mauschelei mitzumischen". Im Gegenteil, sie überlege schon, ob sie ihren eigentlich geliebten Arbeitsplatz aufgeben und woanders anheuern solle.

Lösungsvorschläge unter: www.karriereberater-akademie.de, Rubrik „Bücher".

Umsetzungs-Plan

Bitte notieren Sie, welche Ideen Ihnen zu dieser Frage kommen und in welchem Zusammenhang Sie damit arbeiten wollen:

87.

Paradoxe Frage: Ihr schlimmster Feind

Manchmal macht der Geist, der stets verneint, Ihnen als Coach das Leben schwer. Ganz egal, welche Ideen Sie ins Spiel bringen – die Klientin landet immer wieder bei einem massiven „Nein". Diese destruktive Energie lässt sich konstruktiv nutzen.

Die Frage

Angenommen, Ihr schlimmster Feind könnte Ihnen ein Verhalten anraten, das Ihnen in dieser Situation garantiert schadet – wie fiele dieser Rat wohl aus?

Folgefragen

- Was genau würde passieren, wenn Sie nach diesem Rat handelten?
- Wenn Sie tief in sich hineinhorchen: Wie stimmig wäre dieses Verhalten? Und wie zufrieden wären Sie in 20 Jahren beim Rückblick darauf?
- Welche – vielleicht auch heimlichen – Vorteile würde Ihnen dieses Verhalten eventuell doch bieten?
- Natürlich werden Sie den Rat Ihres Feindes nicht umsetzen. Was würden Sie stattdessen tun, auch um diesem bösen Kerl klar zu zeigen, dass sein vergifteter Rat ins Leere läuft?

Kommentar zum Fragen-Inhalt

Warum sollten Sie gegen den Strom der destruktiven Energie anschwimmen, statt Ihr Fragenboot von ihm in Richtung Ziel tragen zu lassen? Und was heißt hier eigentlich „destruktiv"? Jede Regung Ihrer Klientin ist wie ein Wellenschlag, erzeugt von (unbefriedigten) Bedürfnissen unter der Oberfläche. Diese paradoxe Frage lenkt den Blick in die Tiefe und gibt ihr die Chance, ihr Wunschverhalten sauber vom (subjektiven) Fehlverhalten zu unterscheiden.

Wenn Sie das destruktive Verhalten abfragen, bringt das mehrere Vorteile. Erstens steht alles, was ausgesprochen ist, nicht mehr wie ein Eisberg unter der Oberfläche im Weg. Zweitens: Während Ihre Klientin definiert, was sie nicht vorwärtsbringt, zeichnet sich der Gegenpol immer deutlicher ab: das konstruktive Verhalten. Aus dem Spiegelverkehrten lässt sich ein Spiegelbild exakt ableiten! Fehlt jedoch das Spiegelverkehrte, fehlt auch die Grundlage für Ableitung.

Und drittens ist der psychologische Aspekt dieser Frage interessant: Der destruktive Rat kommt ausgerechnet vom „schlimmsten Feind" Ihrer Klientin, einer Person, auf die sie keinesfalls hören möchte. Daher ist die Kurve zum konstruktiven Verhalten für sie besonders leicht zu nehmen.

Kommentar zur Fragen-Sprache

Diese Frage bietet der Klientin ein Ventil: Endlich kann sie das, was ihr der eigene Trotzkopf schon lange flüstert, in Worte fassen – ein unvernünftiges, ein paradoxes Verhalten. Doch ein reines Freudenfest des Destruktiven ist nicht zu erwarten. Denn die Frage will ausdrücklich wissen, was der „schlimmste Feind" ihr riete. Fragen Sie gerne nach, wer dieser Feind ist und woher die Feindschaft rührt. So erhöhen Sie die emotionale Beteiligung der Klientin und ihre Bereitschaft, rechtzeitig die Abzweigung zum konstruktiven Weg zu nehmen.

Profi-Tipp

Wechseln Sie Schritt für Schritt vom paradoxen zum hilfreichen Verhalten. Zum Beispiel könnten Sie fragen: „Nehmen wir an, Sie wollten sich ein klein wenig konstruktiver verhalten, um Ihren Feind zu ärgern – was könnte ein erster Ansatz dazu sein?" Diese Tastsprache („klein wenig", „erster Ansatz") erlaubt es der Klientin, sich in kleinen Schritten von der paradoxen in die konstruktive Richtung zu bewegen. Ein sofortiges Umschalten könnte zu einer Art Jetlag und zu erneuten Widerständen führen.

Schwierige Antwort

Der Klient antwortet: „Ich weiß nicht, was dieser Feind mir riete."

Wie reagieren Sie? Bitte antworten Sie, gerne schriftlich, ehe Sie weiterlesen.

Mein Vorschlag: Laden Sie Ihre Klientin zu einem kleinen Ratespiel ein – denn dass sie nicht „weiß", was der Feind ihr riete, schließt eine Ahnung keineswegs aus: „Angenommen, Sie müssen erraten, welche vergifteten Tipps er Ihnen geben könnte, nur die grobe Richtung. Worauf kommen Sie dann?"

Fragen-Übung

Experimentieren Sie beim paradoxen Fragen mit Verfremdungen. Bitten Sie Ihre Klientin, das destruktive Verhalten am Beispiel eines fiktiven Dritten zu schildern: „Nehmen wir an, nicht Sie wären in dieser Situation, sondern ein absoluter Beziehungstölpel, dem jedes Gespür für den Umgang mit anderen fehlt. Was müsste er tun, damit die Situation sich verschlechtert?"

Vergleichen Sie die Antworten, die jetzt kommen, mit denen, die von einer direkten Frage erzeugt würden – welche Unterschiede stellen Sie fest? Warum ist die Dissoziierung im zweiten Fall größer? Und welche Vorteile könnte das haben?

Umsetzungs-Plan

Bitte notieren Sie, welche Ideen Ihnen zu dieser Frage kommen und in welchem Zusammenhang Sie damit arbeiten wollen:

88.

Provokante Frage: Dünger

Fallen Probleme vom Himmel? Nein, sie wachsen wie Pflanzen aus der Erde des Alltags. Ihr Dünger ist ein bestimmtes Denken und Verhalten. Erst wenn Ihre Klientin diesen Zusammenhang versteht, kann sie sich dauerhaft gegen ihr Problem entscheiden.

Die Frage

Wenn Ihr Problem Ihnen besonders groß scheint – welchen Dünger führen Sie ihm dann zu?

Folgefragen

- In welchen Momenten ist es Ihnen gelungen, Ihrem Problem diesen Dünger zu entziehen?
- Wie hat es sich für Sie angefühlt, die Größe Ihres Problems selbst zu regeln, es also schrumpfen zu lassen?
- Nehmen wir an, Sie müssten eine andere Art von Dünger entwickeln: einen, der nicht das Problem, sondern die Lösung wachsen lässt. Woraus könnte er bestehen?
- In welcher Situation könnten Sie einmal probieren, Ihren Lösungsdünger bis zu unserem nächsten Termin anzuwenden?

Kommentar zum Fragen-Inhalt

Diese Frage provoziert die Klientin: Sie, die tapfer gegen das Problem anzureiten meint, zieht es angeblich selber groß. Dieser Gedanke liegt so weit außerhalb ihrer kognitiven Landschaft, dass sie ihn manchmal spontan zurückweisen wird. Doch durch Nachfragen wie „Mal angenommen, es wäre tatsächlich so ...“ können Sie ihre Bereitschaft erhöhen, sich doch noch darauf einzulassen.

Wenn die Klientin versteht, dass sie (eventuell) zum Wachstum des Problems beiträgt, wird ihr klar: Sie kann die Größe des Problems selbst regulieren. Wenn es ihr gelingt, das Problem zu düngen – müsste es ihr dann nicht auch gelingen, ihm diesen Dünger zu verweigern? Hat sie es dann nicht auch in der Hand, anstelle des Wachstums das Schrumpfen des Problems zu beschleunigen?

So manche Klientin entwickelt spielerische Freude daran, sich Experimente für den Alltag auszudenken und ihrem Problem eine Schrumpfkur zu verpassen. Mal reduziert sie den Problemdünger, mal wendet sie den Lösungsdünger an. Dabei sammelt sie wertvolle Erkenntnisse, steigert ihre Selbstwirksamkeit und bekommt ein besseres Gefühl für mögliche Lösungen.

Kommentar zur Fragen-Sprache

Das Problem „ist" nicht besonders groß, sondern „scheint" der Klientin so – diese Formulierung suggeriert, dass sie durch ihre Sichtweise bestimmt, welche Größe sie dem Problem zugesteht. So wird es schon in der Frage als subjektive – und nicht absolute – Größe erkennbar.

Der „Dünger" ist eine anschauliche Metapher – er bewirkt mehr als fachchinesische Therapeuten-Formulierungen wie: „Durch welches problemdienliche Verhalten ..." Übersetzen Sie Ihre Fachsprache konsequent in Klardeutsch (siehe Seite 32). Jede Formulierung sollte an die Erfahrungswelt der Klientin andocken. Und je anschaulicher Sie einen Sachverhalt ausdrücken, desto mehr Energie kann sie aufs stimmige Antworten (statt aufs Enträtseln der Coaching-Sprache!) verwenden.

Profi-Tipp

Holen Sie das Problem in den Raum! Beschriften Sie einen freien Stuhl mit dem Wort „Problempflanze". Und nun bitten Sie Ihre Klientin, auf diesem Stuhl Platz zu nehmen und führen Sie ein Interview mit ihr. Erst doppeln Sie sie ein: „Nun möchte ich wissen, liebe Problempflanze, seit wann existierst du schon? Wann hast du deine ersten Wurzeln geschlagen?", „Hast du vielleicht Vorfahren – ähnliche Pflanzen, die sich ins Leben meiner Klientin getastet haben?", „Was muss deine Besitzerin tun, um dir den Dünger zu entziehen und dich schrumpfen zu lassen?"

Danach entrollen Sie die Klientin, bitten sie auf einen anderen Stuhl (in die Meta-Perspektive) und besprechen das, was sie gerade gehört und erlebt hat, mit Blick auf die Ableitungen für ihren Weg zum Ziel.

Schwierige Antwort

Die Klientin antwortet: „Ich müsste doch dumm sein, mein eigenes Problem zu düngen!"

Wie reagieren Sie? Bitte antworten Sie, gerne schriftlich, ehe Sie weiterlesen.

Mein Vorschlag: Wenden Sie die Frage so, dass die Klientin sich weniger angegriffen fühlt: „Stimmt – sofern Sie es mit Absicht täten. Aber vielleicht streuen Sie diesen Dünger ja unbemerkt. Vielleicht wollen Sie über die Frage unter diesem Aspekt noch einmal nachdenken: Worin könnte das *unbeabsichtigte* Düngen bestehen?"

Fragen-Übung

Hier lesen Sie drei Antworten, die Sie auf die Eingangsfrage bekommen. Entwickeln Sie jeweils eine Gegenstrategie (wie unter „Schwierige Antwort"), um Ihre Klientin doch noch in die gewünschte Richtung zu lenken:

1. „Was ist Dünger? Sie wissen doch: Ich bin kein Landwirt, sondern Betriebswirt!"
2. „Der beste Dünger für mein Problem ist, dass ich einfach bin, wie ich bin. Das reicht schon!"
3. „Diese Frage ist komisch. Das verstehe ich jetzt nicht."

Umsetzungs-Plan

Bitte notieren Sie, welche Ideen Ihnen zu dieser Frage kommen und in welchem Zusammenhang Sie damit arbeiten wollen:

89.

Provokante Frage: Der Dahergelaufene

Wie bringen Sie einen Klienten dazu, seine eigene Arbeitsleistung zu würdigen und seine Qualitäten zu erkennen? Gerade bei Zeitgenossen, die kein gutes Haar an sich lassen, kann eine Provokation helfen.

Die Frage

Klient: „Welche Qualitäten ich für meine Arbeit brauche? Nur ein wenig Ausdauer. Sonst nichts."
Coach: „Dann könnte in Ihrem Job jeder Dahergelaufene von der Straße glänzen, jeder unqualifizierte Nichtskönner, sofern er nur eine Prise Ausdauer mitbrächte?"

Folgefragen

- Woran würde ich als Beobachter bemerken, dass dieser Dahergelaufene Ihre Rolle nicht ausfüllen kann?
- Umgekehrt gefragt: Was machen Sie besser, welche Qualitäten haben Sie ihm offenbar voraus?
- Wenn Sie die Qualität, in der Sie Ihre Arbeit heute erledigen, mit der Ihrer ersten Wochen im Job vergleichen: In welchen Punkten haben Sie sich deutlich gesteigert?
- Wenn Sie selbst eine Stellenausschreibung entwickeln müssten, um eine Idealbesetzung für Ihre Aufgabe zu suchen: Welche Eigenschaften würden Sie von einem Bewerber erwarten?

Kommentar zum Fragen-Inhalt

Was zeichnet einen Menschen in seinem Beruf aus? Schwer herauszufinden! Als einzige Routineübung stellen viele Klienten ihre Aufgabe dar. Eigene Qualitäten? Fehlanzeige. Ist das (falsche) Bescheidenheit? Oder geht es den Menschen mit ihren Qualitäten wie mit der Tapete in der eigenen Wohnung – dass man sie, weil sie jeden Tag da ist, irgendwann nicht mehr bewusst sieht?

Diese provokante Frage schärft den Blick: Auch wenn der Klient seine Aufgabe nicht gerade hoch einschätzt – dass jeder „Dahergelaufene von der Straße" darin „glänzen" könnte, wird er zurückweisen. Und jedes Argument, dass er gegen den Dahergelaufenen anführt, ist ein Argument für ihn – und spiegelt seine Qualitäten im Job.

Gerne arbeite ich auch mit der Fortsetzungsfrage, wie der Klient seine eigene Leistung gesteigert habe, verglichen mit den ersten Wochen. Dann wird ein *Unterschied*, eine Entwicklung sichtbar. Hinter dem gefühlten Stillstand treten beachtliche Fortschritte hervor – wichtige Ressourcen für den Weg in die Zukunft.

Kommentar zur Fragen-Sprache

Die Frage ist sprachlich bis ins letzte Detail zugespitzt, sie soll den Klienten piksen: Nicht nur *ein* Dahergelaufener, sondern „*jeder* Dahergelaufene von der Straße", ja sogar „jeder unqualifizierte Nichtskönner" könnte den Job des Klienten mit „einer Prise Ausdauer" nicht nur bewältigen, sondern sogar: darin „glänzen"? Diese Provokation ist ein so starkes Stück, dass sogar stille Wasser in Wallung kommen – was nicht nur zu guten Argumenten, sondern auch zu produktiven Emotionen führt.

Profi-Tipp

Behalten Sie den spielerischen Wechsel in die provokante Tonlage ruhig ein wenig bei. Zum Beispiel antwortet der Klient: „Na ja, ein Studium der Betriebswirtschaft bräuchte er schon auch!" Mögliche Antwort: „Okay, dann können wir den lausigsten Abgänger dieses Jahres nehmen, der nicht mal sein Taschengeld zusammenrechnen konnte, ihn auf Ihren Stuhl setzen – und schon würde Sie keiner mehr vermissen?" So können Sie einen provokanten Dialog anschieben. Wenn Sie vorher eine gute Beziehung zum Klienten aufgebaut haben, wird dieser Wortwechsel eine spielerische Note haben, gleich einer liebevollen Neckerei unter Freunden.

Schwierige Antwort

Der Klient antwortet: „Ja, das glaube ich. Meinen Job könnte nahezu jeder machen."

Wie reagieren Sie? Bitte antworten Sie, gerne schriftlich, ehe Sie weiterlesen.

Mein Vorschlag: Regen Sie einen Perspektivenwechsel an: „Mal angenommen, wir würden uns jetzt jemanden von der Straße schnappen, ihn auf Ihren Stuhl im Büro setzen – und er käme dort überhaupt nicht klar. Wie könnte er begründen, dass Ihr Job doch nicht so einfach ist, wie er auf den ersten Blick wirken mag?"

Fragen-Übung

Bitte sprechen Sie die Ausgangsfrage laut aus, gerne vor einem Spiegel, und zwar nach drei Regieanweisungen:

1. Stellen Sie die Frage mit sanfter Stimme, um Einfühlung zu signalisieren.
2. Fragen Sie in der Tonlage einer Behauptung, ruhig eine Spur trotzig.
3. Lassen Sie die Frage in beiläufigem Ton fallen.

Welche dieser Varianten scheint Ihnen mit Blick auf die Absicht der Frage am stimmigsten.

Gerne können Sie Ihre Einschätzung mit meiner vergleichen: www.karriereberater-akademie.de, Rubrik „Bücher".

Umsetzungs-Plan

Bitte notieren Sie, welche Ideen Ihnen zu dieser Frage kommen und in welchem Zusammenhang Sie damit arbeiten wollen:

Ökologische Fragen

90. Was läuft in Ihrem jetzigen Alltag so positiv, dass es auf jeden Fall so weiterlaufen soll? *(Seite 373)*

91. Angenommen, ein anderer Mensch – nennen wir ihn: Ihr Zwilling – würde in Ihrer Haut stecken, in genau derselben Situation wie Sie, und sagen: „Bloß keine Veränderung! Wenn alles bleibt, wie es ist, hat das viele Vorteile für mich." Wie könnte der Zwilling diesen Standpunkt begründen? *(Seite 376)*

92. Lassen Sie uns einmal davon ausgehen, dass jedes erreichte Ziel wie ein Medikament ist – es hat seinen Nutzen, aber auch unerwünschte Nebenwirkungen. Über den Nutzen Ihres Ziels haben wir gesprochen. Welche gefährlichen Nebenwirkungen könnten auf dem Beipackzettel stehen? *(Seite 379)*

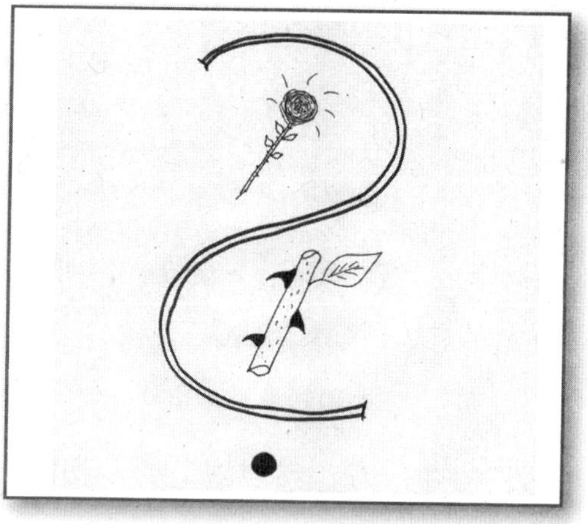

Jedes Menschenleben ist ein fein austariertes System: Wenn man an einer Stelle etwas verändert – hinzufügt oder wegnimmt – wirkt es sich an anderen Stellen aus. Wer zum Beispiel eine Position im gehobenen Management erobert, erzielt dadurch nicht nur die gewünschte Wirkung, zum Beispiel einen Statusgewinn – er wird auch Zeit für Familie, Freunde, Hobbys verlieren.

Abb. 10: Veränderungen haben nicht nur erwünschte Folgen (wie die Blüten der Rose, die schön anzuschauen sind), sondern auch unerwünschte (wie die Dornen der Rose, an denen man sich verletzen kann). Die ökologische Frage lenkt den Blick auf *alle* Folgen.

Die meisten Menschen haben nur ihre *beabsichtigen* Veränderung im Blick, nicht die *unbeabsichtigten* Folgen. Aber was, wenn diese Folgen wichtige Bedürfnisse beiseiteschieben? Dann verteidigen diese Bedürfnisse ihr Terrain, still und heimlich. Die Versuche des Menschen, etwas zu verändern, wirken halbherzig; er schlingert, weil ihn zwei innere Kräfte in unterschiedliche Richtungen ziehen.

Genauso schlimm: Jemand bewältigt seine Veränderung, stellt aber bald fest: Das, was ihm fehlt, wiegt schwerer als das, was er dafür bekommen hat.

Damit Ihr Klient eine Veränderung konsequent verfolgt, damit sie ihn an ein stimmiges Ziel führt, deshalb ist es so wichtig, durch ökologische Fragen vorher zu prüfen: Welches Preisschild klebt auf dieser Veränderung? Was muss ein Mensch dafür aufgeben? Wie viel Energie muss er investieren? Und kommt unterm Strich ein „gutes Geschäft“ für ihn dabei heraus?

Die Öko-Fragen

Drei Beispiele für ökologische Fragen:

1. *Klient:* „Ich möchte wieder nach Deutschland versetzt werden. Hier in Spanien sehe ich keine Zukunft.“
   Coach: „Angenommen, Sie wären wieder in Deutschland, hätten dort einen schlechten Tag und würden zurück auf die Zeit in Spanien blicken: Was – vielleicht auch nur an Kleinigkeiten – könnte Ihnen dann fehlen?“

2. *Klientin:* „Dieser Mitarbeiter ist schon seit Jahren ein Quertreiber. Wenn ich ihn aus meinem Team entferne, kehrt endlich Frieden ein."
   Coach: „Nun hatten Sie ja bestimmt Gründe, den Mitarbeiter dennoch über Jahre im Team zu belassen. Welche seiner Qualitäten haben zu dieser Entscheidung geführt?"

3. *Klient:* „Ich will ab nächstem Jahr nur noch vier Tage die Woche arbeiten. Dann habe ich mehr von meinem Leben als jetzt."
   Coach: „Dann würden Sie in Ihrem Team zur Minderheit der Teilzeit-Arbeitnehmer gehören. Welche unerwünschten Folgen könnte das im schlimmsten Fall haben?"

Der Klient legt mit seinen Aussagen ein Gewicht auf die Pro-Seite seiner Entscheidungswaage. Und der Coach animiert ihn mit ökologischen Fragen, die Gewichte auf der Gegenseite zu prüfen. Diese Offenheit für alle Seiten ermöglicht ein Gleichgewicht, eine gesunde Entscheidungs-Ökologie.

Ökologische Fragen zielen nicht nur auf die Nachteile einer Veränderung, sondern gerne auf die Vorzüge einer bestehenden Situation. Beispiel (von Seite 373):

- Was läuft in Ihrem jetzigen Alltag so positiv, dass es auf jeden Fall so weiterlaufen soll?

So kann der Klient die Vorteile der jetzigen Situation mit den Vorteilen der Veränderung vergleichen: Was wiegt schwerer? Will er die Veränderung überhaupt? Und, wenn ja: Wie gelingt es ihm, das Kind nicht mit dem Bade auszuschütten, sprich: das Erhaltenswerte zu erhalten? Oder wie kann er Bedürfnissen, die zurückgedrängt würden, neue Wohnräume anbieten? Zum Beispiel könnte der frisch beförderte Manager sein Hobby, das Golfen, mit der Pflege von Geschäftspartnern verbinden, statt es zurückzufahren.

Ökologische Fragen wecken die Fantasie, welche Folgen eine Entscheidung hat und wie man diese beeinflussen kann. Sie können kreative Brücken von einem alten in einen neuen Zustand bauen. Je stimmiger eine Entscheidung, desto größer die Energie, die ein Klient auf ihre Umsetzung verwendet. Und desto größer seine Erfüllung, wenn er die Ziellinie überschritten hat.

Ökologische Frage: Positiver Alltag

Wer sich verändern will, sollte nicht nur bedenken, was ihm eine Veränderung bringen kann, sondern auch, was sie ihn *nicht* kosten darf. Diese Frage kann eine Veränderung stimmiger machen und unerwünschten Nebenwirkungen vorbeugen.

Die Frage

Was läuft in Ihrem jetzigen Alltag so positiv, dass es auf jeden Fall so weiterlaufen soll?

Folgefragen

- Wenn Sie Ihre Gedanken einmal in zwei Farben aufteilen, in Sonnengelb (für das, was gut läuft) und Regengrau (für das, was noch nicht in Ihrem Sinne läuft): Wie viel Prozent Ihrer Zeit denken Sie über das Sonnengelbe in Ihrem Alltag nach?
- Was könnten Sie unternehmen, um mehr Sonne in Ihre Gedanken zu bringen?
- Wie können Sie diesen positiven Umstand und Ihre Qualitäten, die ihn bewirken, für Ihre Veränderung nutzen?
- Mal angenommen, Sie wären Ihr persönlicher Unternehmensberater und müssten ein paar Maßnahmen entwickeln, um diese positiven Dinge über die Veränderung hinaus zu bewahren – welche Maßnahmen wären das?

Kommentar zum Fragen-Inhalt

Was tun Kinder, wenn sie neue Spielzeuge bekommen? Sie werfen die alten achtlos beiseite – und vermissen sie schon ein paar Tage später. Bei Veränderungen kann es ähnlich laufen: Wer sich ein neues Verhalten zulegt, übersieht den Preis – er muss Altes, Gewohntes, Bewährtes dafür ablegen.

Aus zwei Gründen ist es wichtig, dass Ihr Klient *differenziert* an eine Veränderung herangeht und Erhaltenswertes beachtet: Erstens verleiht ihm die Gewissheit, dass es Erhaltenswertes in seinem Leben gibt, Selbstvertrauen und Energie für die nächsten Schritte – offenbar hat er es als Baumeister seiner Lebensumstände in der Vergangenheit geschafft, Nützliches zu entwerfen, zu errichten und zu erhalten. Warum sollte ihm das nicht wieder gelingen?

Und zweitens bewahrt ihn diese Reflexion davor, schlechte Tauschgeschäfte einzugehen. Zum Beispiel hatte ich einen Niederlassungsleiter als Klienten, dessen Ziel es war, die besten Ergebnisse unter allen Niederlassungen zu erzielen. Auf die Frage, was er Positives aus seinem jetzigen Alltag erhalten wolle, antwortete er: „Die Mitarbeiter gehen für mich durchs Feuer – das macht mich glücklich und stolz; das möchte ich nicht missen."

Doch der Weg zu den besten Ergebnissen hätte – wie im Gespräch herauskam – Entlassungen und Etatkürzungen vorausgesetzt. Das gute Verhältnis zu den Mitarbeitern wäre zerrüttet worden – eine Erkenntnis, die dem Niederlassungsleiter erst über diese Frage kam. Am Ende formulierte er sein Ziel neu: Er wollte nicht mehr zwingend das „beste Ergebnis" erzielen, sondern „das beste Ergebnis, das möglich ist, während ich mein gutes Verhältnis zu den Mitarbeitern und meinen wichtigen Wert, das Gemeinschaftsgefühl, wahre". Ein großer Unterschied!

Kommentar zur Fragen-Sprache

Meine Lieblingsfrage in der Fortsetzung: „Was könnten Sie unternehmen, um mehr Sonne in Ihre Gedanken zu bringen?" Wann immer es möglich ist, sollten Sie mit Symbolik arbeiten. Schon die erste Folgefrage hatte den Gedanken eine Farbe verliehen: Sonnengelb für alles, was klappt – und Regengrau für das, was noch nicht in seinem Sinne läuft. Diese Farben emotionalisieren den Klienten und können helfen, feine Schwingungen ans (Sonnen-)Licht zu holen und sie für eine ausgewogene Zielsetzung zu nutzen.

Profi-Tipp

Unterstützen Sie die Worte Ihres Klienten, indem Sie eine kleine Zeichnung am Flipchart anfertigen: Über einer Hälfte des Papiers hängt eine Regenwolke, über der anderen Hälfte steht eine Sonne. Nun können Sie Ihren Klienten entscheiden lassen: Was von dem, das *noch* nicht in seinem Sinne läuft, will er zur Sonnenseite bringen? Diese Punkte kann er mit einem Pfeil in diese Richtung versehen. Der Pfeil wird dann mit ein paar Stichwörtern beschriftet, die den Weg skizzieren. Ebenso kann er Verschiebungen von der Sonnen- zur Regenseite vornehmen, mit einer Begründung, wie er diese Abwanderung verhindern oder weshalb er sie in Kauf nehmen möchte. Damit entsteht ein greifbares Veränderungspanorama, das einen Ökocheck mit einem Blick zulässt.

Schwierige Antwort

Der Klient antwortet: „Ich würde gern einen Neubeginn starten. Dazu muss ich nichts Altes bewahren."

Wie reagieren Sie? Bitte antworten Sie, gerne schriftlich, ehe Sie weiterlesen!

Mein Vorschlag: „Sie wünschen sich die Freiheit, ohne Ballast in die Zukunft zu starten?" (Klient bestätigt.) „Mal angenommen, Sie müssten Ihr jetziges Lebensgepäck genau unter die Lupe nehmen: Woran würden Sie das Wertvolle, das Ihnen die Türen zur Zukunft öffnen kann, von dem unterscheiden, was Ihnen als Ballast erscheint?"

Wenn der Klient diesen Unterschied definiert, lässt er sich wieder auf den Ressourcenpfad locken.

Fragen-Übung

Kleines Experiment: Bitte tun Sie die nächsten fünf Minuten – Wecker stellen! – nichts anderes, als an einen Mangel in Ihrem Leben zu denken. Worunter leiden Sie? Was ist schwer? Was bereitet Ihnen Kopfschmerzen? Malen Sie sich diese misslichen Umstände in allen Details aus. Nach diesen fünf Minuten schreiben Sie auf: Wie fühlen Sie sich? Hätten Sie genug Kraft für eine große Veränderung?

Die nächsten fünf Minuten denken Sie an alles, was in Ihrem Leben gut läuft. Wann sind Sie glücklich? Was öffnet Ihnen das Herz? In welchen Momenten genießen Sie das Leben in vollen Zügen? Stellen Sie sich das Positive so farbig und detailliert wie möglich vor. Und halten Sie nach fünf Minuten wieder fest: Wie fühlen Sie sich? Hätten Sie genug Kraft für eine große Veränderung?

Lassen Sie die Übung nachwirken: Was ist danach anders als davor? Welche Verschiebung zwischen positiven und negativen Gedanken stellen Sie fest? Wie viel Erhaltenswertes, was Ihnen vielleicht kaum bewusst war, hat an Gewicht gewonnen? Und welche Schlüsse für Ihre Coachings können Sie daraus ziehen?

Umsetzungs-Plan

Bitte notieren Sie, welche Ideen Ihnen zu dieser Frage kommen und in welchem Zusammenhang Sie damit arbeiten wollen:

91.

Ökologische Frage: Ihr Zwilling

Welche Vorteile hätte es, alles beim Alten zu belassen? Die Klientin, die sich innerlich schon für eine Veränderung entschlossen hat, ist bei dieser Frage befangen. Darum: Schenken Sie ihr doch einfach einen Zwilling, indem Sie zirkulär fragen!

Die Frage

Angenommen, ein anderer Mensch – nennen wir ihn: Ihr Zwilling – würde in Ihrer Haut stecken, in genau derselben Situation wie Sie, und sagen: „Bloß keine Veränderung! Wenn alles bleibt, wie es ist, hat das viele Vorteile für mich." Wie könnte der Zwilling diesen Standpunkt begründen?

Folgefragen

- Welche anderen Menschen aus dem Umfeld des Zwillings würden davon profitieren, dass alles wie bisher bleibt?
- Was hat den Zwilling wohl motiviert, die jetzige Situation überhaupt herbeizuführen und so lange zu erhalten?
- Welche dieser Gründe bestehen nach wie vor? Und welche haben sich, nach Ihrer Meinung, inzwischen verändert?
- Wenn Sie der Veränderungsberater des Zwillings wären: Was würde aus Ihrer Sicht gegen eine Veränderung sprechen? Und was dafür?

Kommentar zum Fragen-Inhalt

Wer sich *für* eine Veränderung entscheiden will, muss sich gleichzeitig *gegen* einen bestehenden Zustand entscheiden. Und genau aus dieser Richtung weht der Gegenwind: Zwar will eine Fachkraft eine Führungsposition erobern – aber gleichzeitig hält es sie in ihrer alten Fachaufgabe. Zwar will eine Managerin demokratisch führen – aber gleichzeitig kann sie ihren alten Kontrollwunsch nicht loslassen. Diese heimlichen Verharrungskräfte bremsen die Veränderung aus.

Solche inneren Konflikte werden Appetenz-Appetenz-Konflikte genannt: Jemand hat zwei Vorlieben – und am Ende kann es ihm wie dem Esel gehen, der zwischen zwei Heuhaufen verhungert; seine Energie reicht in keine Richtung. Deshalb ist es so wichtig, dass Ihre Klientin sich bewusst macht: Inwiefern zieht sie der alte Zustand, den sie eigentlich verändern will, (heimlich) noch an?

Die zirkuläre Frage nach dem Zwilling versetzt sie in die Meta-Perspektive. Sie ist nicht mehr in die Situation verstrickt, sondern schaut von außen. Die Vorgabe der Frage, der Zwilling wolle die Situation – anders als sie! – erhalten, schärft ihren Blick für die heimlichen Vorteile des Ist-Zustandes. Auf dieser Basis wird eine stimmige Abwägung möglich.

Kommentar zur Fragen-Sprache

Es ist wichtig, das Ersatz-Ich als „Zwilling" zu benennen. Das führt zu zwei Effekten: Erstens können Sie sich in Ihren Fragen lange Umschreibungen sparen („Was würde der andere, der in Ihrer Haut steckt …"). Und zweitens suggeriert die Formulierung, dass der „Zwilling" der Klientin sehr ähnlich ist – insofern kann er glaubhaft einen inneren Anteil symbolisieren.

Profi-Tipp

Laden Sie die Klientin am Ende zu einem Rollenspiel ein und lassen Sie sie zwei Anwalts-Plädoyers zu ihrer eigenen Situation halten: einmal dafür, dass alles so bleibt, wie es ist. Als Einstieg könnten Sie vorschlagen: „Ich bin sicher, dass eine Veränderung überflüssig ist, weil …" Und einmal dafür, dass sie die Veränderung herbeiführt. Möglicher Einstieg: „Ich weiß genau, dass diese Veränderung mein Leben bereichert, denn …"

Jedes Mal schlüpft die Klientin in die Anwaltsrolle und darf ein flammendes Plädoyer von etwa fünf Minuten halten, gerne emotional wie vor Geschworenen. Danach analysieren Sie mit ihr nicht nur die jeweiligen Argumente, sondern vor allem auch ihr Auftreten: In welcher Rolle war sie überzeugender? Welches Plädoyer hat sich für sie stimmiger angefühlt? Eine wichtige Entscheidungshilfe.

Weitere Tipps zu dieser Übung können Sie meinem Buch „Die 100 besten Coaching-Übungen" ab Seite 145 entnehmen („Die Anwalts-Plädoyers").

Schwierige Antwort

Die Klientin antwortet: „Diesem Zwilling wäre nicht zu helfen. Das ist so, als wollte er freiwillig in einer Schlangengrube bleiben."

Wie reagieren Sie? Bitte antworten Sie, gerne schriftlich, ehe Sie weiterlesen!

Mein Vorschlag: Arbeiten Sie mit der Metapher der Klientin weiter: „Nun ist Ihr Zwilling ja nicht plötzlich in eine Schlangengrube gestürzt, sondern in vielen Schritten hinabgestiegen. Was hat er sich davon wohl erhofft?"

Fragen-Übung

Bitte denken Sie an einen Zustand in Ihrem Leben, den Sie verändern wollen. Und nun entwickeln Sie zehn Fragen, die alle darauf zielen, das Positive dieses Zustands herauszuarbeiten. Bitte antworten Sie auf diese Fragen und beobachten Sie nach der Übung: Was hat sich verändert? Wie sicher sind Sie noch, die Veränderung herbeiführen zu wollen? Bitte übertragen Sie Ihre Erkenntnisse auf Ihre Arbeit als Coach.

Umsetzungs-Plan

Bitte notieren Sie, welche Ideen Ihnen zu dieser Frage kommen und in welchem Zusammenhang Sie damit arbeiten wollen:

92.

Ökologische Frage: Das Medikament

Wer ein Medikament einnehmen möchte, sollte vorher den Beipackzettel lesen: Auf welche Risiken muss er sich einlassen, um vom Nutzen des Medikaments zu profitieren? Aus dieser Metapher lässt sich eine vorzügliche Frage zur Ökologie einer Veränderung ableiten.

Die Frage

Lassen Sie uns einmal davon ausgehen, dass jedes erreichte Ziel wie ein Medikament ist – es hat seinen Nutzen, aber auch unerwünschte Nebenwirkungen. Über den Nutzen Ihres Ziels haben wir gesprochen. Welche gefährlichen Nebenwirkungen könnten auf dem Beipackzettel stehen?

Folgefragen

- Gibt es weitere Nebenwirkungen, auch mit Blick auf Menschen, die von Ihrer Veränderung betroffen sind?
- Welche dieser Nebenwirkungen ist aus Ihrer Sicht die gravierendste?
- Nehmen wir an, Sie müssten auf dem Beipackzettel eine kleine Anleitung formulieren, wie sich diese Nebenwirkungen mindern lassen – welche Tipps würden in diesem Text stehen?
- Wenn Sie nun eine Bilanz ziehen: Wie fällt das Verhältnis zwischen Nutzen und Nebenwirkungen aus?

Kommentar zum Fragen-Inhalt

Vor ein paar Jahren habe ich mir für mein Fahrrad einen Rückspiegel angeschafft, um mich sicherer im Straßenverkehr zu bewegen. Ein paar Tage später lag ich im Straßengraben – weil ich so intensiv in den Rückspiegel geschaut habe, dass ich ein Hindernis vor mir übersah.

Die Frage nach den Nebenwirkungen hätte mich gewarnt! Dieser Ansatz schult das systemische Denken Ihres Klienten. Welche Risiken erzeugt seine Veränderung? Welchen Preis muss er dafür bezahlen? Zum Beispiel habe ich einen Gruppenleiter beraten, der mit aller Gewalt die nächste Hierarchieebene erklimmen wollte. Doch immer, wenn sich eine Chance bot, war er wie blockiert – und andere schnappten schneller zu. Die Frage nach den Nebenwirkungen deckte auf: Genau das, was er an seiner Arbeit am meisten hasste, das „Herumsitzen in Meetings", wäre in der nächsthöheren Position seine Haupttätigkeit geworden.

Unbewusst hatte ihn diese Nebenwirkung offenbar schon lange ausgebremst. Als er jetzt darüber sprach, kam er ernstlich ins Grübeln. Am Ende sah er zwischen Nutzen und Nebenwirkungen ein Verhältnis von 50 zu 50 – kein Wunder, dass er blockiert war!

Am Ende des Coachings war ihm klar: Er wollte zwar weiter aufsteigen, aber nicht in seiner eigenen Firma, sondern in einem Umfeld, wo die Leitungsaufgabe in erster Linie mit Menschenführung und nicht mit Gremienarbeit zu tun hatte.

Kommentar zur Fragen-Sprache

Der Vergleich mit dem Medikament ist um Längen stärker, als wenn der Coach nur fragte: „Welche unerwünschten Folgen könnte es haben, wenn ..." Die Metapher wird dem Klienten sanft angeboten mit dem Satz: „Lassen Sie uns einmal davon ausgehen ..." Bei dieser Formulierung stößt der Klient so gut wie immer auf Nebenwirkungen und nimmt eine gründliche Abwägung vor – während ohne die Metapher oft die Antwort kommt: „Ich sehe nur Positives!"

Profi-Tipp

Der Beipackzettel bietet wunderbare Ansätze für Fragen, zum Beispiel: „In welcher Dosis ist Ihr Ziel wirklich hilfreich? Und wann könnte es zu hoch dosiert sein?", „Welche gefährlichen Wechselwirkungen zwischen diesem Ziel und anderen Zielen Ihres Lebens sehen Sie?", „Medikamente müssen oft vor Kindern gesichert werden. Wen bringen Sie durch Ihr Ziel vielleicht in Schwierigkeiten?", „Welche Erste-Hilfe-Maßnahmen können Sie treffen, falls eine der genannten Nebenwirkungen eintritt?", „Und welche Nebenwirkungen können Sie mit Blick auf den Nutzen locker in Kauf nehmen?"

Schwierige Antwort

Der Klient antwortet: „Ich glaube, dort würde stehen: ‚Dies ist ein Naturprodukt, frei von Nebenwirkungen.'"

Wie reagieren Sie? Bitte antworten Sie, gerne schriftlich, ehe Sie weiterlesen.

Mein Vorschlag: Eine solche Antwort kommt meist sehr spontan – regen Sie Ihren Klienten zum tieferen Nachdenken an: „Verstehe, Ihnen fallen auf Anhieb keine Nebenwirkungen ein. Mal angenommen, Sie hätten nun die Zeit, um die Sache gründlich und kritisch zu untersuchen

– welche Risiken, vielleicht auch ganz kleine, könnten dabei möglicherweise doch noch sichtbar werden?“

Fragen-Übung

Bitte entwickeln Sie drei Ausgangsfragen, die in die gleiche Richtung zielen, aber – anstelle des Medikamenten-Vergleiches – eine Metapher wählen, die zum Beruf Ihres Klienten passt. Mit folgenden Klienten haben Sie es zu tun:

1. Lehrer
2. Schauspieler
3. Ingenieur

Lösungsvorschläge unter: www.karriereberater-akademie.de, Rubrik „Bücher“.

Umsetzungs-Plan

Bitte notieren Sie, welche Ideen Ihnen zu dieser Frage kommen und in welchem Zusammenhang Sie damit arbeiten wollen:

Intuitionsfragen und emotionalisierende Fragen

93. Manchmal ist es mit den Antworten wie mit alten Vokabeln: Man weiß sie durchaus, nur kommt man nicht sofort darauf. Inwieweit hätten Sie Lust, die nächste Minute mal die Augen zu schließen und Ihre Intuition in aller Ruhe erspüren zu lassen, wohin es Sie zieht? *(Seite 386)*

94. *Klientin:* „Welchen Rat geben Sie mir? Was soll ich tun?"
Coach: „Wenn Sie einmal in sich hineinhorchen und erspüren, in welche Richtung es Sie mehr zieht – wozu würden Sie dann im allerersten Moment tendieren?" *(Seite 389)*

95. *Klient:* „Der langjährige Mitarbeiter, dem ich freundschaftlich verbunden war, musste auf Anweisung der Geschäftsleitung freigestellt werden. Ich habe ihm die Botschaft übermittelt."
Coach: „Wie hat es sich angefühlt, Ihrem Freund – Ihrem langjährigen Freund und Vertrauten – diese Hiobsbotschaft ins Gesicht zu sagen, dass Sie ihn vor die Tür setzen müssen?" *(Seite 392)*

96. Mal angenommen, Sie könnten für die gerade beschriebene Schlüsselszene eine Filmmusik wählen, die Ihr Gefühl für die Kinozuschauer spiegeln soll – welche Art von Musik könnte das sein? *(Seite 395)*

Eine gute Entscheidung steht auf zwei Beinen: Sie wird nicht nur von der Vernunft, sondern auch vom Gefühl getragen. Nicht nur greifbare Fakten, auch diffuse Ahnungen leiten Menschen. Wer mit seinen Fragen nur den Verstand anspricht, übersieht zwei wichtige Veränderungshelfer: Intuition und Gefühl.

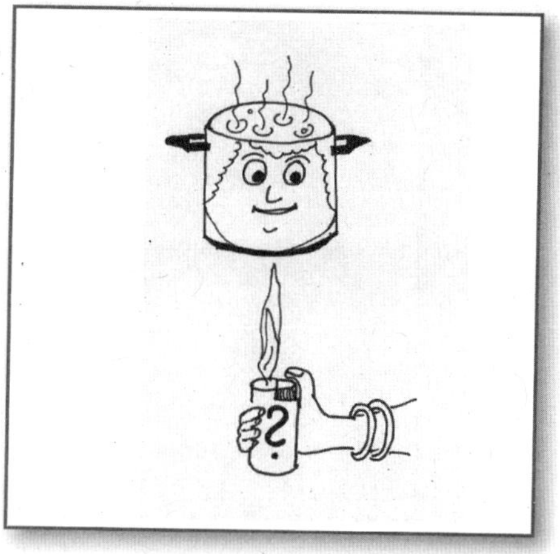

Abb. 11: Wer etwas verändern will, muss emotional beteiligt sein. Mit emotionalisierenden Fragen erhöhen Sie die Betriebstemperatur Ihres Klienten.

Die Intuition ist auf schnelleren Füßen als der Verstand unterwegs: Wer noch nicht weiß, was er will, der ahnt es schon. Solche Ahnungen können Sie gezielt ansprechen und für Veränderungen nutzbar machen: mit Intuitions-Fragen. Laden Sie Ihren Klienten dazu ein, vorübergehend die Herrschaft des Verstandes zu brechen. Wer tief in sich hineinhorcht, wird sich seiner selbst bewusster. Innere Klarheit erleichtert äußeres Handeln.

Gefragte Intuition

Zwei Beispiele für Intuitions-Fragen:

1. *Klient:* „Ich bin völlig unsicher, ob ich meinen Vertrag noch mal verlängern soll – oder ob ich ihn besser auslaufen lasse."
   Coach: „Mal angenommen, Sie könnten Ihren Kopf völlig ausschalten und würden auf die erste Stimme hören, die sich aus Ihrem Bauch heraus meldet: Wozu würden Sie dann tendieren?"

2. *Klientin:* „Einerseits würde ich gerne auf den Kollegen zugehen und in freundlichen Worten sagen, wie ich über sein egoistisches Verhalten denke. Auf der anderen Seite sagt eine Stimme in mir: ‚Bloß nicht, du machst die Beziehung kaputt!'"
   Coach: „Mal angenommen, Sie würden auf der Tribüne eines Tennisstadions sitzen und diese beiden Konkurrenten – nennen wir sie: die Kritikerin und die Schweigerin – gegeneinander spielen sehen: Wen würden Sie eher anfeuern?"

Diese Intuitions-Fragen greifen auf Mittel der hypothetischen Frage zurück, um den Kopf des Klienten für einen Moment auszuschalten. Interessanterweise kann derselbe Mensch, dessen Verstand zwischen den Stühlen sitzt, mit dem Bauch sofort eine Richtung erkennen. Zum Beispiel hat die Klientin, die das Gespräch mit Ihrem Kollegen suchen wollte, blitzschnell geantwortet: „Als Fan würde ich die Kritikerin anfeuern." Begründung: „Ich glaube, sie hätte sich den Sieg verdient. Sie hat lange geschwiegen, war bisher Außenseiter."

Damit war noch keine Entscheidung gefallen, aber es wurde klar: Offenbar gab es in der Klientin das starke Bedürfnis, ein klärendes Gespräch zu führen. Die Frage lautete nicht mehr: „Ist ein solches Gespräch fällig?" Sondern vielmehr: „Wie soll es ablaufen?" Bei dieser Frage ist der Verstand wieder gefragt. Gerade wenn sich Intuition und Verstand die Bälle zuwerfen, kommt es zu produktiven Ergebnissen.

Eine weitere Idee, um der Intuition mehr Raum zu geben: Gönnen Sie dem Verstand eine Verschnaufpause, lassen Sie Ihren Klienten in sich hineinhorchen. Ein Beispiel (von Seite 386):

- (...) Inwieweit hätten Sie Lust, die nächste Minute mal die Augen zu schließen und Ihre Intuition in aller Ruhe erspüren zu lassen, wohin es Sie zieht?

Wer die Augen schließt, wer seine Gedanken treiben lässt, der gleitet schnell ins Reich der Intuition. Oft bringt er von dort Antworten und Ideen mit, die sich dem Zugriff des Verstandes entzogen hätten.

Der zweite Fragetyp dieses Kapitels, die emotionalisierende Frage, soll die Gefühle des Klienten ansprechen. Erst wenn seine Emotionen geweckt, wenn seine Nervenzellen im Gehirn stimuliert sind, befindet er sich im perfekten Veränderungsmodus. Ansonsten wäre er – im wahrsten Sinne – zu unbeteiligt, sprich: nur mit dem Verstand, nicht aber mit dem Gefühl bei der Sache.

Warum merkt sich ein Kind die heiße Herdplatte? Weil diese Hitze bei ihm ein starkes *Gefühl* auslöst. Eine Veränderung, die im Coaching auf zu kleiner Flamme kocht, bleibt ungar. Emotionalisierende Fragen können einen Klienten mit seinen Gefühlen wieder in Berührung bringen – gerade wenn er seine Emotionen (vorübergehend) ausquartiert zu haben scheint, worauf oft Sprache und Körpersprache hindeuten.

Gefragte Emotion

Zwei Beispiele für emotionalisierende Fragen:

1. *Klient (mit einer Faust, die sich immer mehr ballt):* „Es gehört einfach zum Geschäftsleben, dass man mal bei einer Beförde-

rung übergangen und dass ein junger Kollege vorgezogen wird. Mit so was muss man leben."
Coach: „Nach all den Jahren erstklassiger Arbeit hat Ihnen Ihr Chef einen Jungspund vor die Nase gesetzt. Wie hat sich dieser Paukenschlag, diese plötzliche Entscheidung, im ersten Moment für Sie angefühlt?"

2. *Klientin (im Ton der Buchhalterin):* „Dieses Ziel finde ich durchaus reizvoll."
Coach: „Mal angenommen, Sie wären in Ihr Ziel verliebt und würden von ihm in den höchsten Tönen schwärmen – was würden Sie ihm dann nachsagen?"

Die emotionalisierende Frage arbeitet mit sprachlichen Zuspitzungen. Aus dem „jungen Kollegen", der „vorgezogen" wurde, wird ein „vor die Nase" gesetzter „Jungspund". Die Beförderung des Kollegen mutiert zum „Paukenschlag". Was diese Sprachdramatik soll? Den Gefühlen einen Steg bauen (den sie freilich nur benutzen können, wenn sie überhaupt vorhanden sind).

Erst wenn der Klient neben seinem erwünschten Verstand auch die unerwünschten Gefühle zu Wort kommen lässt – wer gibt schon gerne zu, dass er verletzt ist? –, erst dann hat er „alle (aus seinem inneren Team) beisammen", ist er fähig zu einer stimmigen Analyse der Situation und kann er die Weichen für die Zukunft stellen.

Der Coach erkundigt sich gezielt, wie sich diese Entscheidung „im ersten Moment für Sie angefühlt" habe. „Im ersten Moment", weil da der Filter des Verstandes noch nicht zwischengeschaltet war. Die Rückblende zu Spontan-Eindrücken macht Emotionalisierungsfragen wirkungsvoller.

Die zweite Beispielfrage regt die Klientin an, zu prüfen: Was empfindet sie für ihr Ziel? Wenn sie es als Liebe betrachten und darüber schwärmen soll, wird schnell klar: Findet sie es anziehend? Wenn ja, können diese (geweckten) Emotionen eine Veränderung anschieben und tragen. Oder begegnet sie der Frage gefühlskalt? Dann ist es mit Sicherheit das falsche Ziel – was auf der sachlichen Ebene vielleicht nicht deutlich geworden wäre. Eine emotionalisierende Frage kann ausquartierte Gefühle wieder ins Boot holen.

93.

Intuitionsfrage: Alte Vokabeln

Frage, Antwort, Frage, Antwort: Je schneller Sie Ihrem Klient die Fragebälle zuwerfen, desto oberflächlicher können die Antworten ausfallen. Warum laden Sie ihn nicht zu einer Auszeit ein, einem Rückzug ins Denken, um das Coaching-Gespräch zu vertiefen?

Die Frage

Manchmal ist es mit den Antworten wie mit alten Vokabeln: Man weiß sie durchaus, nur kommt man nicht sofort darauf. Inwieweit hätten Sie Lust, die nächste Minute mal die Augen zu schließen und Ihre Intuition in aller Ruhe erspüren zu lassen, wohin es Sie zieht?

Folgefragen

- Nun ist Ihre Intuition in aller Ruhe gewandert. Was bringt sie von ihrer Wanderung mit?
- Inwiefern empfinden Sie diesen Ansatz, der tief aus Ihnen heraus kommt, hilfreicher als das, was Ihnen möglicherweise spontan auf der Zunge lag?
- Welche Möglichkeiten können Sie sich schaffen, um diese Denkpausen auch in anderen Situationen gezielt für sich zu nutzen?
- Inwieweit wäre es hilfreich für Sie, wenn Sie generell in unseren Coachings durch ein Zeichen signalisieren könnten, dass Sie eine Minute Denkzeit wünschen?

Kommentar zum Fragen-Inhalt

Das war schon in der Schule so: Wer eine Frage gestellt bekommt, muss blitzschnell antworten, um Wissen zu demonstrieren. Doch schnelle Antworten greifen nur in die oberste Schublade des Bewusstseins. Was dort liegt, kennt der Klient zur Genüge; es bringt ihm keine Erkenntnisse mehr.

Umso interessanter ist der Effekt, den eine Auszeit von einer Minute erzielt – zum Beispiel, nachdem Sie dem Klienten eine wichtige Frage gestellt haben. Normalerweise kommen Antworten nach ein bis drei Sekunden – da sind 60 Sekunden eine gefühlte Ewigkeit. Der Klient hat die Chance, mit seinem Denken und Fühlen von der Oberfläche und in die tieferen Schichten seines Bewusstseins vorzudringen. Dabei kommen Ideen heraus, die oft verblüffend sind.

Beispiel: Ein frisch promovierter Chemiker, der gerade die Universität verließ, wollte mit mir sein „künftiges Berufsleben in der Industrie" planen. Auf meine ersten Fragen hatte er mit Allgemeinplätzen geantwortet. Mir schien, er war emotional „nicht ganz bei sich". Nun fragte ich ihn: „Mal angenommen, Sie könnten unter allen Arbeitsplätzen dieser Welt einen wählen oder gar für sich erfinden – was würde Sie zum Beispiel reizen?" Ich schlug ihm eine Pause von einer Minute vor.

Während wir schwiegen, gerieten seine Gesichtszüge immer mehr in Bewegung. Er spitzte die Lippen, schmunzelte, schüttelte den Kopf. Die Quintessenz seiner Gedankenwanderung: Was ihn wirklich reizte, war die Forschungsarbeit an einer Universität – er hatte sich ausgemalt, in einem Team zu forschen, das den Nobelpreis bekommt. Die angestrebte Position in der „Industrie" war – wie er jetzt selber einsah – nur eine Notlösung für ihn, zu der ihn aber sein komplettes Umfeld drängte.

So einigte ich mich mit ihm auf einen neuen Ansatz: Wie könnte er – mit oder ohne Professur, innerhalb oder außerhalb Deutschlands – seine Forschungspläne verwirklichen? Ich saß einem anderen Menschen gegenüber: Er war lebendig, emotional, ganz bei der Sache. Die Pause hatte ihn von der Oberflächlichkeit zur Authentizität gebracht.

Kommentar zur Fragen-Sprache

Manches, was man im Kopf hat, entzieht sich dem sofortigen Zugriff – das macht der Vergleich mit den Vokabeln anschaulich. Die Einladung, die Augen zu schließen, wird als sanfter Konjunktiv (*hätten)* und als offene Frage (i*nwieweit*) angeboten. Und die Gedanken sollen „in aller Ruhe" suchen. Das erlaubt dem Klienten deutlich mehr Gelassenheit, als wenn er sich in ein Suchspiel verwickelt sieht, bei dem er rasch handfeste Ergebnisse präsentieren muss.

Profi-Tipp

Diese Übung bietet Ihnen eine große Chance: Auch Sie bekommen 60 Sekunden geschenkt, um in sich hineinzuhorchen! Wie geht es Ihnen, wenn Sie an den bisherigen Ablauf des Coachings denken? Wie würden Sie die Beziehung zu Ihrem Klienten beschreiben? Mit welchen Fragen haben Sie die stärkste Wirkung erzielt? Wie können Sie mehr davon einbringen? Wie würde das Coaching idealerweise weitergehen?

Diese Pause hilft Ihnen, Ihre Arbeit zu reflektieren und nicht zuletzt: sich pfiffige Fragen für den weiteren Verlauf auszudenken.

Schwierige Antwort

Der Klient sagt: „Ehrlich gesagt: Ich bin ein spontaner Typ. Entweder, ich habe gleich eine Antwort – oder ich komme auf keine."

Wie reagieren Sie? Bitte antworten Sie, gerne schriftlich, ehe Sie weiterlesen.

Mein Vorschlag: Laden Sie Ihren Klienten zu einer Denkpause unter anderen Vorzeichen ein: „Verstehe, Sie erwarten nicht, dass Ihnen die Pause eine Antwort zuspielt." (Klient bestätigt.) „Auf der anderen Seite wäre es vielleicht spannend für Sie, einfach mal zu beobachten: Wohin treiben Ihre Gedanken? Was geht Ihnen zu unserem bisherigen Coaching durch den Kopf? Und welche Wünsche für das heutige Gespräch fallen Ihnen noch ein? Hätten Sie Lust, Ihre Gedanken einfach mal eine Minute treiben zu lassen?"

Fragen-Übung

Bitte formulieren Sie die Ausgangsfrage so um, wie es Ihnen am wirkungsvollsten für folgende drei Klienten erscheint:

- Typ 1: Ein faktenorientierter Manager, von dem Sie annehmen, er werde Vorbehalte haben.
- Typ 2: Eine Kunststudentin, die sich ohnehin als „Träumerin" bezeichnet und regelmäßig autogenes Training macht.
- Typ 3: Ein Politiker, der bislang auf Ihre Fragen immer blitzschnell, wie in einem Fernsehinterview, geantwortet hat.

Lösungsvorschläge unter: www.karriereberater-akademie.de, Rubrik „Bücher".

Umsetzungs-Plan

Bitte notieren Sie, welche Ideen Ihnen zu dieser Frage kommen und in welchem Zusammenhang Sie damit arbeiten wollen:

94.

Intuitionsfrage: Eigener Ratschlag

Manchmal weiß die Klientin mehr, als sie zu wissen glaubt. Nur sperrt ihr Verstand die Intuition aus, gerade bei Entscheidungen. Mit dieser Frage graben Sie das verschüttete Bauchgefühl aus. Das kann Entscheidungen erleichtern.

Die Frage

Klientin: „Welchen Rat geben Sie mir? Was soll ich tun?"
Coach: „Wenn Sie einmal in sich hineinhorchen und erspüren, in welche Richtung es Sie mehr zieht – wozu würden Sie dann im allerersten Moment tendieren?"

Folgefragen

- Wie erklären Sie es, dass sich diese Entscheidung im ersten Moment für Sie stimmiger anfühlt?
- Und wie deuten Sie es, dass Ihnen die andere Möglichkeit im ersten Moment weniger attraktiv erscheint?
- In welchen Situationen Ihres Lebens haben Sie sich von Ihrem Bauchgefühl leiten lassen? Mit welcher Strategie sind Sie dabei vorgegangen und zu welchen Ergebnissen gekommen?
- Angenommen, Sie müssten diese Erfolgsstrategie auf die jetzige Situation übertragen: Was würden Sie dann unternehmen?

Kommentar zum Fragen-Inhalt

Viele Klienten geben wichtige Lebensfragen an den Coach weiter – als könnte er ihnen Entscheidungen abnehmen. Aber was geschieht, wenn Sie jetzt Partei für eine Möglichkeit ergreifen? Zum Beispiel dafür, dass die Klientin weiter ihre Fachaufgabe ausüben soll, statt in eine Führungsposition zu wechseln? Sie wird prompt auf die Gegenlinie einschwenken – und alle Argumente für eine Führungsposition ins Feld führen. Mit Ihrem Appell beschwören Sie Gegenkräfte herauf. Außerdem: Woher wollen Sie wissen, dass sich *Ihre* Einschätzung mit dem deckt, was für die Klientin stimmig wäre?

Klüger ist es, die Frage an die Klientin zurückzuspielen – mit der Bitte, sie solle eine Tendenz benennen. Die Intuition ist dem Verstand voraus. Auch wenn die Klientin nicht sofort Gründe aufzählen kann, so spürt sie doch, was für sie richtig und was falsch ist. Dieses erste Gefühl wird viel zu oft unterdrückt.

Die Intuition kann eine Vorhut des Verstandes sein. Was die Klientin spürt, kann sie meist auch mit schlüssigen Argumenten begründen. Diese Frage schlägt die Brücke zwischen Gefühl und Verstand. Erst in dieser Kombination fällt eine Entscheidung stimmig aus. Nehmen Sie „stimmig" einmal wörtlich: Alle inneren Stimmen, auch die der Intuition, wollen bei einer Entscheidung berücksichtigt sein.

Kommentar zur Fragen-Sprache

Die Frage umläuft den inneren Zensor. Sie will nicht wissen, wozu die Klientin tendiert – sondern nur, wozu sie „im allerersten Moment" tendieren „würde". Dieses Gefühl kann sie *unverbindlich* aussprechen. Kein Status, der in Stein gemeißelt ist – sondern ein Schnappschuss der ersten Tendenz, der leicht wieder zu löschen wäre.

Die Frage bezieht eine körperliche Dimension ein: Die Klientin wird gefragt, wohin es sie „mehr zieht". Unweigerlich wird sie diese Formulierung von der reinen Verstandesschiene zur Intuition leiten. Sie muss in sich hinein*spüren,* um eine Antwort zu finden.

Profi-Tipp

Bitten Sie Ihre Klientin, sich ihre Intuition als eine Person vorzustellen, als einen Freund, der mehr als sie selbst über ihre Gefühlswelt, ihre Vorlieben, ihre Zukunft weiß. Stellen Sie zwei Stühle im Raum auf: einen für die Intuition Ihrer Klientin, die sie selbst spielt; und einen für Ihre Klientin, in deren Rolle Sie schlüpfen.

Nun stellen Sie der Intuition wichtige Fragen. Beginnen Sie mit einer Eindoppelung: „Also, liebe Intuition, du begleitest mich, Michaela Meier, schon seit meiner Geburt. Nun möchte ich ein paar wichtige Dinge über dich erfahren. Erzähl mir mal, in welchen Momenten meines Lebens du früher als ich und mein Verstand wusstest, was das Richtige für mich ist?" So klären Sie systematisch, was der Klientin ihre Intuition bedeutet, wie sie funktioniert und was sie in der aktuellen Situation bringen könnte.

Schwierige Antwort

Die Klientin antwortet: „Das ist ja mein Problem: Es zieht mich in beide Richtungen genau gleich stark!"

Wie reagieren Sie? Bitte antworten Sie, gerne schriftlich, ehe Sie weiterlesen.

Mein Vorschlag: Nutzen Sie eine zirkulären Frage – manchmal hilft dieser Blick aus der Distanz, die Lage klarer zu sehen: „Nehmen wir mal an, ich könnte Ihre beste Freundin befragen, in welche Richtung es Sie nach ihrer Einschätzung ein winziges bisschen mehr zieht – was würde sie wohl antworten?“

Danach können Sie besprechen, wie die Freundin wohl zu dieser Einschätzung kommt und inwieweit sich das mit dem Empfinden der Klientin deckt.

Fragen-Übung

Stellen Sie sich vor, Sie bieten folgende Übung an: Ihre Klientin soll exakt mittig über eine Linie balancieren, die Sie im Raum auslegen. Auf der einen Seite der Linie liegen, auf Papierwolken geschrieben, die Argumente für Standpunkt eins. Auf der anderen Seite liegen, ebenfalls auf Papierwolken, die Argumente für Standpunkt zwei. Ihre Klientin schließt die Augen und soll spüren, in welche Richtung es sie mehr zieht. Welche Worte könnten Sie sprechen, welche Fragen stellen, um der Klientin den Zugang zu ihrer Intuition zu erleichtern? Machen Sie sich dazu Notizen.

Umsetzungs-Plan

Bitte notieren Sie, welche Ideen Ihnen zu dieser Frage kommen und in welchem Zusammenhang Sie damit arbeiten wollen:

95.

Emotionalisierende Frage: Gefühlswelt

Was können Sie tun, wenn Ihr Klient einen Panzer trägt? Wenn er das, was ihn aufwühlen müsste, nüchtern wie den Satz des Pythagoras vorträgt? Emotionalisierende Fragen treiben das Gefühlsthermometer nach oben und ebnen einer Veränderung den Weg.

Die Frage

Klient: „Der langjährige Mitarbeiter, dem ich freundschaftlich verbunden war, musste auf Anweisung der Geschäftsleitung freigestellt werden. Ich habe ihm die Botschaft übermittelt."
Coach: „Wie hat es sich angefühlt, Ihrem Freund – Ihrem langjährigen Freund und Vertrauten – diese Hiobsbotschaft ins Gesicht zu sagen, dass Sie ihn vor die Tür setzen müssen?"

Folgefragen

- Was war Ihr erstes Gefühl, als Sie gehört haben, dass Sie wie ein Henker diese Hinrichtung vollziehen müssen?
- Nehmen wir an, Sie hätten Ihrem obersten Chef unzensiert Ihre Meinung zu dieser Entscheidung sagen können: Welche Sätze wären da gefallen?
- Bitte versetzen Sie sich einmal in Ihren Freund, genau in dem Moment, als er von seiner Entlassung erfahren hat: Was mag er da empfunden haben?
- Angenommen, die Rollen wären umgekehrt verteilt gewesen und Ihr Freund hätte Sie selbst entlassen müssen – welche Gefühle hätten ihn in diesem Moment wohl bewegt? Und welche Sie?

Kommentar zum Fragen-Inhalt

Jede Erfahrung bildet ein neuronales Erregungsmuster im Gehirn. Je öfter ein Gedanke gedacht oder ein Verhalten wiederholt wird, desto stabiler verschalten sich die Nervenzellen; neuronale Autobahnen entstehen. Solche eingefahrenen Muster lassen sich nur umpolen, wenn ein Mensch diese Veränderung für relevant hält. Als Gradmesser für diese Relevanz dient die emotionale Erregung: Sie ist die Flamme, auf der Veränderungen kochen, sie stimuliert die Gehirnzellen.

Eine mittlere Erregung ist ideal: Das Veränderungswasser kocht, aber kocht nicht über. Dagegen könnte eine zu hohe Erregung zu irrationalen Gedanken, zu archaischem Kampf- oder Fluchtverhalten führen.

Wer einen langjährigen Freund entlässt, *muss* dabei etwas fühlen. Wenn er diese Emotion abkapselt, läuft er Gefahr, sein Leben im (emotionalen) Blindflug fortzusetzen, Crash nicht ausgeschlossen. Nimmt er diese Emotionen jedoch wahr, steigt die Chance, dass er sich über das Geländer seiner bisherigen Denk- und Verhaltensmuster hinauslehnt – dass er neue Wege sehen und gehen kann.

Diese Frage bildet ein Gegengewicht zur verharmlosenden Aussage des Klienten. Die sprachlichen Weichmacher tauscht er gegen zugespitzte Worte ein. Das wird den Klienten emotionalisieren, in Kontakt mit seinen (verdrängten) Gefühlen bringen und seine Bereitschaft zur Veränderung erhöhen.

Kommentar zur Fragen-Sprache

Die Frage erkundigt sich gezielt nach den Gefühlen („Wie hat es sich angefühlt ...") und überpinselt die blassen Formulierungen des Klienten mit einer grellen Sprachfarbe. Das „freundschaftliche Verhältnis" wird personalisiert zu einem „Freund und Vertrauten". „Freigestellt", eine Verharmlosung, verwandelt sich zu „vor die Tür gesetzt". Und was dem Klienten als „Botschaft" über die Lippen kam, wird vom Coach treffend als „Hiobsbotschaft" bezeichnet.

Das zweite Stilmittel ist die Wiederholung: „Wie hat es sich angefühlt, Ihrem Freund – Ihrem langjährigen Freund und Vertrauten – ..." Wenn Sie emotional besetzte Begriffe in Fragen wiederholen, setzen Sie ihre Wirkung dadurch ins Quadrat.

Profi-Tipp

Emotionalisierende Fragen lassen sich in zwei Richtungen stellen: Man kann die Gefühlstemperatur des Klienten erhitzen, indem man gezielt nach Gefühlen fragt und beim aktiven Zuhören emotional zuspitzt (wie oben geschehen). Oder man kann die Temperatur zurückdrehen, wenn die Gefühle allzu hochkochen. Diese Rücknahme gelingt Ihnen, indem Sie verallgemeinern („Wie laufen Kündigungen üblicherweise bei Ihnen im Hause ab?"), sachliche Informationen erfragen („Welche Kündigungsfrist hatte der Mitarbeiter?") oder zirkuläre Fragen stellen („Was hätte ein unbeteiligter Beobachter über die Szene erzählen können?").

Schwierige Antwort

Der Klient weist die Frage zurück: „Ich bitte Sie, jetzt übertreiben Sie doch völlig! ‚Vor die Türe setzen' – solche Worte kämen mir niemals über die Lippen!"

Wie reagieren Sie? Bitte antworten Sie, gerne schriftlich, ehe Sie weiterlesen.

Mein Vorschlag: Haken Sie mit einer projektiv-zirkulären Frage nach: „Also gut, Ihre Wortwahl war sachlicher. Doch nehmen wir einmal an, nicht Sie hätten die Entlassung aussprechen müssen, sondern ein Kollege, der dicht am Wasser gebaut ist – welche Gefühle hätten ihn wohl in dieser Situation übermannen können?"

Fragen-Übung

Bitte reagieren Sie auf die drei folgenden Klienten-Aussagen mit emotionalisierenden Fragen. Spitzen Sie die Aussagen in Ihren Fragen zu und versuchen Sie, die Gefühle des Klienten an die Oberfläche zu locken:

1. „Ich hätte mir schönere Entscheidungen vorstellen können, als dass mein wenig engagierter Kollege mit der von mir erhofften Beförderung bedacht wird."
2. „Dass ich vom anstehenden Umzug unserer Firma erst aus einer Hausmitteilung erfahren habe, hat das Vertrauensverhältnis zu meinem Chef nicht unbedingt gestärkt."
3. „Die Kritik an meiner Arbeit fiel in der Tonlage zu laut aus und entbehrt auch sonst jeder Berechtigung."

Lösungsvorschläge unter: www.karriereberater-akademie.de, Rubrik „Bücher".

Umsetzungs-Plan

Bitte notieren Sie, welche Ideen Ihnen zu dieser Frage kommen und in welchem Zusammenhang Sie damit arbeiten wollen:

Emotionalisierende Frage: Filmmusik

Das Leben eines Menschen besteht nicht nur aus äußerer Handlung, sondern vor allem aus der emotionalen Begleitmusik in seinem Inneren: „Sag mir, was du fühlst – und ich sag dir, wer du bist!" Schärfen Sie sein Bewusstsein für diesen Einfluss der Gefühle.

Die Frage

Mal angenommen, Sie könnten für die gerade beschriebene Schlüsselszene eine Filmmusik wählen, die Ihr Gefühl für die Kinozuschauer spiegeln soll – welche Art von Musik könnte das sein?

Folgefragen

- Wäre es ein Stück in Dur oder Moll? Vielleicht haben Sie Lust, es einmal anzusummen?
- Welches Instrument würde dominieren? Und welche Stimmung würde bei den Zuhörern in einem Konzertsaal ausgelöst?
- Wenn Sie dem Lied eine Titelzeile geben müssten, das seine Stimmung spiegelt – wie könnte die lauten?
- Angenommen, Sie könnten dieselbe Szene Ihres Lebens noch einmal sehen, nur diesmal von einer ganz anderen Musik begleitet (zum Beispiel einem fröhlichen Walzer, anstelle des Trauermarsches) – was könnte sich dann an Ihrer Wahrnehmung verändern?

Kommentar zum Fragen-Inhalt

Fragen Sie Ihren Klienten, was in einer Schlüsselsituation geschah, und es kann passieren: Er sagt Ihnen alles – und hat doch nichts gesagt. Seine Antwort kann eine reine Beschreibung der äußeren Abläufe sein. Zwar erfahren Sie, was er getan und gesagt hat und wie andere Menschen reagierten. Offen bleibt jedoch die spannende Frage: Was hat sich in ihm geregt? Welche Gefühle wallten auf? Welche Bewertungen nahm er vor?

Die Frage nach der Filmmusik erkundigt sich nur *indirekt* nach den Gefühlen des Klienten – das ist günstig, weil er vielleicht nicht gern über seine Emotionen spricht. Die Musik ist ein ideales Medium, um Gefühle sichtbar zu machen: Sie spricht nicht den Kopf an (wie die

Sprache), sondern die Emotionen. Wem die Worte für seine Gefühle fehlen, der kann doch eine Musik für sie im Ohr haben.

Wer sich eine Szene vors innere Auge ruft und sie nachempfindet, dem fliegt die passende Musik oft zu. Die Folgefragen befassen sich mit dieser Musik und ermutigen den Klienten, seine Gefühle auf diesem indirekten Weg zu erkunden. Wer seine Emotionen kennt, kann sein Verhalten besser einordnen, die Spielräume für seine Entwicklung erkennen und seine künftigen Pläne darauf abstimmen.

Kommentar zur Fragen-Sprache

Die Folgefragen tasten sich zu dem entscheidenden Punkt vor. Zunächst geht es um eine vage Richtung der Musik, dann um die Instrumente, dann um die Stimmung bei den Zuhörern. Die Frage nach der „Titelzeile" des Liedes kommt auf den Punkt: Sie zwingt den Klienten, seine komplexen Gefühle zu wenigen Wörtern zu verdichten. Solche Fragen nach Überschriften und Oberbegriffen helfen, den Blick aufs Wesentliche zu lenken und eine Struktur ins Denken zu bringen.

Profi-Tipp

Greifen Sie gerne die Hobbys Ihres Klienten auf. Bei musik- oder filminteressierten Menschen funktioniert die Ausgangsfrage besonders gut. Wenn Sie es dagegen mit einem Lyrik-Fan zu tun haben, könnten Sie auch fragen: „Sie haben mir erzählt, dass Sie sehr viel Lyrik lesen: In welchem Gedicht wird ein Gefühl ausgedrückt, das zu Ihrer Stimmung in dieser Situation gepasst hätte?"

Schwierige Antwort

Der Klient antwortet auf die Ausgangsfrage: „Ich bin völlig unmusikalisch. Dazu kann ich wirklich nichts sagen."

Wie reagieren Sie? Bitte antworten Sie, gerne schriftlich, ehe Sie weiterlesen.

Mein Vorschlag: Erkundigen Sie sich, welche Hobbys der Klient hat. Zum Beispiel antwortet er: „Ich male gern." Wunderbar, schon haben Sie eine Steilvorlage bekommen: „Angenommen, Sie müssten ein Bild malen, wie ..."

Fragen-Übung

Bitte denken Sie sich drei Analogien zur Musik aus: Was könnte ebenfalls für die Gefühle eines Menschen stehen? Und welche Fragen ließen sich dazu stellen? Beispiel: „Angenommen, diese Szene hätte unter freiem Himmel gespielt und Sie hätten ein passendes Wetter bestellen sollen – welches Wetter wäre das gewesen?“

Umsetzungs-Plan

Bitte notieren Sie, welche Ideen Ihnen zu dieser Frage kommen und in welchem Zusammenhang Sie damit arbeiten wollen:

Fragen zum Praxistransfer

97. Unsere Großeltern hatten ja den guten, alten Knoten im Taschentuch, wenn sie sich unbedingt an etwas erinnern wollten. Haben Sie eine Idee, mit welchem Trick Sie sich im Alltag Ihren guten Vorsatz immer wieder vor Augen rufen können? *(Seite 402)*

98. Ein Motor braucht Öl, um rundzulaufen. Und auch Ihre Veränderung läuft nicht von alleine rund. Was ist die einfachste Maßnahme, die sie treffen können, um Ihre Veränderung zu pflegen und zu erhalten? *(Seite 405)*

99. Angenommen, Sie wären eine kreative Drehbuchautorin und bekämen von Ihrem Regisseur folgenden Auftrag: „Frau Müller, unsere Hauptdarstellerin" – also Sie –, „die auf dem Weg zur Lösung ist, soll auf ein realistisches Hindernis stoßen und es einfallsreich überwinden." Welche möglichen Hindernisse fallen Ihnen ein? *(Seite 408)*

100. Angenommen, Sie wären Ihr eigener Zukunftsminister und müssten sicherstellen, dass Sie Ihre Zielrichtung auch sechs Monate nach Ende dieses Coachings beibehalten – welche Sicherungsmaßnahmen könnte Ihr Ministerium beschließen? *(Seite 411)*

Abb. 12: Zurück in den Alltag! Die Fragen zum Praxistransfer ebnen der Klientin den Weg, um eine Veränderung dauerhaft zu etablieren.

Alle Einsichten, die ein Klient im Coaching gewinnt, alle Pläne, die er schmiedet – sie sind nur so viel wert wie ihre Umsetzung. Erst wenn er seine Vorsätze im Alltag wahrmacht, seine Pläne verwirklicht, seine Ziele erreicht – erst dann war das Coaching ein Erfolg.

Wie schaffen Sie es, Ihren Klienten für den Sprung von der Theorie zur Praxis, für eine dauerhafte Veränderung zu rüsten? Indem Sie ihn darauf vorbereiten – mit Fragen zum Praxistransfer. Solche Fragen regen ihn an, die Umsetzung seiner Pläne durchzuspielen, Hindernisse zu sehen und aus dem Weg zu räumen und Kontrollmechanismen zu entwickeln, um immer wieder zu prüfen: „Bin ich noch auf dem richtigen Weg?"

Treffende Fragen zum Praxistransfer befähigen den Klienten, vorausschauend zu handeln, auf die Meta-Ebene zu wechseln und zum Kontrolleur seiner eigenen Ziele zu avancieren.

Brückenschlag zur Praxis

Drei Beispiele für Fragen zum Praxistransfer:

1. *Klient:* „Gut, bis zu unserem nächsten Termin werde ich umsetzen, was ich mir vorgenommen habe."
   Coach: „Mal angenommen, Sie müssten auf einer Skala von eins (sehr unwahrscheinlich) bis zehn (für ganz sicher) einschätzen: Wie groß ist die Chance, dass Sie Ihre Ziele erreichen – zu welchem Ergebnis kämen Sie?"

2. *Klient:* „Ich bin etwas in Sorge, dass ich wieder in meine alten Gewohnheiten zurückfalle."
   Coach: „Wenn Sie morgens aufstehen wollen, stellen Sie sich einen Wecker – der gibt Ihnen zur richtigen Zeit ein Signal, er reißt Sie aus dem Schlaf. Welche persönliche Weckvorrichtung

könnten Sie sich ausdenken, die Sie in solchen Momenten aus Ihren Gewohnheiten hochreißt?"

3. *Klient:* „Ein wenig bang ist mir schon, wenn ich daran denke: Das ist jetzt unser letzter Termin! Hoffentlich gelingt es mir, auf dem eingeschlagenen Kurs zu bleiben!"
Coach: „Angenommen, Sie müssten einen Kompass entwickeln, mit dessen Hilfe Sie in regelmäßigen Abständen prüfen: ‚Bin ich noch auf dem richtigen Kurs?' Woran genau würde dieser Kompass merken, ob Sie noch auf dem richtigen Weg sind? Und in welchen Abständen wollten Sie den Kurs prüfen?"

Die erste (Skalen-)Frage fordert den Klienten zu einer Prognose auf: Wie hoch schätzt er die Chance ein, seine Ziele zu erreichen? Diese Vorhersage hilft, rechtzeitig zu erkennen: Was könnte ihn bremsen? Wenn Hindernisse erkannt sind, lassen sich Strategien entwickeln, souverän mit ihnen umzugehen. Dagegen würde eine Planung, die von einem hindernisfreien Weg ausgeht, ein Stolpern geradezu provozieren.

Die zweite und die dritte Frage regen den Klienten an, seine Eigenkräfte zu nutzen: Wie schafft er es, sich selbst zu beobachten, zu steuern, zum Erfolg zu lotsen? Niemand kennt ihn so gut wie er sich selbst; niemand weiß besser, welches Methodenwissen, welche Eigenarten, welche vertrauten Menschen seinen Praxistransfer absichern können. Solche Fragen stoßen oft kreative Ideen an.

Zum Beispiel könnte der Klient – Stichwort „Kompass" – jeden Tag ein Logbuch führen, in dem er den Grad der Zielerreichung einträgt, von eins (für minimal) bis zehn (für maximal). Wenn der Wert unter einer bestimmten Grenze liegt, analysiert er die Ursachen schriftlich und nimmt sich für den nächsten Tag ein „Gegensteuern" vor, dessen Ergebnisse er genau definiert – und am nächsten Abend wieder kontrolliert.

Darauf zielen Fragen zum Praxistransfer: Der Klient soll aus eigener Kraft maßgeschneiderte Mechanismen entwickeln, die ihn über das Coaching hinaus auf Lösungskurs halten. Mit Metaphern können Sie den Praxistransfer, ein sachliches Thema, anschaulicher und fassbarer machen. Ein weiteres Beispiel (von Seite 405):

- Ein Motor braucht Öl, um rundzulaufen. Und auch Ihre Veränderung läuft nicht von alleine rund. Was ist die einfachste Maßnahme, die

Sie treffen können, um Ihre Veränderung zu pflegen und zu erhalten?

Dass eine Veränderung nicht von alleine rundläuft, dass sie gepflegt und erhalten sein will, dieser Hinweis regt den Klienten an, auf ihr Motorengeräusch zu lauschen, jedes Stottern zu erkennen und durch regelmäßige „Wartungsarbeiten“ die Umsetzung abzusichern.

Mehr kann – und muss – eine gelungene Frage zum Praxistransfer nicht erreichen.

97.

Frage zum Praxistransfer: Taschentuchknoten

Jeder weiß, was ein Knoten im Taschentuch bedeutet: Er soll den Besitzer an etwas erinnern. Solche „Knoten" lassen sich auch mit ganz anderen Gegenständen binden – und können dafür sorgen, dass Ihr Klient seinen Vorsätzen über das Coaching hinaus treu bleibt.

Die Frage

Unsere Großeltern hatten ja den guten, alten Knoten im Taschentuch, wenn sie sich unbedingt an etwas erinnern wollten. Haben Sie eine Idee, mit welchem Trick Sie sich im Alltag Ihren guten Vorsatz immer wieder vor Augen rufen können?

Folgefragen

- Wenn Sie nur ein Wort auf einen Zettel schreiben dürften, das Sie an Ihr Ziel erinnern soll: Welches Wort wäre das?
- Wenn Sie einen alltäglichen Gegenstand wählen oder markant verändern müssten, damit er Ihr Ziel symbolisiert: Welcher wäre das?
- Wenn Sie sich ein Bild vor Augen rufen müssten, das Sie an Ihre Vorsätze erinnert: Wie sähe dieses Bild aus?
- Mit welcher Strategie haben Sie es bei vergangenen Veränderungen geschafft, auch in schwierigen Situationen immer wieder an Ihr Ziel zu denken?

Kommentar zum Fragen-Inhalt

Woran scheitern die meisten guten Vorsätze? Sie werden vergessen, wenn's drauf ankommt. Zum Beispiel will ein Manager seine Work-Life-Balance verbessern und eine Woche lang spätestens um 18.30 Uhr Feierabend machen. Doch am Montag verbeißt er sich in ein Strategiepapier, am Mittwoch hält ihn ein Meeting fest, am Donnerstag ...

Alte Gewohnheiten steuern Menschen fern: auf Problemkurs. Doch diese Steuerung lässt sich ausschalten. Ihr Klient kann entscheiden, sich nicht länger steuern zu *lassen* – sondern bewusst auf sein Ziel zuzusteuern. Das klappt, wenn er sich dieses Ziel immer wieder vor Augen führt. Nehmen Sie das ruhig wörtlich! Was der Knoten im Taschentuch für Opa war, kann das Foto der kleinen Kinder auf dem Schreibtisch für den gestressten Manager sein – eine Erinnerung daran, dass es ein Leben außerhalb des Büros gibt. Dass er um 18.30 Uhr Feierabend macht, zu seiner Familie geht und auf die „Nachtschicht" verzichtet.

Wenn der Klient sich einen Gegenstand, ein Wort oder ein Geräusch aussucht und mit seinem Ziel verknüpft, verliert die Fernsteuerung ihre Wirkung. Sein Bewusstsein wird immer, wenn ihm der „Knoten" begegnet, zurück auf seinen Vorsatz gelenkt.

Klienten sind bei dieser Übung kreativ. Eine Filialleiterin im Einzelhandel, die unter ihrem Perfektionismus litt, kam auf die Idee: „Wann immer eine Kassiererin nach mir läutet, weil etwas zu stornieren ist, werde ich bei dem Läuten an meine eigene Läuterung denken – dass ich gelassener mit Fehlern umgehe." So wurde dasselbe Geräusch, das ihren Puls früher nach oben trieb, zu einem beruhigenden Entschleuniger.

Kommentar zur Fragen-Sprache

Der Coach erkundigt sich zunächst *nicht* nur nach einem „Gegenstand", denn das würde die Fantasie einschränken – wer würde dabei zum Beispiel an das Läuten einer Kasse denken? Stattdessen fragt er nach einem „Trick", der den guten Vorsatz im Alltag vor die Augen ruft. Dieses Wort ist allgemein gehalten, steht aber dennoch für etwas Pfiffiges – und erleichtert somit pfiffige Gedanken.

Profi-Tipp

Was tun, wenn Ihr Klient unschlüssig ist, welche Erinnerungshilfe sich für ihn eignet? Reicht es schon, ein Wort groß in seinen Kalender zu schreiben? Ist es besser, dass er sein Handy in Zeitabständen vibrieren lässt? Oder sollte er sich ein neues Gemälde an die Wand hängen und es zum sprechenden Bild erklären, das ihm seine Vorsätze zuruft?

Regen Sie Ihren Klienten an, bis zum nächsten Termin mit seinen Ideen zu experimentieren. Lassen Sie ihn herausfinden, welche Gedächtnisstütze sich im Alltag als die praktikabelste erweist. Manchmal entscheidet sich der Klient auch für eine Kombination, zum Beispiel: Gemälde im Büro, Handy auf Reisen.

Schwierige Antwort

Der Klient antwortet: „Da fällt mir nichts Gutes ein. Es sei denn, ich würde tatsächlich einen Knoten in ein Taschentuch machen."

Wie reagieren Sie? Bitte antworten Sie, gerne schriftlich, ehe Sie weiterlesen.

Mein Vorschlag: Die Antwort deutet an, dass der Klient sehr wohl Ideen hat – gehen Sie darauf ein: „Wenn Sie sagen, Ihnen falle ‚nichts Gutes' ein, nehme ich mal an: Da sind schon ein paar Ansätze in Ihrem Kopf, die Ihnen in der jetzigen Form noch nicht gefallen. Aber immerhin: Ansätze! Vielleicht haben Sie Lust, einfach mal laut zu denken und ein wenig rumzuspinnen ..."

Fragen-Übung

Bitte wählen Sie fünf Gegenstände aus, die in Ihrem Alltag ständig um Sie herum oder an Ihrem Körper sind. Welche Fragen müssten Sie sich stellen, um zu prüfen, ob diese Gegenstände Sie an Ihr Ziel erinnern können? Machen Sie sich Notizen. Und finden Sie dann heraus, wie Sie die Gegenstände verändern oder anders wahrnehmen müssten, um sie tatsächlich zu Wegweisern in Richtung Ziel zu machen.

Umsetzungs-Plan

Bitte notieren Sie, welche Ideen Ihnen zu dieser Frage kommen und in welchem Zusammenhang Sie damit arbeiten wollen:

Frage zum Praxistransfer: Inspektion

Wer sich verändern will, schwimmt gegen den Strom seiner Gewohnheit: Er muss in Bewegung bleiben, sonst treibt er ab! Das gilt umso mehr in den ersten Monaten nach dem Coaching. Lassen Sie den Klienten seine Veränderung selbst kontrollieren.

Die Frage

Ein Motor braucht Öl, um rundzulaufen. Und auch Ihre Veränderung läuft nicht von alleine rund. Was ist die einfachste Maßnahme, die sie treffen können, um Ihre Veränderung zu pflegen und zu erhalten?

Folgefragen

- In welchem Abstand würden Sie die „Inspektionen" vornehmen?
- Wer könnte Sie dabei unterstützen? Und wodurch?
- Mit welcher persönlichen Strategie haben Sie es in der Vergangenheit geschafft, Ihre Veränderungswünsche gegen alle Widerstände *auf Dauer* durchzusetzen?
- Nehmen wir an, Sie müssten das Ergebnis Ihrer ersten Inspektion (z.B. in vier Wochen) auf einer Skala von eins (für Veränderung gescheitert) bis zehn (für Veränderung vollkommen geglückt) einordnen – wie sieht Ihr Tipp aus heutiger Sicht aus?

Kommentar zum Fragen-Inhalt

Neue Verhaltensweisen wollen verteidigt sein – gegen die Mächte der Gewohnheit! Denn alles, was wir tun, hinterlässt neuronale Pfade im Gehirn. Die Nervenzellen verbinden sich zu bestimmten Formationen. Je öfter ein solcher neuronaler Pfad gegangen wurde, desto leichter schlagen ihn unsere Gedanken erneut ein. Das ist vorteilhaft, wenn es um halbautomatische Vorgänge geht, etwa das Schalten beim Autofahren. Aber das ist unvorteilhaft, wenn sich so schlechte Gewohnheiten manifestieren.

Neue Verhaltensmuster kosten viel Mühe, Energie und Konzentration, weil wir dafür neue Wege in den gehirneigenen Nervenzellen-Dschungel schlagen müssen. Und diese Wege wuchern blitzschnell wieder zu, wenn sie nicht immer wieder gegangen werden. Wer ein neues Verhalten festigen möchte, muss es hartnäckig wiederholen – auch wenn die Fliehkraft der Gewohnheit ihn (noch) zum Pfad des alten Musters zieht.

Die Kunst besteht nicht darin, neue Wege einzuschlagen, sondern diese Wege dauerhaft zu etablieren. Diese Frage macht dem Klienten bewusst: Seine Veränderung will über lange Zeit gehegt und gepflegt sein.

Ein Fertigungsingenieur, der seine Introvertiertheit überwinden und öfter bei Meetings aus sich herauskommen wollte, kam durch die Frage auf die Idee, sich ein „Inspektions-Heft" anzulegen – nur dass er dort keine Kilometer, sondern seine Wortmeldungen bei Meetings mit geschätzter Länge in Minuten festhielt. So konnte er seine Ziele mit den realen Ergebnissen vergleichen, einem Abdriften gegensteuern und den neuen Nervenzellenpfad auf Dauer ebnen.

Kommentar zur Fragen-Sprache

Warum erkundigt sich die Frage ausgerechnet nach der „einfachsten Maßnahme"? So komplex ein Ziel auch sein mag – die Instrumente, mit denen es sich kontrollieren lässt, können primitiv sein wie ein Stab zum Ölmessen. Der Klient soll nicht das Gefühl bekommen, er müsse einen komplexen Kontrollapparat entwickeln. Vielmehr geht es darum, ihn zu einfachen und vor allem praxistauglichen Kontrollen anzuregen.

Profi-Tipp

Sichten Sie die Ressourcen aus der Vergangenheit. Lassen Sie Ihren Klienten in knappen Worten wichtige Veränderungen seines (Berufs-) Lebens schildern. Dann malen Sie ein Auto auf ein DIN-A4-Papier, das der Größe und der Art der Veränderung entspricht (zum Beispiel kommt bei frühen Veränderungen ein Oldtimer gut an). Nun wird die Veränderung mit einer Überschrift versehen – bitten Sie den Klienten um einen Vorschlag.

Und schließlich finden Sie durch Fragen heraus: Durch welche Inspektions-Schritte hat er diese Veränderung auf Dauer gesichert? Schreiben Sie in Stichwörtern auf, was er getan hat – und besprechen Sie, was er für die aktuelle Situation ableiten kann.

Schwierige Antwort

Der Klient antwortet: „Ich muss das, was ich mir vorgenommen habe, einfach konsequent durchziehen. Das ist schon alles."

Wie reagieren Sie? Bitte antworten Sie, gerne schriftlich, ehe Sie weiterlesen.

Mein Vorschlag: Spielen Sie ihm eine Idee zu, wie eine Inspektion aussehen könnte. Ein solcher Vorschlag kann eigene Ideen bei ihm anregen – oder ihm so gut gefallen, dass er ihn annimmt oder für sich abwandelt:

Coach: „Und woran würden Sie genau merken, dass Sie all Ihre Vorsätze verwirklichen?"

Klient: „Zum Beispiel daran, dass mich mehr Kollegen nach den Meetings ansprechen und sich für meine Meinung interessieren."

Coach: „Das klingt für mich, als könnte es für Sie eine spannende Inspektion sein, nach den Meetings mit Ihren vertrauten Kollegen über Ihre Auftritte zu sprechen."

Klient: „So viele vertraute Kollegen habe ich gar nicht. Aber einen gibt es, den könnte ich ..."

Fragen-Übung

Ihr aufstiegswilliger Klient antwortet auf die Ausgangsfrage: „Die Inspektion ist kinderleicht: In zwölf Monaten, so haben wir gesagt, will ich befördert sein. Also schaue ich in zwölf Monaten, ob ich tatsächlich befördert bin."

Für wie hilfreich halten Sie diese Antwort? Mit welchen Fragen und welchen Argumenten, gerne in der Metapher der Inspektion, erreichen Sie, dass er seinen Standpunkt überdenkt und differenziert?

Umsetzungs-Plan

Bitte notieren Sie, welche Ideen Ihnen zu dieser Frage kommen und in welchem Zusammenhang Sie damit arbeiten wollen:

99.

Frage zum Praxistransfer: Das Drehbuch

Wenn ein Coaching sich dem Ende zuneigt, fängt die wahre Herausforderung erst an: Die Klientin muss das, was sie sich vorgenommen hat, im Alltag umsetzen. Aber schafft sie es, auch mit Hindernissen umzugehen? Nur, wenn sie darauf vorbereitet ist.

Die Frage

Angenommen, Sie wären eine kreative Drehbuchautorin und bekämen von Ihrem Regisseur folgenden Auftrag: „Frau Müller, unsere Hauptdarstellerin" – also Sie –, „die auf dem Weg zur Lösung ist, soll auf ein realistisches Hindernis stoßen und es einfallsreich überwinden." Welche möglichen Hindernisse fallen Ihnen ein?

Folgefragen

- Nun bin ich gespannt, was Sie als Drehbuchautorin Ihre Hauptdarstellerin unternehmen lassen, um das Blatt doch noch für sich zu wenden?
- Angenommen, diese Idee gefiele Ihrem Regisseur nicht: Welche weiteren Lösungswege könnten Sie ihm vorschlagen?
- Und wenn der Regisseur sagt: „Schreiben Sie das Drehbuch bitte so, dass die Hauptdarstellerin das Hindernis erst gar nicht entstehen lässt." Welche Ideen für die Vorhandlung hätten Sie?
- Wenn Sie auf alles schauen, was Sie gerade gesagt haben – welche wertvollen Erkenntnisse können Sie ableiten, um Ihr Ziel sicher zu erreichen?

Kommentar zum Fragen-Inhalt

Je besser ein Coaching gelaufen ist, desto mehr Optimismus breitet sich am Ende aus: Die Klientin hat einen klaren Weg vor Augen, der Sie ans Ziel bringen kann. Kann! Aber was, wenn in der Realität *nicht* alles wie am Schnürchen läuft? Je überraschender ein Hindernis auftaucht, je weniger die Klientin weiß, wie sie es überwinden kann, desto eher wird sie stolpern und fallen.

Deshalb ist es für den Praxistransfer das A und O, dass Sie im Coaching nicht nur das Idealszenario durchspielen, sondern auch mit Querschüssen, Hindernissen und Pannen kalkulieren. Diese Frage fordert die

Fantasie der Klientin heraus: Als kreative Drehbuchautorin soll sie sich mögliche Hindernisse, aber zugleich pfiffige Lösungswege ausdenken. Dabei kann sie den Weg zum Ziel kritisch überschauen und sich innerlich gegen Hindernisse mit einer Strategie zur Bewältigung wappnen – noch dazu einer kreativen, denn Drehbücher dürfen nicht langweilig sein.

Alles, was die Klientin in Gedanken kalkuliert und bewältigt hat, wird sie auch in Wirklichkeit bewältigen. Das ist wie bei einem Autofahrer, der weiß: „Mein Weg ist staureich!" Er wird mehr Zeit einkalkulieren, Schleichwege einschlagen und sein Ziel dennoch pünktlich erreichen.

Kommentar zur Fragen-Sprache

Die Drehbuchautorin soll „kreativ" sein, das Hindernis „realistisch" und die Lösung „einfallsreich". Sind diese Adjektive wichtig? Ja, denn aus der Perspektive einer „kreativen" Drehbuchautorin findet die Klientin einen besseren Zugang zu ihrer eigenen Ideenquelle. Die Bitte um „realistische" Hindernisse will erreichen, dass die Klientin dicht an ihrer Wirklichkeit bleibt, statt in Hollywood-Manier ein Ufo mit Außerirdischen landen zu lassen. Und der Wunsch nach „einfallsreichen" Lösungen liefert Ihnen einen Vorlage, um bei Ideen immer wieder nachzuhaken, ob es nicht noch etwas Kreativeres gibt. So kann die Klientin ihre eigenen (Denk-)Grenzen sprengen.

Profi-Tipp

Schlüpfen Sie in die Rolle des kritischen Regisseurs und lassen Sie Ihre Klientin die Drehbuchautorin spielen. Bei allen Vorschlägen können Sie nachhaken: „Welche noch kreativeren Lösungen können wir den Kinozuschauern bieten?", „Was genau wird in dieser Szene vor der Kamera passieren?", „Welche Requisiten brauchen wir?", „Welche Mimik der Hauptdarsteller könnten wir in der Nahaufnahme einfangen?" „Welche Filmmusik würde dazu passen?", „Welche Eigenschaften müsste eine Schauspielerin mitbringen, um diese Rolle glaubhaft zu verkörpern?" So können Sie ein Gespräch anschieben, das für die Klientin höchst spannend und erkenntnisreich ist. Danach hat sie *mehrere* Pläne, ja sogar konkrete Bilder im Kopf, um Hindernisse zu überwinden.

Schwierige Antwort

Die Klientin antwortet: „Diese Rolle passt leider nicht zu mir. Ich bin nicht kreativ. Und ich kann nicht schreiben."

Wie reagieren Sie? Bitte antworten Sie, gerne schriftlich, ehe Sie weiterlesen.

Mein Vorschlag: Setzen Sie Ihrer Klientin einen anderen Rollenhut auf, während Sie in die gleiche Richtung zielen: „Gut, dann sind Sie eine einfache Kinozuschauerin, die für ihr Geld etwas geboten bekommen möchte. Nichts wäre langweiliger als ein Film, in dem alles glattläuft. Welche realistischen Hindernisse könnten Sie sich als Kinobesucherin vorstellen? Und welche Lösungen, die vielleicht spannend und überraschend sind, würden Sie sich von der kreativen Drehbuchautorin wünschen?"

Fragen-Übung

Bitte unternehmen Sie folgenden Versuch: Stoppen Sie fünf Minuten und schreiben Sie in dieser Zeit so viele Fragen wie möglich auf, mit denen Sie die Klientin in ihrer Rolle als Drehbuchautorin ansprechen. Es kommt nicht auf die Qualität, nur auf die Menge Ihrer Fragen an. Der Stift sollte die ganze Zeit in Bewegung bleiben. Alles, was Sie denken, darf aufs Papier fließen. Wie viele Fragen schaffen Sie in dieser Zeit? Welche davon würden Sie tatsächlich stellen? Und inwiefern fiel es Ihnen leichter, so auf gute Fragen zu kommen, als wenn Sie höchste Ansprüche an sich gehabt hätten?

Falls Sie mit dem Ergebnis zufrieden sind: Wie wäre es, diese Kreativtechnik, das automatische Schreiben, einmal zur Vorbereitung eines Coachings zu verwenden?

Umsetzungs-Plan

Bitte notieren Sie, welche Ideen Ihnen zu dieser Frage kommen und in welchem Zusammenhang Sie damit arbeiten wollen:

Frage zum Praxistransfer: Zukunftsminister

Wie bringen Sie Ihren Klienten dazu, dass er seinen Zielkurs über das Coaching hinaus beibehält? Laden Sie ihn einfach ein, die Verantwortung dazu durch ein Amt zu übernehmen: als Zukunftsminister seines eigenen Lebens.

Die Frage

Angenommen, Sie wären Ihr eigener Zukunftsminister und müssten sicherstellen, dass Sie Ihre Zielrichtung auch sechs Monate nach Ende dieses Coachings beibehalten – welche Sicherungsmaßnahmen könnte Ihr Ministerium beschließen?

Folgefragen

- Beim Skirennen wird oft eine erste Zwischenzeit genommen – sie zeigt, wie der Läufer ins Rennen gestartet ist. Welche Maßnahme könnte bei Ihnen an erster Stelle stehen, um herauszufinden, wie gut Sie unterwegs sind?
- Angenommen, Sie dürften jemanden aus Ihrem Freundes- oder Familienkreis zum „Zielkontrolleur" ernennen – wer käme infrage?
- Wenn dieser „Zielkontrolleur" Sie fragen würde „Woran genau werde ich merken, dass du noch auf Kurs bist?" – welche Anhaltspunkte würden Sie ihm nennen?
- Gehen wir davon aus, Sie dürften als Zukunftsminister in sechs Monaten der Presse einen Erfolg vermelden, nämlich dass Sie auf Kurs geblieben sind – wie ließe sich eine solche Meldung formulieren, voller Stolz und mit Erfolgsbeweisen? Hätten Sie Lust, mir einen solchen Text zum Abschluss unserer Zusammenarbeit zuzumailen?

Kommentar zum Fragen-Inhalt

Nach dem Coaching wird es ernst: Schafft der Klient es, seinen Vorsätzen treu zu bleiben? Behält er seinen Zielkurs auch in schwierigen Zeiten bei? Oder fällt er aus seiner Ziellaufbahn, wenn ihn die regelmäßigen Coaching-Termine nicht mehr stützen, reißt ihn die Anziehungskraft seiner alten Gewohnheiten wieder an sich?

Die Antwort hängt nicht zuletzt davon ab, wie gut Sie Ihren Klienten zum Abschluss der Zusammenarbeit in die Verantwortung für sein Ziel nehmen. Während des Coachings haben Sie immer wieder erkundet, ob der Klient die Meilensteine passiert, die Vorsätze umgesetzt, die Ziele erreicht hatte; so ist für ihn Verbindlichkeit entstanden. Doch nach Abschluss des Coachings spielt der Klient nicht mehr mit Ihnen im Veränderungs-Doppel. Diese neue Situation erfordert neue Maßnahmen.

Die Frage weckt sein Bewusstsein dafür, dass er nun – gleich einem Minister – die Verantwortung für seine Zukunft trägt; dass es an ihm liegt, den erzielten Erfolg zu sichern und seine nächsten Schritte mit wachem Blick zu kontrollieren.

Die Folgefrage nach dem „Zielkontrolleur" aus dem Freundeskreis macht dem Klienten bewusst: Er kann auch nach wie vor im Doppel spielen. Nur muss er seinen Teampartner nun aus dem eigenen Umfeld gewinnen. Diese Ressource ist besonders kostbar, weil sie – im Gegensatz zu Ihrer Unterstützung – nicht nur vorübergehend, sondern dauerhaft ist.

Kommentar zur Fragen-Sprache

Die Frage spricht den Klienten aus gutem Grund als „Minister" an: In dieser Funktion ist er jemand, der für große Projekte die Verantwortung trägt. Eine solche Ansprache hilft ihm, dass er seine Zielaufgaben nicht nur *ausführt* – sondern dass er auch aus der Vogel- bzw. Ministerperspektive die Ergebnisse überwacht und seinen Kurs im Alltag aussteuert. Indem Sie Ihren Klienten als Minister ansprechen, fördern Sie sein Denken für die Zusammenhänge und sein Verantwortungsgefühl.

Profi-Tipp

Laden Sie Ihren Klienten als „Zukunftsminister" zu einer Pressekonferenz ein. Er darf hinter einem Tisch sitzen, Sie stellen im Raum mehrere Journalistenstühle auf. Bitten Sie ihn, sich vorzustellen, ein souveräner und medienerfahrener Politiker zu sein.

Nun wechseln Sie von Stuhl zu Stuhl, um kritische Journalistenfragen zu stellen. Zum Beispiel könnten Sie sagen (als Journalist eins): „Guten Tagen, Meier mein Name, von der ‚Süddeutschen'. Ich gebe zu, Ihre Pläne für die Sicherungsmaßnahmen klingen gut. Aber greifen Sie nicht viel zu spät? Wie stellen Sie sicher, dass Sie Ihren Kurs bis zur ersten Kontrolle nicht schon zu weit verlassen haben?"

Oder: „Fischer, von der FAZ. Um ehrlich zu sein: Ich habe Ihre Sicherheitsmaßnahmen noch nicht richtig verstanden. Können Sie mir das alles noch einmal in klaren Worten und der Reihe nach skizzieren, sodass unsere Leser es verstehen?"

Ihr Klient antwortet spontan, deshalb kommt ihm seine Intuition oft zu Hilfe. Nach der Konferenz besprechen Sie mit ihm, was er für seine Arbeit als Zukunftsminister daraus lernt.

Schwierige Antwort

Der Klient antwortet: „Zum Beispiel würde ich gerne mit Ihnen vereinbaren, alle zwei Wochen zu telefonieren. Dann könnten Sie jedes Mal nachhaken, ob ich auch noch auf Kurs bin."

Wie reagieren Sie? Bitte antworten Sie, gerne schriftlich, ehe Sie weiterlesen

Mein Vorschlag: Greifen Sie den guten Kern der Idee auf, jedoch mit einem anderen Menschen als Sparringspartner: „Das finde ich eine gute Idee, dass Sie regelmäßig mit einem anderen Menschen Ihre Ergebnisse besprechen wollen. So schaffen Sie Verbindlichkeit auch nach außen. Unser Coaching war eine Hilfe zur Selbsthilfe, eine Übergangslösung. Deshalb frage ich mich: Wer aus Ihrem Freundes- oder Familienkreis könnte in die Rolle eines solchen Sparringspartners schlüpfen?"

Fragen-Übung

Bitte entwickeln Sie fünf Fragen, die Sie – gerne auf Grundlage eines realen Falls – dem „Zukunftsminister" bei der Pressekonferenz stellen könnten. Ideal sind Ansätze, die den Klienten dazu bringen, seine Planung in klare Worte zu fassen, auf kritische Punkte zu überprüfen und gegen Hindernisse abzusichern.

Umsetzungs-Plan

Bitte notieren Sie, welche Ideen Ihnen zu dieser Frage kommen und in welchem Zusammenhang Sie damit arbeiten wollen:

Weiterführende Literatur

Bamberger, G.: *Lösungsorientierte Beratung*. Beltz, 2010.
Beaulieu, D.: *Impact-Techniken für die Psychotherapie*. Carl-Auer, 2005.
Bock, P.: *100 Fragen Ihr Leben betreffend*. Knaur, 2009.

Caby, F. u. A.: *Die kleine Psychotherapeutische Schatzkiste*. Verlag Modernes Lernen, 2011.

Dobelli, R.: *Wer bin ich?: 777 indiskrete Fragen*. Diogenes, 2008.

Erickson, M., Rossi, E.: *Hypnotherapie*. Klett-Cotta, 2007.

Farrelly, F.: *Provokante Therapie*. Springer, 1986.
Frisch, M.: *Fragebogen*. Suhrkamp, 1998.
Foerster H. von: *KybernEthik*. Merve, 1993.

Haberleitner, E.; Deistler, E., Ungvari, R.: *Führen, Fördern, Coachen*. Piper, 2003.

Jung, C. G.: *Der Mensch und seine Symbole*. Patmos, 2009.

Kindl-Beilfuß, C.: *Fragen können wie Küsse schmecken*. Carl-Auer, 2011.
Krogerus, M.; Tschäppeler, R.: *Fragebuch*. Kein & Aber, 2009.

Lahninger, P.: *Reise zur Lösung*. managerSeminare, 2010.

Migge, B.: *Handbuch Business-Coaching*. Beltz, 2011.

Noyon, A.; Heidenreich, T.: *Schwierige Situationen in Therapie und Beratung*. Beltz, 2009.

Prior, M.: *MiniMax-Interventionen*. Carl-Auer, 2002.

Radatz, S.: *Beratung ohne Ratschlag*. Verlag Systemisches Management, 2001.
Rauen, C. (Hrsg.): *Coaching-Tools*. managerSeminare, 2011.
Rauen, C. (Hrsg.): *Coaching-Tools II*. managerSeminare, 2009.
Rückert, T.: *Coaching mit NLP-Werkzeugen*. Wiley, 2008.
Rogers, C.: *Die nicht-direktive Beratung*. Fischer, 1985.

Schmidt-Tanger, M.: *Gekonnt coachen*. Junfermann, 2009.
Schlippe, A.v.; Schweitzer, J.: *Lehrbuch der systemischen Therapie und Beratung*. Vandenhoeck & Ruprecht, 2003.
Schlippe, A.v.; Schweitzer, J.: *Systemische Interventionen*, UTB, 2010.
Schopenhauer, A.: *Über Schriftstellerei und Stil*. Alexander Verlag, 2003.
Schreyögg, A.: *Coaching*. Campus, 2003.
Schulz von Thun, F.: *Miteinander reden, Band 3*. Rowohlt, 2010.
Shazer, de S.: *Mehr als ein Wunder*. Carl-Auer, 2011.
Simon, F. B.; Rech-Simon, C.: *Zirkuläres Fragen*. Carl Auer, 1998.
Stavemann, H. H.: *Sokratische Gesprächsführung in Therapie und Beratung*. Beltz, 2007.
Szabó, P.; Berg, I.K.: *Kurz(zeit)coaching mit Langzeitwirkung*. Borgmann, 2006.

Thomann, C.: *Klärungshilfe: Konflikte im Beruf*. Rowohlt, 2002.

Watzlawick, P.: *Menschliche Kommunikation*. Hans Huber, 1969.
Wehrle, M.: *Karriereberatung*. Beltz, 2011.
Wehrle, M.: *Die 100 besten Coaching-Übungen*. managerSeminare, 2012.
Wehrle, M.: *Handbuch Fantasiereisen*. Beltz, 2011.

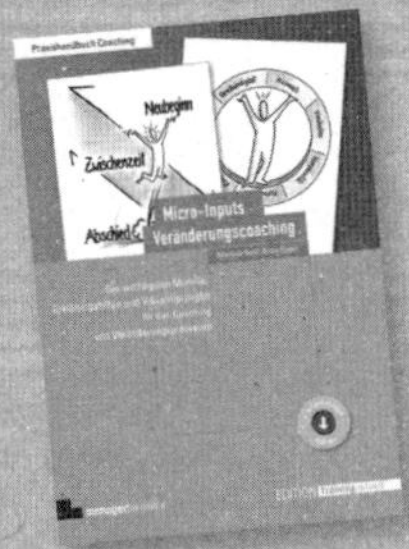